施工现场专业管理人员实用手册系列

质量员实用手册

陈涌彪　主编

中国建筑工业出版社

图书在版编目（CIP）数据

质量员实用手册/陈涌彪主编. —北京：中国建筑工业出版社，2017.3
（施工现场专业管理人员实用手册系列）
ISBN 978-7-112-20110-5

Ⅰ.①质… Ⅱ.①陈… Ⅲ.①建筑施工-质量管理-手册 Ⅳ.①TU712.3-62

中国版本图书馆CIP数据核字（2016）第278127号

本书是《施工现场专业管理人员实用手册系列》中的一本，供施工现场质量员学习使用。全书结合现场专业人员的岗位工作实际，详细介绍了质量员岗位职责及职业发展方向，质量员的技术基础知识，地基与基础工程，砌体工程，混凝土结构工程，钢结构工程，木结构工程，建筑屋面工程，建筑装饰装修工程，建筑给水、排水及采暖工程，建筑电气工程，智能建筑工程，通风与空调工程，建筑工程施工质量验收，常见质量问题及处理，常用工具类资料。本书可作为质量员的培训教材，可供职业院校师生和相关专业技术人员参考使用。

责任编辑：王砾瑶 范业庶
责任设计：李志立
责任校对：王宇枢 党 蕾

施工现场专业管理人员实用手册系列
质量员实用手册
陈涌彪 主编

*

中国建筑工业出版社出版、发行（北京海淀三里河路9号）
各地新华书店、建筑书店经销
北京科地亚盟排版公司制版
北京圣夫亚美印刷有限公司印刷

*

开本：850×1168毫米 1/32 印张：18⅜ 字数：474千字
2017年4月第一版 2017年4月第一次印刷
定价：**48.00**元
ISBN 978-7-112-20110-5
（29584）

施工现场专业管理人员实用手册系列
编审委员会

出版说明

建筑业是我国国民经济的重要支柱产业之一，在推动国民经济和社会全面发展方面发挥了重要作用。近年来，建筑业产业规模快速增长，建筑业科技进步和建造能力显著提升，建筑企业的竞争力不断增强，产业队伍不断发展壮大。因此，加大了施工现场管理人员的管理难度。

现场管理是工程建设的根本，施工现场管理关系到工程质量、效率和作业人员的施工安全等。正确高效专业的管理措施，能提高建设工程的质量；控制建设过程中材料的浪费；加快建设效率。为建筑企业带来可观的经济效益，促进建筑企业乃至整个建筑业的健康发展。

为满足施工现场专业管理人员学习及培训的需要，我们特组织工程建设领域一线工作人员编写本套丛书，将他们多年来对现场管理的经验进行总结和提炼。该套丛书对测量员、质量员、监理员等施工现场一线管理员的职责和所需要掌握的专业知识进行了研究和探讨。丛书秉着务实的风格，立足于工程建设过程中施工现场管理人员实际工作需要，明确各管理人员的职责和工作内容，侧重介绍专业技能、工作常见问题及解决方法、常用资料数据、常用工具、常用工作方法、资料管理表格等，将各管理人员的专业知识与现场实际工作相融合，理论与实践相结合，为现场从业人员提供工作指导。

本书编写委员会

主　　编：陈涌彪

编写人员：闻礼双　徐慧芬　王升阳　孙　佳　张方晖

前　言

众所周知，在建筑业，质量是工程建设的根本，在工程建设质量控制过程中，质量员起着很重要的作用。本书根据建筑行业的建设施工特点，紧密结合国家现行的有关法律、法规，以及规范、标准和规程编写了本手册，本手册依据我国建筑工程专业人员岗位培训的要求来编写，具有规范性、针对性和实用性等特点。

全书共分16章，包括质量员岗位职责及职业发展方向，质量员的技术基础知识，地基与基础工程，砌体工程，混凝土结构工程，钢结构工程，木结构工程，建筑屋面工程，建筑装饰装修工程，建筑给水、排水及采暖工程，建筑电气工程，智能建筑工程，通风与空调工程，建筑工程施工质量验收，常见质量问题及处理，常用工具类资料。本书结合了以往建筑工程施工质量验收人员的工作经验，以及建筑工程施工质量领域最新版的标准规范，对建筑工程质量验收人员应具备的专业技能进行了详细的阐述。

本书由杭州大江东投资开发有限公司陈涌彪担任主编，杭州市地下空间建设发展中心闻礼双、浙江新盛建设集团有限公司徐慧芬、嘉兴市嘉源生态环境有限公司王升阳、杭州下沙建筑工程有限公司孙佳和杭州市城市基础设施建设发展中心张方晖参与编写。

本书在编写过程中参考了业内同行的著作，在此一并表示感谢。由于质量验收规范的不断更新，同时编者的水平有限，书中难免存在不足之处，恳请读者在使用过程中将发现纰漏、错误能及时反馈给编者，以完善本书，以利再版。

目　　录

第1章　质量员岗位职责及职业发展方向

1.1　质量员的地位及特征

1.1.1　质量员的地位

质量员是在建筑与市政工程施工现场，从事施工质量策划、过程控制、检查、监督、验收等工作的专业人员，是建筑企业八大员之一，在建筑施工管理中起着重要的作用。质量员本身是一份职责，是一份担当。在工程建设过程中，工程质量关系到国民经济发展和人民生命财产安全，同时由于市场竞争的加剧，建筑工程项目也变得更加专业化，质量水平要求越来越高。因此，质量员是建筑工程中至关重要、必不可少的人物。

1.1.2　质量员的特征

（1）必须持有质量员岗位合格证书。

（2）熟悉掌握质量规范和验评标准，熟悉管理体系文件及相关的法律法规，能够组织质量检查、评定，参与事故处理，及时向项目经理汇报工程质量及检查情况。

（3）爱岗敬业，认真负责，具有全局观念，积极思考，勇于开拓创新，有较强的文字组织能力和综合管理协调沟通能力。

（4）严格执行施工过程中的三检制度，坚持按施工工序施工，做到每道工序开工前有技术交底。

（5）负责材料、半成品及过程试验和不合格的评审处置，确保产品满足质量、环境、职业健康的安全要求。

（6）及时进行隐蔽验收和复核，对不合格产品按不同程度进行标识，及时填写不合格品通知单，及时指导返工补修。做到不漏检，不合格部位不隐蔽，做好原始记录和数据处理工作，对所填写的各种数据负责。

（7）依据质量检查结果，严格按公司及项目部质量管理细则进行奖罚。

（8）负责对分部分项工程的质量验收及单位工作的交工验收工作。

（9）按时完成项目经理交办的其他工作。

1.2 质量员应具备的条件

工程质量是施工单位各部门、各环节、各项工作质量的综合反映，质量保证工作的中心是各部门各级人员认真履行各自的质量管理职能。对于一个建设工程来说，项目质量员应对现场质量管理的实施全面负责，其必须具备如下素质条件，才能担当重任。

（1）有足够的专业知识，对设计、施工、材料、机械、测量、计量、检测、评定等各方面专业知识都应了解并精通。

质量员需具备的专业知识见表 1-1。

质量员所需具备的专业知识　　表 1-1

分　类	专　业　知　识
通用知识	（1）熟悉国家工程建设相关法律法规 （2）熟悉工程材料的基本知识 （3）掌握施工图识读、绘制的基本知识 （4）熟悉工程施工工艺和方法 （5）熟悉工程项目管理的基本知识
基础知识	（1）熟悉相关专业力学知识 （2）熟悉建筑构造、建筑结构和建筑设备的基本知识 （3）熟悉施工测量的基本知识 （4）掌握抽样统计分析的基本知识
岗位知识	（1）熟悉与本岗位相关的标准和管理规定 （2）掌握工程质量管理的基本知识 （3）掌握施工质量计划的内容和编制方法 （4）熟悉工程质量控制的方法 （5）了解施工试验的内容、方法和判定标准 （6）掌握工程质量问题的分析、预防及处理方法

注：1.“掌握”是最高水平要求，包括能记忆所列知识，对所列知识加以叙述和概括，同时能运用知识分析和解决实际问题。

2.“熟悉”是次高水平要求，包括能记忆所列知识，对所列知识加以叙述和概括。

3.“了解”是最低水平要求，其内涵是对所列知识有一定的认识和记忆。

（2）有很强的工作责任心，必须对工作认真负责，层层把关，及时发现问题，解决问题，确保工程质量。

（3）有较强的管理能力和一定的管理经验，确保质量控制工作和质量验收工作有条不紊，井然有序地进行。

1.3 质量员应完成的主要工作任务

质量员负责工程的全部质量控制工作，负责指导和保证质量控制度的实施，保证工程建设满足技术规范和合同规定的质量要求，具体有：

（1）负责现行建筑工程适用标准的识别和解释。

（2）负责质量控制制度和质量控制手段的介绍与具体实施，指导质量控制工作的顺利进行。

（3）建立文件和报告制度。主要是工程建设各方关于质量控制的申请和要求，针对施工过程中的质量问题而形成的各种报告、文件的汇总，也包括向各有关部门传达的必要的质量措施。

（4）组织现场试验室和质监部门实施质量控制，监督试验工作。

（5）组织工程质量检查，并针对检查内容，主持召开质量分析会。

（6）指导现场质量监督工作。在施工过程中巡查施工现场，发现并纠正错误操作，并协助工长搞好工程质量自检、互检和交接检，随时掌握各分项工程的质量情况。

（7）负责整理分项、分部和单位工程检查评定的原始记录，及时填报各种质量报表，建立质量档案。

1.4 质量员的岗位职责和义务

1.4.1 岗位职责

1. 质量负责人岗位职责

（1）熟悉各种质量检查技术标准、规章制度、规范和规定。

（2）负责建立质量保证体系，落实公司质量管理体系的实施。

（3）对施工现场进行全方位质量监督检查。

（4）严格贯彻执行工程施工及验收规范、工程质量检验评定标准、质量管理制度。

（5）组织质检人员学习和贯彻执行质量管理目标、规程、标准和上级质量管理制度。

（6）做好管区内的质量达标和文明施工管理。

（7）参加值班经理组织的每周一次文明施工综合检查和不定期质量检查。

（8）掌握和督促检查质量责任制在各分包单位的落实情况。

（9）参加每周综合检查。

（10）按工程技术资料管理标准收集、汇总有关原始资料、质量验评资料。

（11）按规定和标准健全质量台账，评定单位工程质量，向技术经理提供质量动态管理情况。

（12）制止违章指挥和违章作业。

（13）参加新工艺、新技术、新材料、新设备的质量鉴定。

（14）参加现场生产协调会，报告施工质量动态情况和文明施工情况。

（15）真实填写每日质量工作日报。

2. 质量员岗位职责

（1）贯彻执行国家建筑行业的现行技术规范和操作规范，执行合同和项目部的有关规定，代表上级质检部门行使监督检查职权。

（2）参加技术、劳务班组人员交底会议，提出工序质量控制要求。

（3）及时进行隐蔽工程验收和复核，对不合格产品按不同程度进行标识，及时填写不合格品通知单，指导返工补修。做到不漏检，不合格部位不隐蔽，对所填写的各种数据负责。

（4）在技术负责人组织下，由施工员、班组长对分部分项进行自查，并做好自查记录。如发现需要整改，则开出整改通知单并进行整改验证。

（5）负责对分部分项工程的质量验收及单位工作的交工验收工作。质检员对各分项负有绝对表决权，实行评比打分制，其结果与经济挂钩，确保工程质量。

（6）坚持“样板先行”原则，对质量隐患、事故要及时上报技术负责人、项目经理和安质部，监督施工班组落实整改纠正措施，并协助上级部门进行损失评估和质量处罚。

（7）协助开展工程创优评优工作。

（8）完成项目经理或技术负责人临时交办的其他任务。

1.4.2 质量员的义务

（1）应当依法取得相应等级的资质证书，并在其资质等级许可的范围内承揽工程。

（2）应当建立、健全教育培训制度，加强对职工的教育培训。

（3）总承包单位依法将建设工程分包给其他单位，分包单位应当按照分包合同的约定对其分包工程的质量负责，总承包单位应当对其承包的建设工程的质量承担连带责任。

（4）必须按照工程设计图纸和施工技术标准施工，不得擅自修改工程设计，不得偷工减料。

（5）必须建立、健全施工质量的检验制度，严格工序管理，做好隐蔽工程的质量检查和记录。

（6）必须按照工程设计要求、施工技术标准和合同约定，对建筑材料、建筑构配件、设备和商品混凝土进行检验，检验应当有书面记录和专人签字。

（7）对涉及结构安全的试块、试件以及有关材料，应当在建设单位或者工程监理单位监督下现场取样，并送具有相应资质等级的质量检测单位进行检测。

1.5 质量员成长的职业发展前景

质量是企业的生命。工程质量的好坏是影响建筑物外观及使用功能的主要因素，一旦建筑工程的质量发生问题，轻微的可能会影响建筑物结构的使用安全，严重的可能危害人们的财产和生命安全。工程施工质量是形成工程项目实体的过程，也是决定最终产品质量的关键阶段。因此，质量员是企业必不可少的人物所在，职业发展前景一片光明。

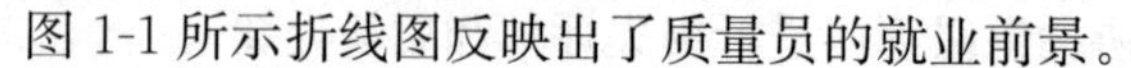

图 1-1 所示折线图反映出了质量员的就业前景。

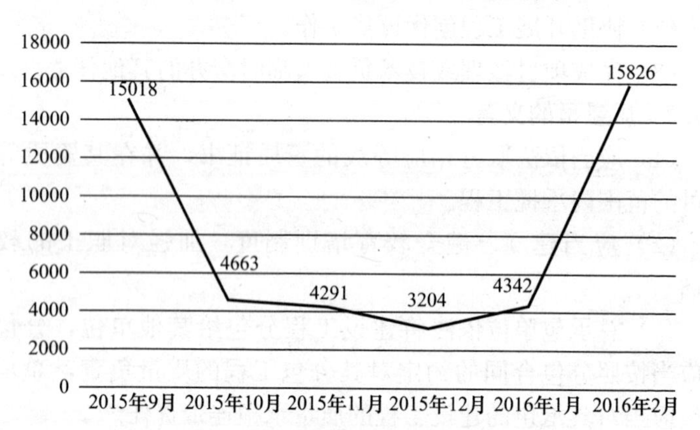

图 1-1　质量员就业前景分析

数据说明：

图 1-1 中根据某地区企业近一年发布的职位招聘信息统计所得，纵轴为职位需求量（单位：个），横轴为招聘时间，曲线峰值越高代表需求量越大。反之，需求量较少。

由图表上可见，近来质量员需求量呈大幅度增加趋势，并且可推测出，质量员的职业发展前景展现出明朗的状态。

第2章 质量员的技术基础知识

2.1 工程质量基础知识

2.1.1 质量与工程质量

1. 质量

质量的概念有广义和狭义之分。广义的质量概念是相对于全面质量管理阶段而形成的，是指产品或服务满足用户需要的程度；狭义的质量概念是相对于产品质量检验阶段而形成的，是指产品与特定技术标准符合的程度。

根据我国国家标准《质量管理和质量保证——术语》，质量的定义是“反映实体满足明确和隐含需要的能力的特性总和”。定义中指出的“实体”可以是活动或过程，可以是产品，可以是组织、体系或个人，也可以是上述各项的任何组合。“需要”随时间、地点、使用对象和社会环境的变化而变化。“明确需要”一词，一般是指在合同环境中，用户明确提出的要求或需要，通常通过合同及标准、规范、图纸、技术文件作出明文规定，由供方保证实现。定义中指出的“隐含需要”，一般是指非合同环境（即市场环境）中，用户未提出或未提出明确要求，而由生产企业通过市场调研进行识别与探明的要求或需要。“特性”是指实体所特有的性质，它反映了实体满足需要的能力。

2. 工程质量

工程质量是国家现行的有关法律、法规、技术标准和设计文件及工程合同中对工程的安全、使用、经济、美观等特性的综合要求，是工程满足社会需要所必须具备的质量特征，直观地表示人们对工程的认同程度。工程质量体现在工程的性能、寿命、可靠性、安全性和经济性5个方面。

（1）性能。是指对工程使用目的提出的要求，即对使用功能方面的要求。性能有内在和外在之分，其中内在质量多表现在材料的化学成分、物理性能及力学特征等方面。

(2) 寿命。是指工程正常使用期限的长短。

(3) 可靠性。是指工程在使用寿命期限和规定的条件下完成工作任务能力的大小及耐久程度，是工程抵抗风化、有害侵蚀、腐蚀的能力。

(4) 安全性。是指建设工程在使用周期内的安全程度，以及其是否对人体和周围环境造成危害。

(5) 经济性。是指效率、施工成本、使用费用、维修费用的高低，包括能否按合同要求，按期或提前竣工，工程能否提前交付使用以及尽早发挥投资效益等。

以往人们常常将工程质量理解为一种事后结果，在发生质量问题甚至质量事故后才意识到质量问题的发生过程，才开始去追究导致工程质量问题的相关责任。但此时即使对责任主体依法惩处，也无法挽回造成的损失。因此，仅仅把认识停留在工程实体的质量上是不够的，应该要在工程质量形成过程中对所有参建单位的建设活动进行全面的、科学的规范化管理，将工程质量隐患消灭在萌芽状态。如此，虽然在质量管理上投入了大量的工作，但却有效地保证了工程质量。

2.1.2 工程质量的特点

建设工程的特点决定了工程质量的特点，与一般的产品质量相比较，工程质量具有以下五个特点：

1. 影响因素多

在工程建设中，例如决策、设计、材料、机械、环境、施工工艺、施工方案、操作方法、技术措施、管理制度、施工人员素质等因素均直接或间接地影响工程的质量。

2. 质量波动大

工程建设因其具有复杂性、单一性，不像一般工业产品的生产那样，有固定的生产流水线，有规范化的生产工艺和完善的检测技术，有成套的生产设备和稳定的生产环境，有相同系列规格和相同功能的产品。因此，其质量不易控制，波动性大。

3. 质量变异大

由于影响工程质量的因素较多，任一因素出现质量问题，均会引起工程建设中的系统性质量变异，造成工程质量事故。

4. 质量隐蔽性

工程项目在施工过程中，由于工序交接多，中间产品多，隐蔽工程多，若不及时检查并发现其存在的质量问题，事后表面看质量可能很好。容易将不合格的产品认为是合格的产品。

5. 最终检验局限大

工程项目建成后，不可能像某些工业产品那样，可以拆卸或解体来检查内在的质量，工程项目最终检验验收时难以发现工程内在隐蔽的质量缺陷。

根据以上五点，总结出对工程质量更应重视事前控制、事中严格监督，防患于未然，将质量事故隐患消灭于萌芽之中。工程规划、设计、施工质量的好坏不仅直接关系到使用者的利益，而且对整个社会环境有很大的影响。工程质量不仅直接影响人民群众的生产生活，而且还影响着社会可持续发展的环境。

2.2 质量管理基础知识

2.2.1 质量管理的概念

质量管理是企业管理的中心环节，按照 GB/T 19000 定义：质量管理是指确定质量方针及实施质量方针的全部职能和工作内容。其主要内容包括质量方针、质量策划、质量控制、质量保证和质量改进，以及对质量的工作成效进行评估和改进的一系列工作。

1. 质量方针

质量方针又称质量政策，是由企业的最高管理者根据企业内外具体情况，制定并正式发布的该企业的质量宗旨和质量方向。质量方针是企业各部门和全体人员执行质量职能和从事质量活动所必须遵守的原则和指针，是统一和协调企业质量工作的行动指南，也是落实“质量第一”思想的具体体现。

2. 质量策划

质量策划是指确定质量以及采用质量体系要素的目标和要求的活动。质量策划工作的主要内容有：

（1）向管理者提出企业质量方针和质量目标的建议；

（2）分析建设单位对工程质量的要求并制定一系列保证工程质量的措施；

（3）对工程的质量、工期和成本三方面进行综合评审；

（4）策划施工过程的先后顺序；

（5）策划企业组织运作的工作流程；

（6）研究工程质量控制与检验的方法、手段；

（7）研究并实施对供应商所供的材料、设备等采购的质量控制；

（8）对企业的质量管理工作进行质量评审。

3. 质量控制

质量控制是指在明确的质量目标条件下，采用监视、测量、检查及调控以达到质量控制的目的。质量控制过程中，主要采用数理统计方法将各种统计资料汇总、加工、整理，得出有关统计指标、数据，来衡量工作进展情况和计划完成情况，找出偏差及其发生的原因，采取措施达到质量要求。

质量控制的目的在于监督过程，并排除过程中导致质量不满意的原因，以取得经济效益。质量控制分过程前控制（预控）、过程中控制（跟踪）和过程后控制（检验把关），使得每一道工序的作业技术活动都处在有效的受控状态，以防止质量事故的发生。

4. 质量改进

质量改进是指为本企业及建设单位提供更多的收益而采取的各项措施，包括纠正、纠正措施、预防措施和改进措施。质量改进可以提高活动和过程的效益和效率。

5. 质量保证

质量保证是指为了提供足够的信任而表明工程项目能够满足质量要求，并在质量体系中根据要求提供保证的、有计划的、系统的全部活动。质量保证帮助企业建立质量信誉，同时也大大强化了内部质量管理。企业必须在生产过程中提供足够的证据，如质量测定证据和管理证据。质量保证与质量管理、质量控制的区别是质量控制注重监测，质量控制和质量管理均侧重内部，质量保证主要是让外部相信质量管理是有效的。

2.2.2 质量管理的原则和特点

1. 质量管理八大原则

我国目前执行的 GB/T 19000 质量管理体系标准，是由 2000 版的质量管理体系国际标准 ISO 9000 转化而成，其中提出的八项质量管理原则是在总结质量管理实践经验的基础上，用高度概括、易于理解的语言所表述的质量管理的最基本的、最通用的一般性规律。IS0 9000：2000 族标准的每一条文都是基于该八大原则而制定的，要理解 IS0 9000：2000 族标准的条文内容，首先应理解和掌握这八大原则。

质量管理八项原则的具体内容如下：

（1）以顾客为关注焦点。

生产经营活动的企业依存于其顾客，一个组织倘若没有了“顾客”，也就失去了服务对象，组织就没有了存在的基础，这正是“以顾客为关注焦点”作为首项原则的依据。为了实现系统目的，企业应理解顾客当前的和未来的需求，尽力满足顾客的需求并争取超越顾客的期望。

（2）领导作用。

领导者确立本组织统一的宗旨和方向，并营造和保持使员工充分参与实现组织目标的内部环境。

（3）全员参与。

各级人员都是企业之本，只有全员充分参加，才能使他们的才干为组织带来收益。产品质量是产品形成过程中全体人员共同努力的结果，其中也包含着为他们提供支持的管理、检查、行政人员的贡献。企业领导应对员工进行质量意识等各方面的教育，激发他们的积极性和责任感，为其能力、知识、经验的提高提供机会，发挥创造精神，鼓励持续改进，给予必要的精神和物质奖励，使全员积极参与，为达到让顾客满意的目标而奋斗。

（4）过程方法。

将相关的资源和活动作为过程进行管理，可以更高效地得到期望的结果。任何使用资源生产活动和将输入转化为输出的一组相关并联的活动都可视为过程。2000 版 ISO 9000 国际标准是建立在过程控制的基础上。一般在过程的输入端、过程的不同位置及输出端都存在着可以进行测量、检查的机会和控制点，对这些控制点实行测量、检测和管理，便能控制过程的有效实施。

（5）管理的系统方法。

将相关并联的过程作为系统加以识别、理解和管理，有助于企业提高实现其目标的有效性和效率。任何系统不是各个组成要素的简单集合，不同企业应根据自己的特点，建立资源管理、过程实现、测量分析改进等方面的并联关系，并加以控制。即采用过程网络的方法建立质量管理体系，实施系统管理。一般建立实施质量管理体系包括：

1）确定顾客期望。

2）确定质量目标和方针。

3）确定实现目标的过程和职责。

4）确定必须提供的资源。

5）确定测量过程有效性的方法。

6）确定测量过程实施的有效性。

7）确定防止质量不合格的产生并清除其产生原因的措施。

8）确定和应用持续改进质量管理体系的过程。

（6）持续改进。

持续改进是企业的一个永恒目标，其作用在于增强企业满足质量要求的能力，包括产品质量、过程及体系的有效性和效率的提高。随着科技的进步、社会的发展，任何一个组织所处的环境都在不断地变化，顾客对物质和精神的需求也在不断地变化和提高，因此组织应不断调整自己的经营战略和策略，才能适应竞争的生存环境，使企业的质量管理走上良性循环的轨道。

（7）基于事实的决策方法。

有效的决策应建立在数据和信息分析的基础上，数据和信息的分析是基于事实的高度提炼。感知环境的变化，制定质量改进的方法和途径，都要以事实为依据。为了防止决策失误，企业领导应重视数据信息的收集、汇总和分析，制定出切实可行的质量方针和目标。

（8）与供方互利的关系。

企业与供方是相互依存的，建立双方的互利关系可以增强双方创造价值的能力。供方提供的产品是企业产品的一个组成部分。处理好与供方的关系，是涉及企业能否持续稳定提供顾客满意产品的重要问题。因此，对供方不能只讲控制要求，不讲合作互利，即与供方应该建立互利关系，使企业与供方双赢。

研究质量管理八大原则，既要研究每项原则的机能，又不能脱离所构成的整体。孤立地研究、分析单个原则，八项原则就失去了原有的作用。

2. 质量管理特点

由于项目施工涉及面广，是一个极其复杂的综合过程，再加上项目位置固定、生产流动、结构类型不一、质量要求不一、施工方法不一、体型大、整体性强、建设周期长、受自然条件影响大等特点，因此，施工项目的质量比一般工业产品的质量更难以管理，主要表现在以下几方面。

（1）复杂性。

虽然建筑工程的施工有国家标准和规范，但是由于建筑施工涉及质量管理的影响因素有很多，如工程地质地貌情况、施工场地气候变化、勘察设计水平、施工材料供应、机械设备条件、施工工艺及方法、工期要求和投资限制、技术措施和管理制度管理等，引发质量管理问题的复杂因素，从而增加了对质量管理问题的性质、危害的分析、判断和处理的复杂性。

（2）可变性。

因项目施工不像工业产品生产，有固定的自动性和流水线，有规范化的生产工艺和完善的检测技术，有成套的生产设备和稳定的生产环境，有相同系列规格和相同功能的产品。同时，由于影响施工项目质量的偶然性因素和系统性因素都较多，因此很容易产生质量变异。所以，在分析处理工程质量问题时，一定要特别重视质量管理事故的可变性，要把质量变异控制在偶然性因素范围内。

（3）严重性。

工程项目质量管理问题，轻者影响施工顺利进行，拖延工期，增加工程费用；重者给工程留下隐患，成为危房，影响安全使用或不能使用；更严重的是引起建筑物坍塌，造成人民生命财产的巨大损失。

（4）隐蔽性。

施工项目由于工序交接多，中间产品多，施工过程中上工序容易被下工序所掩盖，产生隐蔽工程。若不及时检查实质，事后再看表面，就容易将不合格的产品认为是合格的产品；反之，若检查不认真，测量仪表不准，读数有误，就会容易将合格产品认为是不合格的产品，从而造成质量隐患。

（5）特殊性。

在建设项目工程实体成形后，其质量管理不可能采用通过其他工业产品拆除或解体来检查内在质量，因此应及时检查发现质量问题并加强工序的质量管理，不能在事后凭经验直觉判断。

2.2.3 质量管理的主要内容

1. 决策阶段的质量管理

此阶段质量管理的主要内容是在广泛搜集资料、调查研究的基础上，研究、分析、比较，决定项目的可行性和最佳方案。

2. 施工前的质量管理

施工前的质量管理的主要内容是：

（1）对施工队伍的资质重新审查，包括各个分包商的资质的审查。如果发现施工单位与投标时的情况不符，必须采取有效措施予以纠正。

（2）对所有的合同、技术文件和报告进行详细的审阅。如图纸是否完备，有无错、漏、空、缺，各个设计文件之间有无矛盾之处，技术标准是否齐全等。

对技术文件、报告、报表的审核，是工程管理人员对工程质量进行全面控制的重要手段，其具体内容有：

1）审核有关技术资质证明文件；

2）审核开工报告，并经现场核实；

3）审核施工组织设计或施工方案；

4）审核有关材料、半成品的质量检验报告；

5）审核反映工序质量动态的统计资料或控制图表；.

6）审核设计变更、图纸修改和技术核定书；

7）审核有关质量问题的处理报告；

8）审核有关应用新工艺、新材料、新技术、新结构的技术鉴定书；

9）审核有关工序交接检查，分项、分部工程质量检查报告；

10）审核并签署现场有关技术签证、文件等。

（3）配备检测实验手段、设备和仪器，审查合同中关于检验的方法、标准、次数和取样的规定。

（4）审阅进度计划和施工方案。

（5）对施工中将要采取的新技术、新材料、新工艺进行审核，核查鉴定书和实验报告。

（6）对材料和工程设备的采购进行检查，检查采购是否符合规定的要求。

(7) 协助完善质量保证体系。

(8) 对工地各方面负责人和主要的施工机械进行进一步的审核。

(9) 做好设计技术交底，明确工程各个部分的质量要求。

除上述内容外，还应准备好质量管理表格，准备好施工担保和保险的有关工作，签发预付款支付证书，全面检查开工条件等。

3. 施工过程中的质量管理

(1) 工序质量控制（包括施工操作质量和施工技术管理质量）：

1) 确定工程质量控制的流程；

2) 主动控制工序活动条件，主要指影响工序质量的因素；

3) 及时检查工序质量，提出对后续工作的要求和措施；

4) 设置工序质量的控制点。

(2) 设置质量控制点。这是工程质量控制的有效手段，对技术要求高、施工难度大的某个工序或环节，设置技术和监理的重点，重点控制操作人员、材料、设备、施工工艺等；针对质量通病或容易产生不合格产品的工序，提前制定有效的措施，重点控制；对于新工艺、新材料、新技术也需要特别引起重视。

(3) 工程质量的预控。根据质量的主动控制原理对工程质量实施预控制。工程质量预控是对未发生的质量问题采取措施，体现了“以预防为主”的重要思想。质量预控及对策的表达方式主要有文字表达、用表格形式表达的质量预控对策表、用解析图形式表达的质量预控对策表。

(4) 质量检查。检查的内容包括操作者的自检，班组内互检，各个工序之间的交接检查；施工员的检查和质检员的巡视检查；监理和政府质检部门的检查。具体包括：

1) 工程施工前的预检。目的是检查是否具备开工条件，开工后能否连续正常施工，能否保证工程质量。

2) 工序交接检查。对于重要的工序或对工程质量有重大影响的工序，在自检、互检的基础上，还要组织专职人员进行工序交接检查。

3）隐蔽工程检查。隐蔽工程经检查合格后办理隐蔽工程验收手续，如果隐蔽工程未达到验收条件，施工单位应采取措施进行返修，合格后通知现场监理、甲方检查验收，未经检查验收的隐蔽工程一律不得自行隐蔽。

4）停工后复工前的检查。因处理质量问题或某种原因停工后需复工时，亦应经检查认可后方能复工。

5）分项、分部工程完工后，应经现场监理、甲方检查认可，签署验收记录后，才能进行下一工程项目施工。

6）成品保护质量检查。合理安排施工顺序，采用有效的保护措施，加强成品保护的检查工作。

此外，现场工程管理人员必须经常深入工地现场，对施工操作质量进行巡视检查；必要时，还应进行跟班或追踪检查，这样能够更及时地发现并解决问题。

（5）竣工技术资料。主要包括以下的文件：材料和产品出厂合格证书或者检验证明；设备维修证明；施工记录；隐蔽工程验收记录；设计变更，技术核定，技术洽商；水、暖、电、电讯、设备的安装记录；质检报告；竣工图、竣工验收表等。

（6）质量事故处理。一般质量事故由总监理工程师组织进行事故分析，并责成有关单位提出解决办法。重大质量事故，须报告业主、监理主管部门和有关单位，由各方共同解决。

4. 工程完成后的质量管理

按合同的要求进行竣工检验，检查未完成的工作和缺陷，及时解决质量问题。制作竣工图和竣工资料。维修期内负责相应的维修责任。

2.3 质量检验基础知识

2.3.1 质量检验的概念

检验就是通过观察和判断，适当的结合测量、试验或度量所进行的符合性评价。质量检验就是对产品的一个或多个质量特性进行观察、测量、试验或度量，并将结果和规定的质量要求进行比较，以确定每项质量特性合格情况所进行的技术性检查活动。

2.3.2 质量检验的分类

质量检验的方式可以按不同的特征进行分类。

1. 按检验阶段分类

（1）进货检验：对外购货品的质量验证，即对采购的原材料、辅料、外购件、外协件及配套件等入库前的接收检验。进货必须有合格证或其他合法证明，否则不验收。

（2）工序检验：目的是社加工过程中防止出现大批不合格品，避免不合格品流入下道工序。

（3）完成检验：又称最终检验，是全面考核半成品或成品品质是否满足设计要求和规范、标准的重要手段。完工检验可以是全数检验，也可以是抽样检验，应该视产品特点及工序检验情况决定。

2. 按检验地点分类

（1）固定检验：在固定的地点，利用固定的检测设备进行检验。

（2）流动检验（巡回检验）：按规定的检验路线和检查方法，到工作现场进行检验。

3. 按检验产品数量分类

（1）全数检验：对应检验的产品全部进行检验。

（2）首件检验：对操作条件变化后完成的第一件产品进行检验。

（3）抽样检验：对应检验的产品按标准规定的抽样方案，抽取小部分的产品作为样本数进行检验和判定。

4. 按检验的执行人员分类

（1）自检：生产者对自己所生产的产品，按照图纸、工艺和合同中规定的技术标准自行进行检验，并作出产品是否合格的判断。

（2）互检：在产品形成过程中，上、下相邻作业过程的作业（操作）人员相互对作业过程完成的产品质量进行复核性检查。

（3）专检：在产品形成过程中，专职检验人员对产品形成所需要的物料及产品形成的各过程（工序）完成的产品质量特性进行的检验。自检、互检、专检“三检”中以专检为主，自检、互检为辅。

5. 按对产品损害程度分类

（1）破坏性检验：产品检验后，其性能受到不同程度影响，甚至无法再使用了的检验。

（2）非破坏性检验：产品检验后，不降低该产品原有性能的检验。

2.3.3 质量检验的基本任务

（1）鉴别产品（或零部件、外购物料等）的质量水平，确定其符合程度或能否接受。

（2）判断工序质量状态，为工序能力控制提供依据。

（3）了解产品品质等级或缺陷的严重程度。

（4）改善检测手段，提高检测作业发现质量缺陷的能力和有效性。

（5）反馈质量信息，报告质量状况与趋势，提供质量改进建议。

2.3.4 质量检验的主要功能

1. 鉴别功能

根据技术标准、产品图样、作业（工艺）规程或订货合同的规定，采用相应的检测方法观察、试验、测量产品的质量特性，判定产品质量是否符合规定的要求，这是质量检验的鉴别功能。鉴别主要由专职检验人员完成。

2. “把关”功能

质量“把关”是质量检验最重要、最基本的功能。通过严格的质量检验，剔除不合格品并予以“隔离”，实现不合格的原材料不投产，不合格的产品组成部分及中间产品不转序、不放行，不合格的产品不交付，严把质量关，实现“把关”功能。

3. 预防功能

预防和减少不符合质量标准的产品。检验的预防作用体现在以下几个方面：

（1）通过过程能力的测定和控制图的使用起预防作用。

（2）通过过程作业的首检与巡检起预防作用。

（3）广义的预防作用。

4. 报告功能

把检验获取的数据和信息，经汇总、整理和分析后写成报告，使相关的管理部门及时掌握产品实现过程中的质量状况，评价和分析质量控制的有效性。质量报告的主要内容包括：

（1）原材料、外构件、外协件进货验收的质量情况和合格率。

（2）过程检验、成品检验的合格率、返修率、报废率和等级率，以及相应的废品损失金额。

（3）按产品组成部分或作业单位划分统计的合格率、返修率、报废率和等级率，以及相应的废品损失金额。

（4）产品报废原因的分析。

（5）重大质量问题的调查、分析和处理意见。

（6）提高产品质量的建议。

2.3.5 质量检验的步骤

1. 检验的准备

熟悉规定要求，选择检验方法，制定检验规范。首先，要熟悉检验标准和技术文件规定的质量特性和具体内容，确定测量的项目和量值。其次，要确定检验的方法，选择精密度、准确度适合检验要求的计量器具和测试、试验及理化分析用的仪器设备。再则，将确定的检验方法和方案用技术文件形式作出书面规定，制定规范化的检验规程（细则）、检验指导书，或绘成图表形式的检验流程卡、工序检验卡等。

2. 测量或试验

按已确定的检验方法和方案，对产品质量特性进行定量或定性的观察、测量、试验或度量，得到需要的量值和结果。测量和试验前后，检验人员要确认检验仪器设备和被检物品试样状态正常，保证数据的正确、有效。

3. 记录

对测量的条件、测量得到的量值和观察得到的技术状态用规范化的格式和要求予以记载或描述，作为客观的质量证据保存下来。质量检验记录不仅要记录检验数据，还要记录检验日期、班次，由检验人员签名，便于质量追溯，明确质量责任。质量检验记录是证实产品质量的证据，因此记录的信息要客观、真实，字迹要清晰、整齐，不能随意涂改，若更改需按规定程序和要求办理。

4. 比较和判定

由专职人员将检验的结果与规定的要求进行对照比较，确定每一项质量特性是否符合规定要求，从而判定被检验的产品是否合格。

5. 确认和处置

检验人员对检验的记录和判定的结果进行签字确认。对产品是否可以“接收”、“放行”作出处置。

2.4 工程质量问题基础知识

我国建筑工程总体质量水平正在不断提高，但由于建筑工程具有规模大、施工周期长、工程条件复杂、环境及影响因素多变等特点，因此经常会出现各种类型的工程质量问题。建筑工程质量的优劣，不仅直接关系到建筑物的使用功能和使用寿命，还关系到用户的利益、人民群众的生命与财产安全，以及社会经济的稳定和发展。

分析和处理工程质量问题的目的就是为了减少工程质量问

题所引起的损失，降低同类事故的发生频率，排除工程隐患，防止工程质量事故的产生和扩展，吸取教训并达到教育广大职工的目的。这也是真正意义上的保证建筑工程质量，推动建筑工程质量水平的进一步提高。

2.4.1 工程质量问题的分类和特点

工程质量问题一般分为工程质量缺陷、工程质量通病、工程质量事故三类。

1. 工程质量缺陷

工程质量缺陷是指工程达不到技术标准允许的技术指标的现象，按其程度可分为严重缺陷和一般缺陷。严重缺陷是指对结构构件的受力性能或安装使用性能有决定性影响的缺陷，一般缺陷是指对结构构件的受力性能或安装使用性能无决定性影响的缺陷。

2. 工程质量通病

工程质量通病是指各类影响工程结构的使用功能和外形观感的常见性质量损伤，犹如“多发病”一样，为此称为质量通病，其表现形式不一，种类繁多。

3. 工程质量事故

工程质量事故是指在工程建设过程中或交付使用后，对工程结构安全、使用功能和外形观感影响较大、损失较大的质量损伤。如住宅阳台、雨篷倾覆，桥梁结构坍塌，大体积混凝土强度不足，管道、容器爆裂使气体或液体严重泄漏等。它的特点是：

（1）造成经济损失达到较大的金额。

（2）有时造成人员伤亡。

（3）后果严重，影响结构安全。

（4）无法降级使用，难以修复时，必须推倒重建。

根据工程质量问题的表现形式，工程质量问题具有问题表现的可变性、产生原因的复杂性、事故后果的严重性，以及问题事故的多发性等特点。

2.4.2 影响建筑工程质量的因素

工程质量问题的表现形式千差万别，类型多种多样。在工程建设过程中，无论是勘察选址、图纸设计，还是土建施工、设备安装，细究其原因，影响工程质量的因素主要可分成以下五个方面：

1. 人的因素

人是工程项目建设的决策者、管理者、操作者，是生产经营活动的主体，人员的综合素质、文化程度、技术水平、专业能力、组织决策能力、作业能力，包括身体素质甚至职业道德都会直接或间接地对规划、决策、勘察、设计和施工的质量产生影响。为了避免人的失误、调动人的主观能动性，增强人的责任感和质量意识，进而保证工序质量和工程质量，在挑选人才方面，应该从政治素质、思想素质、业务素质、心理素质和身体素质等方面综合考虑。

2. 材料的因素

材料（包括原材料、成品、半成品、构配件等）是工程施工的物质条件，没有材料就无法施工。材料质量是工程质量的基础，材料质量不符合要求，工程质量也就不可能符合标准。为此，首先，选择质优价廉、信誉高的生产厂家和供货方；其次，加强对材料检查验收，第三，是重视材料的使用认证，落实建设管理行政部门推行的相关制度；最后，是对材料质量进行跟踪，避免造成更大的浪费和损失。

3. 方法的因素

这里所指的方法，包含工程项目整个建设周期内所采取的技术方案、工艺流程、组织措施、检测手段、施工组织设计等。方法是否正确得当，是直接影响工程项目进度、质量、投资控制三大目标能否顺利实现的关键。

4. 施工机械设备的因素

施工机械设备是实现施工机械化的重要物质基础，是现代化工程建设中必不可少的设施，机械设备的选型、主要性能参数和使用操作要求对工程项目的施工进度和质量均有直接影响。

5. 环境的因素

影响工程项目质量的环境因素较多，有工程技术环境，如工程地质、水文、气象等；工程管理环境，如质量保证体系、质量管理制度等；劳动环境，如劳动组合、劳动工具、工作面等。环境因素对工程质量的影响，具有复杂而多变的特点，必须结合工程特点和具体条件，预见环境对工程质量影响的多种因素，实行积极主动的控制。

2.4.3 工程质量事故的等级

根据《生产安全事故报告和调查处理条例》规定对工程质量事故通常按造成损失的严重程度划分为：一般质量事故、严重质量事故和重大质量事故三类。重大质量事故又划分为一级重大事故、二级重大事故、三级重大事故和四级重大事故，见表 2-1。

工程事故等级表 **表 2-1**

事故等级		具备条件
一般事故		直接经济损失≥0.5 万元，＜5 万元
严重事故		重伤人数≤2 人；直接经济损失≥5 万元，＜10 万元
重大事故等级	一级	死亡人数≥30 人；直接经济损失≥300 万元
	二级	死亡人数≥10 人，≤29 人；直接经济损失≥100 万元，≤300 万元
	三级	死亡人数≥3 人，≤9 人；重伤人数≥20 人；直接经济损失≥30 万元，≤100 万元
	四级	死亡人数≤2 人；重伤人数≥3 人，≤19 人，直接经济损失≥10 万元，≤30 万元

1. 一般质量事故

凡具备下列条件之一者为一般质量事故；

(1) 直接经济损失在 0.5 万元以上（含 0.5 万元）、不满 5 万元的。

(2) 影响使用功能和工程结构安全，造成永久质量缺陷的。

2. 严重质量事故

凡具备下列条件之一者为严重质量事故：

(1) 直接经济损失在 5 万元（含 5 万元）以上，不满 10 万元的。

(2) 事故性质恶劣或造成 2 人以下重伤的。

(3) 严重影响使用功能和工程结构安全，存在重大质量隐患的。

3. 重大质量事故

凡具备下列条件之一者为重大质量事故：

(1) 工程倒塌或报废的。

(2) 由于质量事故，造成人员死亡或重伤 3 人以上的。

(3) 直接经济损失 10 万元以上的。

任何单位和个人对建设工程的质量事故、质量缺陷都有检举、控告和投诉的权利。

2.4.4 质量问题的处理

质量事故，特别是重大质量事故，对企业的声誉和企业的经济效益有重大的影响，还会对使用者和社会产生重大的影响，严重的甚至会危及人民的生命安全和国家的声誉。因此，妥善地处理质量事故，查明事故原因，杜绝事故隐患是十分必要的。

工程质量问题发生后，一般按照下列的程序进行处理，如图 2-1 所示。

1. 发现质量问题

(1) 质量事故发生后，发现部门应于当天立即填报质量事故单，报送质量检验部门。

(2) 质量检验部门收到事故报告后，应立即会同有关部门初步查明事故原因，并向企业负责人汇报。

(3) 质量事故的责任部门，应立即制定防范措施，严防同类质量事故的再次发生。

(4) 企业负责人在事故发生的三天内，组织事故调查小组，深入现场查清事实，分析质量事故发生原因。

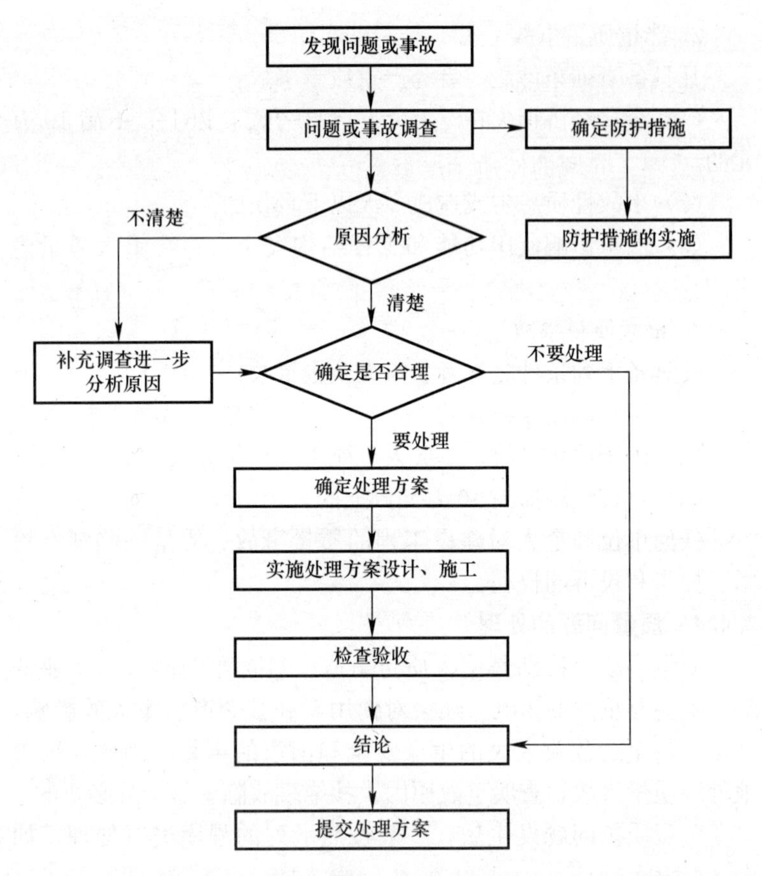

图 2-1　质量问题与事故的处理程序框图

（5）企业负责人在调查小组调查的基础上，召集专题会议，对事故进行深入分析，确定事故原因及责任者，责成责任部门认真总结事故教训，制定和落实纠正措施。

（6）质量事故发生后，一般规定在三天内报告上级主管部门，并在一周内写出质量事故书面报告，内容包含事故发生的时间、地点、项目、简要经过、原因的初步判断、损失与伤亡情况。

（7）质量事故的全部材料，由质量检验部门汇总后作为产品质量档案归档保存。

2. 质量问题调研

进行质量问题的调研，主要目的是明确质量问题发生的部位与范围、问题的性质、严重程度、影响的范围等，为问题的分析处理提供依据。调研力求全面、准确、客观。

3. 质量问题原因分析

在质量问题调研的基础上进行问题原因分析，对质量问题或事故的调查数据与资料认真整理、深入分析，才能客观地、准确地分析和确定质量问题或事故产生的真正原因。

4. 制定质量事故的处理方案

制定质量事故处理方案是建立在对事故原因分析的基础上，并广泛听取专家及有关方面的意见，经过科学论证以确认事故处理的必要性。

制定事故处理方案时，应做到安全可靠、不留隐患，满足建筑功能和使用要求，技术可行、经济合理、实施方便。

5. 处理方案的实施

根据已确定的事故处理方案对质量事故进行处理。无论是勘察、设计、施工或其他方面的责任，质量事故的处理都必须由施工单位负责实施。

6. 事故处理报告

在质量事故处理完毕后，应组织有关人员对处理结果进行严格的检查、鉴定和验收，由监理工程师编写“质量事故处理报告”，提交业主或建设单位，并上报相关主管部门。

7. 质量问题的责任承担

对于应承担质量事故的责任单位，需承担事故处理的所有费用，以及承担因此引起的所有损失费用。对于事故的责任人，应由其所在单位或上级主管部门按有关规定给予行政处罚；构成犯罪的，由司法机关依法追究刑事责任。

第3章　地基与基础工程

3.1　土方工程

常见的土方工程有场地平整、基坑（槽）开挖、路基填筑及基坑回填土等。土方工程施工往往具有工程量大、劳动繁重和施工条件复杂等特点，施工受气候、水文、地质等因素的影响较大，而且具有很多不确定的因素，有时施工条件极为复杂。因此，在组织土方工程施工前，应详细分析和核对各项技术资料，进行现场调查并根据现有施工条件，制定出技术可行且经济合理的施工方案。

土方工程施工前应进行挖、填方的平衡计算，综合考虑土方运距最短、运程合理和各个工程项目的合理施工程序等，做好土方平衡调配，减少重复挖运。在土方工程施工中，由于操作不善和违反操作规程引起的质量通病和导致的质量事故，其危害程度往往很大。因此，对土方工程施工必须特别重视，按设计和验收规范的要求认真施工，以确保工程质量。

3.1.1　施工准备

（1）勘察施工现场，进行现场清理。

（2）熟悉和审查图纸。

（3）研究制定场地整平、基坑开挖方案。

（4）清除现场障碍物，进行场地平整。平整场地的表面坡度应符合设计要求，平整后的场地表面应逐点检查。

（5）进行地下勘探，检查定位放线、排水和降低地下水位系统，合理安排土方运输车的行走路线及弃土场。

（6）平面控制桩和水准控制点应采取可靠的保护措施，定期复测和检查。

（7）修建临时设施和临时道路。

（8）准备机具，进行施工组织。

3.1.2 土方开挖

土方开挖的施工方法分为人工开挖和机械开挖。对于土方量较大的工程，一般采用机械开挖的施工方法。机械化施工常用机械有推土机、铲运机、挖掘机等。土方机械化开挖应根据工程规模、开挖深度、地质、地下水情况、运距、现场机械设备条件，工期的要求以及土方机械的特点等合理选择挖土机械，以充分发挥机械效率，加快工程进度。

1. 质量控制要点

（1）施工过程中应检查平面位置、水平标高、边坡坡度、压实度、排水、降低地下水位系统，并随时观测周围的环境变化。

（2）为了使建筑物有一个比较均匀的下沉，应该对地基进行严格的检验，与地质勘察报告进行核对，检查地基土与工程地质勘察报告、设计图纸是否相符，有无破坏原状土的结构或发生较大的扰动现象。

（3）挖土堆放不能离基坑上边缘太近。

（4）土方开挖应具有一定的边坡坡度，临时性挖方的边坡值应符合相关规定。

（5）平面控制桩和水准控制点，应定期进行复测和检查。

（6）临时性挖方的边坡值应符合表3-1的要求。

临时性挖方边坡值 **表3-1**

土的类别		边坡值（高：宽）
砂土（不包括细砂、粉砂）		1：1.25～1：1.50
一般性黏土	硬	1：0.75～1：1.00
	硬、塑	1：1.00～1：1.25
	软	1：1.50或更缓
碎石类土	充填坚硬、硬塑黏性土	1：0.50～1：1.00
	充填砂土	1：1.00～1：1.50

注：1. 设计有要求时，应符合设计标准。
2. 如采用降水或其他加固措施，可不受本表限制，但应计算复核。
3. 开挖深度，对软土不应超过4m，对硬土不应超过8m。
4. 本表摘自《建筑地基基础工程施工质量验收规范》(GB 50202—2002)。

2. 质量检验标准

土方开挖工程的质量检验标准应符合表 3-2 的规定。

土方开挖工程质量检验标准　　表 3-2

<table>
<tr><th rowspan="3">项</th><th rowspan="3">序</th><th rowspan="3">检查项目</th><th colspan="5">允许偏差或允许值（mm）</th><th rowspan="3">检验方法</th><th rowspan="3">检查数量</th></tr>
<tr><th rowspan="2">柱基基坑基槽</th><th colspan="2">挖方场地平整</th><th rowspan="2">管沟</th><th rowspan="2">地（路）面基层</th></tr>
<tr><th>人工</th><th>机械</th></tr>
<tr><td rowspan="3">主控项目</td><td>1</td><td>标高</td><td>−50</td><td>±30</td><td>±50</td><td>−50</td><td>−50</td><td>水准仪</td><td>柱基按总数抽查 10%，但不少于 5 个，每个不少于 2 点；基坑每 20m² 取 1 点，每坑不少于 2 点；基槽、管沟、排水沟、路面基层每 20m 取 1 点，但不少于 5 点；挖方每 30～50m² 取 1 点，但不少于 5 点</td></tr>
<tr><td>2</td><td>长度、宽度（由设计中心线向两边量）</td><td>+200
−50</td><td>+300
−100</td><td>+500
−150</td><td>+100</td><td>—</td><td>经纬仪，用钢尺量</td><td rowspan="2">每 20m 取 1 点，每边不少于 1 点</td></tr>
<tr><td>3</td><td>边坡</td><td colspan="5">设计要求</td><td>用坡度尺检查</td></tr>
<tr><td rowspan="2">一般项目</td><td>1</td><td>表面平整度</td><td>20</td><td>20</td><td>50</td><td>20</td><td>20</td><td>用 2m 靠尺和楔形塞尺检查</td><td>每 30～50m² 取 1 点</td></tr>
<tr><td>2</td><td>基底土性</td><td colspan="5">设计要求</td><td>观察或土样分析</td><td>全数观察检查</td></tr>
</table>

注：地（路）面基层的偏差只适用于直接在挖、填方上做地（路）面的基层。

3.1.3 土方回填

土方回填分为人工填土和机械填土两种方法。人工填土就是用手推车送土，以人工用铁锹、耙、锄等工具进行回填土。机械填土则利用推土机、铲运机、汽车等机械进行填土施工。为了保证填方的强度与稳定性，选择的填方土料应为强度高、压缩性小、水稳定性好、便于施工的土、石料。填土应严格控制含水量，土的含水量过大时，应采用翻松、晾晒、风干等方法降低含水量，或采用换土回填、均匀掺入干土或其他吸水材料、打石灰桩等措施；如含水量偏低，则可预先洒水湿润，否则难以压实。

1. 质量控制要点

（1）填方基底处理，属于隐蔽工程，必须按设计要求施工。

（2）对填方土料应按设计要求验收后方可填入。

（3）填方施工过程中应检查排水措施、每层填筑厚度、含水量控制、压实程度等。

（4）填方基底处理应做好隐蔽工程验收，重点内容应画图表示，基底处理经中间验收合格后，才能进行填方和压实。

（5）土方回填前应清除基底的垃圾、树根等杂物，抽除坑穴积水、淤泥，验收基底标高。

（6）经中间验收合格的填方区域场地应基本平整，并有0.2%坡度便于排水，填方区域有陡于1/5的坡度时，应控制好阶梯形台阶的阶宽不小于1m，台阶面严禁上抬造成台阶上积水。

（7）回填土的含水量控制：土的最佳含水率和最少压实遍数可通过试验求得。土的最优含水量和最大干密度可参见表3-3的规定。

（8）填土的边坡控制见表3-4。

（9）填筑厚度及压实遍数应根据土质、压实系数及所用机具来确定。如无试验数据时，应符合表3-5的规定。

土的最佳含水量和最大干密度参考表　　　　表 3-3

项次	土的种类	变动范围	
		最佳含水量（重量比）（%）	最大干密度（$g \cdot cm^{-3}$）
1	砂土	8～12	1.80～1.88
2	黏土	19～23	1.58～1.70
3	粉质黏土	12～15	1.85～1.95
4	粉土	16～22	1.61～1.80

注：1. 表中土的最大密度应根据现场实际达到的数字为准。
2. 一般性的回填可不作此项测定。

填土的边坡控制　　　　表 3-4

项次	土的种类	填方高度（m）	边坡坡度
1	黏土类土、黄土、类黄土	6	1∶1.50
2	粉质黏土、泥灰岩土	6～7	1∶1.50
3	中砂和粗砂	10	1∶1.50
4	砾石和碎石土	10～12	1∶1.50
5	易风化的岩土	12	1∶1.50
6	轻微风化、尺寸在 25cm 内的石料	6 以内 6～12	1∶1.33 1∶1.50
7	轻微风化、尺寸大于 25cm 的石料，边坡用最大石块、分排整齐铺砌	12 以内	1∶1.50～1∶0.75
8	轻微风化、尺寸大于 40cm 的石料，其边坡分排整齐	5 以内 5～10 ＞10	1∶0.50 1∶0.65 1∶1.00

注：1. 当填方高度超过本表规定限值时，其边坡可做成折线形，填方下部的边坡坡度应为 1∶1.75～1∶2.00。
2. 凡永久性填方，土的种类未列入本表者，其边坡坡度不得大于$\psi+45°/2$，ψ为土的自然倾斜角。

填土施工时的分层厚度及压实遍数　　　　表 3-5

压实机具	分层厚度（mm）	每层压实遍数
平碾	250～300	6～8
振动压实机	250～350	3～4
柴油打夯机	200～250	3～4
人工打夯	＜200	3～4

2. 质量检验标准

填方施工结束后，应检查标高、边坡坡度、压实程度等，检验标准应符合表 3-6 的规定。

填土工程质量检验标准　　表 3-6

项	序	项目	允许偏差或允许值（mm）					检验方法	检验数量
			柱基、基坑、基槽	场地平整		管沟	地（路）面基层		
				人工	机械				
主控项目	1	标高	−50	±30	±50	−50	−50	水准仪	柱基按总数抽查 10%，但不少于 5 个，每个不少于 2 点；基坑每 $20m^2$ 取 1 点，每坑不少于 2 点；基槽、管沟、排水沟、路面基层每 20m 取 1 点，但不少于 5 点；场地平整每 100～$400m^2$ 取 1 点，但不少于 10 点
主控项目	2	分层压实系数	设计要求					按规定方法	密实度控制基坑和室内填土，每层按 100～$500m^2$ 取样一组；场地平整填方，每层按 400～$900m^2$ 取样 1 组；基坑和管沟回填每 20～$50m^2$ 取样一组，但每层均不得少于一组，取样部位在每层压实后的下半部

续表

项	序	项目	允许偏差或允许值（mm）					检验方法	检验数量
			柱基、基坑、基槽	场地平整 人工	场地平整 机械	管沟	地（路）面基层		
一般项目	1	回填土料	设计要求					取样检查或直观鉴别	同一土场不少于1组
一般项目	2	分层厚度及含水量	设计要求					水准仪及抽样检查	分层铺土厚度检查每10～20mm或100～200m² 设置一处。回填料实测含水量与最佳含水量之差，黏性土控制在−4%～+2%范围内，每层填料均应抽样检查一次，由于气候因素使含水量发生较大变化时应再抽样检查
一般项目	3	表面平整度	20	20	30	20	20	用靠尺或水准仪	每30～50m² 取1点

3.2 地基处理工程

地基处理的主要目的是提高地基土的抗剪强度，改善地基的变形性质，改善地基的渗透性和渗透稳定，提高地基土的抗震性能以及消除黄土的失陷性、膨胀土的胀缩性等。按不同的地基处理方法分，常用的地基可分为一般地基和复合地基两大类。一般地基可分为灰土地基、砂和砂石地基、粉煤灰地基、强夯地基、注浆地基和预压地基等，复合地基可分为水泥土搅拌桩复合地基、高压喷射注浆桩复合地基、砂桩地基、土工合成材料地基、振冲桩复合地基、土和灰土挤密桩复合地基、水泥粉煤灰碎石桩复合地基和夯实水泥土桩复合地基等。

3.2.1 灰土地基

1. 材料质量要求

(1) 土料。宜优先采用就地挖出的黏性土及塑性指数大于4的粉土，土内不得含有冻土、耕土、淤泥和有机物等杂物。土料须过筛，其颗粒粒径不应大于15mm。

(2) 熟化石灰。应用Ⅲ级以上新鲜的块灰，氧化钙、氧化镁含量越高越好，使用前1～2d消解并过筛，其颗粒不得大于5mm，且不应夹有未熟化的生石灰块及其他杂质，也不得含有过多的水分。

(3) 灰土。灰土配合比应严格符合设计要求，且要求搅拌均匀，颜色一致。

2. 质量控制要点

(1) 铺设前应先验槽，若发现有软弱土层或孔穴，应挖除并用素土或灰土分层填实，且将积水、淤泥清除或晾干。

(2) 灰土拌合采用人工翻拌，灰土的配合比要符合设计。拌合要均匀，并保持一定湿度，适当控制其含水量，以手握成团，两指轻捏能碎为宜。

(3) 灰土搅拌好应当分层进行铺设。每层灰土夯打遍数，应根据设计的压实系数或干土质量密度在现场试验确定。

(4) 灰土分段施工时，不得在墙角、柱墩及承重窗间墙下接缝，上下相邻两层灰土的接缝间距不得小于500mm，灰土要边铺填边夯压密实。

(5) 要连续进行，尽快完成，要有防雨和排水措施。

(6) 灰土夯打完后，应及时进行基础施工，并及时回填土。

3. 质量检验标准

灰土地基的质量检验标准应符合表3-7的规定。

灰土地基质量检验标准 **表 3-7**

项	序	检查项目	允许偏差或允许值		检查方法	检查数量
			单位	数值		
主控项目	1	地基承载力	设计要求		按规定方法	每单位工程应不少于3点，$100m^2$以上工程，每$100m^2$至少应有1点，$3000m^2$以上工程，每$300m^2$至少应有1点。每一独立基础下至少应有1点，基槽每20延米应有1点
	2	配合比	设计要求		按拌合时的体积比	柱坑按总数抽查10%，但不少于5个；基坑、沟槽每$10m^2$抽查1处，但不少于5处
	3	压实系数	设计要求		现场实测	应分层抽样检验土的干密度，当采用贯入仪或钢筋检验垫层的质量时，检验点的间距应小于4m。当取土样检验垫层的质量时，对大基坑每50～$100m^2$应不少于1个检验点；对基槽每10～20m应不少于1个点；每个单独柱基应不少于1个点
一般项目	1	石灰粒径	mm	≤5	筛分法	柱坑按总数抽查10%，但不少于5个；基坑、沟槽每$10m^2$抽查1处，但不少于5处
	2	土料有机质含量	%	≤5	试验室焙烧法	随机抽查，但土料产地变化时须重新检测
	3	土颗粒粒径	mm	≤15	筛分法	柱坑按总数抽查10%，但不少于5个；基坑、沟槽每$10m^2$抽查1处，但不少于5处

续表

项	序	检查项目	允许偏差或允许值		检查方法	检查数量
			单位	数值		
一般项目	4	含水量（与要求的最优含水量比较）	%	±2	烘干法	应分层抽样检验土的干密度，当采用贯入仪或钢筋检验垫层的质量时，检验点的间距应小于4m。当取土样检验垫层的质量时，对大基坑每50～10m^{2}应不少于1个检验点；对基槽每10～20m应不少于1个点；每个单独柱基应不少于1个点
	5	分层厚度偏差（与设计要求比较）	mm	±50	水准仪	柱坑按总数抽查10%，但不少于5个；基坑、沟槽每10m^{2}抽查1处，但不少于5处

3.2.2 砂和砂石地基

1. 材料质量要求

(1) 砂。宜使用颗粒级配良好、质地坚硬的中砂或粗砂，当用细砂、粉砂时，应掺加25%～35%含量的粒径20～50mm的卵石（或碎石），但要分布均匀。砂中有机杂质（如杂草、树根等）含量不大于5%，含泥量应小于5%。兼作排水垫层时，含泥量不得超过3%。

(2) 砂砾石。用自然级配的砂石（或卵石、碎石）混合物，粒级应在50mm以下，其含量应在50%以内，不得含有植物残体、垃圾等杂物，含泥量不大于5%。

(3) 砂石。砂石的抽检数量以每400m^{3}或者600t为一检验批。在检查有机质含量时，根据材料的供货稳定和质量随机抽查。

2. 质量控制要点

(1) 铺设前应先验槽，将基底表面浮土、淤泥和杂物清除干净。槽两侧应设一定坡度，防止振捣时塌方。

（2）由于垫层标高不尽相同，施工时应分段施工，接头处应挖成阶梯状或斜坡搭接，并按先深后浅的顺序施工，搭接处应夯压密实。

（3）砂石地基应分层铺设，分层夯实或压实。每层铺设厚度、捣实方法可参照表 3-8 的规定选用。每铺好一层垫层，经干密度检验合格后方可进行上一层施工。

砂和砂石垫层每层铺筑厚度及最优含水量　　表 3-8

项次	捣实方法	每层铺筑厚度（mm）	施工时最优含水量（%）	施工说明	备注
1	平振法	200～250	15～20	用平板式振捣器往复振捣	不宜使用于细砂或含泥量较大的砂所铺筑的砂垫层
2	插振法	振捣器插入深度	饱和	（1）用插入式振捣器； （2）插入间距可根据机械振幅大小决定； （3）不应插至下卧黏性土层； （4）插入振捣器完毕后所留的孔洞，应用砂填实	
3	水撼法	250	饱和	（1）注水高度应超过每次铺筑面； （2）钢叉摇撼捣实，插入点间距为 100mm； （3）钢叉分四齿，齿的间距 80mm，长 300mm，木柄长 90mm	湿陷性黄土、膨胀土地区不得使用
4	夯实法	150～200	8～12	（1）用木夯或机械夯； （2）木夯重 40kg，落距 400～500mm； （3）一夯压半夯，全面夯实	
5	碾压法	250～350	8～12	6～12t 压路机往复碾压	（1）适用于大面积砂垫层； （2）不宜用于地下水位以下的砂垫层

注：在地下水位以下的垫层其最下层的铺筑厚度可比表中增加 50mm。

(4) 垫层铺设完毕后，应立即进行下道工序的施工，严禁人员及车辆在砂石垫层上行走，必要时应在垫层上铺板行走。

(5) 夜间施工时，应合理安排施工顺序，设有足够的照明设施。

(6) 冬期施工时，不得采用含有冰块的砂石。

3. 质量检验标准

砂和砂石地基的质量检验标准应符合表 3-9 的规定。

砂及砂石地基质量检验标准　　表 3-9

项	序	检查项目	允许偏差或允许值		检查方法	检查数量
			单位	数值		
主控项目	1	地基承载力	设计要求		按规定方法	每单位工程应不少于 3 点，1000m² 以上工程，每 100m² 至少应有 1 点，3000m² 以上工程，每 300m² 至少应有 1 点。每一独立基础下至少应有 1 点，基槽每 20 延米应有 1 点
	2	配合比	设计要求		检查拌合时的体积比或重量比	柱坑按总数抽查 10%，但不少于 5 个；基坑、沟槽每 10m² 抽查 1 处，但不少于 5 处
	3	压实系数	设计要求		现场实测	应分层抽样检验土的干密度，当采用贯入仪或钢筋检验垫层的质量时，检验点的间距应小于 4m。当取土样检验垫层的质量时，对大基坑每 50～100m 应不少于 1 个检验点；对基槽每 10～20m 应不少于 1 个点；每个单独柱基应不少于 1 个点

续表

项	序	检查项目	允许偏差或允许值		检查方法	检查数量
			单位	数值		
一般项目	1	砂石料有机质含量	%	≤5	焙烧法	随机抽查，但砂石料产地变化时须重新检测
	2	砂石料含泥量	%	≤5	水洗法	(1) 石子的取样、检测。用大型工具（如火车、货船或汽车）运输至现场的，以 $400m^3$ 或 600t 为一验收批；用小型工具（如马车等）运输的，以 $200m^3$ 或 300t 为一验收批。不足上述数量者以一验收批取样；(2) 砂的取样、检测。用大型的工具（如火车、货船或汽车）运输至现场的，以 $400m^3$ 或 600t 为一验收批；用小型工具（如马车等）运输的，以 $200m^3$ 或 300t 为一验收批。不足上述数量者以一验收批取样
	3	石料粒径	mm	≤100	筛分法	
	4	含水量（与最优含水量比较）	%	±2	烘干法	每 50～$100m^2$ 不少于 1 个检验点
	5	分层厚度(与设计要求比较)	mm	±50	水准仪	柱坑按总数抽查 10%，但不少于 5 个；基坑、沟槽每 $10m^2$ 抽查 1 处，但不少于 5 处

3.2.3 粉煤灰地基

1. 材料质量要求

（1）粉煤灰材料可用一般电厂排放的硅铝型低钙粉煤灰。$SiO_2+Al_2O_3$ 总含量不低于 70%（或 $SiO_2+Al_2O_3+Fe_2O_3$ 总含量），烧失量不大于 12%，粒径应控制在 0.001～2.0mm 之间，含水量应控制在31%～4%范围内，且应防止被污染。

(2) 粉煤灰可选用湿排灰、调湿灰和干排灰，且不得含有植物、垃圾和有机物杂质。

2. 质量控制要点

(1) 铺设前应先验槽，清除地基底面垃圾杂物，并排除表面积水。

(2) 垫层应分层铺设夯实，铺设厚度用机动夯为200～300mm，夯完后厚度为150～200mm；用压路机铺设厚度为300～400mm，压实后为250mm左右。对小面积基坑、槽垫层，可用人工分层摊铺，用平板振动器和蛙式打夯机压实，每次振（夯）板应重叠1/3～1/2板宽，往复压实由两侧或四周向中间进行，夯实不少于3遍。大面积垫层应用推土机摊铺，先用推土机预压两遍，然后用8t压路机碾压，施工时压轮重叠1/3～1/2轮宽，往复碾压，一般碾压4～6遍。

(3) 粉煤灰铺设含水量应控制在最佳含水（$W_{op}\pm2\%$）范围内，如含水量过大时，需摊铺沥干后再碾压。粉煤灰铺设后，应于当天压完，如压实时含水量过低，呈松散状态，则应洒水湿润再碾压密实，洒水的水质不得含有油质，pH值应为6～9。

(4) 每层铺完经检测合格后，应及时铺筑上层，禁止车辆碾压或长时间曝晒，以防干燥、松散、起尘、污染环境。

(5) 在软弱地基上填筑粉煤灰垫层时，应先铺设20cm的中、粗砂或高炉干渣，以免下卧软土层表面受到扰动，同时有利于下卧的软土层的排水固结，并切断毛细水的上升。

(6) 夯实或碾压时，如出现“橡皮土”现象，应暂停压实，采取将垫层开槽、翻松、晾晒或换灰等方法处理。

(7) 冬期施工时，若最低气温低于0℃时，不得施工，以免粉煤灰含水冻胀。

3. 质量检验标准

粉煤灰地基质量检验标准应符合表3-10的规定。

粉煤灰地基质量检验标准 **表 3-10**

项	序	检查项目	允许偏差或允许值		检查方法	检查数量
			单位	数值		
主控项目	1	压实系数	设计要求		现场实测	每柱坑不少于 2 点；基坑每 $20m^2$ 查 1 点；但不少于 2 点；基槽、管沟、路面基层每 20m 查 1 点，但不少于 5 点；地面基层每 $30\sim50m^2$ 查 1 点，但不少于 5 点；场地铺垫每 $100\sim400m^2$ 查 1 点；但不得小于 10 点
主控项目	2	地基承载力	设计要求		按规定方法	每单位工程应不少于 3 点；$1000m^2$ 以上工程，每 $100m^2$ 至少应有 1 点；$3000m^2$ 以上工程，每 $300m^2$ 至少应有 1 点：每一独立基础下至少应有 1 点，基槽每 20 延米应有 1 点
一般项目	1	粉煤灰粒径	mm	0.001～2.000	过筛	同一厂家，同一批次为一批
一般项目	2	氧化铝及三氧化硅含量	%	≥70	试验室化学分析	同一厂家，同一批次为一批
一般项目	3	烧失量	%	≤12	试验室烧结法	同一厂家，同一批次为一批
一般项目	4	每层铺筑厚度	mm	±50	水准仪	柱坑总数检查 10%，但不少于 5 个；基坑、沟槽每 $10m^2$ 检查 1 处，但不少于 5 处
一般项目	5	含水量（与最优含水量比较）	%	±2	取样后试验室确定	对大基坑每 $50\sim100m^2$ 应不少于 1 点，对基槽每 10～20m 应不少于 1 个点，每个单独柱基应不少于1 点

3.2.4 强夯地基

强夯地基是用起重机械将大吨位（一般不小于 8t）夯锤起吊到高处（一般不小于 6m），自由落下，对土体进行强力夯实，以提高地基强度，降低地基的压缩性的一种夯实地基的方法。

1. 质量控制要点

（1）施工前应检查夯锤质量，尺寸、落锤控制手段及落距，夯击遍数，夯点布置，夯击范围。若无经验，宜先试夯取得各类施工参数后再正式施工。

（2）施工前勘察强夯地基地质，对不均匀土层适当增加钻孔和原位测试工作，掌握土质情况，用来制定强夯方案和对比夯前、夯后加固效果。查明强夯影响范围内的地下构筑物和各种地下管线的位置及标高，采取必要的防护措施；避免因强夯施工而造成破坏。

（3）施工中应检查落距、夯击遍数、夯点位置、夯击范围。如无经验，宜先试夯取得各类施工参数后再正式施工。对透水性差、含水量高的土层，前后两遍夯击应有一定间歇期，一般为2～4周，夯点超出需加固的范围为加固深度的1/3～1/2，且不小于3m。

（4）对于高饱和度的粉土、黏性土和新饱和填土进行强夯时，很难将最后两击的平均夯沉量控制在规定的范围内。可采取以下措施：

1）适当将夯击能量降低。

2）将夯沉量差适当加大。

3）填土采取将原土上的淤泥清除，挖纵横盲沟，以排除土内的水分，同时在原土上铺50cm的砂石混合料，以保证强夯时土内的水分排出，在夯坑内回填块石、碎石或矿渣等粗颗粒材料，进行强夯置换等措施。

通过强夯将坑底软土向四周挤出。使在夯点下形成块（碎）石墩，并与四周软土构成复合地基，有明显加固效果。

（5）夯击时，落锤应保持平稳，夯位应准确，夯击坑内积水应及时排除。坑底含水量过大时，可铺砂石后再进行夯击。

（6）强夯应分段进行，从边缘夯向中央。对厂房柱基亦可一排一排地夯，起重机直线行驶，从一边驶向另一边，每夯完一遍，进行场地平整，放线定位后又进行下一遍夯击。强夯的施工顺序是先深后浅，即先加固深层土，再加固中层土，最后加固浅层土。于夯坑底面以上的填土（经推土机推平夯坑）比较疏松，加上强夯产生的强大振动，亦会使周围已夯实的表层土有一定的振松，如前所述，一定要在最后一遍点夯完之后，再以低能量满夯一遍。有条件的满夯时宜采用小夯锤夯击，并适当增加满夯的夯击次数，以提高表层土的夯实效果。满夯可采用轻锤或低落距多次夯击，锤印搭接。

（7）做好施工过程中的监测和记录工作，包括检查夯锤重和落距，对夯点放线进行复核，检查夯坑位置，按要求检查每个夯点的夯击次数、每夯的夯沉量等，对各项施工参数、施工过程实施情况做好详细记录，作为质量控制的依据。

（8）雨期强夯施工，应采取措施防止场地积水。场地四周设排水沟、截洪沟，防止雨水入侵夯坑；填土中间稍高；土料含水率应符合要求，分层回填、摊平、碾压，使表面保持1%～2%的排水坡度，当班填当班压实。雨后抓紧排水，推掉表面稀泥和软土再碾压，夯后夯坑立即填平、压实，使之高于四周。

（9）冬期施工应清除地表冰冻再强夯，夯击次数应相应增加，如有硬壳层要适当增加夯次或提高夯击质量。

2. 质量检验标准

强夯地基质量检验标准应符合表3-11的规定。

强夯地基质量检验标准　　表3-11

项	序	检查项目	允许偏差或允许值		检查方法	检查数量
			单位	数值		
主控项目	1	地基强度	设计要求		按规定方法	对于简单场地上的一般建筑物，每个建筑物地基的检验点应不少于3处；对于复杂场地或重要建筑物地基应增加检验点数。检验深度应不小于设计处理的深度
	2	地基承载力	设计要求		按规定方法	每单位工程应不少于3点，1000m² 以上工程，每100m² 至少应有1点，每3000m² 以上工程，每300m² 至少应有1点。每一独立基础下至少应有1点，基槽每20延米应有1点

续表

项	序	检查项目	允许偏差或允许值		检查方法	检查数量
			单位	数值		
一般项目	1	夯锤落距	mm	±300	钢索设标志	每工作台班不少于3次
	2	锤重	kg	±100	称重	全数检查
	3	夯击遍数及顺序	设计要求		计数法	
	4	夯点间距	mm	±500	用钢尺量	可按夯击点数抽查5%
	5	夯击范围（超出基础范围距离）	设计要求		用钢尺量	
	6	前后两遍间歇时间	设计要求			全数检查

3.2.5 注浆地基

注浆地基是根据不同的土层与工程需要，将配置好的水泥浆液或化学浆液，通过气压、液压或电化学原理，采用灌注压入、高压喷射、深层搅拌（利用渗透灌注、挤密灌注、劈裂灌注、电动化学灌注），使浆液与土颗粒胶结起来，以改善地基土的物理和力学性质，从而提高土体强度的地基处理方法。

1. 质量控制要点

（1）施工前应通过试验确定灌浆段长度、灌浆孔距、灌浆压力等有关技术参数。浆液组成材料的性能应符合设计要求，且应确保注浆设备正常运转。

（2）为确保注浆加固地基的效果，施工前应进行室内浆液配比试验及现场注浆试验，以确定浆液配方及施工参数。

（3）每天检查配制浆液的计量装置正确性，配制浆液的主要性能指标。储浆桶中应有防沉淀的搅拌叶片。

（4）如实记录注浆孔位的顺序、注浆压力、注浆体积、冒浆情况及突发事故处理等。

（5）根据设计要求制定施工技术方案，选定送注浆管下沉的钻机型号及性能、压送浆液压浆泵的性能（必须附有自动计量装置和压力表），规定注浆孔施工程序，规定材料检验取样方法和浆液拌制的控制程序，注浆过程所需的记录等。

（6）连接注浆管的连接件与注浆管同直径，防止注浆管周边与土体之间有间隙而产生冒浆。

（7）施工结束后，应检查注浆体强度、承载力等。检查孔数为总量的 2%～5%，不合格率大于或等于 20%时应进行二次注浆。检验应在注浆后 15d（砂土、黄土）或 60d（黏性土）进行。

2. 质量检验标准

注浆地基的质量检验标准应符合表 3-12 的规定。

注浆地基质量检验标准　　表 3-12

项	序	检查项目		允许偏差或允许值		检查方法	检查数量
				单位	数值		
主控项目	1	原材料检验	水泥	设计要求		查产品合格证书或抽样送检	按同一生产厂家、同一等级、同一品种、同一批号且连续进场的水泥，袋装不超过 200t 为一批，散装不超过 500t 为一批，每批抽样不少于一次
			注浆用砂：粒径 细度模数 含泥量及有机物含量	mm %	<2.5 <2.0 <3	试验室试验	用大型工具（如火车、货船或汽车）运输至现场的，以 400m³ 或 600t 为一验收批；用小型工具（如马车等）运输的，以 200m³ 或 300t 为一验收批，不足上述数量者以一验收批取样
			注浆用黏土：塑性指数 黏粒含量 含砂量 有机物含量	% % %	>14 >25 <5 <3	试验室试验	根据土料供货质量和货源情况抽查

续表

项	序	检查项目	允许偏差或允许值		检查方法	检查数量
			单位	数值		
主控项目	1	原材料检验 粉煤灰：细度	不粗于同时使用的水泥		试验室试验	同一厂家，同一批次为一批
		烧失量	%	<3		
		水玻璃：模数	2.5～3.3		抽样送检	同一厂家，同一品种为一批
		其他化学浆液	设计要求		查产品合格证书或抽样送检	
	2	注浆体强度	设计要求		取样检验	孔数总量的2%～5%，且不少于3个
	3	地基承载力	设计要求		按规定方法	
一般项目	1	各种注浆材料称量误差	%	<3	抽查	随机抽查，每一台班不少于3次
	2	注浆孔位	mm	±20	用钢尺量	抽孔位的10%，且不少于3个
	3	注浆孔深	mm	±100	量测注浆管长度	
	4	注浆压力（与设计参数比）	%	±10	检查压力表读数	随机抽查，每一台班不少于3次

3.2.6 预压地基

1. 质量控制要点

(1) 水平排水垫层施工时，应避免对软土表层的过大扰动，以免造成砂和淤泥混合，影响垫层的排水效果。另外，在铺设砂垫层前，应清除干净砂井顶面的淤泥或其他杂质，以利于砂井排水。

(2) 对于预压软土地基，因软土固结系数较小，软土层较厚时，达到工作要求的固结度需要较长时间，为此，对软土预压应设置排水通道，排水通道的长度和间距宜通过试压试验确定。

（3）堆载预压法施工。

1）塑料排水带要求滤网膜渗透性好。

2）塑料带滤水膜在转盘和打设过程中应避免损坏，防止淤泥进入带心，堵塞输水孔而影响塑料带的排水效果。塑料带与桩尖的连接要牢固，避免提管时脱开将塑料带拔出。塑料带需接长时，采用滤水膜内平搭接的连接方式，搭接长度宜大于200mm。

3）堆载预压过程中，堆在地基上的荷载不得超过地基的极限荷载，避免地基失稳破坏。应分级加载，一般堆载预压控制指标是：地基最大下沉量不宜超过1.0～15mm/d，水平位置不宜大于4～7mm/d，孔隙水压力不超过预压荷载所产生应力的60%。通常加载在60kPa之前，加荷速度可不加限制。

4）预压时间应根据建筑物的要求和固结情况来确定，一般满足“地面总沉降量达到预压荷载下计算最终沉降量的80%以上，理论计算的地基总固结度达80%以上，地基沉降速度已降到0.5～1.0mm/d”条件即可卸荷。

（4）真空预压法施工。

1）铺设砂垫层。先将地基表面的杂物清理干净，再铺设砂垫层。砂料进场前需要抽取砂样送至具备资格的质量检测单位进行检验。

2）打入塑料排水板。塑料排水板进场时的规格、材质和排水性能应符合设计要求和相关检验标准，按照抽检程序送检合格后方可使用。

3）膜下抽真空。进场真空泵、覆膜下仪表、滤管、连通件和密封膜等材料的性能和质量应符合设计规范和要求，要经相关单位检测合格后方可使用。真空预压的抽气设备宜采用射流真空泵，真空泵的设置应根据预压面积大小、真空泵效率以及工程经验确定，但每块预压区至少应设置两台真空泵。真空预压的真空度可一次抽气至最大，当连续 5d 实测沉降小于每天 2mm 或固结度≥80%，或符合设计要求时，可以停止抽气。

（5）施工监测和检测。

2. 质量检验标准

预压地基和塑料排水带质量检验标准应符合表 3-13 的规定。

预压地基和塑料排水带质量检验标准 表 3-13

项	序	检查项目	允许偏差或允许值		检查方法	检查数量
			单位	数值		
主控项目	1	预压载荷	%	≤2	水准仪	全数检查
主控项目	2	固结度（与设计要求比）	%	≤2	根据设计要求采用不同的方法	根据设计要求
主控项目	3	承载力或其他性能指标	设计要求		按规定方法	每单位工程应不少于 3 点，$1000m^2$ 以上工程，每 $100m^2$ 至少应有 1 点，$3000m^2$ 以上工程，每 $300m^2$ 至少应有 1 点。每一独立基础下至少应有 1 点，基槽每 20 延米应有 1 点
一般项目	1	沉降速率（与控制值比）	%	±10	水准仪	全数检查，每天进行
一般项目	2	砂井或塑料排水带位置	mm	±100	用钢尺量	抽 10%且不少于 3 个
一般项目	3	砂井或塑料排水带插入深度	mm	±200	插入时用经纬仪检查	

续表

项	序	检查项目	允许偏差或允许值		检查方法	检查数量
			单位	数值		
一般项目	4	插入塑料排水带时的回带长度	mm	≤500	用钢尺量	抽10%且不少于3个
	5	塑料排水带或砂井高出砂垫层距离	mm	≥200	用钢尺量	
	6	插入塑料排水带的回带根数	%	<5	目测	

注：如真空预压，主控项目中预压载荷的检查为真空度降低值<2%。

3.2.7 水泥土搅拌桩复合地基

水泥土搅拌桩是利用水泥或水泥系材料为固化剂，通过特制的深层搅拌机械，在地基深处就地将原位土和固化剂搅拌，形成水泥土圆柱体。由于这几种物质之间混合可以产生一系列物理化学反应，使圆柱体具有一定强度，桩周土得到部分改善，组成具有整体性、水稳性和一定强度的复合地基，也可做成连续的地下水泥土壁墙和水泥土块体，以承受荷载或隔水。根据施工方法的不同，水泥土搅拌法分为水泥浆搅拌和地基土搅拌。

1. 质量控制要点

(1) 施工前必须打试验桩，检查水泥外掺剂和土体是否符合要求，调整好搅拌机、灰浆泵、拌浆机等设备。

(2) 施工现场事先应予平整，必须清除地上、地下一切障碍物。潮湿和场地低洼时应抽水和清淤，分层夯实回填黏性土料，不得回填杂填土或生活垃圾。

(3) 作为承重水泥土搅拌桩施工时，设计停浆（灰）面应高出基础底面标高 300～500mm（基础埋深大取小值，反之，取大值）；在开挖基坑时，应将该施工质量较差段用手工挖除，以防止发生桩顶与挖土机械碰撞断裂现象。

（4）为保证水泥土搅拌桩的垂直度，要注意起吊搅拌设备的平整度和导向架的垂直度，水泥土搅拌桩的垂直度控制在 1.5%以内，桩位布置偏差不得大于 50mm，桩径偏差不得大于 $4D\%$（D 为桩径）。

（5）壁状加固时，桩与桩的搭接长度宜 200mm，搭接时间不大于 24h，如因特殊原因超过 24h 时，应对最后一根桩先进行空钻留出榫头以待下一个桩搭接；如间隔时间过长，与下一根桩无法搭接时，应在设计和业主方认可后，采取局部补桩或注浆措施。

（6）每天上班开机前，应先量测搅拌头刀片直径是否达到 700mm，搅拌刀片有磨损时应及时加焊，防止桩径偏小。

（7）施工中应检查机头提升速度、水泥浆或水泥注入量、搅拌桩的长度及标高。水泥土搅拌桩施工过程中，为确保搅拌充分，桩体质量均匀，搅拌机头提速不宜过快。否则，会使搅拌桩体局部水泥量不足或水泥不能均匀地拌合在土中，导致桩体强度不一。

（8）拌浆、输浆、搅拌等均应有专人记录，桩深记录偏差不得大于 100mm，时间记录误差不得大于 5s。

（9）施工时因故停浆，应将搅拌头下沉至停浆点以下 0.5m 处，恢复供浆时再喷浆提升。若停机 3h 以上，应拆卸输浆管路，清洗干净，防止恢复施工时堵管。

（10）施工结束后，应检查桩体强度、桩体直径及地基承载力。由于水泥土搅拌桩施工的影响因素较多，故检查数量略多于一般桩基。

2. 质量检验标准

水泥土搅拌桩地基质量检验标准应符合表 3-14 的规定。

水泥土搅拌桩地基质量检验标准　　　　表 3-14

项	序	检查项目	允许偏差或允许值		检查方法	检查数量
			单位	数值		
主控项目	1	水泥及外掺剂质量	设计要求		查产品合格证书或抽样送检	水泥：按同一生产厂家、同一等级、同一品种、同一批号且连续进场的水泥，袋装不超过 200t 为一批，散装不超过 500t 为一批，每批抽样不少于一次 外加剂：按进场的批次和产品的抽样检验方案确定
	2	水泥用量	参数指标		查看流量计	每工作台班不少于 3 次
	3	桩体强度	设计要求		按规定办法	不少于桩总数的 20%
	4	地基承载力	设计要求		按规定办法	总数的 0.5%～1%，但应不少于 3 处。有单桩强度检验要求时，数量为总数的 0.5%～1%，但应不少于 3 根
一般项目	1	机头提升速度	m/min	≤0.5	量机头上升距离及时间	每工作台班不少于 3 次
	2	桩底标高	mm	±200	测机头深度	抽 20%且不少于 3 个
	3	桩顶标高	mm	+100 −50	水准仪（最上部 500mm 不计入）	
	4	桩位偏差	mm	<50	用钢尺量	
	5	桩径		<0.04D	用钢尺量，D 为桩径	
	6	垂直度	%	≤1.5	经纬仪	
	7	搭接	mm	>200	用钢尺量	

3.2.8 高压喷射注浆桩复合地基

高压喷射注浆就是利用钻机钻孔，把带有特制的喷嘴的注浆管插至土层的预定位置后，用高压泵使浆液成为20MPa以上的高压射流，从喷嘴中喷射出来，把一定范围内的土层射穿，使原状土破坏。部分细小的土料随着浆液冒出水面，其余土粒在喷射流的冲击力、离心力和重力等作用下，与浆液搅拌混合，并按一定的浆土比例有规律地重新排列。浆液凝固后，便在土中形成一个固结体与桩间土一起构成复合地基，从而提高地基承载力，减少地基的变形，达到地基加固的目的。

1. 质量控制要点

(1) 施工前应检查水泥、外掺剂等的质量、桩位、压力表、流量表的精度和灵敏度，高压喷射设备的性能等。

(2) 高压喷射注浆工艺宜用普通硅酸盐水泥，强度等级不得低于32.5级，水泥用量、压力宜通过实验确定。

(3) 水泥浆的水灰比一般为0.7～1.0。水泥浆的搅拌宜在旋喷前1h以内搅拌。旋喷过程中冒浆量应控制在10%～25%之间。

(4) 旋喷施工前，应将钻机定位安放平稳，旋喷管的允许倾斜度不得大于1.5%。

(5) 施工中应检查施工参数（压力、水泥浆量、提升速度、旋转速度等）及施工程序。

(6) 由于喷射压力较大，容易发生窜浆（即第二个孔喷进的浆液，从相邻的孔内冒出），影响邻孔的质量，故应采用间隔跳打法施工，两孔间距一般大于1.5m。

(7) 当高压喷射注浆完毕，应迅速拔出注浆管，用清水冲洗管路。为防止浆液凝固收缩影响桩顶高程，必要时可在原孔位采用冒浆回灌或第二次注浆等措施。

(8) 施工结束后，应检验桩体强度、平均直径、桩身中心位置、桩体质量及承载力等。桩体质量及承载力检验应在施工结束后28d进行。

2. 质量检验标准

高压喷射注浆地基质量检验标准应符合表 3-15 的规定。

高压喷射注浆地基质量检验标准　　表 3-15

项	序	检查项目	允许偏差或允许值		检查方法	检查数量
			单位	数值		
主控项目	1	水泥及外掺剂质量	符合出厂要求		查产品合格证书或抽样送检	水泥：按同一生产厂家、同一等级、同一品种、同一批号且连续进场的水泥，袋装不超过 200t 为一批，散装不超过 500t 为一批，每批抽样不少于一次 外加剂：按进场的批次和产品的抽样检验方案确定
	2	水泥用量	设计要求		查看流量表及水泥浆水灰比	每工作台班不少于 3 次
	3	桩体强度或完整性检验	设计要求		按规定方法	按设计要求，设计无要求时可按施工注浆孔数的 2%～5%抽查，且不少于 2 个
	4	地基承载力	设计要求		按规定方法	总数的 0.5%～1%，但不得少于 3 处，有单桩强度检验要求时，数量为总数的 0.5%～1%，但应不少于 3 根
一般项目	1	钻孔位置	mm	≤50	用钢尺量	每台班不少于 3 次
	2	钻孔垂直度	%	≤1.5	经纬仪测钻杆或实测	抽 20%，不少于 5 个
	3	孔深	mm	±200	用钢尺量	
	4	注浆压力	按设定参数指标		查看压力表	
	5	桩体搭接	mm	>200	用钢尺量	
	6	桩体直径	mm	≤50	开挖后用钢尺量	
	7	桩身中心允许偏差		≤0.2D	开挖后桩顶下 500mm 处用钢尺量，D 为桩径。	

3.2.9 砂桩地基

砂桩是利用振动灌注施工机械，向地基土中沉入钢管灌注砂料而成，能起到砂井排水及挤密加固地基的作用。砂桩在成桩过程中，桩管周围土被挤密，密度增加，压缩性降低，在振动的桩管中灌入的砂料成为较密实的柱体，从而有效地分担了上部结构的荷载，可用于软弱土、淤泥质土及新填土的加固。砂桩施工应从外围或两侧向中间进行，成孔宜用振动沉管工艺。

1. 质量控制要点

（1）施工前，应检查砂料的含泥量及有机质含量、样桩的位置等。

（2）施工中检查每根砂桩的桩体、灌砂量、标高、垂直度等。

（3）施工结束后，应检查被加固地基的强度或承载力。

2. 质量检验标准

施工前应检查砂料的含泥量及有机质含量、样桩的位置等。施工中检查每根砂桩的桩位、灌砂量、标高、垂直度等。施工结束后，经过 7d 的间歇期后，检验被加固地基的强度或承载力。

砂桩地基的质量检验标准应符合表 3-16 的规定。

砂桩地基的质量检验标准 **表 3-16**

项	序	检查项目	允许偏差或允许值		检查方法
			单位	数值	
主控项目	1	灌砂量	%	≥95	实际用砂量与计算体积比
	2	地基强度	设计要求		按规定方法
	3	地基承载力	设计要求		按规定方法
一般项目	1	砂料的含泥量	%	≤3	试验室测定
	2	砂料的有机质含量	%	≤5	焙烧法
	3	桩位	mm	≤50	用钢尺量
	4	砂桩标高	mm	±150	水准仪
	5	垂直度	%	≤1.5	经纬仪检查桩管垂直度

3.2.10 土工合成材料地基

土工合成材料可用于加固软弱地基，使之形成复合地基，从而提高土体强度，显著地减少沉降，提高地基的稳定性；也可作挡土墙后的加固，可代替砂井；用于堤岸边坡，可使结构坡角加大，又能充分压实；用于公路、铁路路基作加强层，防止路基翻浆、下沉。此外，还可用于水库、渠道的防渗以及土石坝、灰坝、尾矿坝与闸基的反滤层，可取代砂石级配良好的反滤层，达到节约投资、缩短工期、保证安全使用的目的。

1. 材料质量要求

(1) 施工前应对土工合成材料的物理性能（单位面积的质量、厚度、相对密度）、强度、延伸率以及土、砂石料等做检验。土工合成材料以 100m² 为一批，每批应抽查 5%。

(2) 所用土工合成材料的品种与性能和填料土类，应根据工程特性和地基土条件，通过现场试验确定，垫层材料宜用黏性土、中砂、粗砂、砾砂、碎石等内摩阻力高的材料。如工程要求垫层排水，垫层材料应具有良好的透水性。

2. 质量控制要点

(1) 施工前，应先检验基槽，将基土中杂物、草根清除干净，将基坑修整平顺，尤其是水面以下的基底面，要先抛一层砂，将凹凸不平的面层予以平整，再由潜水员下水检查。

(2) 当土工织物用作反滤层时，应使织物有均匀折皱，使其保持一定的松紧度，以防在抛填石块石超过织物弹性极限的变形。

(3) 铺设应从一端向另外端进行，最后是中间，铺设松紧适度，端部须精心铺设铺固。

(4) 土工织物应沿堤轴线的横向展开铺设，不允许有褶皱，更不允许断开，并尽量以人工拉紧。

(5) 铺设土工织物滤层的关键是保证织物的连续性，使织物的弯曲、折皱、重叠以及拉伸至显著程度时，仍不丧失抗拉强度，尤其应注意，接缝的连接质量。

(6) 土工织物铺完之后，不得长时间受阳光曝晒，最好在一个月之内把上面的保护层做好。备用的土工织物在运送、贮存过程中，也应加以遮盖，不得长时间暴晒。

（7）土工织物上铺垫层时，第一层铺设厚度在50mm以下，用推土机铺设，施工时，要防止刮土板损坏土工织物，局部不得应力过度集中。

（8）若用块石保护土工织物，施工时应将块石轻轻铺放，不得在高处抛掷。如块石下落的情况不可避免时，应先在织物上铺一层砂保护。

（9）在地基中埋设孔隙水压力计，在土工织物垫层下埋设钢弦压力盒，在基础周围布设沉降观测点，对各阶段的测试数据进行仔细整理。

3. 质量检验标准

土工合成材料地基质量检验标准应符合表3-17的规定。

土工合成材料地基质量检验标准　　表3-17

项	序	检查项目	允许偏差或允许值		检查方法	检查数
			单位	数值		
主控项目	1	土工合成材料强度	%	≤5	置于夹具上做拉伸试验（结果与设计标准相比）	以 $100m^2$ 为一批，每批抽查5%
	2	土工合成材料延伸率	%	≤3	置于夹具上做拉伸试验（结果与设计标准相比）	
	3	地基承载力	设计要求		按规定方法	每单位工程应不少于3点，$1000m^2$ 以上工程，每 $100m^2$ 至少应有1点，$3000m^2$ 以上工程，每 $300m^2$ 至少应有1点。每一独立基础下至少应有1点，基槽每20延米应有1点

续表

项	序	检查项目	允许偏差或允许值		检查方法	检查数
			单位	数值		
一般项目	1	土工合成材料搭接长度	mm	≥300	用钢尺量	抽搭接数量的10%且不少于3处
	2	土石料有机质含量	%	≤5	焙烧法	根据土石料供货质量及稳定情况随机抽查
	3	层面平整度	mm	≤20	用2m靠尺	柱坑按点数检查10%，但不少于5处；基坑、沟槽每$10m^2$检查1处，但不少于5处
	4	每层铺设厚度	mm	±25	水准仪	

3.2.11 振冲桩复合地基

振冲法，又称振动水冲法，是利用振动和水冲加固地基的方法。振冲法对砂土是挤密作用，对黏性土是置换作用，加固后桩体与原地基土共同组成复合地基。如此重复填料和振密，直至地面，在地基中形成一个大直径的密实桩体与原地基构成的复合地基，从而提高地基的承载力，减少沉降和不均匀沉降，是一种快速、经济有效的地基加固方法。

1. 质量控制要点

施工前应检查填料的性能，电流表、电压表的准确度及振冲器的设备性能。为确切掌握好填料量、密实电流和留振时间，使各段桩体都符合规定的要求，应通过现场试成桩确定这些施工参数。填料应选择不溶于地下水，或不受侵蚀影响且本身无侵蚀性和性能稳定的硬粒料。控制粒径的目的是确保振冲效果及效率。粒径过大或过小，都对振冲有一定的影响。

施工中应检查密实电流、供水压力、供水量、填料量、孔底留振时间、振冲点位置、振冲器施工参数等（施工参数由振冲试验或设计确定）。振冲置换造孔的方法有：

（1）排孔法。即由一端开始到另一端结束。

（2）跳打法。即每排孔的施工是先间隔一孔、再完成其中的孔。

（3）帷幕法。即先造外围2～3圈孔，再造圈内孔，此时可隔一圈造一圈或依次向中心区推进。振冲施工必须防止漏孔，因此，要做好孔位编号和施工复查工作。

施工结束后，应在有代表性的地段做地基强度或地基承载力检验。振冲施工对原土结构造成扰动，强度降低。因此，质量检验应在施工结束后间歇一定时间进行。

2. 质量检验标准

振冲地基质量检验标准应符合表3-18的规定。

振冲地基质量检验标准　　表3-18

项	序	检查项目	允许偏差或允许值		检查方法	检查数量
			单位	数值		
主控项目	1	填料粒径	设计要求		抽样检查	同一产地每600t一批
	2	密实电流（黏性土）	A	50～55	电流表读数	每工作台班不少于3次
		密实电流（砂性土或粉土）（以上为功率30kW振冲器）	A	40～50		
		密实电流（其他类型振冲器）	A_0	1.5～2.0	电流表读数，A_0为空振电流	
	3	地基承载力	设计要求		按规定方法	总孔数的0.5%～1%，但不得少于3处
一般项目	1	填料含泥量	%	<5	抽样检查	按进场的批次和产品的抽样检验方案确定
	2	振冲器喷水中心与孔径中心偏差	mm	≤50	用钢尺量	抽孔数的20%且不少于5根
	3	成孔中心与设计孔位中心偏差	mm	≤100	用钢尺量	
	4	桩体直径	mm	<50	用钢尺量	
	5	孔深	mm	±200	量钻杆或重锤测	全数检查

3.2.12 土和灰土挤密桩复合地基

土和灰土挤密桩是指在原土中成孔后分层填以素土或灰土，并夯实，使填土压密，与桩间土共同组合成复合地基。适用于地下水位以上的湿陷性黄土、人工填土、新近堆积土和地下水有上升趋势地区的地基加固。

1. 质量控制要点

挤密桩施工前，必须在建筑地段附近进行成桩试验。通过试验可检验挤密桩地基的质量和效果，同时取得指导施工的各项技术参数（成孔工艺、桩径大小、桩孔回填料速度和夯击次数）之间的关系、夯实后的密度和桩间土的挤密效果，以确定合适的桩间距等。成桩试验结果应达到设计要求。

施工前应对土及灰土的质量、桩孔放样位置等做检查。施工中应对桩孔直径、桩孔深度、夯击次数、填料的含水量等做检查。施工结束后，应检验成桩的质量及地基承载力。

2. 质量检验标准

土和灰土挤密桩地基质量检验标准应符合表 3-19 的规定。

土和灰土挤密桩质量检验标准　　表 3-19

项	序	检查项目	允许偏差或允许值		检查方法
			单位	数值	
主控项目	1	桩体及桩间土干密度	设计要求		现场取样检查
	2	桩长	mm	+500	测桩管长度或垂球测孔深
	3	地基承载力	设计要求		按规定方法
	4	桩径	mm	−20	用钢尺量
一般项目	1	土料有机质含量	%	≤5	试验室焙烧法
	2	石灰粒径	mm	≤5	筛分法
	3	桩位偏差		满堂布桩≤0.40D 条基布桩≤0.25D	用钢尺量，D 为桩径
	4	垂直度	%	≤1.5	用经纬仪测桩管
	5	桩径	mm	−20	用钢尺量

3.2.13 水泥粉煤灰碎石桩复合地基

水泥粉煤灰碎石桩复合地基是一种新型的地基加固处理方法，其采用碎石、石屑、粉煤灰、少量水泥加水进行拌合后，利用成桩机械振动灌入地基中，与桩间土形成复合地基，共同承受荷载，从而达到加固地基的目的。和其他传统地基处理方法相比，水泥粉煤灰碎石桩具有显著的桩体作用，明显的挤密作用，复合地基承载力提高幅度大等特点，能有效地调整桩体应力，充分发挥桩间土、桩体的承载力。

1. 质量控制要点

水泥、粉煤灰、砂及碎石等原材料应符合设计要求。施工前应检查粉煤灰材料，并对基槽清底状况、地质条件予以检验。施工过程中应检查铺筑厚度、碾压遍数、施工含水量控制、搭接区碾压程度、压实系数等。施工结束后，应检验地基的承载力。

2. 质量检验标准

水泥粉煤灰碎石桩复合地基的质量检验标准应符合表 3-20 的规定。

水泥粉煤灰碎石桩复合地基质量检验标准　　表 3-20

<table>
<tr><th rowspan="2">项</th><th rowspan="2">序</th><th rowspan="2">检查项目</th><th colspan="2">允许偏差或允许值</th><th rowspan="2">检查方法</th></tr>
<tr><th>单位</th><th>数值</th></tr>
<tr><td rowspan="4">主控项目</td><td>1</td><td>原材料</td><td colspan="2">设计要求</td><td>检查产品合格证书或抽样送检</td></tr>
<tr><td>2</td><td>桩径</td><td>mm</td><td>−20</td><td>用钢尺量或计算填料量</td></tr>
<tr><td>3</td><td>桩身强度</td><td colspan="2">设计要求</td><td>查 28d 试块强度</td></tr>
<tr><td>4</td><td>地基承载力</td><td colspan="2">设计要求</td><td>按规定的办法</td></tr>
<tr><td rowspan="5">一般项目</td><td>1</td><td>桩身完整性</td><td colspan="2">按桩基检测技术规范</td><td>按桩基检测技术规范</td></tr>
<tr><td>2</td><td>桩位偏差</td><td colspan="2">满堂布桩≤0.40D
条基布桩≤0.25D</td><td>用钢尺量，D 为桩径</td></tr>
<tr><td>3</td><td>桩垂直度</td><td>%</td><td>≤1.5</td><td>用经纬仪测桩管</td></tr>
<tr><td>4</td><td>桩长</td><td>mm</td><td>+100</td><td>测桩管长度或垂球测孔深</td></tr>
<tr><td>5</td><td>褥垫层夯填度</td><td colspan="2">≤0.9</td><td>用钢尺量</td></tr>
</table>

注：1. 夯填度指夯实后的褥垫层厚度与虚体厚度的比值。
2. 桩径允许偏差负值是指个别断面。

3.2.14 夯实水泥土桩复合地基

1. 质量控制要点

（1）水泥及夯实用土料的质量应符合设计要求。

（2）施工中应检查孔位、孔深、孔径，水泥和土的配合比、混合料含水量等。

（3）采用人工洛阳铲或螺旋钻机成孔时，按梅花形布置及时进行成桩，以避免大面积成孔后再成桩由于夯机自重和夯锤的冲击，地表水灌入孔内而造成塌孔。

（4）夯填桩孔时，宜选用机械夯实，分段夯填时，夯锤的落距和填料厚度应根据现场试验确定，混合料的压实系数不应小于0.93。孔内填料前孔底必须夯实，桩顶夯填高度应大于设计桩顶标高200～300mm。

（5）施工结束应对桩体质量及复合地基承载力做检验，褥垫层应检查其夯填度。承载力检验一般为单桩的载荷试验，对重要、大型工程应进行复合地基载荷试验。

2. 质量检验标准

夯实水泥土桩的质量检验标准应符合表3-21的规定。

夯实水泥土桩复合地基质量检验标准　　表3-21

<table>
<tr><th rowspan="2">项</th><th rowspan="2">序</th><th rowspan="2">检查项目</th><th colspan="2">允许偏差或允许值</th><th rowspan="2">检查方法</th><th rowspan="2">检查数量</th></tr>
<tr><th>单位</th><th>数值</th></tr>
<tr><td rowspan="4">主控项目</td><td>1</td><td>桩径</td><td>mm</td><td>－20</td><td>用钢尺量</td><td rowspan="2">抽总桩数20%</td></tr>
<tr><td>2</td><td>桩长</td><td>mm</td><td>＋500</td><td>测桩孔深度</td></tr>
<tr><td>3</td><td>桩干密度</td><td colspan="2">设计要求</td><td>现场取样检查</td><td rowspan="2">随机抽取不少于桩孔总数的2%，桩总数的0.5%～1%，且不少于3处</td></tr>
<tr><td>4</td><td>地基承载办</td><td colspan="2">设计要求</td><td>按规定的方法</td></tr>
<tr><td>一般项目</td><td>1</td><td>土料有机质含量</td><td>%</td><td>≤5</td><td>焙烧法</td><td>随机抽查，但土料产地变化时须重新检测</td></tr>
</table>

续表

项	序	检查项目	允许偏差或允许值		检查方法	检查数量
			单位	数值		
一般项目	2	含水量（与最优含水量比）	%	±2	烘干法	对大基坑每 50～100m^2 应不少于 1 个检验点；对基槽每 10～20m 应不少于 1 个点；每个单独柱基应不少于 1 个点
	3	土料粒径	mm	≤20	筛分法	柱坑按总数抽查 10%，但不少于 5 个；基坑、沟槽每 10m^2 抽查 1 处，但不少于 5 处
	4	水泥质量	设计要求		查产品质量合格证书或抽样送检	按同一生产厂家、同一等级、同一品种、同一批号且连续进场的水泥，袋装不超过 200t 为一批，散装不超过 500t 为一批，每批抽样不少于一次
	5	桩位偏差	满堂布桩≤0.40D 条基布桩≤0.25D		用钢尺量，D 为桩径	抽总桩数 20%
	6	桩孔垂直度	%	≤1.5	用经纬仪测桩管	
	7	褥垫层夯填度	≤0.9		用钢尺量	桩坑按总数抽查 10%，但不少于 5 个；沟槽按 10m 长抽查 1 处，且不少于 5 处；大基坑按 50～100m^2 抽查 1 处

注：1. 夯填度指夯实后的褥垫层厚度与虚体厚度的比值。
2. 桩经允许偏差负值是指个别断面。

3.3 桩基工程

桩基础由基桩和连接于桩顶的承台共同组成。桩基础工程属于地下隐蔽工程，按施工方法，桩基础分为打（压）入桩和灌注桩两大类。桩基础广泛应用于建筑、水工、交通、道路、桥梁等工程中。近年来，除从国外引进新的施工机械和施工工艺外，国内的成桩机械、设备和新的施工工艺也有了快速的发展。由于目前大多数的工程机械尚无正确、可靠、及时的检测方法来同步反映桩基础施工过程中的所有质量问题，因此，在制定施工方案时，必须把可能出现的质量问题考虑周全，提出切实有效的措施。

桩的分类如图 3-1 所示。

3.3.1 静力压桩

静力压桩是利用静压力（压桩机自重及配重）将预制桩逐节压入土中的压桩方法。这种方法节约钢筋和混凝土，降低工程造价，采用的混凝土强度等级可降低 1～2 级，配筋比锤击法可节省钢筋 40%左右，而且施工时无噪声、无振动、无污染，对周围环境的干扰小，适用于软土、填土及一般黏性土层中应用，特别适合于居民稠密及危房附近环境要求严格的地区沉桩，但不宜用于地下有较多孤石、障碍物或有厚度大于 2m 的中密以上砂夹层的情况，以及单桩承载力超过 1600kN 的情况。

1. 质量控制要点

（1）认真落实设计交底和图纸会审，让施工方、监理方技术人员充分了解静力压桩法施工特点、设计意图和工艺与材料质量要求，以使方便施工，保证施工质量。

（2）施工前应对成品桩做外观及强度检验，压桩用压力表、锚杆规格及质量应进行检查，接桩用焊条或半成品硫磺胶泥也应有产品合格证书，或送有关部门检验，

（3）压桩施工前，应了解施工现场土层土质情况，检查桩机设备，以免压桩时中途中断，造成土层固结，使压桩困难。如果压桩过程需要停歇，则应考虑桩尖应停歇在软弱土层中，以使压桩启动阻力不致过大。压桩机自重大，行驶路基必须有足够承载力，必要时应加固处理。

（4）静力压桩在一般情况下桩分段预制，分段压入，逐段接长。

（5）压桩过程中应检查压力、桩垂直度、接桩间歇时间、桩的连接质量及压入深度。重要工程应对电焊接桩的接头做 10%的探伤检查。对承受反力的结构应加强观测。按桩间歇时

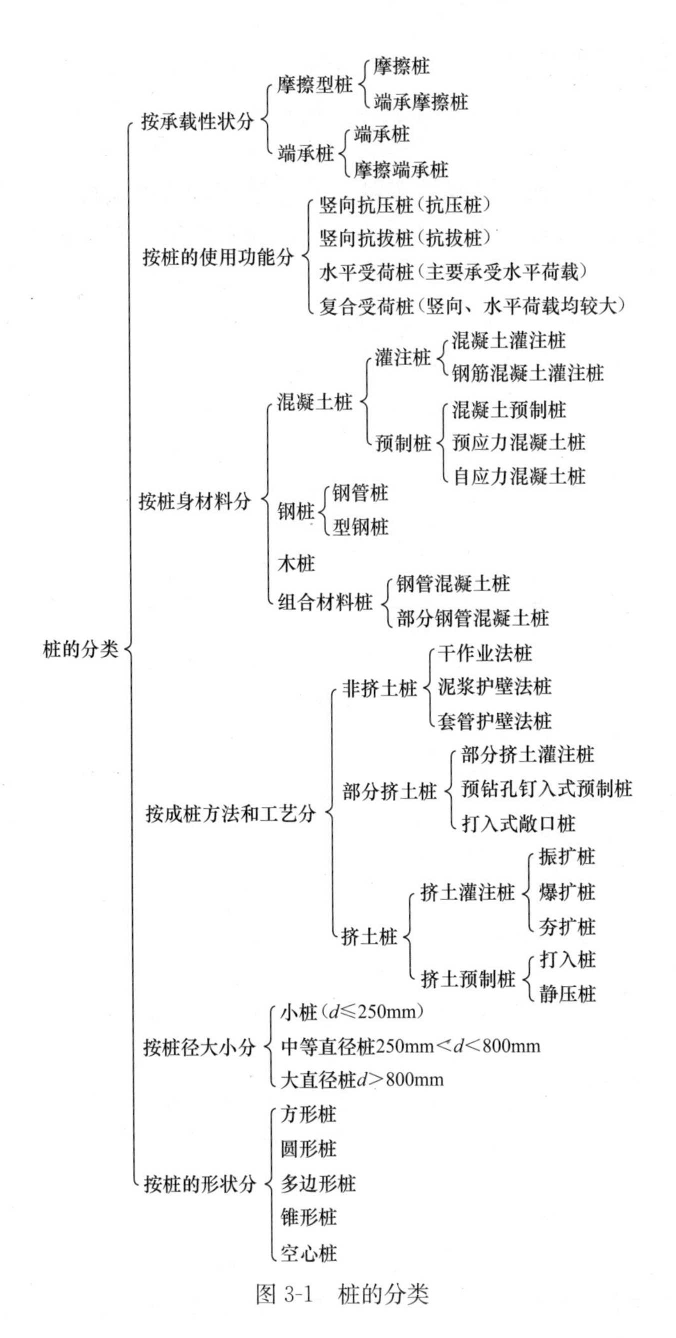
桩的分类
按承载性状分
摩擦型桩
摩擦桩
端承摩擦桩
端承桩
端承桩
摩擦端承桩
按桩的使用功能分
竖向抗压桩(抗压桩)
竖向抗拔桩(抗拔桩)
水平受荷桩(主要承受水平荷载)
复合受荷桩(竖向、水平荷载均较大)
按桩身材料分
混凝土桩
灌注桩
混凝土灌注桩
钢筋混凝土灌注桩
预制桩
混凝土预制桩
预应力混凝土桩
自应力混凝土桩
钢桩
钢管桩
型钢桩
木桩
组合材料桩
钢管混凝土桩
部分钢管混凝土桩
按成桩方法和工艺分
非挤土桩
干作业法桩
泥浆护壁法桩
套管护壁法桩
部分挤土桩
部分挤土灌注桩
预钻孔钉入式预制桩
打入式敞口桩
挤土桩
挤土灌注桩
振扩桩
爆扩桩
夯扩桩
挤土预制桩
打入桩
静压桩
按桩径大小分
小桩(d≤250mm)
中等直径桩250mm<d<800mm
大直径桩d>800mm
按桩的形状分
方形桩
圆形桩
多边形桩
锥形桩
空心桩
图 3-1　桩的分类

间对硫磺胶泥必须控制，浇注硫磺胶泥时间必须快，慢了，硫磺胶泥在容器内结硬，浇注入连接孔内不易均匀流淌，质量也不易保证。

（6）压桩时，应始终保持桩轴心受压，若有偏移应立即纠正。接桩应保证上下节桩轴线一致，并应尽量控制每根桩的接头个数不超过 4 个。施工中，有可能桩尖遇到厚砂层等使阻力增大。这时可以用最大压桩力作用于桩顶，采用忽停忽开的办法，使桩有可能缓慢下沉，穿过砂层。

（7）当桩压至接近设计标高时，不可过早停压，应使压桩一次成功，以免发生压不下或超压现象。若工程中有少数桩不能压至设计标高，可采取截去桩顶的方法。

（8）施工结束后，应做桩的承载力及桩体质量检验。

2. 质量检验标准

锚杆静压桩质量检验标准应符合表 3-22 的规定。

静力压桩质量检验标准　　表 3-22

<table>
<tr><th rowspan="2">项</th><th rowspan="2">序</th><th rowspan="2" colspan="2">检查项目</th><th colspan="2">允许偏差或允许值</th><th rowspan="2">检查方法</th><th rowspan="2">检查数量</th></tr>
<tr><th>单位</th><th>数值</th></tr>
<tr><td rowspan="6">主控项目</td><td>1</td><td colspan="2">桩体质量检验</td><td colspan="2">按基桩检测技术规范</td><td>按基桩检测技术规范</td><td>按设计要求</td></tr>
<tr><td rowspan="4">2</td><td rowspan="4">桩位偏差</td><td>盖有基础梁的桩
（1）垂直基础梁的中心线；
（2）沿基础梁的中心线</td><td>mm</td><td>100+0.01H
150+0.01H</td><td rowspan="4">用钢尺测量</td><td rowspan="4">全数检查</td></tr>
<tr><td>桩数为 1～3 根桩基中的桩</td><td>mm</td><td>100</td></tr>
<tr><td>桩数为 4～16 根桩基中的桩</td><td>mm</td><td>1/2 桩径或边长</td></tr>
<tr><td>桩数大于 16 根桩基中的桩
（1）最外边的桩；
（2）中间桩</td><td>mm</td><td>1/3 桩径或边长
1/2 桩径或边长</td></tr>
<tr><td>3</td><td colspan="2">承载力</td><td colspan="2">按基桩检测技术规范</td><td>按基桩检测技术规范</td><td>按设计要求</td></tr>
</table>

续表

项	序	检查项目		允许偏差或允许值		检查方法	检查数量
				单位	数值		
一般项目	1	成品桩质量	外观	表面平整，颜色均匀，掉角深度<10mm，蜂窝面积小于总面积0.5%		直观	抽20%
			外形尺寸				
			横截面边长	mm	±5	用钢尺量	
			桩顶对角线差	mm	<10	用钢尺量	
			桩尖中心线	mm	10	用钢尺量	
			桩身弯曲矢高		<1/1000	用钢尺量，l为桩长	
			桩顶平整度	mm	l<2	用水平尺量	
			强度	满足设计要求		查产品合格证书或钻芯试压	按设计要求
	2	硫磺胶泥质量（半成品）		设计要求		查产品合格证书或抽样送检	每100kg做一组试件（3件）。且一台班不少于1组
	3	接桩	电焊接桩 电焊接桩焊缝				抽20%接头
			(1) 上下节端部错口				
			(外径≥700mm)	mm	≤3	用钢尺量	
			(外径<700mm)	mm	≤2	用钢尺量	
			(2) 焊缝咬边深度	mm	≤0.5	焊缝检查仪	
			(3) 焊缝加强层高度	mm	2	焊缝检查仪	
			(4) 焊缝加强层宽度	mm	2	焊缝检查仪	
			(5) 焊缝电焊质量外观	无气孔，无焊瘤，无裂缝		直观	
			(6) 焊缝探伤检验	满足设计要求		按设计要求	抽10%接头
			电焊结束后停歇时间	min	>1.0	秒表测定	抽20%接头

续表

<table>
<tr><th rowspan="2">项</th><th rowspan="2">序</th><th rowspan="2" colspan="3">检查项目</th><th colspan="2">允许偏差或允许值</th><th rowspan="2">检查方法</th><th rowspan="2">检查数量</th></tr>
<tr><th>单位</th><th>数值</th></tr>
<tr><td rowspan="7">一般项目</td><td rowspan="2">3</td><td rowspan="2">接桩</td><td rowspan="2">硫磺胶泥接桩</td><td>胶泥浇筑时间</td><td>min</td><td><2</td><td>秒表测定</td><td rowspan="2">全数检查</td></tr>
<tr><td>浇筑后停歇时间</td><td>min</td><td>>7</td><td>秒表测定</td></tr>
<tr><td>4</td><td colspan="3">电焊条质量</td><td colspan="2">设计要求</td><td>查产品合格证书</td><td>全数检查</td></tr>
<tr><td>5</td><td colspan="3">压桩压力（设计有要求时）</td><td>%</td><td>±5</td><td>查压力表读数</td><td>一台班不少于3次</td></tr>
<tr><td rowspan="2">6</td><td colspan="3">接桩时上下节平面偏差</td><td>mm</td><td><10</td><td>用钢尺量</td><td rowspan="3">抽桩总数20%</td></tr>
<tr><td colspan="3">接桩时节点弯曲矢高</td><td></td><td><1/1000l</td><td>用钢尺量，l为两节桩长</td></tr>
<tr><td>7</td><td colspan="3">桩顶标高</td><td>mm</td><td>±50</td><td>水准仪</td></tr>
</table>

3.3.2 混凝土预制桩

1. 质量控制要点

(1) 在现场预制桩时，应对原材料、钢筋骨架、混凝土强度进行检查；采用工厂生产的成品桩时，桩进场后应进行外观及尺寸检查。

(2) 施工中应对桩体垂直度、沉桩情况、桩顶完整状况、接桩质量等进行检查，对电焊接桩，重要工程应做10%的焊缝探伤检查。

(3) 测量最后贯入度应在下列正常条件下进行：桩顶没有破坏；锤击没有偏心；锤的落距符合规定；桩帽和弹性垫层正常；汽锤的蒸汽压力符合规定。

(4) 打桩时，不仅应注意桩顶与桩身由于桩锤冲击破坏，还应注意桩身受锤击拉应力而导致的水平裂缝。在软土中打桩，在桩顶以下1/3桩长范围内常会因反射的张力波使桩身受拉而引起水平裂缝。开裂的地方往往出现在吊点和混凝土缺陷处，这些地方容易形成应力集中。采用重锤低速击桩和较软的桩垫可减少锤击拉应力。

（5）打桩时，如遇桩顶破碎或桩身严重裂缝，应立即暂停，在采取相应的技术措施后，方可继续施打。

（6）打桩时，引起桩区及附近地区的土体隆起和水平位移，由于邻桩相互挤压导致桩位偏移，会影响整个工程质量。为此，在邻近建筑物打桩时，应采取适当的措施，如挖防振沟、砂井排水（或塑料排水板排水）、预钻孔取土打桩、采取合理打桩顺序、控制打桩速度等。

（7）对长桩或总锤击数超过 500 击的锤击桩，应符合桩体强度及 28d 龄期的两项条件才能锤击。

（8）施工结束后，应对承载力及桩体质量做检验。

2. 质量检验标准

钢筋混凝土预制桩的质量检验标准应符合表 3-23 的规定。

钢筋混凝土预制桩的质量检验标准　　表 3-23

项	序	检查项目		允许偏差或允许值		检查方法	检查数量
				单位	数值		
主控项目	1	桩体质量检验		按基桩检测技术规范		按基桩检测技术规范	按设计要求
	2	桩位偏差	盖有基础梁的桩 （1）垂直基础梁的中心线； （2）沿基础梁的中心线	mm	$100+0.01H$ $150+0.01H$	用钢尺量	全数检查
			桩数为 1～3 根桩基中的桩	mm	100		
			桩数为 4～16 根桩基中的桩	mm	1/2 桩径或边长		
			桩数大 16 根桩基中的桩 （1）最外边的桩； （2）中间桩	mm	1/3 桩径或边长 1/2 桩径或边长		

续表

项	序	检查项目	允许偏差或允许值		检查方法	检查数量
			单位	数值		
主控项目	3	承载力	按基桩检测技术规范		按基桩检测技术规范	按设计要求
一般项目	1	砂、石、水泥、钢材等原材料（现场预制时）	符合设计要求		查出厂质保文件或抽样送检	按设计要求
	2	混凝土配合比及强度（现场预制时）	符合设计要求		检查称量及查试块记录	
	3	成品桩外形	表面平整，颜色均匀，掉角深度<10mm，蜂窝面积小于总面积0.5%		直观	抽总桩数 20%
	4	成品桩裂缝（收缩裂缝或起吊、装运、堆放引起的裂缝）	深度<20mm 宽度<0.25mm，横向裂缝不超过边长的一半		裂缝测定仪，该项在地下水有侵蚀地区及锤击数超过500击的长桩不适用	全数检查
	5	成品桩尺寸：横截面边长	mm	+5	用钢尺量	轴总桩数 20%
		桩顶对角线差	mm	<10	用钢尺量	
		桩尖中心线	mm	<10	用钢尺量	
		桩身弯曲矢高		<1/1000l<2	用钢尺量，l为桩长	
		桩顶平整度	mm	<2	用水平尺量	

续表

项	序	检查项目	允许偏差或允许值		检查方法	检查数量
			单位	数值		
一般项目	6	电焊接桩焊缝 (1) 上下节端部错口				
		(外径≥700mm)	mm	≤3	用钢尺量	抽 20%接头
		(外径<700mm)	mm	≤2	用钢尺量	
		(2) 焊缝咬边深度	mm	≤0.5	焊缝检查仪	
		(3) 焊缝加强层高度	mm	2	焊缝检查仪	
		(4) 焊缝加强层宽度	mm	2	焊缝检查仪	
		(5) 焊缝电焊质量外观	无气孔，无焊瘤，无裂缝		直观	抽 10%接头
		(6) 焊缝探伤检验	满足设计要求		按设计要求	抽 20%接头
		电焊结束后停歇时间	min	>1.0	秒表测定	全数检查
		上下节平面偏差		10	用钢尺量	
		节点弯曲矢高	min	<1/1000l	用钢尺量，l 为两节长桩	
	7	硫磺胶泥接桩：胶泥浇筑时间	min	<2	秒表测定	全数检查
		浇筑后停歇时间	min	>7	秒表测定	
	8	桩顶标高	mm	±50	水准仪	抽 20%
	9	停锤标准	设计要求		现场实测或查沉桩记录	

3.3.3 混凝土灌注桩

1. 质量控制要点

(1) 施工前应对水泥、砂、石子（如现场搅拌）、钢材等原材料进行检查，对施工组织设计中制定的施工顺序、监测手段（包括仪器、方法）也应检查。

(2) 成孔深度应符合下列要求：

1) 摩擦型桩：摩擦桩以设计桩长控制成孔深度；端承摩擦桩必须保证设计桩长及桩端进入持力层深度；当采用锤击沉管

法成孔时，桩管入土深度控制以标高为主，以贯入度控制为辅。

2）端承型桩：当采用冲（钻）、挖掘成孔时，必须保证桩孔进入设计持力层的深度；当用锤击沉管法成孔时，沉管深度控制以贯入度为主，设计持力层为辅。

（3）钢筋笼的绑扎场地宜选择现场内运输和就位都较方便的地方，绑扎顺序是先将主筋间距布置好，待固定住架立筋后，再按规定的间距绑扎箍筋。

（4）钢筋笼的堆放、搬运和起吊应严格执行规程，应考虑安放入孔的顺序、钢筋笼变形等因素。堆放时，支垫数量要足够，支垫位置要适当，以堆放两层为好。如果能合理使用架立筋牢固绑扎，可以堆放三层。对在堆放、搬运和起吊过程中：已经发生变形的钢筋笼，应进行修理后再使用。

（5）钢筋笼入孔前，要先进行清孔。清孔时应把泥渣清理干净，保证实际有效孔深满足设计要求，以免钢筋笼放不到设计深度。

（6）钢筋笼安放入孔要对准孔位，垂直缓慢地放入孔内，避免碰撞孔壁。钢筋笼放入孔内后，要立即采取措施固定好位置。钢筋笼安放完毕后，一定要检测确认钢筋笼顶端的高度。

（7）施工结束后，应检查混凝土强度，并应做桩体质量及承载力的检验。

2. 质量检验标准

混凝土灌注桩的质量检验标准应符合表 3-24 的规定。

混凝土灌注桩钢筋笼质量检验标准　　　　表 3-24

项	序	检查项目	允许偏差或允许值（mm）	检查方法
主控项目	1	主筋间距	±10	用钢尺量
	2	长度	±100	用钢尺量
一般项目	1	钢筋材质检验	设计要求	抽样送检
	2	箍筋间距	±20	用钢尺量
	3	直径	±10	用钢尺量

注：本表由施工项目专业质量检查员填写，专业监理工程师（建设单位项目专业技术负责人）组织项目专业质量（技术）负责人等进行验收。

3.3.4 先张法预应力管桩

1. 质量控制要点

(1) 场地应碾压平整，地基承载力不小于0.2～0.3MPa，打桩前应认真检查施工设备，将导杆调直。

(2) 施工前应检查进入现场的成品桩、接桩用的电焊条等产品质量。

(3) 按施工方案合理安排打桩路线，避免压桩及挤桩。

(4) 桩位放样应采用不同方法二次校核。桩身倾斜率应控制在：底桩倾斜率≤0.5%，其余桩倾斜率≤0.8%。

(5) 施工过程中应检查桩的贯入情况、桩顶完整状况、电焊接桩质量、桩体垂直度、电焊后的停歇时间。重要工程应对电焊接头做10%的焊缝探伤检查，对接头做X光拍片检查。

(6) 施打时应保证桩锤、桩帽、桩身中心线在同一条直线上，保证打桩时不偏心受力。

(7) 打底桩时应采用锤重或冷锤（不挂挡位）施工，将底桩徐徐打入，调直桩身垂直度，遇地下障碍物及时清理后再重新施工。

(8) 桩间距小于3.5D（D为桩径）时，宜采用跳打，应控制每天打桩根数，同一区域内不宜超过12根桩，避免桩体上浮，桩身倾斜。

(9) 接桩时焊缝要连续饱满，焊渣要清除；焊接自然冷却时间应不少于1min，地下水位较高的应适当延长冷却时间，避免焊缝遇水淬火易脆裂；对接后间隙要用不超过5mm钢片塞填，保证打桩时桩顶不偏心受力；避免接头脱节。

(10) 施工结束后，应做承载力检验及桩体质量检验。由于锤击次数多，对桩体质量进行检验是有必要的，可检查桩体，是否被打裂，电焊接头是否完整。

2. 质量检验标准

先张法预应力管桩质量检验标准应符合表3-25的规定。

先张法预应力管桩质量检验标准　　　　表 3-25

项	序	检查项目	允许偏差或允许值		检查方法
			单位	数值	
主控项目	1	桩体质量检验	按基桩检测技术规范		按基桩检测技术规范
	2	桩位偏差	见本规范		用钢尺量
	3	承载力	按基桩检测技术规范		按基桩检测技术规范
一般项目及允许偏差	1	成品桩质量：外观	无蜂窝、露筋、裂缝、色感均匀、桩顶处无孔隙		直观
		桩径	mm	±5	用钢尺量
		管壁厚度	mm	±5	用钢尺量
		桩尖中心线	mm	<2	用钢尺量
		顶面平整度	mm	10	用水平尺量
		桩体弯曲		<1/1000l	用钢尺量，l 为桩长
	2	接桩：焊缝质量	见本规范表 5.5.4-2		用本规范表 5.5.4-2
		电焊结束后停歇时间	min	>1.0	秒表测定
		上下节平面偏差	mm	<10	用钢尺量
		节点弯曲矢高		<1/1000l	用钢尺量，l 为两节桩长
	3	停锤标准	设计要求		现场实测或查沉桩记录
	4	桩顶标高	mm	±50	水准仪

注：表中“本规范”指《建筑地基基础工程施工质量验收规范》。

3.3.5 钢桩

钢桩包括钢管桩、型钢桩等，施工前应检查进入现场的成品钢桩，成品桩的质量应符合相关规定。施工中应检查钢桩的垂直度、沉入过程、电焊连接质量、电焊后的停歇时间、桩顶锤击后的完整状况。电焊质量除常规检查外，应做10％的焊缝探伤检查。钢桩的锤击性能较混凝土桩好，因而锤击次数要高得多，相应对电焊质量要求较高，故应对桩顶有否局部损坏，电焊后的停歇时间均做检查。施工结束后应做承载力检验。

1. 质量控制要点

（1）施工前应检查进入现场的成品钢桩，包括钢管桩、型钢桩等。成品桩也是在工厂生产，应有一套质检标准，但也会因运输堆放造成桩的变形，因此，进场后需再做检验。

（2）施工过程中应检查钢桩的垂直度、沉入过程、电焊连接质量、电焊后的停歇时间、桩顶锤击后的完整状况。

（3）H 型钢桩断面刚度较小，锤重不宜大于 4.5t 级（柴油锤），且在锤击过程中桩架前应有横向约束装置，防止横向失稳。持力层较硬时，H 型钢桩不宜送桩。

（4）钢管桩如锤击沉桩有困难，可在管内取土以助沉。

（5）施工结束后应做承载力检验。

2. 质量检验标准

钢桩施工质量检验标准应符合表 3-26 的规定。

钢桩施工质量检验标准　　表 3-26

检查项目	允许偏差或允许值		检查方法
	单位	数值	
电焊接桩焊缝：			
（1）上下节端部错口			
（外径≥700mm）	mm	≤3	用钢尺量
（外径＜700mm）	mm	≤2	用钢尺量
（2）焊缝咬边深度	mm	≤0.5	焊缝检查仪
（3）焊缝加强层高度	mm	2	焊缝检查仪
（4）焊缝加强层宽度	mm	2	焊缝检查仪
（5）焊缝电焊质量外观	无气孔，无焊瘤，无裂缝		直观

注：本表由施工项目专业质量检查员填写，专业监理工程师（建设单位项目专业技术负责人）组织项目专业质量（技术）负责人等进行验收。

3.4 基础工程

3.4.1 刚性基础施工

由刚性材料制作的基础称为刚性基础。一般指抗压性能好，而整体性、抗拉、抗弯、抗剪性能差的材料就称为刚性材料。常用的有砖、石、混凝土、灰土、三合土等。按刚性材料的受力状况，基础在传力时只能在材料的允许范围内控制，这个控制范围的夹角称为刚性角，用 α 表示。砖、石基础的刚性角控制在（26°～33°）以内，混凝土基础刚性角控制在 45°以内。这种基础的特点是抗压性能好，而整体性、抗拉、抗弯、抗剪性能差。刚性基础适用于地基坚实、均匀、上部荷载较小，六层和六层以下（三合土基础不宜超过四层）的一般民用建筑和墙承重的轻型厂房。

1. 混凝土基础施工质量控制要点

（1）基槽（坑）应进行验槽，应挖去局部软弱土层，用灰土或砂砾石分层回填夯实至基底相平。基槽（坑）内浮土、积水、淤泥、垃圾、杂物应清除干净，如有地下水或地面滞水，应挖沟排除；对粉土或细砂地基，应采用轻型井点方法降低地下水位至基坑（槽）底以下50mm处。

（2）如地基土质良好，且无地下水，基槽（坑）第一阶可利用原槽（坑）浇筑，但应保证尺寸正确，砂浆不流失。上部台阶应支模浇筑，模板要支撑牢固，缝隙孔洞应堵严，木模应浇水湿润。

（3）浇筑台阶式基础应按台阶分层一次浇筑完成，每层先浇边角，后浇中间，施工时应注意防止上下台阶交接处混凝土出现蜂窝和脱空（即吊脚、烂脖子）现象，措施是待第一台阶捣实后，继续浇筑第二台阶前，先沿第二台阶模板底圈做成内外坡度，待第二台阶混凝土浇筑完成后，再将第一台阶混凝土铲平、拍实、拍平；或第一台阶混凝土浇完成后稍停0.5～1h，待下部沉实，再浇上一台阶。

（4）锥形基础如斜坡较陡，斜面部分应支模浇筑，或随浇随安装模板，应注意防止模板上浮。斜坡较平时，可不支模，但应注意斜坡部位及边角部位混凝土的捣固密实，振捣完后，再用人工将斜坡表面修正、拍平、拍实。

（5）基础混凝土浇筑高度在2m以内，混凝土可直接卸入基槽（坑）内，应注意使混凝土能充满边角；浇筑高度在2m以上时，应通过漏斗、串筒或溜槽下料。

（6）当基槽（坑）因土质不一挖成阶梯形式时，应先从最低处开始浇筑，按每阶高度，其各边搭接长度应不小于500mm。

（7）混凝土浇筑完后，外露部分应适当覆盖，洒水养护；拆模后及时分层回填土方并夯实。

2. 砖基础施工质量控制要点

（1）砖基础一般做成阶梯形，俗称大放脚。大放脚做法有等高式（两皮一收）和间隔式（两皮一收和一皮一收相间）两种，每一种收退台宽度均为1/4砖，后者节省材料，采用较多。

（2）内外墙基础应同时砌筑或做成踏步式。如基础深浅不一时，应从低处砌起，接槎高度不宜超过1m，高低相接处要砌成阶梯，台阶长度应不小于1m，其高度不大于0.5m，砌到上面后再和上面的砖一起退台。

（3）砖基础应用强度等级不低于MU7.5、无裂缝的砖和不低于M10的砂浆砌筑。在严寒地区，应采用高强度等级的砖和水泥砂浆砌筑。

（4）砌基础施工前应清理基槽（坑）底，除去松散软弱土层，用灰土填补夯实，并铺设垫层；按基础大样图，吊线分中，弹出中心线和大放脚边线；检查垫层标高、轴线尺寸，并清理好垫层；先用干砖试摆，以确定排砖方法和错缝位置，使砌体平面尺寸符合要求；砖应浇水湿透，垫层适量洒水湿润。

（5）砌筑时，应先铺底灰，再分皮挂线砌筑；铺砖按“一丁一顺”砌法，做到里终咬槎，上下层错缝。竖缝至少错开1/4砖长，转角处要放七分头砖，并在山墙和檐墙两处分层交替设置，不能同缝，基础最下与最上一皮砖宜采用丁砌法。先在转角处及交接处砌几皮砖，然后拉通线砌筑。

（6）如砖基础下半部为灰土时，则灰土部分不做台阶，其宽高比应按要求控制，同时应核算灰土顶面的压应力，以不超过250～300kPa为宜。

（7）基础中预留洞口及预埋管道，其位置、标高应准确，管道上部应预留沉降空隙。基础上铺放地沟盖板的出檐砖，应同时砌筑。

（8）基础砌至防潮层时，须用水平仪找平，并按规定铺设

20mm 厚、1∶2.5～3.0 防水水泥砂浆（掺加水泥重量 3%的防水剂）防潮层，要求压实抹平。用一油一毡防潮层，待找平层干硬后，刷冷底子油一度，浇沥青玛琋脂，摊铺卷材并压紧，卷材搭接宽度不少于 100mm，如无卷材，亦可用塑料薄膜代替。

（9）砌完基础应及时清理基槽（坑）内杂物和积水，在两侧同时回填土，并分层夯实。

3.4.2 扩展基础施工

扩展基础是指将上部结构传来的荷载，通过向侧边扩展成一定底面积，使作用在基底的压应力等于或小于地基土的允许承载力，而基础内部的应力应同时满足材料本身的强度要求，从而起到压力扩散作用的基础，扩展基础可有效地减小埋深，节省材料和土方开挖量，加快工程进度。适用于六层和六层以下一般民用建筑和整体式结构厂房承重的柱基和墙基。

1. 扩展基础施工技术要求

（1）锥形基础（条形基础）边缘高度 h 一般不小于 200mm；阶梯形基础的每阶高度 $h1$，一般为 300～500mm。基础高度≤350mm，用一阶；350mm＜h≤900mm，用二阶；h＞900mm，用三阶。为使扩展基础有一定刚度，要求基础台阶的宽高比不大于 2.5。

（2）垫层厚度一般为 100mm，混凝土强度等级为 C10，基础混凝土强度等级不宜低于 C15。

（3）底部受力钢筋的最小直径不宜小于 8mm，当有垫层时，钢筋保护层的厚度不宜小于 35mm；无垫层时，不宜小于 70mm。插筋的数目和直径应与柱内纵向受力钢筋相同。

（4）钢筋混凝土条形基础，在 T 字形与十字形交接处的钢筋沿一个主要受力方向通长放置。

（5）柱基础纵向钢筋除应满足冲切要求外，尚应满足锚固长度的要求，当基础高度在 900mm 以内时，插筋应伸至基础底部的钢筋网，并在端部做成直弯钩；当基础高度较大时，位于柱子四角的插筋应伸到基础底部，其余的钢筋只需伸至锚固长度即可。

插筋伸出基础部分长度应按柱的受力情况及钢筋规格确定。

2. 扩展基础施工质量控制要点

（1）基坑验槽清理同刚性基础。垫层混凝土在基坑验槽后应立即浇筑，以免地基土被扰动。

（2）在浇筑混凝土前，模板和钢筋上的垃圾、泥土和钢筋上的油污杂物，应清除干净。模板应浇水加以润湿。

（3）垫层达到一定强度后，在其上画线、支模、铺放钢筋网片。上下部垂直钢筋应绑扎牢，并注意将钢筋弯钩朝上，连接柱的插筋，下端要用90°弯钩与基础钢筋绑扎牢固，按轴线位置校核后用方木架成井字形，将插筋固定在基础外模板上；底部钢筋网片应用混凝土保护层同厚度的水泥砂浆垫塞，以保证位置正确。

（4）浇筑现浇柱下基础时，应特别注意柱子插筋位置的正确，防止造成位移和倾斜，在浇筑开始时，先满铺一层5～10cm厚的混凝土，并捣实，使柱子插筋下段和钢筋网片的位置基本固定，然后再对称浇筑。

（5）基础混凝土宜分层连续浇筑完成，对于阶梯形基础，每一台阶高度内应整分浇捣层，每浇筑完一台阶应稍停0.5～1h，待其初步获得沉实后，再浇筑上层，以防止下台阶混凝土溢出，在上台阶根部出现烂脖子。每一台阶浇完，表面应随即原浆抹平。

（6）对于条形基础，应根据高度分段分层连续浇筑，一般不留施工缝。各段各层间应相互衔接，每段长2～3m左右，做到逐段逐层呈阶梯形推进。浇筑时应先使混凝土充满模板内边角，然后浇筑中间部分，以保证混凝土密实。

（7）对于锥形基础，应注意保持锥体斜面坡度的正确，斜面部分的模板应随混凝土浇捣分段支设，以防模板上浮变形，边角处的混凝土必须注意捣实。严禁斜面部分不支模，用铁锹拍实。基础上部柱子后施工时，可在上部水平面留设施工缝。施工缝的处理应按有关规定执行。

（8）基础上插筋时，要加以固定保证插筋位置的正确，防止浇捣混凝土时发生移位。

（9）混凝土浇筑完毕，外露表面应覆盖浇水养护。

3.4.3 杯形基础施工

杯形基础又叫做杯口基础，是独立基础的一种。独立基础是柱下基础的基本形式，当柱采用预制构件时，则基础做成杯口形，然后将柱子插入并嵌固在杯口内，故称杯形基础。杯形基础形式有单杯口、双杯口、高杯口钢筋混凝土基础等，接头采用细石混凝土灌浆。杯形基础主要用作工业厂房装配式钢筋混凝土柱的高度不大于5m的一般工业厂房柱基础。

1. 杯形基础施工技术要求

（1）柱的插入深度 h_1 可按表3-27选用，此外，h_1 应满足锚固长度的要求（一般为20倍纵向受力钢筋直径）和吊装时柱的稳定性（不小于吊装时柱长的0.05倍）。

柱的插入深度 h_1（mm）　　**表3-27**

矩形或工字形柱				单肢管柱	双肢柱
$h<500$	$500\leqslant h<800$	$800\leqslant h<1000$	$h>1000$		
$(1\sim1.2)h$	h	$0.9h\geqslant800$	$0.8h\geqslant1000$	$1.5d\geqslant500$	$(1/3\sim2/3)h_a$ 或 $(1.5\sim1.8)h_b$

注：1. h 为柱截面长边尺寸；d 为管柱的外直径；h_a 为双肢柱整个截面长边尺寸；h_b 为双肢柱整个截面短边尺寸。

2. 柱轴心受压或小偏心受压时，h_1 可以适当减小，偏心距 $e_0>2h$（或 $e_0>2d$）时，h_1 适当加大。

（2）基础的杯底厚度和杯壁厚度，可按表3-28采用。

基础的杯底厚度和杯壁厚度（mm）　　**表3-28**

柱截面长边尺寸	杯底厚度	杯壁厚度	柱截面长边尺寸	杯底厚度	杯壁厚度
$h<500$ $500<h<800$ $800<h<1000$	≥150 ≥200 ≥200	150～200 ≥200 ≥300	$1000<h<1500$ $1500<h<2000$	≥250 ≥300	≥350 ≥400

注：1. 双肢柱的 $a1$ 值可适当加大。

2. 当有基础梁时，基础梁下的杯壁厚度应满足其支撑宽度的要求。

3. 柱子插入杯口部分的表面，应尽量凿毛，柱子与杯口之间的空隙，应用细石混凝土（比基础混凝土强度等级高一级）密实充填，其强度达到基础设计强度等级的70%以上（或采取其他相应措施）时，方能进行上部吊装。

（3）大型工业厂房柱双杯口和高杯口基础与一般杯口基础构造要求基本相同。

2. 杯形基础施工质量控制

（1）杯口模板可用木或钢定型模板，可做成整体，也可做成两半形式，中间各加楔形板一块，拆模时，先取出楔形板，然后分别将两半杯口模取出。为便于周转宜做成工具式，支模时杯口模板要固定牢固。

（2）混凝土应按台阶分层浇筑。对杯口基础的高台阶部分按整体分层浇筑，不留施工缝。

（3）浇捣杯口混凝土时，应注意杯口的位置，由于模板仅上端固定，浇捣混凝土时，四侧应对称均匀下灰，避免将杯口模板挤向一侧。

（4）施工高杯口基础时，由于最上一台阶较高，可采用后安装杯口模板的方法施工，即当混凝土浇捣接近杯口底时，再安装固定杯口模板，继续浇筑杯口四侧混凝土，但应注意位置标高正确。

（5）杯形基础一般在杯底均留有 50cm 厚的细石混凝土找平层，在浇筑基础混凝土时，要仔细控制标高，如用无底式杯口模板施工，应先将杯底混凝土振实，然后浇筑杯口四周的混凝土，此时宜采用低流动性混凝土；或杯底混凝土浇完后停 0.5～1h，待混凝土沉实，再浇杯口四周混凝土等办法，避免混凝土从杯底挤出，造成蜂窝麻面。基础浇筑完毕后，将杯口底冒出的少量混凝土掏出，使其与杯口模下口齐平，如用封底式杯口模板施工，应注意将杯口模板压紧，杯底混凝土振捣密实，并加强检查，以防止杯口模板上浮。基础浇捣完毕，混凝土终凝后用倒链将杯口模板取出，并将杯口内侧表面混凝土划（凿）毛。

（6）其他施工监督要点同扩展基础。

3.4.4 筏形基础施工

当建筑物上部荷载较大而地基承载能力又比较弱时，用筒单的独立基础或条形基础已不能适应地基变形的需要，这时常将墙或柱下基础连成一片，使整个建筑物的荷载承受在一块整板上，这种满堂式的板式基础称为筏形基础。筏形基础由整块式钢筋混凝土平板或板与梁等组成，它在外形和构造上像倒置的钢筋混凝土平面无梁楼盖或肋形楼盖，分为平板式和梁板式两类。前者一般在荷载不很大，柱网较均匀，且间距较小的情况下采用；后者用于荷载较大的情况。筏形基础由于其底面积大，故可减小基底压强，同时也可提高地基土的承载力，并能更有效地增强基础的整体性，调整不均匀沉降，适用于地基土质软弱又不均匀（或浇筑有人工垫层的软弱地基）、有地下水或当柱子或承重墙传来的荷载很大的情况，或建造六层或六层以下横墙较密的民用建筑。

1. 筏形基础施工技术要求

（1）垫层厚度宜为100mm，混凝土强度等级采用C10，每边伸出基础底板不小于100mm；筏形基础混凝土强度等级不宜低于C15；当有防水要求时，混凝土强度等级不宜低于C20，抗渗等级不宜低于P6。

（2）当采用墙下不埋式筏板，四周必须设置向下边梁，其埋入室外地面下不得小于500mm，梁宽不宜小于200mm，上下钢筋可取最小配筋率，并不少于2ϕ10mm，箍筋及腰筋一般采用ϕ8@150～250mm，与边梁连接的筏板上部要配置受力钢筋，底板四角应布置放射状附加钢筋。

（3）筏板厚度应根据抗冲切、抗剪切要求确定，但不得小于200mm；梁截面按计算确定，高出底板的顶面，一般不小于300mm，梁宽不小于250mm。筏板悬挑墙外的长度，从轴线起算，横向不宜大于1500mm，纵向不宜大于1000mm，边端厚度不小于200mm。

2. 筏形基础施工质量控制

（1）基坑开挖时，若地下水位较高，应采取人工降低地下水位法，使基坑底高出水位标高不少于500mm，保证基坑在无水情况下进行开挖施工。

(2) 基坑土方开挖应注意保持基坑底土的原状结构，如采用机械开挖时，基坑底面以上20～30cm厚的土层，应采用人工清除，避免超挖或破坏基土。如局部有软弱土层或超挖，应进行换填，采用与地基土压缩性相近的材料进行分层回填并夯实。

(3) 基坑开挖应连续进行，如基坑挖好后不能立即进行下一道工序，应在基底以上留置150～200mm厚土层不挖，待下道工序施工时再挖至设计基坑底标高，以免基土被扰动。

(4) 筏形基础混凝土浇筑前，应清理基坑、支设模板、铺设钢筋。木模板要浇水湿润，钢模板面要涂刷隔离剂。混凝土浇筑方向应平行于次梁长度方向，对于平板式筏形基础则应平行于基础长边方向。

(5) 混凝土应一次浇筑完成，若不能整体浇筑完成，则应留设垂直施工缝，并用木板挡住。施工缝留设位置：当平行于次梁长度方向浇筑时，应留在次梁中部1/3跨度范围内；对平板式可留设在任何位置，但施工缝应平行于底板短边且不应在柱脚范围内。

(6) 当筏形基础长度很长（40m以上）时，应考虑在中部适当部位留设贯通后浇带，以避免出现温度收缩裂缝和便于进行施工分段流水作业；对超厚的筏形基础，应考虑采取降低水泥水化热和浇筑入模温度措施，以避免出现大温度收缩应力，导致基础底板裂缝，做法参见“箱形基础施工”相关部分。

(7) 基础浇筑完毕。表面应覆盖和洒水养护，并不少于7d，必要时应采取保温养护措施，并防止浸泡地基。

(8) 在基础底板上埋设好沉降观测点，定期进行观测、分析，做好记录。

3.4.5 箱形基础施工

箱形基础是由钢筋混凝土底板、顶板、外墙和一定数量的内隔墙构成一封闭空间的整体箱体，基础中空部分可在内隔墙开门洞作地下室。它具有整体性好、刚度大、抗不均匀沉降能力及抗震能力强，可消除因地基变形使建筑物开裂的可能性、减少基底处原有地基自重应力，降低总沉降量等特点。适于作为软弱地基上的面积较大、平面形状简单、荷载较大或上部结构分布不均的高层建筑物的基础及对建筑物沉降有严格要求的设备基础或特种构筑物基础，特别在城市高层建筑物基础中得到较广泛的采用。

1. 箱形基础施工技术要求

(1) 箱形基础的埋置深度除满足一般基础埋置深度有关规定外，还应满足抗倾覆和抗滑稳定性要求，同时考虑使用功能要求，一般最小埋置深度在3.0～5.0m。在地震区，埋深不宜小于建筑物总高度的1/10。

(2) 箱形基础高度应满足结构刚度和使用要求，一般可取建筑物高度的1/8～1/12，也不宜小于箱形基础长度的1/16～1/18，且不小于3m。

(3) 基础混凝土强度等级不应低于C20，如采用密实混凝土防水时，宜采用C30，其外围结构的混凝土抗渗等级不宜低于P6。

2. 箱形基础施工质量控制要点

(1) 施工前应了解建筑物荷载影响范围内地基土组成、分布、均匀性及性质和水文情况，判明深基坑的稳定性及对相邻建筑物的影响；编制施工组织设计，包括土方开挖、地基处理、深基坑降水和支护以及对邻近建筑物的保护等方面的具体施工方案。

(2) 基础开挖应验算边坡稳定性，当地基为软弱土或基坑邻近有建（构）筑物时，应有临时支护措施，如设钢筋混凝土钻孔灌注桩，桩顶浇混凝土连续梁连成整体，支护离箱形基础应不小于1.2m、上部应避免堆载、卸土。

(3) 开挖基坑应注意保持基坑底土的原状结构，当采用机械开挖基坑时，在基坑底面设计标高以上20～30cm厚的土层，应用人工挖除并清理，如不能立即进行下一道工序施工，应留置15～20cm厚土层，待下道工序施工前挖除，以防止地基土被扰动。

(4) 基坑开挖，如果地下水位较高，应采取措施降低地下水位至基坑底以下 50cm 处。当地下水位较高，土质为粉土、粉砂或细砂时，不得采用明沟排水，宜采用轻型井点或深井井点方法降水措施，并应设置水位降低观测孔，井点设置应有专门设计。

(5) 箱形基础开挖深度大，挖土卸载后，土中压力减小，土的弹性效应有时会使基坑坑面土体回弹变形（回弹变形量有时占建筑物地基变形量的 50%以上），基坑开挖到设计基底标高经验收后，应随即浇筑垫层和箱形基础底板，防止地基土被破坏，冬期施工时，应采取有效措施，防止基坑底土的冻胀。

(6) 箱形基础底板钢筋绑扎和混凝土浇筑、内外墙和顶板的支模，可采取分块进行，其施工缝的留设，外墙水平施工缝应在底板面上部 300～500mm 范围内和无梁顶板下部 20～30cm 处，并应做成企口形式，有严格防水要求时，应在企口中部设镀锌钢板（或塑料）止水带，外墙的垂直施工缝宜用凹缝，内墙的水平和垂直施工缝多采用平缝，内墙与外墙之间可留垂直缝，在继续浇混凝土前必须清除杂物，将表面冲洗干净，注意接浆质量，然后浇筑混凝土。

(7) 钢筋绑扎应注意形状和位置准确，接头部位采用闪光接触对焊和套管压接，严格控制接头位置及数量，混凝土浇筑前须经验收。外部模板宜采用大块模板组装，内壁用定型模板；墙间距采用直径 12mm 穿墙对接螺栓控制墙体截面尺寸，埋设件位置应准确固定。箱顶板应适当预留施工洞口，以便内墙模板拆除后取出。

(8) 当箱形基础长度超过 40m 时，为避免表面出现温度收缩裂缝或减轻浇筑强度，宜在中部设置贯通后浇带，后浇带宽度不宜小于 800mm，并从两侧混凝土内伸出贯通主筋，主筋按原设计连续安装而不切断，经 2～4 周，后浇带用高一级强度等级的半干硬性混凝土或微膨胀混凝土浇筑密实，使连成整体并加强养护，但后浇带必须是在底板、墙壁和顶板的同一位置上部留设，使形成环形，以利释放早、中期温度应力。底板后浇带处的垫层应加厚，局部加厚范围可采用 800mm+C（C—钢筋最小锚固长度），垫层顶面设防水层，外墙外侧在上述范围也应设防水层，并用强度等级为 M5 的砂浆砌半砖墙保护；后浇带适用于变形稳定较快，沉降量较小的地基，对变形量大，变形延续时间长的地基不宜采用。

(9) 混凝土浇筑要合理选择浇筑方案，根据每次浇筑量，确定运输、搅拌、振捣能力、配备机械人员，确保混凝土浇筑均匀、连续，避免出现过多施工缝和薄弱层面。底板混凝土浇筑，一般应在底板钢筋和墙壁钢筋全部绑扎完毕，柱子插筋就位后进行，可沿长方向分 2～3 个区，由一端向另一端分层推进，分层均匀下料。当底面积大或底板呈正方形，宜分段分组浇筑，当底板厚度小于 50cm，可不分层，采用斜面赶浆法浇筑，表面及时平整；当底板厚度大于或等于 50cm，宜水平分层或斜面分层浇筑，每层厚 25～30cm，分层用插入式或平板式振动器捣固密实，同时应注意各区、组搭接处的振捣，防止漏振，每层应在水泥初凝时间内浇筑完成，以保证混凝土的整体性和强度，提高抗裂性。

(10) 墙体浇筑应在墙全部钢筋绑扎完，包括顶板插筋、预埋件、各种穿墙管道敷设完毕、支撑牢固安全、模板尺寸正确、经检查无误后进行。一般先浇外墙，后浇内墙，或内外墙同时浇筑，分支流向轴线前进，各组兼顾横墙左右宽度各半范围。外墙浇筑可采取分层分段循环浇筑法，即将外墙沿周边分成若干段，分段的长度应由混凝土的搅拌运输能力、浇筑强度、分层厚度和水泥初凝时间而定。

(11) 箱形基础混凝土浇筑完后，要加强覆盖，并浇水养护；冬期要保温，防止温差过大出现裂缝，以保证结构使用和防水性能。

(12) 箱形基础施工完毕后，应防止长期暴露，要抓紧基坑回填土。回填时要在相对的两侧或四周同时均匀进行，分层夯实；停止降水时，应验算箱形基础的抗浮稳定性。

3.5 地下防水工程

地下工程防水包括工业与民用建筑地下工程、防护工程、隧道及地铁等地下工程防水。其防水目标是地下工程竣工投产后，不发生渗漏水，能满足使用功能。地下防水要求防止地下水的侵入。地下水不但具有较高动水压的特点，而且常常伴有酸碱等介质的侵蚀。地下建筑防水工程按防水材料的不同可分为刚性防水层与柔性防水层。刚性防水层是指采用较高强度和无延伸能力的防水材料，如防水砂浆、防水混凝土所构成的防水层。柔性防水层是指采用具有一定柔韧性和较大延伸率的防水材料，如防水卷材、有机防水涂料构成的防水层。地下防水工程还应包括细部构造的防水处理。

《地下防水工程质量验收规范》（GB 50208—2002）把地下工程的防水等级分为 4 级，各级标准见表 3-29，不同防水等级的地下工程防水设防要求，应按表 3-30 和表 3-31 选用。

地下工程防水等级标准　　表 3-29

防水等级	标　　准
1 级	不允许渗水，结构表面无湿渍
2 级	不允许漏水，结构表面可有少量湿渍 工业与民用建筑：湿渍总面积不大于总防水面积的 1%，单个湿渍面积不大于 0.1m^2，任意 100m^2 防水面积不超过 1 处 其他地下工程，：湿渍总面积不大于防水面积的 6%，单个湿渍面积不大于 0.2m^2，任意 100m^2 防水面积不超过 4 处
3 级	有少量漏水点，不得有线流和漏泥砂 单个湿渍面积不大于 0.3m^2，单个漏水点的漏水量不大于 2.5L/d，任意 100m^2 防水面积不超过 7 处
4 级	有漏水点，不得有线流和漏泥砂 整个工程平均漏水量不大于 2L/(m^2·d)，任意 100m^2 防水面积的平均漏水量不大于 4L/(m^2·d)

明挖法地下工程防水设防　　表 3-30

工程部位	主体						施工缝					后浇带				变形缝、诱导缝						
防水措施	防水混凝土	防水砂浆	防水卷材	防水涂料	塑料防水板	金属板	遇水膨胀止水条	中埋式止水带	外贴式止水带	外抹防水砂浆	外涂防水涂料	膨胀混凝土	遇水膨胀止水条	外贴式止水带	防水嵌缝材料	中埋式止水带	外贴式止水带	可卸式止水带	防水嵌缝材料	外贴防水卷材	外涂防水涂料	遇水膨胀止水条
防水等级 1级	应选	应选1～2种					应选2种					应选	应选2种			应选	应选2种					
防水等级 2级	应选	应选1种					应选1～2种					应选	应选1～2种			应选	应选1～2种					
防水等级 3级	应选	宜选1种					宜选1～2种					应选	宜选1～2种			应选	宜选1～2种					
防水等级 4级	应选	—					宜选1种					应选	宜选1种			应选	宜选1种					

暗挖法地下工程防水设防　　表 3-31

工程部位	主体				内衬砌施工缝					内衬砌变形缝、诱导缝				
防水措施	复合式衬砌	离壁式衬砌衬套	贴壁式衬砌	喷射混凝土	外贴式止水带	遇水膨胀止水条	防水嵌缝材料	中埋式止水带	外涂防水涂料	中埋式止水带	外贴式止水带	可卸式止水带	防水嵌缝材料	遇水膨胀止水条
防水等级 1级	应选1种			—	应选2种					应选	应选2种			
防水等级 2级	应选1种			—	应选1～2种					应选	应选1～2种			
防水等级 3级	—	应选1种			宜选1～2种					应选	宜选1种			
防水等级 4级	—	应选1种			宜选1种					应选	宜选1种			

3.5.1 防水混凝土

“结构自防水”已成为我国工程建设的主要防水技术措施。它既是承重结构，又极具防水特性。用得较为普遍的是补偿收缩混凝土和普通防水混凝土。大中城市普遍采用泵送防水混凝土。这类防水工程工序简便，造价低廉，防水持久，节省投资。防水混凝土适用于防水等级为1～4级的地下整体式混凝土结构。不适用环境温度高于80℃或处于耐侵蚀系数小于0.8的侵蚀性介质中使用的地下工程。设计合理，施工优良的工程，均能达到预期目标；但如果工程细部处理不当，施工操作不严，则底板、围护结构和顶板裂缝以及各种预留缝也会出现渗漏水现象。地下室刚性防水构造如图3-2所示。

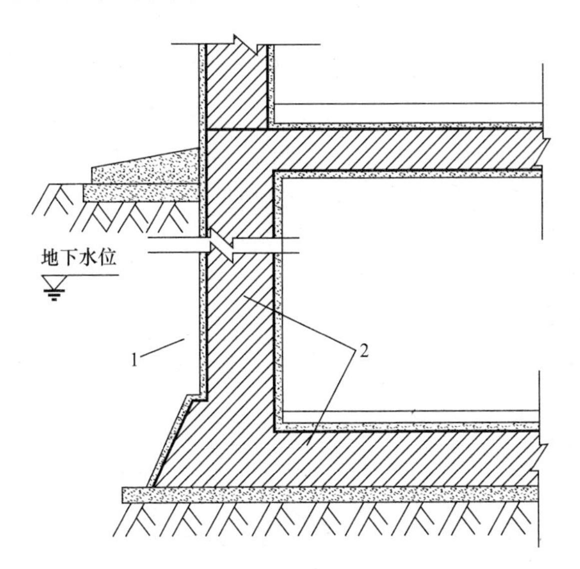

图3-2　地下室刚性防水构造图

1—水泥砂浆抹灰、冷底子油一道、热沥青两道；2—防水钢筋混凝土

1. 材料质量要求

(1) 水泥品种应按设计要求选用，其强度等级不应低于42.5级，不得使用过期或受潮结块水泥。

（2）碎石或卵石的粒径宜为5～40mm，含泥量不得大于1.0%，泥块含量不得大于0.5%。

（3）砂宜用中砂，含泥量不得大于3.0%，泥块含量不得大于1.0%。

（4）拌制混凝土所用的水，应采用不含有害物质的洁净水。

（5）外加剂的技术性能，应符合国家或行业标准一等品及以上的质量要求。

（6）粉煤灰的组别不应低于二级，掺量不宜大于20%；硅粉掺量不应大于3%，其他掺合料的掺量应通过试验确定。

2. 质量控制要点

（1）拌制混凝土所用材料的品种、规格和用量，每工作班检查不应少于两次。

（2）混凝土在浇筑地点的坍落度，每工作班至少检查两次。

（3）防水混凝土抗渗性能，应采用标准条件下养护混凝土抗渗试件的试验结果评定。试件应在浇筑地点制作。连续浇筑混凝土每500m^3应留置一组抗渗试件（一组为6个抗渗试件），且每项工程不得少于两组；采用预拌混凝土的抗渗试件，留置组数应视结构的规模和要求而定。

（4）防水混凝土的施工质量检验数量，应按混凝土外露面积每100m^2抽查1处，每处10m^2，且不得少于3处；细部构造应按全数检查。

3. 质量检验标准

（1）主控项目检验。

防水混凝土主控项目检验标准见表3-32。

（2）一般项目检验。

防水混凝土一般项目检验标准见表3-33。

3.5.2 水泥砂浆防水层

水泥砂浆防水层是以素浆（水泥浆）和水泥砂浆分层交替抹压均匀密实，与结构层牢固结合的整体抹面防水层（即刚性防水四、五层做法），具有良好的防水能力（一般抗渗压力为

防水混凝土主控项目检验　　表 3-32

序号	项目	合格质量标准	检验方法	检验数量
1	原材料配合比坍落度	防水混凝土的原材料、配合比及坍落度必须符合设计要求	检查出厂合格证、质量检验报告、计量措施和现场抽样试验报告	按混凝土外露面积每 100m² 抽查 1 处，每处 10m²，且不得少于 3 处
2	抗压强度、抗渗压力	防水混凝土的抗压强度和抗渗压力必须符合设计要求	检查混凝土抗压、抗渗试验报告	
3	细部做法	防水混凝土的变形缝、施工缝、后浇带、穿墙管道、埋设件等设置和构造，均须符合设计要求，严禁有渗漏	观察和检查隐蔽工程验收记录	全数

防水混凝土一般项目检验　　表 3-33

序号	项目	合格质量标准	检验方法	检验数量
1	表面质量	防水混凝土结构表面应坚实、平整，不得有露筋、蜂窝等缺陷；埋设件位置应正确	观察和尺量检查	按混凝土外露面积每 100m² 抽查 1 处，每处 10m²，且不得少于 3 处
2	裂缝宽度	防水混凝土结构表面的裂缝宽度应不大于 0.2mm，并不得贯通	用刻度放大镜检查	全数
3	防水混凝土结构厚度及迎水面钢筋保护层厚度	防水混凝土结构厚度应不小于 250mm，其允许偏差为＋15mm、－10mm；迎水面钢筋保护层厚度应不小于 50mm，其允许偏差为±10mm	尺量检查和检查隐蔽工程验收记录	按混凝土外露面积每 100m² 抽查 1 处，每处 10m²，且不得少于 3 处

1.5～2MPa)，施工简便，质量可靠，并且适应性强，新建工程或维修工程均可采用水泥砂浆防水层。水泥砂浆防水层适用于混凝土或砌体结构的基层上采用多层抹面的防水层，不适用环境有侵蚀性、持续振动或温度高于80℃的地下工程。施工中存在的主要问题是不浇水养护，有的覆盖、浇水养护不及时，有的养护时间太短，或是根本不浇水养护，以致造成不应有的质量事故。

1. 材料质量要求

(1) 水泥品种应按设计要求选用，其强度等级不应低于42.5级，不得使用过期或受潮结块水泥。

(2) 砂宜采用中砂，粒径3mm以下，含泥量不得大于1%，且硫化物和硫酸盐含量不得大于1%。

(3) 应采用不含有害物质的洁净水。

(4) 聚合物乳液的外观质量，无颗粒、异物和凝固物。

(5) 外加剂的技术性能应符合国家或行业标准一等品及以上的质量要求。

2. 质量控制要点

(1) 聚合物水泥砂浆拌合后应在1h内用完，且施工中不得任意加水。

(2) 掺外加剂、掺合料、聚合物等防水砂浆的配合比和施工方法应符合所掺材料的规定，其中聚合物砂浆的用水量应包括乳液中的含水量。

(3) 水泥砂浆防水层应分层铺抹或喷射，铺抹时应压实、抹平，最后一层表面应提浆压光。

(4) 水泥砂浆防水层各层应紧密贴合，每层宜连续施工；如必须留槎时，采用阶梯坡形槎，但离阴阳角处不得小于200mm；搭接应依层次顺序操作，层层搭接紧密。

(5) 水泥砂浆防水层不宜在雨天及5级以上大风中施工。冬期施工时，气温不应低于5℃，且基层表面温度应保持0℃以上。夏季施工时，不应在35℃以上或烈日照射下施工。

(6) 水泥砂浆防水层养护：

1) 普通水泥砂浆防水层终凝后，应及时进行养护，养护温度不宜低于5℃，养护时间不得少于14d，养护期间应保持湿润。

2) 聚合物水泥砂浆防水层未达到硬化状态时，不得浇水养护或直接受雨水冲刷，硬化后应采用干湿交替的养护方法。在潮湿环境中，可在自然条件下养护。

3) 使用特种水泥、外加剂、掺合料的防水砂浆，养护应按产品有关规定执行。

3. 质量检验标准

(1) 主控项目检验。

水泥砂浆防水层主控项目检验标准见表3-34。

水泥砂浆防水层主控项目检验　　表3-34

序号	项目	合格质量标准	检验方法	检验数量
1	原材料及配合比	水泥砂浆防水层的原材料及配合比必须符合设计要求	检查出厂合格证、质量检验报告、计量措施和现场抽样试验报告	按施工面积每100m² 抽查1处，每处10m²，且不得少于3处
2	结合牢固	水泥砂浆防水层各层之间必须结合牢固，无空鼓现象	观察和用小锤轻击检查	

(2) 一般项目检验。

水泥砂浆防水层一般项目检验标准见表3-35。

水泥砂浆防水层一般项目检验　　表3-35

序号	项目	合格质量标准	检验方法	检验数量
1	表面质量	水泥砂浆防水层表面应密实、平整，不得有裂纹、起砂、麻面等缺陷；阴阳角处应做成圆弧形	观察	按施工面积，每100m² 抽查1处，每处10m²，且不得少于3处

续表

序号	项目	合格质量标准	检验方法	检验数量
2	留槎和接槎	水泥砂浆防水层施工缝留槎位置应正确，接槎应按层次顺序操作，层层搭接紧密	观察和检查隐蔽工程验收记录	按施工面积每 $100m^2$ 抽查 1 处，每处 $10m^2$，且不得少于 3 处
3	厚度	水泥砂浆防水层的平均厚度应符合设计要求，最小厚度不得小于设计值的 85%	观察和尺量检查	

3.5.3 卷材防水层

地下工程卷材防水层是用沥青胶将各种卷材连续地胶结于结构表面而形成的。一般采用外防外贴和外防内贴两种施工方法。在地下防水工程中，多做三毡四油，为防止卷材层破损，表面要加一层保护层。卷材防水层的主要优点是防水性能较好，并具有一定的韧性和可变性，适应地下工程下沉、伸缩而引起的微小变形，能抗酸、碱、盐溶液的侵蚀或受振动作用的地工程。其缺点是存在着质量不易保证、劳动条件差、污染大气、不安全等因素，特别是施工质量难以检查，一旦出现渗漏水，修补较困难。

1. 材料质量要求

(1) 卷材防水层应采用高聚物改性沥青防水卷材和合成高分子防水卷材。所选用的基层处理剂、胶粘剂、密封材料等配套材料，均应与铺贴的卷材材性相容。

(2) 铺贴防水卷材前，应将找平层清扫干净，在基面上涂刷基层处理剂；当基面较潮湿时，应涂刷湿固化型胶粘剂或潮湿界面隔离剂。

(3) 防水卷材厚度选用应符合表 3-36 的规定。

防水卷材厚度　　　　表 3-36

<table>
<tr><th>防水等级</th><th>设防道数</th><th>合成高分子防水卷材</th><th>高聚物改性沥青防水卷材</th></tr>
<tr><td>1 级</td><td>三道或三道以上设防</td><td rowspan="2">单层：应不小于 1.5mm
双层：每层应不小于 1.2mm</td><td rowspan="2">单层：应不小于 4mm
双层：每层应不小于 3mm</td></tr>
<tr><td>2 级</td><td>二道设防</td></tr>
<tr><td rowspan="2">3 级</td><td>一道设防</td><td>应不小于 1.5mm</td><td>应不小于 4mm</td></tr>
<tr><td>复合设防</td><td>应不小于 1.2mm</td><td>应不小于 3mm</td></tr>
</table>

（4）两幅卷材短边和长边的搭接宽度均不应小于 100mm。采用多层卷材时，上下两层和相邻两幅卷材的接缝应错开 1/3 幅宽，且两层卷材不得相互垂直铺贴。

（5）热熔法铺贴卷材应符合下列规定：

1）火焰加热器加热卷材应均匀，不得过分加热或烧穿卷材；厚度小于 3mm 的高聚物改性沥青防水卷材，严禁采用热熔法施工。

2）卷材表面热熔后应立即滚铺卷材，排除卷材下面的空气，并辊压粘结牢固，不得有空鼓、皱折。

3）滚铺卷材时接缝部位必须溢出沥青热熔胶，并应随即刮封接口使接缝粘结严密。

4）铺贴后的卷材应平整、顺直，搭接尺寸正确，不得有扭曲。

（6）冷粘法铺贴卷材应符合下列规定：

1）胶粘剂涂刷应均匀，不露底，不堆积。

2）铺贴卷材时应控制胶粘剂涂刷与卷材铺贴的间隔时间，排除卷材下面的空气，并辊压粘结牢固，不得有空鼓。

3）铺贴卷材应平整、顺直，搭接尺寸正确，不得有扭曲、皱折。

4）接缝口应用密封材料封严，其宽度不应小于 10mm。

（7）卷材防水层完工并经验收合格后应及时做保护层。保护层应符合下列规定：

1）顶板的细石混凝土保护层与防水层之间宜设置隔离层。

2）底板的细石混凝土保护层厚度应大于50mm。

3）侧墙宜采用聚苯乙烯泡沫塑料保护层，或砌砖保护墙（边砌边填实）和铺抹30mm厚水泥砂浆。

2. 质量控制要点

（1）卷材防水层所用卷材及主要配套材料必须符合设计要求。

（2）卷材防水层及其转角处、变形缝、穿墙管道等细部做法均须符合设计要求。

（3）卷材防水层的搭接缝应粘（焊）结牢固，密封严密，不得有皱折、翘边和鼓泡等缺陷；卷材防水层的基层应牢固，基面应洁净、平整，不得有空鼓、松动、起砂和脱皮现象；基层阴阳角处应做成圆弧形。

（4）侧墙卷材防水层的保护层与防水层应粘结牢固，结合紧密，厚度均匀一致。

3. 质量检验标准

（1）主控项目检验。

卷材防水层主控项目检验标准见表3-37。

卷材防水层主控项目检验　　表3-37

序号	项目	合格质量标准	检验方法	检验数量
1	材料要求	卷材防水层所用卷材及主要配套材料必须符合设计要求	检查出厂合格证、质量检验报告和现场抽样试验报告	按铺贴面积每$100m^2$抽查1处，每处$10m^2$，且不得少于3处
2	细部做法	卷材防水层及其转角处、变形缝、穿墙管道等细部做法均须符合设计要求	观察和检查隐蔽工程验收记录	

（2）一般项目检验。

卷材防水层一般项目检验标准见表3-38。

卷材防水层一般项目检验　　表 3-38

序号	项目	合格质量标准	检验方法	检验数量
1	基层	卷材防水层的基层应牢固，基面应洁净、平整，不得有空鼓、松动、起砂和脱皮现象；基层阴阳角处应做成圆弧形	观察和检查隐蔽工程验收记录	按铺设面积，每 100m² 抽查 1 处，每处 10m²，且不得少于 3 处
2	搭接缝	卷材防水层的搭接缝应粘（焊）结牢固，密封严密，不得有皱折、翘边和鼓泡等缺陷	观察	
3	保护层	侧墙卷材防水层的保护层与防水层应粘结牢固，结合紧密、厚度均匀一致		
4	卷材搭接宽度的允许偏差	卷材搭接宽度的允许偏差为 −10mm	观察和尺量检查	

3.5.4 涂料防水层

涂料防水是在自身有一定防水能力的结构层表面涂刷一定厚度的防水涂料，经常温胶结固化后，形成一层具有一定坚韧性的防水涂膜的防水方法。根据防水基层的情况和使用部位，可将加固材料和缓冲材料铺设在防水层内，以达到提高涂膜防水效果、增强防水层强度和耐久性的目的。涂料防水层适用于受侵蚀性介质或受振动作用的地下工程主体迎水面或背水面涂刷的防水层。一般采用外防外涂和外防内涂两种施工方法。

1. 材料质量要求

（1）地下结构属长期浸水部位，涂料防水层应选用具有良好的耐水性、耐久性、耐腐蚀性及耐菌性的涂料。一般应采用反应型、水乳型、聚合物水泥防水涂料或水泥基、水泥基渗透结晶型防水涂料。

（2）无毒，难燃，低污染。

（3）无机防水涂料应具有良好的湿干粘结性、耐磨性和抗刺穿性；有机防水涂料应具有较好的延伸性及较强的适应基层变形能力。

2. 质量控制要点

(1) 涂料防水层所用材料及配合比必须符合设计要求。

(2) 涂料防水层及其转角处、变形缝、穿墙管道等细部做法均须符合设计要求。

(3) 涂料防水层应做到表面平整、涂刷均匀，不得有流淌、皱折、鼓泡、露胎体和翘边等降低防水工程质量和影响使用寿命的缺陷。

(4) 涂料防水层的平均厚度应符合设计要求，最小厚度不得小于设计厚度的80%。地下工程涂料防水层涂膜厚度一般都不小于2mm，如一次涂成，会使涂膜内外收缩和干燥时间不一致而造成开裂；如前层未干涂后层，则高部位涂料就会下淌并且越淌越薄，低处又会堆积起皱，防水工程质量难以保证。

(5) 涂料防水层的基层应牢固，基面应洁净、平整，不得有空鼓、松动、起砂和脱皮现象，基层阴阳角处应做成圆弧形。

(6) 涂料防水层应与基层粘结牢固。涂料防水层与基层是否粘结牢固，主要决定基层的干燥程度。要想使基面达到比较干燥的程度较难，因此涂刷涂料前应先在基层上涂一层与涂料相容的基层处理剂，这是解决粘结牢固的好方法。

(7) 侧墙涂料防水层的保护层与防水层粘结牢固，结合紧密，厚度均匀一致。

3. 质量检验标准

(1) 主控项目检验。

涂料防水层主控项目检验标准见表3-39。

(2) 一般项目检验。

涂料防水层一般项目检验标准见表3-40。

3.5.5 塑料板防水层

塑料板防水层一般是在初期支护上铺设，然后实施二次衬砌混凝土，工程上通常叫作复合式衬砌防水或夹层防水。复合式衬砌防水构成了两道防水，一道是塑料板防水层，另一道是防水混凝土。塑料板不仅起防水作用，而且对初期支护和二次衬砌还起到隔离和润滑作用，防止二次衬砌混凝土因初期支护表面不平而出现开裂，保护和发挥二次衬砌的防水效能。

涂料防水层主控项目检验　　表 3-39

序号	项目	合格质量标准	检验方法	检验数量
1	材料及配合比	涂料防水层所用材料及配合比必须符合设计要求	检查出厂合格证、质量检验报告、计量措施和现场抽样试验报告	按所刷涂料面积的 1/10 进行抽查，每处检查 $10m^2$，且不得少于 3 处
2	细部做法	涂料防水层及其转角处、变形缝、穿墙管道等细部做法均须符合设计要求	观察和检查隐蔽工程验收记录	

涂料防水层一般项目检验　　表 3-40

序号	项目	合格质量标准	检验方法	检验数量
1	基层质量	涂料防水层的基层应牢固，基面应洁净、平整，不得有空鼓、松动、起砂和脱皮现象；基层阴阳角处应做成圆弧形	观察和检查隐蔽工程验收记录	按所刷涂料面积的 1/10 进行抽查，每处检查 $10m^3$，且不得少于 3 处
2	表面质量	涂料防水层应与基层粘结牢固，表面平整、涂刷均匀，不得有流淌、褶皱、鼓泡、露胎体和翘边等缺陷	观察	
3	涂料防水层厚度	涂料防水层的平均厚度应符合设计要求，最小厚度不得小于设计厚度的 80%	针刺法或割取 20mm × 20mm 实样用卡尺测量	
4	保护层与防水层粘结	侧墙涂料防水层的保护层与防水层粘结牢固，结合紧密，厚度均匀一致	观察	

1. 塑料防水板材料

（1）幅宽宜为2～4m。

（2）厚度宜为1～2mm。

（3）耐穿刺性好。

（4）耐久性、耐水性、耐腐蚀性、耐菌性好。

2. 塑料板防水层的铺设

（1）复合式衬砌的塑料板铺设与内衬混凝土的施工距离应不小于5m。

（2）塑料板的缓冲衬垫应用暗钉圈固定在基层上，塑料板边铺边将其与暗钉圈焊接牢固。

（3）搭接缝宜采用双条焊缝焊接，单条焊缝的有效焊接宽度应不小于10mm。

（4）两幅塑料板的搭接宽度应为100mm，下部塑料板应压住上部塑料板。

3. 铺设质量检查及处理

铺设后应采用放大镜观察，当两层经焊接在一起的防水板呈透明状，无气泡，即熔为一体，表明焊接严密。要确保无纺布和防水板的搭接宽度，并着重检测焊缝质量。检测内容包括以下几方面。

（1）焊缝抗剥离强度，根据实验建议值≥7kg/cm。

（2）焊缝拉伸强度，应不小于防水板本身强度的70％。

（3）采用充气法检查，用5号注射用针头插入两条焊缝中间空腔，用人工气筒打气检查。当压力达到0.10～0.15MPa时，保持压力时间不少于1min，焊缝和材料均不发生破坏，表明焊接质量良好。

4. 质量检验标准

（1）主控项目检验。

塑料板防水层主控项目检验标准见表3-41。

（2）一般项目检验。

塑料板防水层一般项目检验标准见表3-42。

塑料板防水层主控项目检验　　　　表 3-41

序号	项目	合格质量标准	检验方法	检验数量
1	材料要求	防水层所用塑料板及配套材料必须符合设计要求	检查出厂合格证、质量检验报告和现场抽样试验报告	按铺设面积每 $100m^2$ 抽查 1 处，每处 $10m^2$，但不少于 3 处
2	搭接缝焊接	塑料板的搭接缝必须采用热风焊接，不得有渗漏	双焊缝间空腔内充气检查	按焊缝数量抽查 5%，每条焊缝为 1 处，但不少于 3 处

塑料板防水层一般项目检验　　　　表 3-42

序号	项目	合格质量标准	检验方法	检验数量
1	基层质量	塑料板防水层的基面应坚实、平整、圆顺，无漏水现象；阴阳角处应做成圆弧形	观察和尺量检查	按铺设面积每 $100m^2$ 抽查 1 处，每处 $10m^2$，但不少于 3 处
2	塑料板铺设	塑料板的铺设应平顺并与基层固定牢固，不得有下垂、绷紧和破损现象	观察	按铺设面积每 $100m^2$ 抽查 1 处，每处 $10m^2$，但不少于 3 处
3	搭接宽度允许偏差	塑料板搭接宽度的允许偏差为－10mm	尺量检查	

3.5.6　金属板防水层

金属板防水层，如图 3-3 和图 3-4 所示。它以金属板材焊接构成，重量大、工艺多、造价高，一般地下防水工程极少使用，但对于一些抗渗性能要求较高的构筑物（如铸工浇注坑、电炉钢水坑等），金属板防水层仍占有重要地位和实用价值。因为钢水、铁水均为高温熔液，可使渗入坑内的水分汽化，一旦蒸汽侵入金属熔液中会导致铸件报废，严重者还有引起爆炸的危险。

1. 金属板防水材料

（1）金属防水层应按设计规定选用材料，一般为 Q235 或 16Mn 钢板，厚度 3～8mm。所用材料应有出厂合格证、质量检

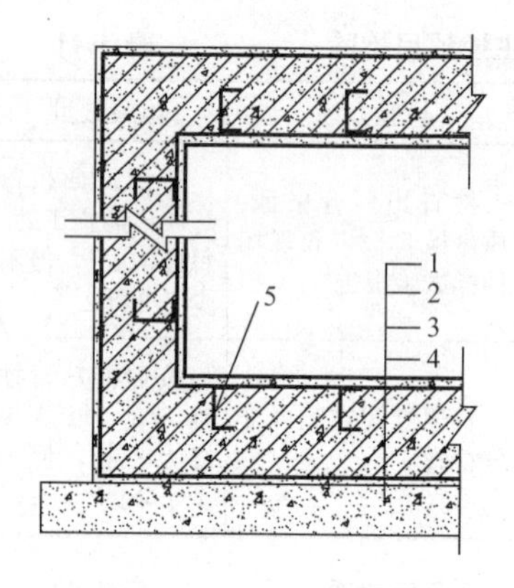

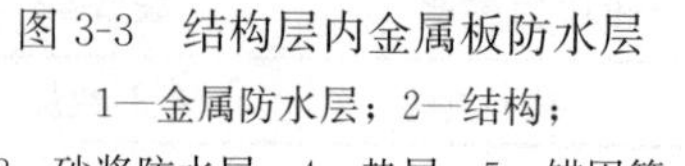
图 3-3 结构层内金属板防水层
1—金属防水层；2—结构；
3—砂浆防水层；4—垫层；5—锚固筋

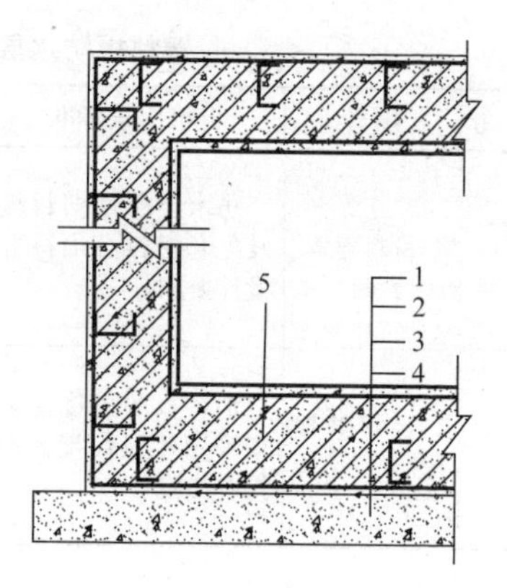

图 3-4 结构层外金属板防水层
1—砂浆防水层；2—结构；
3—金属防水层；4—垫层；5—锚固筋

验报告和现场抽样试验报告，其各项性能指标应符合《碳素结构钢》（GB/T 700—2006）和《低合金高强度结构钢》（GB/T 1591—94）的要求。

（2）金属防水层所用的连接材料，如焊条、焊剂、螺栓、型钢、铁件等，亦应有出厂合格证和质量检验报告，并符合设计及国家标准的规定。

（3）当金属板表面有锈蚀、麻点或划痕等缺陷时，其深度不得大于该板材厚度的负偏差值；对于有严重锈蚀、麻点或划痕等缺陷的金属板，均不应用作金属防水层，以避免降低金属防水层的抗渗性。

（4）金属板厚度及锚固件确定。承受外部水压的金属防水层的金属板厚度及固定金属板的锚固件的个数和截面，应符合设计要求，当设计无特殊要求，施工时可根据静水压力，按下式计算确定。

$$n=\frac{4KP}{\pi d^2 f_{st}}$$

式中 n——固定防水钢板锚固件的个数（个/m^2）；

K——超载系数；对于水压取 $K=1.1$；

P——钢板防水层所承受的静水压力（kN/m^2）；

d——锚固钢筋的直径（m）；

f_{st}——锚固钢筋的强度设计值（kN/m^2）。

承受外部水压的防水层钢板厚度，根据等强原则按下式计算：

$$t_n = 0.25d f_{st}/f_v$$

式中 t_n——防水层钢板厚度（m）；

f_v——防水钢板受剪力时的强度，用Q235钢时取100MPa。

（5）金属板的拼接及金属板与建筑结构的锚固件连接应采用焊接。金属板的拼接焊缝应进行外观检查和无损检验。

2. 质量检验标准

（1）主控项目检验。

金属板防水层主控项目检验标准见表3-43。

金属板防水层主控项目检验　　表3-43

序号	项目	合格质量标准	检验方法	检验数量
1	金属板及焊条质量	金属防水层所采用的金属板材和焊条（剂）必须符合设计要求	检查出厂合格证或质量检验报告和现场抽样试验报告	按铺设面积每$10m^2$抽查1处，每处$1m^2$，且不得少于3处
2	焊工合格证	焊工必须经考试合格并取得相应的执业资格证书	检查焊工执业资格证书和考核日期	全数检查

（2）一般项目检验。

金属板防水层一般项目检验标准见表3-44。

金属板防水层一般项目检验　　表3-44

序号	项目	合格质量标准	检验方法	检验数量
1	表面质量	金属板表面不得有明显凹面和损伤	观察	按铺设面积每$10m^2$抽查1处，每处$1m^2$，且不得少于3处

续表

序号	项目	合格质量标准	检验方法	检验数量
2	焊缝质量	焊缝不得有裂纹、未熔合、夹渣、焊瘤、咬边、烧穿、弧坑、针状气孔等缺陷	观察和无损检验	按不同长度的焊缝各抽查5%，但均不得少于1条。长度小于500mm的焊缝，每条检查1处；长度500～2000mm的焊缝，每条检查2处；长度大于2000mm的焊缝，每条检查3处
3	焊缝外观及保护涂层	焊缝的焊波应均匀，焊渣和飞溅物应清除干净；保护涂层不得有漏涂、脱皮和反锈现象	观察	

第 4 章　砌 体 工 程

砌体是把块体（普通黏土砖、空心砖、砌块和石材等）和砂浆通过砌筑而成的材料，将砖、石、砌块等块材经砌筑成为砌体的砂浆称为砌筑砂浆。

砌体的基本力学特征是抗压强度很高，抗拉强度却很低。因此，一般民用建筑和工业建筑的墙、柱和基础都可采用砌体结构。砌体结构的主要优点是容易就地取材，具有良好的耐火性和较好的耐久性，不需要模板和特殊的施工设备，砖墙和砌块墙有良好的隔声、隔热和保温性能，既是较好的承重结构，也是较好的围护结构。同时，砌体结构也有缺点：强度较低，截面尺寸较大，材料用量多，自重大，施工劳动（手工方式砌筑）量大；由于抗拉和抗剪强度都很低，导致抗震性能较差。

砌体结构按块体种类分为砖砌体、石砌体、小砌块砌体等。传统的小块黏土砖以其耗能大、占用农田多、运输量大的缺点越来越不适应现代可持续发展和环境保护的要求；石材因其取材的限制，在城市砌体结构中也已基本不适用。所以，发展高强、轻质的空心块体，能使墙体自重减轻，生产效率提高，保温隔热性能良好，且受力更加合理，抗震性能也得到提高，这成了砌体结构今后的发展趋势。

砌筑砂浆起粘结、衬垫和传力作用，是砌体的重要组成部分。水泥砂浆宜用于砌筑潮湿环境以及强度要求较高的砌体；水泥石灰砂浆宜用于砌筑干燥环境中的砌体；多层房屋的墙一般采用强度等级为 M5 的水泥石灰砂浆；砖柱、砖拱、钢筋砖过梁等一般采用强度等级为 M5～M10 的水泥砂浆；砖基础一般采用不低于 M5 的水泥砂浆；低层房屋或平房可采用石灰砂浆；简易房屋可采用石灰黏土砂浆。

4.1 砌筑砂浆

1. 材料质量要求

(1) 水泥

1) 水泥进场使用前，应分批对其强度、安定性进行复验。检验批应以同一生产厂家、同一编号为一批。

2) 当在使用中对水泥质量有怀疑或水泥出厂超过3个月（快硬硅酸盐水泥超过1个月）时，应复查试验，并按其结果使用。

3) 水泥砂浆采用的水泥，其强度等级不宜大于32.5级；水泥混合砂浆采用的水泥，其强度等级不宜大于42.5级。如果水泥强度等级过高，则可加些混合材料。

4) 对于一些特殊用途，如配置构件的接头、接缝或用于结构加固、修补裂缝，应采用膨胀水泥。

5) 不同品种的水泥，不得混合使用。

(2) 砂

1) 砂浆用砂不得含有有害杂物。

2) 对水泥砂浆和强度等级不小于M5的水泥混合砂浆，含泥量不应超过5%；对强度等级小于M5的水泥混合砂浆，含泥量不应超过10%；人工砂、山砂及特细砂，应经试配能满足砌筑砂浆技术条件要求。

(3) 砂浆

1) 砂浆的品种、强度等级必须符合设计要求。砌筑砂浆的强度等级宜采用M20、M15、M10、M7.5、M5、M2.5。

2) 砂浆的稠度应符合表4-1规定。

3) 砂浆的分层度不得大于30mm。

4) 水泥砂浆中水泥用量不应小于200kg/m^3，水泥混合砂浆中水泥和掺加料总量宜为300～350kg/m^3。水泥砂浆的密度不宜小于1900kg/m^3，水泥混合砂浆的密度不宜小于1800kg/m^3。

砌筑砂浆的稠度　　表 4-1

<table>
<tr><th>砌体种类</th><th>砂浆稠度（mm）</th><th>砌体种类</th><th>砂浆稠度（mm）</th></tr>
<tr><td>烧结普通砖砌体</td><td>70～90</td><td>烧结普通砖平拱式过梁空斗墙，筒拱普通混凝土小型空心砌块砌体加气混凝土砌块砌体</td><td>50～70</td></tr>
<tr><td>轻骨料混凝土小型空心砌块砌体</td><td>60～90</td><td rowspan="2">石砌体</td><td rowspan="2">30～50</td></tr>
<tr><td>烧结多孔砖，空心砖砌体</td><td>60～80</td></tr>
</table>

5）具有冻融循环次数要求的砌筑砂浆，经冻融试验后，质量损失率不得大于5%，抗压强度损失率不得大于25%。

（4）水

拌制砂浆用水、水质应符合国家现行标准《混凝土用水标准》（JGJ 63）的规定。

（5）掺加料

1）配制水泥石灰砂浆时，不得采用脱水硬化的石灰膏。生石灰熟化成石灰膏时，熟化时间不得少于7d。

2）消石灰粉不得直接使用于砌筑砂浆中。

（6）外加剂

凡在砂浆中掺入有机塑化剂、早强剂、缓凝剂、防冻剂等，需经检验和试配合格后，方可使用。

2. 砂浆拌制和使用

（1）砌筑砂浆现场拌制时，各组分材料应采用质量计量。

（2）砌筑砂浆通过试配确定配合比，当砂浆的组成材料有变更时，其配合比应重新确定。

（3）砂浆应随拌随用；对掺用缓凝剂的砂浆，其使用时间可根据具体情况延长；水泥混合砂浆不得用于基础等地下潮湿环境中的砌体工程；施工中当采用水泥砂浆代替水泥混合砂浆时，应重新确定砂浆强度等级。

3. 质量检验标准

砌筑砂浆试块强度验收时其强度合格标准必须符合以下规定：

同一验收批砂浆试块抗压强度平均值必须大于或等于设计强度等级所对应的立方体抗压强度；同一验收批砂浆试块抗压强度的最小一组平均值必须大于或等于设计强度等级所对应的立方体抗压强度的 0.75 倍。

注：1. 砌筑砂浆的验收批，同一类型、强度等级的砂浆试块应不少于 3 组。当同一验收批只有一组试块时，该组试块抗压强度的平均值必须大于或等于设计强度等级所对应的立方体抗压强度。

2. 砂浆强度应以标准养护，龄期为 28d 的试块抗压试验结果为准。

抽检数量：每一检验批且不超过 $250m^3$ 砌体的各种类型及强度等级的砌筑砂浆，每台搅拌机应至少制作一组试块（每组 6 块）即抽检一次。

检验方法：在砂浆搅拌机出料口随机取样制作砂浆试块（同盘砂浆应制作一组试块），最后检查试块强度试验报告单。

当施工中或验收时出现以下情况，可采用现场检验方法对砂浆和砌体强度进行原位检测或取样检测，并判定其强度：

① 砂浆试块缺乏代表性或试块数量不足。

② 对砂浆试块的实验结果有怀疑或有争议。

③ 砂浆试块的试验结果，不能满足设计要求。

4.2 砖砌体工程

砖砌体工程的块体包括烧结普通砖、烧结多孔砖、蒸压灰砂砖、粉煤灰砖等。由于砖砌体结构的材料来源广泛，施工设备和施工工艺较简单，可以不用大型机械，能较好地连续施工，还可以大量节约木材、水泥和钢材，相对造价低廉，因而得到广泛运用。在一般施工工艺中，砖砌体砌筑工程的基本要求是横平竖直、砂浆饱满、灰缝均匀、上下错缝、内外搭砌、接槎牢固。

1. 材料质量要求

（1）砖的品种、强度等级必须符合设计要求，并应有产品合格证书和性能检测报告。

（2）砌筑时蒸压灰砂砖、粉煤灰砖的产品龄期不得少于28d。

（3）砖进场后应进行复验，复验抽样数量为在同一生产厂家、同一品种、同一强度等级的普通砖15万块，多孔砖5万块，灰砂砖或粉煤灰砖10万块中各抽查1组。

（4）砌筑砖砌体时，砖应提前1～2d浇水湿润。普通砖、多孔砖的含水率宜为10%～15%；灰砂砖、粉煤灰砖含水率宜为8%～12%（含水率以水重占干砖重量的百分数计）。施工现场抽查砖的含水率的简化方法可采用现场断砖，砖截面四周融水深度为15～20mm视为符合要求。

2. 质量控制要点

（1）砖墙墙体尺寸控制。

砌筑前应弹好墙的轴线、边线、门窗洞口位置线，校正标高，以便进行施工控制。并应在墙身转角和某些交接处立好皮数杆（每10～15m立一根）。墙体轴线位置、顶面标高、垂直度、表面平整度，灰缝饱满度，应按要求严格控制。

（2）砖墙砌筑方法控制。

实心砖墙体宜采用一顺一丁、梅花丁或三顺一丁砌法。砖块排列遵守上下错缝、内外搭砌原则，错缝或搭砌长度不小于60mm；长度小于25mm的错缝为通缝，连续4皮通缝为不合格。砖柱、砖墙均不得采用先砌四周后填心的包心砌法。宜采用一铲灰、一块砖、一揉挤的“三一砌筑法”，水平灰缝的砂浆饱满度不低于80%，竖缝宜采用挤浆或加浆法，使其砂浆饱满。若采用“铺浆法”砌筑，砂浆长度不宜超过500mm。水平灰缝厚度和竖向灰缝宽度应控制在10mm左右，不宜小于8mm，不宜大于12mm。

（3）砖墙墙体砌筑时的构造控制。

墙体转角处严禁留直槎，墙体转角和交接处应同时砌筑，不能同时砌筑时应砌成斜槎，斜槎长度不应小于高度的2/3，如交接（非转角）处留斜槎有困难亦可留直槎，但必须砌成阳槎，并加设拉筋，也可做成老虎槎。

承重墙与隔断墙的连接，可在承重墙中引出阳槎，并在灰缝中预埋拉结钢筋，每层拉结钢筋不少于2ϕ6，承重墙与钢筋混凝土构造柱的连接应沿墙高500mm设置2ϕ6拉结筋，每道伸入墙内不少于1m，墙体砌成大马牙槎，槎高4皮砖或5皮砖，先退后进，上下顺直，底部及槎侧残留砂浆清理干净，先砌墙后浇混凝土。相邻施工段高差不得超过一层楼或4m，每天砌筑高度不宜超过1.8m，雨天施工不宜超过1.2m。施工段的分段位置宜设于变形缝处及门窗洞口处。

（4）混凝土小型砌块墙质量控制。

砌块宜采用“铺浆法”砌筑，铺灰长度2m～3m，砂浆沉入度为50mm～70mm。水平和竖向灰缝厚度8mm～12mm。应尽量采用主规格砌块砌筑，对错缝搭砌（搭接长度不小于90mm）。纵横墙交接处也应交错搭接。砌体临时间断处应留踏步槎，槎高不得超过一层楼高，槎长不应小于槎高的2/3。每天砌体的砌筑高度不宜大于1.8m。

钢筋混凝土或混凝土柱芯施工时，柱芯钢筋应与基础或基础梁预埋筋搭接。上下楼层柱芯钢筋需要搭接时的搭接长度不应小于35d。柱芯混凝土随砌随灌随捣实。

墙面应垂直平整，组砌方法正确，砌块表面方正完善，无损坏开裂现象。

3. 质量检验标准

（1）主控项目检验。

砖砌体的主控项目检验标准见表4-2。

砖砌体主控项目检验 **表 4-2**

序号	项目	合格质量标准	检验方法	抽检数量
1	砖和砂浆强度等级	砖和砂浆的强度等级必须符合设计要求	查砖和砂浆试块试验报告	每一生产厂家的砖到现场后，按烧结砖15万块、多孔砖5万块、灰砂砖及粉煤灰砖10万块各为一验收批，抽检数量为1组； 砂浆试块：每一检验批且不超过$250m^3$砌体的各种类型及强度等级的砌筑砂浆，每台搅拌机应至少抽检一次
2	水平灰缝砂浆饱满度	砌体水平灰缝的砂浆饱满度不得小于80%	用百格网检查砖底面与砂浆的黏结痕迹面积。每处检测3块砖，取其平均值	每检验批抽查应不少于5处
3	斜槎留置	砖砌体的转角处和交接处应同时砌筑，严禁无可靠措施的内外墙分砌施工。对不能同时砌筑而又必须留置的临时间断处应砌成斜槎，斜槎水平投影长度应不小于高度的2/3	观察	每检验批抽20%接槎，且应不少于5处

续表

序号	项目	合格质量标准	检验方法	抽检数量
4	直槎拉结筋及接槎处理	非抗震设防及抗震设防烈度为6度、7度地区的临时间断处，当不能留斜槎时，除转角处外，可留直槎，但直槎必须做成凸槎。留直槎处应加设拉结钢筋，拉结钢筋的数量为每120mm墙厚放置1夺6拉结钢筋（120mm）厚墙放置2ϕ6拉结钢筋，间距沿墙高不应超过500mm；埋入长度从留槎处算起每边均应不小于500mm，对抗震设防烈度6度、7度地区，应不小于1000mm；末端应有90°弯钩（见图4-1）； 合格标准：留槎正确，拉结钢筋设置数量、直径正确，竖向间距偏差不超过100mm，留置长度基本符合规定	观察和尺量检查	每检验批抽20%接槎，且应不少于5处
5	砖砌体位置及垂直度允许偏差	砖砌体的位置及垂直度允许偏差应符合表4-3的规定	见表4-3	轴线查全部承重墙柱；外墙垂直度全高查阳角，应不少于4处，每层每20m查一处；内墙按有代表性的自然间抽10%，但应不少于3间，每间应不少于2处，柱不少于5根

砖砌体的位置及垂直度允许偏差　　表4-3

项次	项目	允许偏差（mm）	检验方法
1	轴线位置偏移	10	用经纬仪和尺检查或用其他测量仪器检查

续表

项次	项目			允许偏差（mm）	检验方法
2	垂直度	每层		5	用 2m 托线板检查
		全高	≤10m	10	用经纬仪、吊线和尺检查，或用其他测量仪器检查
			>10m	20	

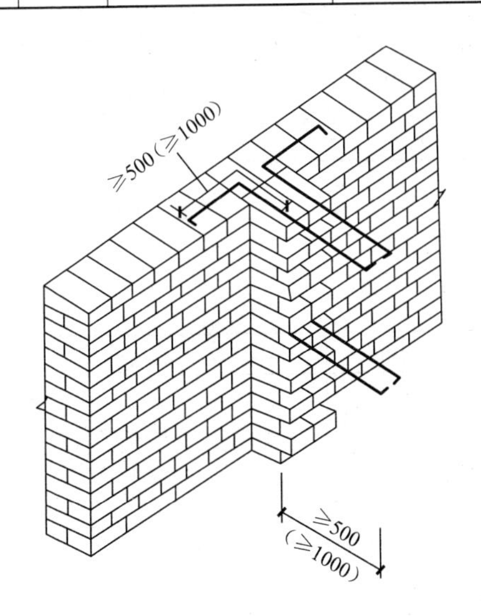

图 4-1　拉结钢筋埋设

（2）一般项目检验。

砖砌体的一般项目检验标准见表 4-4。

砖砌体一般项目检验　　**表 4-4**

序号	项目	合格质量标准	检验方法	抽检数量
1	组砌方法	砖砌体组砌方法应正确，上、下错缝，内外搭砌，砖柱不得采用包心砌法； 合格标准：除符合本条要求外，清水墙、窗间墙无通缝；混水墙中长度大于或等于 300mm 的通缝每间不超过 3 处，且不得位于同一面墙体上	观察	外墙每 20m 抽查一处，每处 3～5m，且应不少于 3 处；内墙按有代表性的自然间抽 10%，且应不少于 3 间

续表

序号	项目	合格质量标准	检验方法	抽检数量
2	灰缝质量要求	砖砌体的灰缝应横平竖直，厚薄均匀。水平灰缝厚度宜为10mm，但应不小于8mm，也应不大于12mm	用尺量10皮砖砌体高度折算	每步脚手架施工的砌体，每20m抽查1处
3	砖砌体一般尺寸允许偏差	砖砌体的一般尺寸允许偏差应符合表4-5的规定	见表4-5	见表4-5

砖砌体一般尺寸允许偏差 **表4-5**

项次	项目		允许偏差（mm）	检验方法	抽检数量
1	基础顶面和楼面标高		±15	用水平仪和尺检查	应不少于5处
2	表面平整度	清水墙、柱	5	用2m靠尺和楔形塞尺检查	有代表性自然间10%，但应不少于3间，每间应不少于2处
		混水墙、柱	8		
3	门窗洞口高、宽（后塞口）		±5	用尺检查	检验批的10%，且应不少于5处
4	外墙上下窗口偏移		20	以底层窗口为准，用经纬仪或吊线检查	
5	水平灰缝平直度	清水墙	7	拉10m线和尺检查	有代表性自然间10%，但应不少于3间，每间应不少于2处
		混水墙	10		
6	清水墙游丁走缝		20	吊线和尺检查，以每层第一皮砖为准	

注：本表摘自现行国家标准《砌体结工程施工质量验收规范》(GB 50203)。

4.3 混凝土小型砌体工程

混凝土小型空心砌块（简称小砌块），包括普通混凝土小型空心砌块（简称“普通小砌块”）和轻骨料混凝土小型空心砌块（简称“轻骨料小砌块”）。

1. 材料质量要求

（1）小砌块的品种、强度等级必须符合设计要求，并应有产品合格证书和性能检测报告，砌块进场后应进行复验。复验抽样为同一生产厂家、同一品种、同一强度等级的小砌块每1万块为一个验收批，每一个验收批应抽查1组（其中4层以上建筑的基础和底层的小砌块每一万块抽查两组）。

（2）小砌块吸水率不应大于20%。

干缩率和相对含水率应符合表4-6的要求。

干缩率和相对含水率　　　表4-6

干缩率（%）	相对含水率（%）		
	潮湿	中等	干燥
<0.03	45	40	35
0.03～0.045	40	35	30
>0.045～0.065	35	30	25

注：1. 相对含水率即砌块出厂含水率与吸水率之比。

$$W=\frac{W_1}{W_2}\times 100$$

式中　W——砌块的相对含水率（%）；

W_1——砌块出厂时间的含水率（%）；

W_2——砌块的吸水率（%）。

2. 使用地区的湿度条件：

潮湿——指年平均相对湿度大于75%的地区；

中等——指年平均相对湿度50%～75%的地区；

干燥——指年平均相对湿度小于50%的地区。

2. 质量控制

（1）设计模数的校核。

小砌块砌体房屋在施工前应加强对施工图纸的会审，尤其对房屋的细部尺寸和标高，是否适合主规格小砌块的模数应进行校核。发现不合适的细部尺寸和标高应及时与设计单位沟通，必要时进行调整。这一点对于单排孔小砌块显得尤为重要。当尺寸调整后仍不符合主规格块体的模数时，应使其符合辅助规格块材的模数。否则，会影响砌筑的速度与质量。这是由于小砌块块材不可切割的特性所决定的，应引起高度的重视。

（2）小砌块排列图。

砌体工程施工前，应根据会审后的设计图纸绘制小砌块砌体的施工排列图。排列图应包括平面与立面两面三个方面。它不仅对估算主规格及辅助规格块材的用量是不可缺少的，对正确设定皮数杆及指导砌体操作工人进行合理摆转，准确留置预留洞口、构造柱、梁位置等，确保砌筑质量也是十分重要的。对采用混凝土芯柱的部位，既要保证上下畅通不梗阻，又要避免由于组砌不当造成混凝土浇筑时横向流窜，芯柱呈正三角形状（或宝塔状）。不仅浪费材料，而且增加了房屋的永久荷载。

（3）砌筑时小砌块的含水率。

普通小砌块砌筑时，一般可不浇水。天气干燥炎热时，可提前洒水湿润；轻骨料小砌块，宜提前一天浇水湿润。小砌块表面有浮水时，为避免游砖不得砌筑。

（4）组砌与灰缝：

1）单排孔的小砌块砌筑时应对孔错缝搭砌；当不能对孔砌筑，搭接长度不得小于 90mm（包含其他小砌块）；当不能满足时，在水平灰缝中设置拉结钢筋网，网位于两端距竖缝宽度不宜小于 300mm。

2）小砌块砌筑应将底面（壁、肋稍厚一面）朝上反砌于墙上。

3）小砌块砌体的水平灰缝应平直，按净面积计算水平灰缝砂浆饱满度不得小于 90%。小砌块砌体的水平灰缝厚度和竖向灰缝宽度宜为 10mm，但不应小于 8mm，也不应大于 12mm。铺灰长度不宜超过两块主规格块体的长度。

4）需要移动砌体中的小砌块或砌体被撞动后，应重新铺砌。

5）厕浴间和有防水要求的楼面，墙底部应浇筑高度不小于 120mm 的混凝土坎；轻骨料小砌块墙底部混凝土高度不宜小于 200mm。

6）小砌块清水墙的勾缝应采用加浆勾缝，当设计无具体要求时宜采用平缝形式。

7）为保证砌筑质量，日砌高度为 1.4m，或不得超过一步脚手架高度内。

8）雨天砌筑应有防雨措施，砌筑完毕应对砌体进行遮盖。

（5）留槎、拉结筋。

1）墙体转角处和纵横墙交接处应同时砌筑。临时间断处应砌成斜槎，斜槎水平投影长度不应小于高度的 2/3。

2）砌块墙与后砌隔墙交接处，应沿墙高每 400mm 在水平灰缝内设置不少于 2ϕ4、横筋间距不大于 200mm 的焊接钢筋网片（图 4-2）。

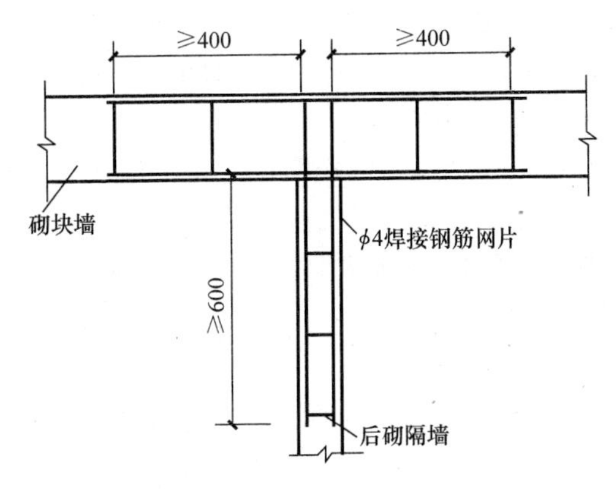

图 4-2　砌块墙与后砌隔墙交接处钢筋网片

（6）预留洞、预埋件。

1）除按砖砌体工程控制外，当墙上设置脚手眼时，可用辅助规格砌块侧砌，利用其孔洞作脚手眼（注意，脚手眼下部砌块的承载能力）；补眼时可用不低于小砌块强度的混凝土填实。

2）门窗固定处均砌筑可镶砌混凝土预制块（其内可放木砖），也可在门窗两侧小砌块孔内灌筑混凝土。

（7）混凝土芯柱。

1）砌筑芯柱（构造柱）部位的墙体，应采用不封底的通孔小砌块，砌筑时要保证上下孔通畅且不错孔，确保混凝土浇筑时不侧向流窜。

2）在芯柱部位，每层楼的第一皮块体，应采用开口小砌块或U形小砌块砌出操作孔，操作孔侧面宜预留连通孔；砌筑开口小砌块或U形小砌块时，应随时刮去灰缝内凸出的砂浆，直至一个楼层高度。

3）浇筑芯柱的混凝土，宜选用专用的混凝土小型空心砌块灌孔混凝土（坍落度为180mm以上）；当采用普通混凝土时，其坍落度不应小于90mm。

4）浇灌芯柱混凝土，应遵守下列规定：

① 清除孔洞内的砂浆等杂物，并用水冲洗；

② 砌筑砂浆强度大于1MPa时，方能浇筑芯柱混凝土；

③ 在浇筑芯柱混凝土前应先注入适量与芯柱混凝土相同的去石水泥砂浆，再浇筑混凝土。

（8）小砌块墙中设置构造柱时，与构造柱相邻的砌块孔洞，当设计未具体要求时，6度（抗震设防烈度，下同）时宜灌实，7度时应灌实，8度时应灌实并插筋。其他可参照砖砌体工程。

3. 质量验收

（1）主控项目。

1）小砌块：砂浆和混凝土的强度等级必须符合设计要求。

抽检数量：每一生产厂家，每1万块小砌块至少应抽检两组。用于多层以上建筑基础和底层的小砌块抽检数量不应少于两组。砂浆试块的抽检数量：每一检验批且不超过250m^3砌体的各种类型及强度等级的建筑砂浆，每台搅拌机应至少抽检一次。芯柱混凝土每一检验批至少做一组试块。

检验方法：查小砌块、砂浆混凝土试块试验报告。

2）砌体水平灰缝的砂浆饱满度，应按净面积计算不得低于90%；竖向灰缝饱满度不得小于80%，竖缝凹槽部位应用砌筑砂浆填实；不得出现瞎缝、透明缝。

抽检数量：每检验批不应少于3处。

检验方法：用专用百格网检测小砌块与砂浆粘结痕迹，每处检测 3 块小砌块，取其平均值。

3）墙体转角处和纵横墙交接处应同时砌筑。临时间断处应砌成斜槎，斜槎水平投影长度不应小于高度的 2/3。

抽检数量：每检验批抽 20%接槎，且不应少于 5 处。

检验方法：观察检查。

4）砌体的轴线位置偏移和垂直度偏差应符合表 4-3 的规定。

（2）一般项目

1）墙体的水平灰缝厚度和竖向灰缝宽度宜为 10mm，但不应大于 12mm，也不应小于 8mm。

抽检数量：每层楼的检测点不应少于 3 处。

抽检方法：用尺量 5 皮小砌块的高度和 2m 砌体长度折算。

2）小砌块墙体的一般尺寸允许偏差应按表 4-5 的 1～5 项规定执行。

（3）质量控制资料

同砖砌体工程。

4.4 配筋砌体工程

1. 材料质量要求

从结构工程的角度，砌体可分为非配筋砌体和配筋砌体。前者常简称为砌体。

配筋砌体包括网状配筋砌体柱、水平配筋砌体墙、砖砌体和钢筋混凝土面层或钢筋砂浆面层组合砌体柱（墙）、砖砌体和钢筋混凝土构造柱组合墙以及配筋砌块砌体剪力墙的统称。在砌体结构中，由于建筑及一些其他要求，有些墙柱不宜采用增大截面来提高其承载能力，用改变局部区域的结构形式也不经济，在此种情况下，采用配筋砌体是一个较好的解决方法。

2. 质量控制

（1）配筋砖砌体配筋

1）砌体水平灰缝中钢筋的锚固长度不宜小于 $50d$，且其水平或垂直弯折段长度不宜小于 $20d$ 和 150mm；钢筋的搭接长度

不应小于 $55d$。

2）配筋砌块砌体剪力墙的灌孔混凝土中竖向受拉钢筋，钢筋搭接长度不应小于 35d 且不小于 300mm。

3）钢筋网可采用连弯网或方格网。钢筋直径宜采用 3～4mm；当采用连弯网时，钢筋的直径不应大于 8mm。

4）钢筋网中钢筋的间距不应大于 120mm，并不应小于 30mm。

5）砌体与构造柱、芯柱的连接处应设 2ϕ6 拉结筋或 ϕ4 钢筋网片，间距沿墙高不应超过 500mm（小砌块为 600mm）；埋入墙内长度每边不宜小于 600mm；对抗震设防地区不宜小于 1m；钢筋末端应有 90°弯钩。

（2）构造柱、芯柱

1）配筋砌块芯柱在楼盖处应贯通，并不得削弱芯柱截面尺寸。

2）构造柱浇筑混凝土前，必须将砌体留槎部位和模板浇水湿润，将模板内的落地灰、砖渣和其他杂物清理干净，并在结合面处注入适量与构造柱混凝土相同的去石水泥砂浆。

3）构造柱纵筋应穿过圈梁，保证纵筋上下贯通；构造柱箍筋在楼层上下各 500mm 范围内应进行加密，间距宜为 100mm。

4）墙体与构造柱连接处应砌成马牙槎，从每层柱脚起，先退后进，马牙槎的高度不应大于 300mm，并应先砌墙后浇混凝土构造柱。

5）小砌块墙中设置构造柱时，与构造柱相邻的砌块孔洞：当设计未具体要求时，6 度区（抗震设防烈度，下同）时宜灌实，7 度时应灌实，8 度时应灌实并插筋。

（3）构造柱、芯柱中箍筋

1）箍筋直径不宜小于 6mm。

2）箍筋的间距不应大于 16 倍的纵向钢筋直径、48 倍箍筋直径及柱截面短边尺寸中较小者。

3）箍筋应做成封闭式，端部应弯钩。

4）箍筋应设置在灰缝或灌孔混凝土中。

5）当纵向钢筋的配筋率大于0.25%，且柱承受的轴向力大于受压承载力设计值的25%时，柱应设箍筋；当配筋率等于或小于0.25%时，或柱承受的轴向力小于受压承载力设计值的25%时，柱中可不设置箍筋。

3. 质量检验标准

（1）主控项目检验（见表4-7）。

主控项目检验　　表4-7

序号	项目	合格质量标准	检验方法	检查数量
1	钢筋品种、规格和数量	钢筋的品种、规格和数量应符合设计要求	检查钢筋的合格证书、钢筋性能试验报告、隐蔽工程记录	全数检查
2	混凝土、砂浆强度	构造柱、芯柱、组合砌体构件、配筋砌体剪力墙构件的混凝土或砂浆的强度等级应符合设计要求	检查混凝土或砂浆试块试验报告	各类构件每一检验批砌体至少应做一组试块
3	马牙槎拉结筋	构造柱与墙体的连接处应砌成马牙槎，马牙槎应先退后进，预留的拉结钢筋应位置正确，施工中不得任意弯折 合格标准：钢筋竖向移位不应超过100mm，每一马牙槎沿高度方向尺寸不应超过300mm。钢筋竖向位移和马牙槎尺寸偏差每一构造柱不应超过2处	观察检查	每检验批抽20%构造柱，且不少于3处
4	构造柱位置及垂直度允许偏差	构造柱位置及垂直度的允许偏差应符合表4-8的规定	见表4-8	每检验批抽10%，且应不少于5处
5	芯柱	对配筋混凝土小型空心砌块砌体，芯柱混凝土应在装配式楼盖处贯通，不得削弱芯柱截面尺寸	观察检查	每检验批抽10%，且应不少于5处

构造柱尺寸允许偏差 **表 4-8**

项次	项目			允许偏差（mm）	抽检方法
1	柱中心线位置			10	用经纬仪和尺检查或用其他测量仪器检查
2	柱层阀错位			8	用经纬仪和尺检查或用其他测量仪器检查
3	柱垂直度	每层		10	用 2m 托线板检查
		全高	≤10m	15	用经纬仪、吊线和尺检查，或用其他测量仪器检查
			>10m	20	

注：本表摘自《砌体工程施工质量验收规范》(GB 50203—2002)。

（2）一般项目检验见表 4-9。

一般项目检验 **表 4-9**

序号	项目	合格质量标准	检验方法	检查数量
1	水平灰缝钢筋	设置在砌体水平灰缝内的钢筋，应居中置于灰缝中。水平灰缝厚度应大于钢筋直径 4mm 以上。砌体外露面砂浆保护层的厚度应不小于 15mm	观察检查，辅以钢尺检测	每检验批抽检 3 个构件，每个构件检查 3 处
2	钢筋防腐	设置在潮湿环境或有化学侵蚀性介质的环境中的砌体灰缝内的钢筋应采取防腐措施 合格标准：防腐涂料无漏刷（喷浸），无起皮脱落现象	观察检查	每检验批抽检 10%的钢筋
3	网状配筋及放置间距	网状配筋砌体中，钢筋网及放置间距应符合设计规定 合格标准：钢筋网沿砌体高度位置超过设计规定一皮砖厚不得多于 1 处	钢筋规格检查钢筋网成品，钢筋网放置间距局部剔缝观察，或用探针刺入灰缝内检查，或用钢筋位置测定仪测定	每检验批抽检 10%，且应不少于 5 处

续表

序号	项目	合格质量标准	检验方法	检查数量
4	组合砌体拉结筋	组合砖砌体构件，竖向受力钢筋保护层应符合设计要求，距砖砌体表面距离应不小于5mm；拉结筋两端应设弯钩，拉结筋及箍筋的位置应正确 合格标准：钢筋保护层符合设计要求；拉结筋位置及弯钩设置80%及以上符合要求，箍筋间距超过规定者，每件不得多于2处，且每处不得超过一皮砖	支模前观察与尺量检查	每检验批抽检10%，且应不少于5处
5	砌块砌体钢筋搭接	配筋砌块砌体剪力墙中，采用搭接接头的受力钢筋搭接长度应不小于35d，且应不少于300mm	尺量检查	每检验批每类构件抽20%（墙、柱、连梁），且应不少于3件

4.5 填充墙砌体工程

1. 材料质量要求

（1）蒸压加气混凝土砌块、轻骨料混凝土小型空心砌块砌筑时，其产品龄期应超过28d。

（2）空心砖、蒸压加气混凝土砌块、轻骨料混凝土小型空心砌块等在运输、装卸过程中严禁抛掷和倾倒。进场后应按品种、规格分别堆放整齐，堆置高度不宜超过2m。加气混凝土砌块应防止雨淋。

（3）填充墙砌体砌筑前块材应提前2d浇水湿润。蒸压加气混凝土砌块砌筑时，应向砌筑面适量浇水。

（4）加气混凝土砌块不得在以下部位砌筑：

1）受化学环境侵蚀部位。

2）建筑物底层地面以下部位。

3）经常处于80℃以上高温环境中。

4）长期浸水或经常干湿交替部位。

2. 质量控制要点

(1) 砌块、空心砖应提前 2d 浇水湿润；加气砌块砌筑时，应向砌筑面适量洒水；当采用胶粘剂砌筑时，不得浇水湿润。用砂浆砌筑时的含水率：轻骨料小砌块宜为 5%～8%，空心砖宜为 10%～15%，加气砌块宜小于 15%，对于粉煤灰加气混凝土制品宜小于 20%。

(2) 填充墙砌筑时，应错缝搭砌。单排孔小砌块应对孔错缝砌筑，当不能对孔时，搭接长度不应小于 90mm，加气砌块搭接长度不应小于砌块长度的 1/3；当不能满足时，应在水平灰缝中设置钢筋加强。

(3) 填充墙砌至梁、板底部时，应留一定空隙，至少间隔 7d 后再砌筑、挤紧；或用坍落度较小的混凝土或水泥砂浆填嵌密实。在封砌施工洞口及外墙井架洞口时，尤其应严格控制，切勿一次到顶。

(4) 轻骨料小砌块和加气砌块砌体，由于干缩值大（是烧结黏土砖的数倍），不应与其他块材混砌。但对于因构造需要的墙底部、顶部、门窗固定部位等，可局部适量镶嵌其他块材。不同砌体交接处可采用构造柱连接。

(5) 轻骨料小砌块、加气砌块和薄壁空心砖（如三孔砖）砌筑时，墙底部应砌筑烧结普通砖、多孔砖、普通小砖块（采用混凝土灌孔更好）或浇筑混凝土；其高度不宜小于 200mm。

(6) 厕浴间和有防水要求的房间，所有墙底部 200mm 高度内均应浇筑混凝土坎台。

(7) 填充墙的水平灰缝砂浆饱满度均应不小于 80%；小砌块、加气砌块砌体的竖向灰缝也不应小于 80%，其他砖砌体的竖向灰缝应填满砂浆，并不得有透明缝、瞎缝和假缝。

(8) 钢筋混凝土结构中砌筑填充墙时，应沿框架柱（剪力墙）全高每隔 500mm（砌块模数不能满足时可为 600mm）设 2ϕ6 拉结筋，拉结筋伸入墙内的长度应符合设计要求；当设计未具体要求，且非抗震设防及抗震设防烈度为 6 度、7 度时，不应小于墙长的 1/5 且不小于 700mm；烈度为 8 度、9 度时，宜沿墙全长贯通。

3. 质量检验标准

(1) 主控项目检验

填充墙砌体工程主控项目检验标准见表 4-10。

填充墙砌体工程主控项目检验　　表 4-10

项目	合格质量标准	检验方法	检查数量
砖、砌块和砌筑砂浆的强度等级	砖、砌块和砌筑砂浆的强度等级应符合设计要求	检查砖或砌块的产品合格证书、产品性能检测报告和砂浆试块试验报告	全数检查

(2) 一般项目检验

填充墙砌体工程一般项目检验标准见表 4-11。

填充墙砌体工程一般项目检验　　表 4-11

序号	项目	合格质量标准	检验方法	检查数量
1	填充墙砌体一般尺寸允许偏差	填充墙砌体一般尺寸的允许偏差应符合表 4-12 的规定	见表 4-12	(1) 对表 4-12 中 1、2 项，在检验批的标准间中随机抽查 10%，但应不少于 3 间；大面积房间和楼道按两个轴线或每 10 延长米按一标准间计数。每间检验应不少于 3 处； (2) 对表 4-12 中 3、4 项，在检验批中抽检 10%，且应不少于 5 处
2	无混砌现象	蒸压加气混凝土砌块砌体和轻骨料混凝土小型空心砌块砌体不应与其他块材混砌	外观检查	在检验批中抽检 20%，且应不少于 5 处
3	砂浆饱满度	填充墙砌体的砂浆饱满度及检验方法应符合表 4-13 的规定	见表 4-13	每步架子不少于 3 处，且每处应不少于 3 块

续表

序号	项目	合格质量标准	检验方法	检查数量
4	拉结钢筋网片位置	填充墙砌体留置的拉结钢筋或网片的位置应与块体皮数相符合。拉结钢筋或网片应置于灰缝中，埋置长度应符合设计要求，竖向位置偏差不应超过一皮高度	观察和用尺量检查	在检验批中抽检20%，且应不少于5处
5	错缝搭砌	填充墙砌筑时应错缝搭砌，蒸压加气混凝土砌块搭砌长度应不小于砌块长度的1/3，轻骨料混凝土小型空心砌块搭砌长度应不小于90mm，竖向通缝应不大于2皮	观察和用尺检查	在检验批的标准间中抽查10%，且应不少于3间
6	填充墙灰缝	填充墙砌体的灰缝厚度和宽度应正确。空心砖、轻骨料混凝土小型空心砌块的砌体灰缝应为8～12mm。蒸压加气混凝土砌块砌体的水平灰缝厚度及竖向灰缝宽度分别宜为15mm和20mm	用尺量5皮空心砖或小砌块的高度和2m砌体长度折算	
7	梁底砌法	填充墙砌至接近梁、板底时，应留一定空隙，待填充墙砌筑完并应至少间隔7d后，再将其补砌挤紧	观察	每验收批抽10%填充墙片（每两柱间的填充墙为一墙片），且应不少于3片墙

填充墙砌体一般尺寸允许偏差　　表4-12

项次	项目		允许偏差（mm）	检验方法
1	轴线位移		10	用尺检查
	垂直度	小于或等于3m	5	用2m托线板或吊线、尺检查
		大于3m	10	

续表

项次	项目	允许偏差（mm）	检验方法
2	表面平整度	8	用2m靠尺和楔形塞尺检查
3	门窗洞口高、宽（后塞口）	±5	用尺检查
4	外墙上、下窗口偏移	20	用经纬仪或吊线检查

注：本表摘自《砌体结构工程施工质量验收规范》（GB 50203）。

填充墙砌体的砂浆饱满度及检验方法　　表 4-13

砌体分类	灰缝	饱满度及要求	检验方法
空心砖砌体	水平	≥80%	采用百格网检查块材底面砂浆的粘结痕迹面积
	垂直	填满砂浆，不得有透明缝、瞎缝、假缝	
加气混凝土砌块和轻骨料混凝土小砌块砌体	水平	≥80%	
	垂直		

注：本表摘自《砌体结构工程施工质量验收规范》（GB 50203）。

第5章　混凝土结构工程

5.1　模板工程

5.1.1　模板安装工程

1. 质量控制要点

（1）模板安装一般要求

1）模板的接缝不应漏浆，在浇筑混凝土前，木模板应浇水湿润，但模板内不应有积水。

2）模板与混凝土的接触面应清理干净并涂刷隔离剂，但不得采用影响结构性能或妨碍装饰工程施工的隔离剂。

3）浇筑混凝土前，模板内的杂物应清理干净。

4）安装过程中应多检查，注意垂直度、中心线、标高及各部分的尺寸，保证结构部分的几何尺寸和相邻位置的正确。

5）竖向模板和支架的支撑部分必须坐落在坚实的基土上，且要求接触面平整。

6）模板安装应按编制的模板设计文件和施工技术方案施工。在浇筑混凝土前，应对模板工程进行验收。

（2）模板安装偏差

1）模板轴线放线时，应考虑建筑装饰装修工程的厚度尺寸，留出装饰厚度。

2）模板安装的根部及顶部应设标高标记，并设限位措施，确保标高尺寸准确。支模时应拉水平通线，设竖向垂直度控制线，确保横平竖直，位置正确。

3）基础的杯芯模板应刨光直拼，并钻有排气孔，减少浮力；杯口模板中心线应准确，模板钉牢，防止浇筑混凝土时芯模上浮；模板厚度应一致，搁栅面应平整，搁栅木料要有足够的强度和刚度。墙模板的穿墙螺栓直径、间距和垫块规格应符合设计要求。

4）柱子支模前必须先校正钢筋位置。成排柱支模时应先立两端柱模，在底部弹出通线定出位置并兜方找中，校正与复核位置无误后，顶部拉通线，再立中间柱模。柱箍间距按柱截面大小及高度决定，一般控制在500～1000mm，根据柱距，选用剪刀撑、水平撑及四面斜撑撑牢，保证柱模板位置准确。

5）梁模板上口应设临时撑头，侧模下口应贴紧底模或墙面，斜撑与上口钉牢，保持上口呈直线；深梁应根据梁的高度和核算的荷载及侧压力适当予加横档。

6）梁柱节点连接处一般下料尺寸略缩短，采用边模包底模，拼缝应严密，支撑牢靠，及时错位，并采取有效、可靠措施予以纠正。

（3）模板的变形要求

1）超过3m高的大型模板的侧模应留门子板，模板应留清扫口。

2）浇筑混凝土高度应控制在允许范围内，浇筑时应均匀、对称下料，避免局部侧压力过大造成胀模。

3）对跨度不小于4m的现浇钢筋混凝土梁、板，其模板应按设计要求起拱；当设计无具体要求时，起拱高度宜为跨度的1/1000～3/1000。

（4）模板支架要求

1）支放模板的地坪、胎膜等应保持平整光洁，不得产生下沉、裂缝、起砂或起鼓等现象。

2）立柱与立柱之间的带锥销横杆，应用锤子敲紧，防止立柱失稳，支撑完毕应设专人检查。

3）支架的立柱底部应铺设合适的垫板，其支撑在疏松土质上时，基土必须经过夯实，并应通过计算，确定其有效支承面积，还应有可靠的排水措施。

4）安装现浇结构的上层模板及其支架时，下层楼板应具有承受上层荷载的承载能力或加设支架支撑，确保有足够的刚度和稳定性；多层楼板支架系统的立柱应安装在同一垂直线上。

2. 质量检验标准

(1) 主控项目检验（表 5-1)。

主控项目检验　　　　表 5-1

序号	项目	合格质量标准	检验方法	检查数量
1	模板支撑、立柱位置和垫板	安装现浇结构的上层模板及其支架时，下层楼板应具有承受上层荷载的承载能力，或加设支架；上、下层支架的立柱应对准，并铺设垫板	对照模板设计文件和施工技术方案观察	全数检查
2	避免隔离剂沾污	在涂刷模板隔离剂时，不得沾污钢筋和混凝土接槎处	观察	

(2) 一般项目检验（表 5-2)。

一般项目检验　　　　表 5-2

序号	项目	合格质量标准	检验方法	检查数量
1	模板安装要求	模板安装应满足下列要求： (1) 模板的接缝不应漏浆；在浇筑混凝土前，木模板应浇水湿润，但模板内不应有积水； (2) 模板与混凝土的接触面应清理干净并涂刷隔离剂，但不得采用影响结构性能或妨碍装饰工程施工的隔离剂； (3) 浇筑混凝土前，模板内的杂物应清理干净； (4) 对清水混凝土工程及装饰混凝土工程，应使用能达到设计效果的模板	观察	全数检查
2	用作模板的地坪、胎模质量	用作模板的地坪、胎模等应平整光洁，不得产生影响构件质量的下沉、裂缝、起砂或起鼓		

续表

序号	项目	合格质量标准	检验方法	检查数量
3	模板起拱高度	对跨度不小于4m的现浇钢筋混凝土梁、板，其模板应按设计要求起拱；当设计无具体要求时，起拱高度宜为跨度的1/1000～3/1000	水准仪或拉线、钢尺检查	在同一检查批内，对梁、柱和独立基础，应抽查构件数量的10%，且不少于3件；对墙和板，应按有代表性的自然间抽查10%，且不少于3间；对大空间结构，墙可按相邻轴线间高度5m左右划分检查面，板可按纵、横轴线划分检查面，抽查10%，且均不少于3面
4	预埋件、预留孔和预留洞允许偏差	固定在模板上的预埋件、预留孔和预留洞均不得遗漏，且应安装牢固，其偏差应符合表5-3的规定	钢尺检查，见表5-4，表5-5	
5	模板安装允许偏差	现浇结构模板安装的偏差应符合表5-4的规定；预制构件模板安装的偏差应符合表5-5的规定		

预埋件和预留空洞的允许偏差　　表5-3

项目		允许偏差（mm）
预埋钢板中心线位置		3
预埋管、预留孔中心线位置		3
插筋	中心线位置	5
	外露长度	+10，0
预埋螺栓	中心线位置	2
	外露长度	+10，0
预留洞	中心线位置	10
	尺寸	+10，0

注：1. 检查中心线位置时，应沿纵、横两个方向量侧，并取其中的较大值。
　　2. 本表摘自《混凝土结构工程施工质量验收标准》(GB 50204)。

现浇结构模板安装的允许偏差及检验方法　　表5-4

项目	允许偏差（mm）	检验方法
轴线位置	5	钢尺检查
底摸上表面标高	±5	水准仪或拉线、钢尺检查

续表

项目		允许偏差（mm）	检验方法
截面内部尺寸	基础	±10	钢尺检查
	柱、墙、梁	+4，−5	钢尺检查
层高垂直度	不大于5m	6	经纬仪或吊线、钢尺检查
	大于5m	8	经纬仪或吊线、钢尺检查
相邻两板表面高低差		2	钢尺检查
表面平整度		5	2m靠尺和塞尺检查

注：1. 检查轴线位置时，应沿纵、横两个方向测量，并取其中的较大值。
　　2. 本表摘自《混凝土结构工程施工质量验收标准》（GB 50204）。

预制构件模板安装的允许偏差及检验方法　　　表5-5

项目		允许偏差（mm）	检验方法
长度	板、梁	±5	钢尺量两角边，取其中较大值
	薄腹梁、桁架	±10	
	柱	0，−10	
	墙板	0，−5	
宽度	板、墙板	0，−5	钢尺量一端及中部，取其中较大值
	梁、薄腹梁、桁架、柱	+2，−5	
高（厚）度	板	+2，−3	
	墙板	0，−5	
	梁、薄腹梁、桁架、柱	+2，−5	
侧向弯曲	梁、板、柱	l/1000且≤15	拉线、钢尺量最大弯曲处
	墙板、薄腹梁、桁架	l/1500且≤15	
板的表面平整度		3	2m靠尺和塞尺检查
相邻两板表面高低差		1	钢尺检查
对角线差	板	7	钢尺量两个对角线
	墙板	5	
翘曲	板、墙板	l/1500	调平尺在两端量测
设计起拱	薄腹梁、桁架、梁	±3	拉线、钢尺量跨中

注：1. l为构件长度。
　　2. 本表摘自《混凝土结构工程施工质量验收规范》（GB 50204）。

5.1.2 模板拆除工程

1. 质量控制要点

（1）多个楼层间连续支模的底层支架拆除时机可以根据设计的具体要求而定（根据连续支模的楼层间荷载分配和混凝土强度的增长情况确定）。拆模必须按拆模顺序进行，一般是先支的后拆，后支的先拆，先拆除非承重部分，后拆除承重部分；对框架结构，首先是拆柱模板，然后楼板底板、梁侧模板，最后梁底模板。拆除跨度较大的梁下支撑时，应先从跨中开始，分别拆向两端。

（2）一般对于多层建筑施工来说，当上层楼板正在浇筑混凝土时，下一层楼板的模板支柱不得拆除，再下一层楼板模板的支柱，仅可拆除一部分；跨度 4m 及 4m 以上的梁下均应保留支柱，其间距不大于 3m。

（3）现浇楼板采用早拆模施工时，经理论计算复核后将大跨度楼板改成支模形式为小跨度楼板（≤2m）：当浇筑的楼板混凝土实际强度达到 50％的设计强度标准值，可拆除模板，保留支架，严禁调换支架。

（4）高层建筑梁、板模板，完成一层结构，其底模及其支架的拆除时间控制，应对所用混凝土的强度发展情况，分层进行核算，确保下层梁及楼板混凝土能承受上层全部荷载。

（5）后张法预应力结构构件，侧模宜在预应力张拉前拆除；底模及支架的拆除应按施工技术方案执行，当无具体要求时，应在结构构件建立预应力之后拆除。

（6）拆除时应先清理脚手架上的垃圾杂物，再拆除连接杆件，经检查安全可靠后可按顺序拆除。拆除时要有统一指挥，专人监护，设置警戒区，防止交叉作业，拆下物品及时清运、整修、保养。

（7）后浇带模板的拆除和支顶方法应按施工技术方案执行。

2. 质量检验标准

（1）主控项目检验（表 5-6）。

模板拆除工程主控项目检验 表 5-6

序号	项目	合格质量标准	检验方法	检查数量
1	底模及其支架拆除时的混凝土强度	底模及其支架拆除时的混凝土强度应符合设计要求；当设计无具体要求时，混凝土强度应符合表 5-7 的规定	检查同条件养护试件强度实验报告	全数检查
2	后张法预应力构件测摸和底模的拆除时间	对后张法预应力混凝土结构构件，侧模宜在预应力张拉前拆除；底模支架的拆除应按施工技术方案执行，当无具体要求时，不应在结构构件建立预应力前拆除	观察	
3	后浇带拆模和支顶	后浇带模板的拆除和支顶应按施工技术方案执行	观察	

底模拆除时的混凝土强度要求 表 5-7

构件类型	构件跨度（m）	达到设计的混凝土立方体抗压强度标准值的百分率（%）
板	≤2	≥50
	>2，≤8	≥75
	>8	≥100
梁、拱、壳	≤8	≥75
	>8	≥100
悬臂构件	—	≥100

注：本表摘自《混凝土结构工程施工质量验收规范》(GB 50204—2015)。

（2）一般项目检验（表 5-8）。

一般项目检验 表 5-8

序号	项目	合格质量标准	检验方法	检查数量
1	避免拆模损伤	侧模拆除时的混凝土强度应能保证其表面及棱角不受损伤	观察	全数检查
2	模板拆除、堆放和清运	模板拆除时，不应对楼层形成冲击荷载。拆除的模板和支架宜分散堆放并及时清运		

5.2 钢筋工程

5.2.1 钢筋的加工

1. 质量控制要点

(1) 仔细查看结构施工图，把不同构件的配筋数量、规格、间距、尺寸弄清楚，做好钢筋翻样，检查配料单的准确性。

(2) 钢筋加工严格按照配料单进行，在制作加工中发生断裂的钢筋，应进行抽样做化学分析，防止其力学性能合格而化学含量有问题，保证钢材材质的安全合格性。

(3) 钢筋加工所用施工机械必须经试运转，调整正常后，才可正式使用。

2. 质量检验标准

(1) 主控项目检验（表 5-9）。

钢筋工程主控项目检验　　表 5-9

序号	项目	合格质量标准及说明	检验方法	检查数量
1	力学性能检查	钢筋进场时，应按现行国家标准《钢筋混凝土用钢第 2 部分，热轧带助钢筋》（GB 1499.2—2007）等的规定抽取试件做力学性能检验，其质量必须符合有关标准的规定	检查产品合格证、出厂检验报告和进场复验报告	按进场的批次和产品的抽样检验方案确定
2	抗震用钢筋强度实测值	对有抗震设防要求的框架结构，其纵向受力钢筋的强度应满足设计要求；当设计无具体要求时，对一、二级抗震等级，检验所得的强度实测值应符合下列规定： (1) 钢筋的抗拉强度实测值与屈服强度实测值的比值应不小于 1.25； (2) 钢筋的屈服强度实测值与强度标准值的比值应不大于 1.3	检查进场复验报告	

续表

序号	项目	合格质量标准及说明	检验方法	检查数量
3	化学成分等专项检验	当发现钢筋脆断、焊接性能不良或力学性能显著不正常等现象时，应对该批钢筋进行化学成分检验或其他专项检验	检查化学成分等专项检验报告	按产品的抽样检验方案确定
4	受力钢筋的弯钩和弯折	受力钢筋的弯钩和弯折应符合下列规定： （1）HPB235 及钢筋末端应做 180°弯钩，其弯弧内直径应不小于钢筋直径的 2.5 倍，弯钩的弯后平直部分长度应不小于钢筋直径的 3 倍； （2）当设计要求钢筋末端需做 135°弯钩时，HPB335 级、HPB400 级钢筋的弯弧内直径应不小于钢筋直径的 4 倍，弯钩的弯后平直部分长度应符合设计要求； （3）钢筋作不大于 90°的弯折时，弯折处的弯弧内直径应不小于钢筋直径的 5 倍	钢尺检查	按每工作班同一类型钢筋、同一加工设备抽查应不小于 3 件
5	箍筋弯钩形式	除焊接封闭环式箍筋外，箍筋的末端应作弯钩，弯钩形式应符合设计要求；当设计无具体要求时，应符合下列规定： （1）箍筋弯钩的弯弧内直径除应满足上述表项 4 的规定外，尚应不小于受力钢筋直径； （2）箍筋弯钩的弯折角度：对一般结构，应不小于 90°；对有抗震等要求的结构，应为 135°； （3）箍筋弯后平直部分长度：对一般结构，不宜小于箍筋直径的 5 倍；对有抗震等要求的结构，应不小于箍筋直径的 10 倍		

（2）一般项目检验（表 5-10）。

钢筋工程一般项目检验　　　表 5-10

序号	项目	合格质量标准及说明	检验方法	检查数量
1	外观质量	钢筋应平直、无损伤，表面不得有裂纹、油污、颗粒状或片状老锈	观察	进场时和使用前全数检查
2	钢筋调直	钢筋调直宜采用机械方法，也可采用冷拉方法。当采用冷拉方法调直钢筋时，HPB235 级钢筋的冷拉率不宜大于 4%，HRB335 级、HRB400 级和 HRB400 级钢筋的冷拉率不宜大于 1%	观察、钢尺检查	按每工作班同一类型钢筋、同一加工设备抽查应不少与 3 件
3	钢筋加工的形状、尺寸	钢筋加工的形状、尺寸应符合设计要求，其偏差应符合表 5-11 的规定	钢尺检查	

钢筋加工的允许偏差　　　表 5-11

项目	允许偏差（mm）
受力钢筋沿长度方向全长的净尺寸	±10
弯起钢筋的弯折位置	±20
箍筋内净尺寸	±5

注：本表摘自《混凝土结构工程施工质量验收规范》（GB 50204—2015）。

5.2.2 钢筋的连接

1. 质量控制要点

（1）一般规定

1）钢筋连接方法有机械连接、焊接、绑扎搭接等。在施工现场，钢筋连接的外观质量和接头的力学性能，均应按国家现行标准《钢筋机械连接通用技术规程》（JGJ 107）和《钢筋焊接及验收规程》（JGJ 18）的规定抽取试件进行检验，其质量应符合规程的相关规定。

2）进行钢筋机械连接和焊接的操作人员必须经过专业培训，持考试合格证上岗。

3）钢筋连接所用的焊剂、套筒等材料必须符合检验认定的技术要求，并具有相应的出厂合格证。

（2）钢筋焊接骨架

1）每件制品的焊点脱落、漏焊数量不得超过焊点总数的4%，且相邻两焊点不得有漏焊及脱落。

2）应量测焊接骨架的长度和宽度，并应抽查纵、横方向3～5个网格的尺寸，其允许偏差应符合表5-12的规定。

3）当外观检查结果不符合上述要求时，应逐件检查，并剔出不合格品。对不合格品经整修后，可提交二次验收。

焊接骨架的允许偏差　　表5-12

项目		允许偏差（mm）
焊接骨架	长度	±10
	宽度	±5
	高度	±5
骨架箍筋间距		±10
受力主筋	间距	±15
	排距	±5

（3）钢筋焊接网

1）焊接网的长度、宽度及网格尺寸的允许偏差均为±10mm；网片两对角线之差不得大于10mm；网格数量应符合设计规定。

2）焊接网交叉点开焊数量不得大于整个网片交叉点总数的1%，并且任一根横筋上开焊点数不得大于该根横筋交叉点总数的1/2；焊接网最外边钢筋上的交叉点不得开焊。

3）焊接网组成的钢筋表面不得有裂纹、折叠、结疤、凹坑、油污及其他影响使用的缺陷；但焊点处可有不大的毛刺和表面浮锈。

（4）钢筋闪光对焊接头

1）闪光对焊接头的质量检验按下列规定抽取试件：

① 在同一台班内，由同一焊工完成的300个同牌号、同直径钢筋焊接接头应作为一批。当同一台班内焊接的接头数量较少，可在一周之内累计计算；累计仍不足300个接头时，应按

一批计算。

② 进行力学性能检验时，应从每批接头中随机切取 6 个接头，其中 3 个做拉伸试验，3 个做弯曲试验。

③ 焊接等长的预应力钢筋（包括螺丝端杆与钢筋）时，可按生产时同等条件制作模拟试件。

④ 螺丝端杆接头可只做拉伸试验

⑤ 封闭环式箍筋闪光对焊接头，以 600 个同牌号、同规格的接头作为一批，只做拉伸试验。

2）闪光对焊接头外观检查结果，应符合下列要求：

① 接头处不得有横向裂纹。

② 与电极接触处的钢筋表面不得有明显烧伤。

③ 接头处的弯折角不得大于 3°。

④ 接头处的轴线偏移不得大于钢筋直径的 0.1 倍，且不得大于 2mm。

3）当模拟试件试验结果不符合要求时，应进行复验。复验应从现场焊接接头中切取，其数量和要求与初始试验相同。

（5）钢筋电弧焊接头

1）电弧焊接头的质量检验按下列规定抽取试件：

① 在现浇混凝土结构中，应以 300 个同牌号钢筋、同形式接头作为一批；在房屋结构中，应在不超过两楼层中 300 个同牌号钢筋、同形式接头作为一批。每批随机切取 3 个接头，做拉伸试验。

② 在装配式结构中，可按生产条件制作模拟试件，每批 3 个，做拉伸试验。

③ 钢筋与钢板电弧搭接焊接头可只进行外观检查。

注：在同一批中若有几种不同直径的钢筋焊接接头，应在最大直径钢筋接头中切取 3 个试件。电渣压力焊接头、气压焊接头取样均同。

2）电弧焊接头外观检查结果，应符合下列要求：

① 焊缝表面应平整，不得有凹陷或焊瘤。

② 焊接接头区域不得有肉眼可见的裂纹。

③ 咬边深度、气孔、夹渣等缺陷允许值及接头尺寸的允许偏差，应符合表 5-13 的规定。

④ 坡口焊、熔槽帮条焊和窄间隙焊接头的焊缝余高不得大于 3mm。

3）当模拟试件试验结果不符合要求时，应进行复验。复验应从现场焊接接头中切取，其数量和要求与初始试验时相同。

钢筋电弧焊接头尺寸偏差及缺陷允许值　　表 5-13

名称		单位	接头形式		
			帮条焊	搭接焊钢筋与钢板搭接焊	坡口焊窄间隙焊熔槽帮条焊
帮条沿接头中心线的纵向偏移		mm	$0.3d$	—	—
接头处弯折角		°	3	3	3
接头处钢筋轴线的偏移		mm	$0.1d$	$0.1d$	$0.1d$
焊接厚度		mm	$+0.5d$ 0	$+0.5d$ 0	—
焊缝宽度		mm	$+0.1d$ 0	$+0.1d$ 0	—
焊缝长度		mm	$-0.3d$	$-0.3d$	—
横向咬边深度		mm	0.5	0.5	0.5
在长 $2d$ 焊缝表面上的气孔及夹渣	数量	个	2	2	—
	面积	mm^2	6	6	—
在全部焊缝表面上的气孔及夹渣	数量	个	—	—	2
	面积	mm^2	—	—	6

注：d 为钢筋直径。

（6）钢筋电渣压力焊接头

1）电渣压力焊接头的质量检验按下列规定抽取试件。

在现浇钢筋混凝土结构中，应以 300 个同牌号钢筋接头作为一批；在房屋结构中，应在不超过两楼层中 300 个同牌号钢筋接头作为一批；当不足 300 个接头时，仍应作为一批。每批随机切取 3 个接头做拉伸试验。

2）电渣压力焊接头外观检查结果，应符合下列要求：

① 四周焊包凸出钢筋表面的高度不得小于 4mm。

② 接头处的弯折角不得大于 3°。

③ 接头处的轴线偏移不得大于钢筋直径的 0.1 倍，且不得大于 2mm。

④ 钢筋与电极接触处，应无烧伤缺陷。

（7）钢筋气压焊接头

1）气压焊接头的质量检验按下列规定抽取试件：

① 在现浇钢筋混凝土结构中，应以 300 个同牌号钢筋接头作为一批；在房屋结构中，应在不超过两楼层中 300 个同牌号钢筋接头作为一批；当不足 300 个接头时，仍应作为一批。

② 在柱、墙的竖向钢筋连接中，应从每批接头中随机切取 3 个接头做拉伸试验；在梁、板的水平钢筋连接中，应另切取 3 个接头做弯曲试验。

2）气压焊接头外观检查结果，应符合下列要求。

① 接头处的弯折角不得大于 3°；当大于规定值时，应重新加热矫正。

② 镦粗直径 dc 不得小于钢筋直径的 1.4 倍，当小于上述规定值时，应重新加热镦粗。

③ 镦粗长度 Lc 不得小于钢筋直径的 1.0 倍，且凸起部分平缓圆滑；当小于上述规定值时，应重新加热镦长。

④ 接头处的轴线偏移 P 不得大于钢筋直径的 0.15 倍，且不得大于 4mm；当不同直径钢筋焊接时，应按较小钢筋直径计算；当大于上述规定值，但在钢筋直径的 0.30 倍以下时，可加热矫正；当大于 0.30 倍时，应切除重焊。

（8）纵向受力钢筋的最小搭接长度

① 当纵向受拉钢筋的绑扎搭接接头面积百分率不大于 25％时，其最小搭接长度应符合表 5-14 的规定。

纵向受拉钢筋的最小搭接长度　　　　表 5-14

钢筋类型		混凝土强度等级			
		C15	C20～C25	C30～C35	≥C40
光圆钢筋	HPB235 级	45*d*	35*d*	30*d*	25*d*
带肋钢筋	HRB335 级	55*d*	45*d*	35*d*	30*d*
	HRB400 级 RRB400 级	—	55*d*	40*d*	35*d*

注：两根直径不同钢筋的搭接长度，以较细钢筋的直径计算。

② 当纵向受拉钢筋搭接接头面积百分率大于 25%，但不大于 50%时，其最小搭接长度应按表 5-14 中的数值乘以系数 1.2 取用；当接头面积百分率大于 50%时，应按表 5-15 中的数值乘以系数 1.35 取用。

2. 质量检验标准

(1) 主控项目检验（表 5-15）。

钢筋连接主控项目检验　　　　表 5-15

序号	项目	合格质量标准	检验方法	检查数量
1	纵向受力钢筋的连接方式	纵向受力钢筋的连接方式应符合设计要求	观察	全数检查
2	钢筋机械连接和焊接接头的力学性能	在施工现场，应按国家现行标准《钢筋机械连接技术规程》(JGJ 107)，《钢筋焊接及验收规程》(JGJ 18) 的规定抽取钢筋机械连接接头、焊接接头试件作力学性能检验，其质量应符合规程的有关规程	检查产品合格证、接头力学性能实验报告	按国家现行标准《钢筋机械连接技术规程》(JGJ 107)、《钢筋焊接级验收规程》(JGJ 18) 的规定抽取

(2) 一般项目检验（表 5-16）。

钢筋连接一般项目检验　　　　表 5-16

序号	项目	合格质量标准	检验方法	检查数量
1	接头位置和数量	钢筋的接头宜设置在受力较小处。同一纵向受力钢筋不宜设置两个或两个以上接头。接头末端至钢筋弯起点的距离应不小于钢筋直径的 10 倍	观察、钢尺检查	全数检查
2	钢筋机械连接焊接的外观质量	在施工现场，应按国家现行标准《钢筋机械连接技术规程》（JGJ 107）、《钢筋焊接及验收规程》（JGJ 18）的规定对钢筋机械连接接头、焊接接头的外观进行检查，其质量应符合有关规程的规定	观察	
3	纵向受力钢筋机械连接、焊接的接头面积百分率	当受力钢筋采用机械连接接头或焊接接头时，设置在同一构件内的接头宜相互错开； 纵向受力钢筋机械连接接头及焊接接头连接区段的长度为 35d（d 为纵向受力钢筋的较大直径）且不小于 500mm，凡接头中点位于该连接区段长度内的接头均属于同一连接区段。同一连接区段内，纵向受力钢筋机械连接及焊接的接头面积百分率为该区段内有接头的纵向受力钢筋截面面积与全部纵向受力钢筋截面面积的比值； 同一连接区段内，纵向受力钢筋的接头面积百分率应符合设计要求；当设计无具体要求时，应符合下列规定： （1）在受拉区不宜大于 50%； （2）接头不宜设置在有抗震设防要求的框架梁端、柱端的箍筋加密区；当无法避开时，对等强度高质量机械连接接头，应不大于 50%； （3）直接承受动力荷载的结构构件中，不宜采用焊接接头；当采用机械连接接头时，应不大于 50%	观察、钢尺检查	在同一检验批内，对梁、柱和独立基础，应抽查构件数量的 10%，且不少于 3 件；对墙和板，应按有代表性的自然间抽查 10%，且不少于 3 间；对大空间结构，墙可按相邻轴线间高度 5m 左右划分检查面，板可按纵横轴线划分检查面，抽查 10%，且均不少于 3 面

续表

序号	项目	合格质量标准	检验方法	检查数量
4	纵向受拉钢筋搭接接头面积百分率和最小搭接长度	同一构件中相邻纵向受力钢筋的绑扎搭接接头宜相互错开。绑扎搭接接头中钢筋的横向净距应不小于钢筋直径，且应不小于25mm。 钢筋绑扎搭接接头连接区段的长度为1.3l_l（l_l为搭接长度），凡搭接接头中点位于该连接区段长度内的搭接接头均属于同一连接区段。同一连接区段内，纵向钢筋搭接接头面积百分率为该区段内有搭接接头的纵向受力钢筋截面面积与全部纵向受力钢筋截面面积的比值。 同一连接区段内，纵向受拉钢筋搭接接头面积百分率应符合设计要求；当设计无具体要求时，应符合下列规定： （1）对梁类、板类及墙类构件，不宜大于25%； （2）对柱类构件，不宜大于50%； （3）当工程中确有必要增大接头面积百分率时，对梁类构件，应不大于50%；对其他构件，可根据实际情况放宽	观察、钢尺检查	在同一检验批内，对梁、柱和独立基础，应抽查构件数量的10%，且不少于3件；对墙和板，应按有代表性的自然间抽查10%，且不少于3间；对大空间结构，墙可按相邻轴线间高度5m左右划分检查面，板可按纵横轴线划分检查面，抽查10%，且均不少于3面
5	搭接长度范围内的箍筋	在梁、柱类构件的纵向受力钢筋搭接长度范围内，应按设计要求配置箍筋。当设计无具体要求时，应符合下列规定： （1）箍筋直径应不小于搭接钢筋较大直径的0.25倍； （2）受拉搭接区段的箍筋间距应不大于搭接钢筋较小直径的5倍，且应不大于100mm； （3）受压搭接区段的箍筋间距应不大于搭接钢筋较小直径的10倍，且应不大于200mm； （4）当柱中纵向受力钢筋直径大于25mm时，应在搭接接头两个端面外100mm范围内各设置两个箍筋，其间距宜50mm		

5.2.3 钢筋的安装

1. 质量控制要点

(1) 钢筋绑扎时，钢筋级别、直径、根数和间距应符合设计图纸的要求。

(2) 对梁钢筋的绑扎，主要抓住锚固长度和弯起钢筋的弯起点位置。对抗震结构则要重视梁柱节点处，梁端箍筋加密范围和箍筋间距。

(3) 柱子钢筋的绑扎，主要是抓住搭接部位和箍筋间距(尤其是加密区箍筋间距和加密区高度)，这对抗震地区尤为重要。若竖向钢筋采用焊接，要做抽样试验，从而保证钢筋接头的可靠性。

(4) 对墙板的钢筋，要抓好墙面保护层和内外皮钢筋间的距离，撑好撑铁，防止两皮钢筋向墙中心靠近，对受力不利。

(5) 对楼梯钢筋，主要抓梯段板的钢筋的锚固，以及钢筋弯折方向不要弄错，防止弄错后在受力时出现裂缝。

(6) 对楼板钢筋，主要抓好防止支座负弯矩钢筋被踩塌而失去作用，再者是垫好保护层垫块。

(7) 钢筋规格、数量、间距等在隐蔽验收时一定要仔细核实。在一些规格不易辨认时，应用尺量或卡尺卡。保证钢筋配置的准确，也就保证了结构的安全。

2. 质量检验标准

钢筋绑扎安装质量检验标准应符合表5-17的规定。

钢筋绑扎安装质量检验标准　　　表5-17

序号	项目	合格质量标准及说明	检验方法	检查数量
主控项目	受力钢筋的品种、级别、规格和数量	钢筋安装时，受力钢筋的品种、级别、规格和数量必须符合设计要求	观察、钢尺检查	全数检查

续表

序号	项目	合格质量标准及说明	检验方法	检查数量
一般项目	钢筋安装允许偏差	钢筋安装位置的偏差应符合表 5-18 的规定	见表 5-18	在同一检验批内，对梁、柱和独立基础，应抽查构件数量的 10%，且不少于 3 件；对墙和板，应按有代表性的自然间抽查 10%，且不少于 3 间；对大空间结构，墙可按相邻轴线间高度 5m 左右划分检查面，板可按纵横轴线划分检查面，抽查 10%，且均不少于 3 面

钢筋安装位置的允许偏差和检验方法　　表 5-18

项目			允许偏差（mm）	检验方法
绑扎钢筋网	长、宽		±10	钢尺检查
	网眼尺寸		±20	钢尺量连续三档，取最大值
绑扎钢筋骨架	长		±10	钢尺检查
	宽、高		±5	钢尺检查
受力钢筋	间距		±10	钢尺量两端、中间各一点，取最大值
	排距		±5	
	保护层厚度	基础	±10	钢尺检查
		柱、梁	±5	钢尺检查
		板、墙、壳	±3	钢尺检查
绑扎箍筋、横向钢筋间距			±20	钢尺量连续三档，取最大值
钢筋弯起点位置			20	钢尺检查
预埋件	中心线位置		5	钢尺检查
	水平高差		+3，0	钢尺和塞尺检查

注：1. 检查预埋件中心线位置时，应沿纵、横两个方向测量，并取其中的较大值。

2. 表中梁类，板类构件上部纵向受力钢筋保护层厚度的合格点率应达到 90%及以上，且不得有超过表中数值 1.5 倍的尺寸偏差。

3. 本表摘自《混凝土结构工程施工质量验收规范》（GB 50204）。

5.3 预应力工程

预应力混凝土是最近几十年发展起来的一项新技术，现在世界各国都在普遍地应用，其推广使用的范围和数量，已成为衡量一个国家建筑技术水平的重要标志之一。

目前，预应力混凝土不仅较广泛地应用于工业与民用建筑的屋架、吊车梁、空心楼板、大型屋面板，交通运输方面的桥梁、轨枕，以及电杆、桩等方面，而且已应用到矿井支架、海港码头和造船等方面。工程中 60m 拱形屋架、12m 跨度 200t 吊车梁、5000t 水压机架、大跨度薄壳结构、144m 悬臂拼装公路桥和 11 万 t 容量的煤气罐等都已成功应用。

预应力混凝土构件与普通混凝土构件相比，除能提高构件的抗裂度和刚度外，还能增加构件的耐久性，节约材料，减少自重等。但是在制作预应力混凝土构件时，增加了张拉工作，相应增添了张拉机具和锚固装置，制作工艺也较复杂。

5.3.1 预应力筋制作与安装

1. 质量控制要点

（1）预应力筋的下料长度应由计算确定，加工尺寸要求严格，以确保预加应力均匀一致。

（2）固定成孔管道的钢筋马凳间距。对钢管不宜大于 1.5m；对金属螺旋管及波纹管不宜大于 1.0m；对胶管不宜大于 0.5m；对曲线孔道宜适当加密。

（3）预应力筋的保护层厚度应符合设计及有关规范的规定。无粘结预应力筋成束布置时，其数量及排列形状应能保证混凝土密实，并能够握裹住预应力筋。

2. 质量检验标准

（1）主控项目检验（表 5-19）。

（2）一般项目检验（表 5-20）。

预应力筋制作与安装主控项目检验　　　　表 5-19

序号	项目	合格质量标准	检验方法	检查数量
1	预应力筋品种、级别、规格和数量	预应力筋安装时，其品种、级别、规格、数量必须符合设计要求	观察，钢尺检查	全数检查
2	避免隔离剂沾污	先张法预应力施工时应选用非油质类模板隔离剂，并应避免沾污预应力筋	观察	
3	避免电火花损伤预应力筋	施工过程中应避免电火花损伤预应力筋；受损伤的预应力筋应予以更换		

预应力筋制作与安装一般项目检验　　　　表 5-20

序号	项目	合格质量标准	检验方法	检查数量
1	预应力下料	预应力筋下料应符合下列要求： (1) 预应力筋应采用砂轮锯或切断机切断，不得采用电弧切割； (2) 当钢丝束两端采用镦头锚具时，同一束中各根钢丝长度的极差应不大于钢丝长度的1/5000，且应不大于 5mm。当成组张拉长度不大于 10m 的钢丝时，同组钢丝长度的极差不得大于 2mm	观察，钢尺检查	每工作班抽查预应力筋总数的 3%，且不少于 3 束
2	锚具制作质量要求	预应力筋端部锚具的制作质量应符合下列要求： (1) 挤压锚具制作时压力表油压应符合操作说明书的规定，挤压后预应力筋外端应露出挤压套筒 1～5mm； (2) 钢绞线压花锚成形时，表面应清洁、无油污，梨形头尺寸和直线段长度应符合设计要求； (3) 钢丝镦头的强度不得低于钢丝强度标准值的 98%	观察，钢尺检查，检查镦头强度试验报告	对挤压锚，每工作班抽查 5%，且应不少于 5 件；对压花锚，每工作班抽查 3 件；对钢丝镦头强度，每批钢丝检查 6 个镦头试件

续表

序号	项目	合格质量标准	检验方法	检查数量
3	预留孔道质量	后张法有黏结预应力筋预留孔道的规格、数量、位置和形状除应符合设计要求外，尚应符合下列规定： （1）预留孔道的定位应牢固，浇筑混凝土时不应出现移位和变形； （2）孔道应平顺，端部的预埋锚垫板应垂直于孔道中心线； （3）成孔用管道应密封良好，接头应严密且不得漏浆； （4）灌浆孔的间距：对预埋金属螺旋管不宜大于 30m；对抽芯成形孔道不宜大于 12m； （5）在曲线孔道的曲线波峰部位应设置排气兼泌水管，必要时可在最低点设置排水孔； （6）灌浆孔及泌水管的孔径应能保证浆液畅通	观察，钢尺检查	全数检查
4	预应力筋束形控制	预应力筋束形控制点的竖向位置偏差应符合表 5-21 的规定。 注：束形控制点的竖向位置偏差合格点率应达到 90%及以上，且不得有超过表中数值 1.5 倍的尺寸偏差	钢尺检查	在同一检验批内，抽查各类型构件中预应力筋总数的 5%，且对各类型构件均不少于 5 束，每束应不少于 5 处
5	无粘结预应力筋铺设	无粘结预应力筋的铺设除应符合上条的规定外，尚应符合下列要求： （1）无粘结预应力筋的定位应牢固，浇筑混凝土时不应出现移位和变形； （2）端部的预埋锚垫板应垂直于预应力筋； （3）内埋式固定端垫板不应重叠，锚具与垫板应贴紧； （4）无粘结预应力筋成束布置时应能保证混凝土密实并能裹住预应力筋；	观察	全数检查

续表

序号	项目	合格质量标准	检验方法	检查数量
5	无粘结预应力筋铺设	（5）无粘结预应力筋的护套应完整，局部破损处应采用防水胶带缠绕紧密	观察	全数检查
6	预应力筋防锈措施	浇筑混凝土前穿入孔道的后张法有粘结预应力筋，宜采取防止锈蚀的措施		

束形控制点的竖向位置允许偏差　　表 5-21

截面高（厚）度（mm）	$h\leqslant300$	$300<h\leqslant1500$	$h>1500$
允许偏差（mm）	±5	±10	±15

注：本表摘自《混凝土结构工程施工质量验收规范》(GB 50204)。

5.3.2　张拉与放张

预应力筋的张拉和放张是预应力工程施工的核心步骤，其完成的好坏对混凝土结构的施工质量有着决定作用，由于对操作要求较高，施工应由具有相应资质等级的预应力专业施工单位承担。

1. 质量控制要点

（1）安装张拉设备时，直线预应力筋，应使张拉力的作用线与孔道中心线重合；曲线预应力筋，应使张拉力的作用线与孔道中心线末端的切线重合。

（2）预应力筋的张拉力、张拉或放张顺序及张拉工艺应符合设计及施工技术方案的要求。

（3）在预应力筋锚固过程中，由于锚具零件之间和锚具与预应力筋之间的相对移动和局部塑性变形造成的回缩量，张拉端预应力筋的内回缩量应符合设计要求。

2. 质量检验标准

（1）主控项目检验（表 5-22）。

预应力筋张拉主控项目检验　　　　表 5-22

序号	项目	合格质量标准	检验方法	检查数量
1	张拉和放张时混凝土强度	预应力筋张拉或放张时，混凝土强度应符合设计要求；当设计无具体要求时，不应低于设计的混凝土立方体抗压强度标准值的75%	检查同条件养护试件试验报告	全数检查
2	张拉力、张拉或放张顺序及张拉工艺	预应力筋的张拉力、张拉或放张顺序及张拉工艺应符合设计及施工技术方案的要求，并应符合下列规定： (1) 当施工需要超张拉时，最大张拉应力应不大于国家现行标准《混凝土结构设计规范》(GB 50010) 的规定； (2) 张拉工艺应能保证同一束中各根预应力筋的应力均匀一致； (3) 后张法施工中，当预应力筋是逐根或逐束张拉时，应保证各阶段不出现对结构不利的应力状态；同时宜考虑后批张拉预应力筋所产生的结构构件的弹性压缩对先批张拉预应力筋的影响，确定张拉力； (4) 先张法预应力筋放张时，宜缓慢放松锚固装置，使各根预应力筋同时缓慢放松； (5) 当采用应力控制方法张拉时，应校该预应力筋的伸长值。实际伸长值与设计计算理论伸长值的相对允许偏差为±6%	检查张拉记录	

续表

序号	项目	合格质量标准	检验方法	检查数量
3	实际预应力值控制	预应力筋张拉锚固后实际建立的预应力值与工程设计规定检验值的相对允许偏差为±5%	对先张法施工，检查预应力筋应力检测记录；对后张法施工，检查见证张拉记录	对先张法施工，每工作班抽查预应力筋总数的1%，且不少于3根；对后张法施工，在同一检验批内，抽查预应力筋总数的3%可，且不少与5束
4	预应力筋断裂或滑脱	张拉过程中应避免预应力筋断裂或滑脱；当发生断裂或滑脱时，必须符合下列规定： (1) 对后张法预应力结构构件，断裂或滑脱的数量严禁超过同一截面预应力筋总根数的3%，且每束钢丝不得超过一根；对多跨双向连续板，其同一截面应按每跨计算； (2) 对先张法预应力构件，在浇筑混凝土前发生断裂或滑脱的预应力筋必须予以更换	观察，检查张拉记录	全数检查
5	孔道灌浆	后张法有粘结预应力筋张拉后应尽早进行孔道灌浆，孔道内水泥浆应饱满、密实	观察，检查灌浆记录	
6	锚具的封闭保护	锚具的封闭保护应符合设计要求；当设计无具体要求时，应符合下列规定： (1) 应采取防止锚具腐蚀和遭受机械损伤的有效措施； (2) 凸出式锚固端锚具的保护层厚度应不小于50mm； (3) 外露预应力筋的保护层厚度：处于正常环境时，应不小于20mm；处于易受腐蚀的环境时，应不小于50mm	观察，钢尺检查	在同一检验批内，抽查预应力筋总数的5%，且不少于5处

（2）一般项目检验（表 5-23）。

预应力张拉一般项目检验　　表 5-23

序号	项目	合格质量标准	检验方法	检查数量
1	预应力筋内缩量	锚固阶段张拉端预应力筋的内缩量应符合设计要求：当设计无具体要求时，应符合表 5-24 的规定	钢尺检查	每工作班抽查预应力筋总数的 3%，且不少于 3 束
2	先张法预应力筋张拉后位置	先张法预应力筋张拉后与设计位置的偏差不得于 5mm，且不得大于构件截面短边变长的 4%		
3	外露预应力筋切断	后张法预应力筋锚固后的外露部分宜采用机械方法切割，其外露长度不宜小于预应力筋直径的 1.5 倍，且不宜小于 30mm	观察，钢尺检查	在同一检验批内，抽查预应力筋总数的 3%，且不少于 5 束
4	灌浆用水泥浆的水灰比和泌水率	灌浆用水泥浆的水灰比应不大于 0.45，搅拌后 3h 泌水率不宜大于 2%，且应不大于 3%，泌水应能在 24h 内全部重新被水泥浆吸收	检查水泥浆试件强度实验报告	同一配合比检查一次
5	灌浆用水泥浆的抗压强度	灌浆用水泥浆的抗压强度应不小于 30N/mm^2 注：1. 一组试件由 6 个试件组成，试件应标准养护 28d； 2. 抗压度为一组试件的平均值，当一组试件中抗压强度最大值或最小值与平均值相差超过 20%时，应取中间 4 个试件强度的平均值		每工作班留置一组变长为 70.7mm 的立方体试件

张拉端预应力筋的内缩量限值　　表 5-24

锚具类别		内缩量限制（mm）
支撑式锚具（镦头锚具等）	螺帽缝隙	1
	每块后加垫板的缝隙	

续表

锚具类别		内缩量限制（mm）
锥塞式锚具		5
夹片式锚具	有顶压	
	无顶压	6～8

注：本表摘自《混凝土结构工程施工质量验收规范》（GB 50204）。

5.4 混凝土工程

近年来，由于高层和大型混凝土结构的增多，促进了混凝土工程施工技术的发展。混凝土的制备大部分已经实现了机械化，商品混凝土得到了越来越广的应用，部分搅拌站实现了微机自动化控制。良好的宏观经济环境也推动了特殊条件下混凝土施工技术的发展，如寒冷、炎热、真空、水下、海洋、腐蚀等条件下混凝土工程的施工。另外，具有某些特殊使用性能的高性能混凝土（HPC）也得到巨大发展，使具有百年历史的混凝土工程面目一新。

5.4.1 混凝土工程质量控制要点

1. 原材料及配合比设计

（1）混凝土配合比设计要满足混凝土结构设计的强度要求和各种使用环境下的耐久性要求；对特殊要求的工程，还应满足抗冻性和抗渗性强等要求。

（2）进行混凝土配合比试配时所用的各种原材料，应采用工程中实际使用的原材料，且搅拌方法宜同于生产时使用的方法。

（3）水泥进场后必须按照施工总平面图放入指定的防潮仓库内，临时露天堆放，应用防雨篷布遮盖。

2. 混凝土原材料称量

（1）在混凝土每一工作班正式称量前，应先检查原材料质量，必须使用合格材料；各种衡器应定期校核，每次使用前进行零点校核，保持计量准确。

（2）施工中应测定骨料的含水率，当雨天施工含水率有显著变化时，应增加测定系数，依据测试结果及时调整配合比中的用水量和骨料用量。

3. 混凝土搅拌

（1）混凝土的搅拌时间，每一工作班至少抽查两次。

（2）全轻混凝土宜采用强制式搅拌机搅拌，砂轻混凝土可采用自落式搅拌机搅拌，但搅拌时间应延长60～90s；当掺有外加剂时，搅拌时间应适当延长。

（3）采用强制式搅拌机搅拌轻骨料混凝土的加料顺序是：当轻骨料在搅拌前预湿时，先加粗、细骨料和水泥搅拌30s，再加水继续搅拌；当轻骨料在搅拌前未预湿时，先加1/2的总用水量和粗、细骨料搅拌60s，再加水泥和剩余用水量继续搅拌。

（4）当采用其他形式的搅拌设备时，搅拌的最短时间应按设备说明书的规定或经试验确定。

（5）混凝土搅拌完毕后，应在搅拌地点和浇筑地点分别取样检测坍落度，每一工作班不应少于两次，评定时应以浇筑地点的测值为准。

4. 混凝土浇筑

浇筑混凝土是混凝土工程施工中重要工序，是使混凝土实现其使用功能的核心步骤，其实施的好坏对混凝土结构的最终质量有着重要的影响。

（1）混凝土自高处倾落的自由高度，不应超过2m。当浇筑高度超过3m时，应采用串筒、溜管或振动溜管来使混凝土下落；浇筑竖向结构前，应先在底部填筑一层50～100mm厚与混凝土内砂浆成分相同的水泥砂浆，然后再浇筑混凝土；同一构件混凝土应连续浇筑，当必须间歇时，间歇时间宜缩短，并应在下层混凝土初凝前，将上层混凝土浇筑完毕。水下浇筑混凝土时，保持导管口距浇筑面300mm为宜，水下混凝土浇筑完毕后，应清除顶面与水接触的厚约200mm的松软层。

（2）混凝土浇筑前应对模板、支架、钢筋和预埋件的质量、数量、位置等逐一检查，并做好记录，符合要求后方能浇筑混凝土；把模板内的杂物和钢筋上的油污等清理干净，将模板的缝隙、孔洞堵严，并浇水湿润；在地基或基土上浇筑混凝土时，应清除其上的淤泥和杂物，并应有排水和防水措施；对于干燥的非黏性土，应用水湿润；对未风化的岩石，应用水清洗，但其表面不得留有积水。

(3) 宜先浇筑高强度等级混凝土，后浇筑低强度等级混凝土，柱、墙混凝土设计强度比梁、板混凝土设计强度高两个等级及以上时，应在交界区域采取分隔措施。分隔位置应在低强度等级的构件中，且距高强度等级构件边缘不应小于 500mm；同一施工段每排柱子应按从两端向中间的顺序浇筑。

(4) 混凝土施工缝与后浇带的质量控制：施工缝和后浇带宜留设在结构受剪力较小且便于施工的位置，受力复杂的结构构件或有防水抗渗要求的结构构件，留设位置应经设计单位认可；后浇带宜采用补偿收缩混凝土施工。

① 水平施工缝的留设位置应符合下列规定：柱、墙施工缝可留设在基础、楼层结构顶面，柱施工缝与结构上表面的距离宜为 0～100mm，墙施工缝与结构上表面的距离宜为 0～300mm；柱、墙施工缝也可留设在楼层结构底面，施工缝与结构下表面的距离宜为 0～50mm；当板下有梁托时，可留设在梁托下 0～20mm；高度较大的柱、墙、梁以及厚度较大的基础可根据施工需要在其中部留设水平施工缝；必要时，可对配筋进行调整，并应征得设计单位认可；特殊结构部位留设水平施工缝应征得设计单位同意。

② 垂直施工缝和后浇带的留设位置应符合下列规定：有主次梁的楼板施工缝应留设在次梁跨度中间的 1/3 范围内；单向板施工缝应留设在平行于板短边的任何位置；楼梯梯段施工缝宜设置在梯段板跨度端部的 1/3 范围内；墙的施工缝宜设置在门洞口过梁跨中 1/3 范围内，也可留设在纵横交接处；后浇带留设位置应符合设计要求，间距不宜超过 24m，宽度一般为 0.8～

1.0m；特殊结构部位留设垂直施工缝应征得设计单位同意。

5. 混凝土养护

混凝土成形后，为保证水泥能充分进行水化反应，应及时进行养护。养护的目的就是为混凝土硬化创造必要湿度和温度条件，保持水化反应正常进行，使混凝土不断硬化，最终达到预期的强度。

（1）混凝土的养护用水应与拌制用水相同。

（2）若混凝土的表面不便浇水或使用塑料布养护时，宜涂刷保护层，防止混凝土内部水分蒸发。

（3）混凝土浇筑完毕后，应按施工技术方案及时采取有效的养护措施。

（4）混凝土的冬期施工应符合国家现行标准《建筑工程冬期施工规程》（JGJ/T 104）和施工技术方案的规定。

5.4.2 混凝土工程质量检验标准

1. 主控项目检验（见表 5-25）。

混凝土工程主控项目检验　　表 5-25

序号	项目	合格质量标准	检验方法	检查数量
1	混凝土强度等级、试件的取样和留置	结构混凝土的强度等级必须符合设计要求。用于检查结构构件混凝土强度的试件，应在混凝土的浇筑地点随机抽取。取样与试件留置应符合下列规定： （1）每拌制 100 盘且不超过 $100m^2$ 的同配合比的混凝土，取样不得少于一次； （2）每工作班拌制的同一配合比的混凝土不足 100 盘式，取样不得少于一次； （3）当一次连续浇筑超过 $1000m^2$ 时，同一配合比的混凝土每 $200m^3$ 取样不得少于一次； （4）每一楼层、同一配合比的混凝土，取样不得少于一次；	检查施工记录及试件强度实验报告	全数检查

续表

序号	项目	合格质量标准	检验方法	检查数量
1	混凝土强度等级、试件的取样和留置	（5）每次取样应至少留置一组标准养护试件，同条件养护试件的留置组数应根据实际需要确定	检查施工记录及试件强度实验报告	全数检查
2	混凝土抗渗、试件取样和留置	对有抗渗要求的混凝土结构，其混凝土试件应在浇筑地点随机取样。同一工程、同一配合比的混凝土，取样应不少于一次，留置组束可根据实际需要确定	检查试件抗渗试验报告	
3	原材料每盘称量的允许偏差	混凝土原材料每盘称量的偏差应符合表 5-26 的规定	复称	每工作班抽查应不少于一次
4	混凝土初凝时间控制	混凝土运输、浇筑及间歇的全部时间不应超过混凝土的初凝时间。同一施工段的混凝土应连续浇筑，并应在底层混凝土初凝之前将上一层混凝土浇筑完毕； 当底层混凝土初凝后浇筑上一层混凝土时，应按施工技术方案中对施工缝的要求进行处理	观察，检查施工记录	全数检查

原材料每盘称量的允许偏差 **表 5-26**

材料名称	允许偏差
水泥、掺合料	±2%
粗、细骨料	±3%
水、外加剂	±2%

注：1. 各种衡器应定期校验，每次使用前应进行零点校核，保持计量准确。
2. 当遇雨天或含水率有显著变化时，应增加含水率检测次数，并及时调整水和骨料的用量。
3. 本表摘自《混凝土结构工程施工质量验收规范》（GB 50204）。

2. 一般项目检验（见表 5-27）。

混凝土工程一般项目检验　　　　表 5-27

序号	项目	合格质量标准	校验方法	检查数量
1	施工缝的位置及处理	施工缝的位置应在混凝土浇筑前按设计要求和施工技术方案确定。施工缝的处理应按施工技术方案执行	观察，检查施工记录	全数检查
2	后浇带的位置及处理	后浇带的留置位置应按设计要求和施工技术方案确定。后浇带混凝土浇筑应按施工技术方案进行		
3	混凝土养护	混凝土浇筑完毕后，应按施工技术方案及时采取有效的养护措施，并应符合下列规定： (1) 应在浇筑完毕后的 12h 以内对混凝土加以覆盖并保湿养护； (2) 混凝土浇水养护的时间：对采用硅酸盐水泥、普通硅酸盐水泥或矿渣硅酸盐水泥拌制的混凝土，不得少于 7d；对掺用缓凝型外加剂或有抗渗要求的混凝土，不得少于 14d； (3) 浇水次数应能保持混凝土处于湿润状态；混凝土养护用水应与拌制用水相同； (4) 采用塑料布覆盖养护的混凝土，其敞露的全部表面应覆盖严密，并应保持塑料布内有凝结水； (5) 混凝土强度达到 $1.2N/mm^2$ 前，不得在其上踩踏或安装模板及支架。 注：1. 当日平均气温低于 5℃时，不得浇水； 2. 当采用其他品种水泥时，混凝土的养护时间应根据所采用水泥的技术性能确定； 3. 混凝土表面不便浇水或使用塑料布时，宜涂刷养护剂； 4. 对大体积混凝土的养护，应根据气候条件按施工技术方案采取控温措施	观察，检查施工记录	全数检查

5.5 装配式工程

1. 质量控制要点

(1) 装配式结构与现浇结构在外观质量、尺寸偏差等方面的质量要求一致。

（2）预制底部构件与后浇混凝土层的连接质量对叠合结构的受力性能有重要影响，叠合面应按设计要求进行处理。

（3）钢筋混凝土构件和允许出现裂缝的预应力混凝土构件进行承载力、挠度和裂缝宽度检验；不允许出现裂缝的预应力混凝土构件进行承载力、挠度和抗裂检验；预应力混凝土构件中的非预应力杆件按钢筋混凝土构件的要求进行检验。对设计成熟、生产数量较少的大型构件，当采取加强材料和制作质量检验的措施时，可仅做挠度、抗裂或裂缝宽度检验；当采取上述措施并有可靠的实践经验时，可不做结构性能检验。

（4）预制构件的允许偏差及检验方法见表 5-28。

预制构件尺寸的允许偏差及检验方法　　表 5-28

项目		允许偏差（mm）	检验方法
长度	板、梁	+10，−5	钢尺检查
	柱	+5，−10	
	墙板	±5	
	薄腹梁、桁架	+15，−10	
宽度、高（厚）度	板，梁、柱、墙板、薄腹梁、桁架	±5	钢尺量一端及中部，取其中较大值
侧向弯曲	梁、柱、板	$l/750$ 且≤20	拉线、钢尺量最大侧向弯曲处
	墙板、薄腹梁、桁架	$l/1000$ 且≤20	
预埋件	中心线位置	10	钢尺检查
	螺栓位置	5	
	螺栓外露长度	+10，−5	
预留孔	中心线位置	5	
预留洞	中心线位置	15	
主筋保护层厚度	板	+5，−3	钢尺或保护层厚度测定仪测量
	梁、柱、墙板、薄腹梁、桁架	+10，−5	
对角线差	板、墙板	10	钢尺量两个对角线

续表

项目		允许偏差（mm）	检验方法
表面平整度	板、墙板、柱、梁	5	2m 靠尺和塞尺检查
预应力构件预留孔道位置	梁、墙板、薄腹梁、桁架	3	钢尺检查
翘曲	板	$l/750$	调平尺在两端量测
	墙板	$l/1000$	

注：1. l 为构件长度。
2. 检查中心线、螺栓和孔道位置时，应沿纵、横两个方向量测，并取其中的较大值。
3. 对形状复杂或有特殊要求的构件，其尺寸偏差应符合标准图或设计的要求。
4. 本表摘自《混凝土结构工程质量验收规范》(GB 50204)。

2. 装配式结构混凝土工程质量检验标准

(1) 预制构件

1) 主控项目检验（表 5-29）。

预制构件主控项目检验　　表 5-29

序号	项目	合格质量标准	校验方法	检查数量
1	构件标志及预埋件等	预制构件应在明显部位标明生产单位、构件型号、生产日期和质量验收标志。构件上的预埋件、插筋和预留孔洞的规格、位置和数量应符合标准图或设计的要求	观察	全数检查
2	外观质量严重缺陷处理	预制构件的外观质量不应有严重缺陷。对已经出现的严重缺陷，应按技术处理方案进行处理，并重新检查验收	观察，检查技术处理方案	全数检查
3	过大尺寸偏差处理	预制构件不应有影响结构性能和安装、使用功能的尺寸偏差。对超过尺寸允许偏差且影响结构性能和安装、使用功能的部位，应按技术处理方案进行处理，并重新检查验收	量测，检查技术处理方案	

2) 一般项目检验（表 5-30）。

预制构件一般项目检验　　　　表 5-30

序号	项目	合格质量标准	校验方法	检查数量
1	外观质量一般缺陷处理	预制构件的外观质量不宜有一般缺陷。对已经出现的一般缺陷，应按技术处理方案进行处理，并重新检查验收	观察，检查技术处理方案	全数检查
2	预制构件的尺寸偏差	预制构件的尺寸偏差应符合表 5-28 规定	表 5-28	同一工作班生产的同类型构件，抽查 5%且不少于 3 件

(2) 装配式结构施工

1) 主控项目检验（表 5-31）。

装配式结构施工主控项目检验　　　　表 5-31

序号	项目	合格质量标准	校验方法	检查数量
1	预制构件支承位置和方法	预制构件码放和运输时的支承位置和方法应符合标准图或设计的要求	观察检查	全数检查
2	安装控制标志	预制构件吊装前，应按设计要求在构件和相应的支承结构上标志中心线、标高等控制尺寸，按标准图或设计文件校核预埋件及连接钢筋等，并作出标志	观察，钢尺检查	
3	预制构件吊装	预制构件应按标准图或设计的要求吊装。起吊时绳索与构件水平面的夹角不宜小于 45°，否则应采用吊架或经验算确定	观察检查	
4	临时固定措施和位置校正	预制构件安装就位后，应采取保证构件稳定的临时固定措施，并应根据水准点和轴线校正位置	观察，钢尺检查	

续表

序号	项目	合格质量标准	校验方法	检查数量
5	接头和拼缝的质量要求	装配式结构中的接头和拼缝应符合设计要求；当设计无具体要求时，应符合下列规定： (1) 对承受内力的接头和拼缝应采用混凝土浇筑，其强度等级应比构件混凝土强度等级提高一级； (2) 对不承受内力的接头和拼缝应采用混凝土或砂浆浇筑，其强度等级不应低于C15或M15； (3) 用于接头和拼缝的混凝土或砂浆，宜采取微膨胀措施和快硬措施，在浇筑过程中应振捣密实，并应采取必要的养护措施	检查施工记录及试件强度实验报告	全数检查

2）一般项目检验（表5-32）。

装配式结构施工一般项目检验　　表5-32

序号	项目	合格质量标准	校验方法	检查数量
1	预制构件支承位置和方法	预制构件码放和运输时的支承位置和方法应符合标准图或设计的要求	观察检查	全数检查
2	安装控制标志	预制构件吊装前，应按设计要求在构件和相应的支承结构上标志中心线、标高等控制尺寸，按标准图或设计文件校核预埋件及连接钢筋等，并作出标志	观察，钢尺检查	
3	预制构件吊装	预制构件应按标准图或设计的要求吊装。起吊时绳索与构件水平面的夹角不宜小于45°，否则应采用吊架或经验算确定	观察检查	
4	临时固定措施和位置校正	预制构件安装就位后，应采取保证构件稳定的临时固定措施，并应根据水准点和轴线校正位置	观察，钢尺检查	

续表

序号	项目	合格质量标准	校验方法	检查数量
5	接头和拼缝的质量要求	装配式结构中的接头和拼缝应符合设计要求；当设计无具体要求时，应符合下列规定： (1) 对承受内力的接头和拼缝应采用混凝土浇筑，其强度等级应比构件混凝土强度等级提高一级； (2) 对不承受内力的接头和拼缝应采用混凝土或砂浆浇筑，其强度等级不应低于C15或M15； (3) 用于接头和拼缝的混凝土或砂浆，宜采取微膨胀措施和快硬措施，在浇筑过程中应振捣密实，并应采取必要的养护措施	检查施工记录及试件强度实验报告	全数检查

第6章　钢结构工程

钢结构工程是指采用钢材作为材料建造的结构工程。我国钢产量自1996年超过1亿t以来，一直位居世界首位。随着钢材供不应求的局面得到改变，我国钢结构技术政策也从过去的“限制使用”改为积极合理地推广应用，钢结构制作和安装企业在全国各地纷纷涌现出来，国外钢结构厂商也纷纷打入中国市场，钢结构工程非常普遍，钢结构的应用范围也在不断扩大。

6.1　原材料及成品进场

1. 材料质量要求

钢结构工程的原材料主要由钢材、焊接材料、紧固连接件，以及焊接球、螺栓球、金属压型板和涂料材料等组成。用于钢结构的材料必须具有足够的强度，较高的塑性、韧性及耐疲劳性能和良好的工艺性能（包括冷加工、热加工和可焊性能）。

（1）钢材。

适用于钢结构的钢材、钢铸件、型钢必须具有足够的强度，较高的塑性、韧性、耐疲劳性能和良好的工艺性能（包括冷加工、热加工和可焊接性能）。钢材投入使用须满足规格要求，以及机械性能（屈服强度、抗拉强度、塑性、冷弯性能、冲击韧性）满足要求（须由试验测定）。

（2）连接紧固标准件。

钢结构连接材料包括普通螺栓（分为A，B，C三级，A和B级为精制螺栓，螺栓材料性能等级为8.8级，C级为粗制螺栓，材料性能等级为4.8级）。建筑钢结构中常用的普通螺栓为C级，一般采用钢号为Q235；螺栓孔孔壁质量类别分为Ⅰ和Ⅱ两类，Ⅰ类质量高于Ⅱ类；高强度螺栓根据其受力特征，可分为摩擦型高强度螺栓和承压型高强度螺栓两种，常用的高强度螺栓有大六角头高强度螺栓和扭剪型高强度螺栓两种类型（常用的高强度螺栓性能等级有8.8级和10.9级两种）。

（3）焊接材料。

钢结构中焊接材料包括各种焊条和焊丝。钢结构中焊接材料的选用，需适应焊接场地（工厂焊接或工地焊接）、焊接方法（电弧焊、电阻焊、气焊）、焊接方式（连续焊接、断续焊接或局部焊缝），特别是要与焊接钢材的强度和材质要求相适应。

手工焊时，Q235钢的焊接采用碳钢焊条E43系列，Q345钢采用低合金钢焊条E50系列，023s钢与Q345钢的焊接宜采用焊条E43系列；自动焊接或半自动焊接采用的焊丝和焊剂，应与焊件钢材的强度和材质相适应。此外，二氧化碳气体保护焊用焊丝、熔嘴电渣焊用焊丝也都应符合各自的需求。

（4）其他。

1）焊接球、螺栓球及其组件。

焊接球、螺栓球是我国目前常用的钢网架节点形式。焊接球是由两个半球对焊而成；螺栓球是由钢球、销子、套筒或封板、螺栓等零件组成。《钢结构工程施工质量验收规范》中对焊接球、螺栓球及其组件（钢球、销子、套筒或封板、螺栓等）所采用的原材料，其品种、规格、性能、尺寸偏差等作出了相应的规定。

2）金属压型板和涂料材料。

金属压型板和防腐、防火涂料材料在钢结构工程中也占有相当重要的地位。《钢结构工程施工质量验收规范》中对金属压型板及制造金属压型板所采用的原材料，其品种、规格、性能、规格尺寸、允许偏差、表面质量、涂层质量等作出了相应的规定。此外，钢结构防腐涂料、稀释剂和固化剂等材料的品种、规格、性能等也有相应的要求。

《钢结构工程施工质量验收规范》中对钢结构工程原材料质量的相关规定如下：

1）钢材、钢铸件的品种、规格、性能等应符合现行国家产品标准和设计要求。进口钢材产品的质量应符合设计和合同规定标准的要求。

2）重要钢结构采用的焊接材料应进行抽样复验，复验结果应符合现行国家产品标准和设计要求。

3）焊接材料的品种、规格、性能等应符合现行国家产品标准和设计要求。

4）对于国外进口钢材、钢材混批、设计有复验要求的钢材等情况之一的钢材，应进行抽样复验，其复验结果应符合现行国家产品标准和设计要求。

5）钢结构连接用高强度大六角头螺栓连接副、扭剪型高强度螺栓连接副、钢网架用高强度螺栓、普通螺栓、铆钉、自攻钉、拉铆钉、射钉、锚栓（机械型和化学试剂型）、地脚锚栓等紧固标准件及螺母、垫圈等标准配件，其品种、规格、性能等应符合现行国家产品标准和设计要求。高强度大六角头螺栓连接副和扭剪型高强度螺栓连接副出厂时应分别随箱带有扭矩系数和紧固轴力（预拉力）的检验报告。

6）高强度大六角头螺栓连接副应检验其扭矩系数，其检验结果应满足相应的检验及复验要求。

7）扭剪型高强度螺栓连接副应检验预拉力，其检验结果应满足相应的检验及复验要求。

8）钢板厚度及允许偏差、型钢的规格尺寸及允许偏差都应符合其产品标准的要求。

9）钢材的表面外观质量除应符合国家现行有关标准的规定外，尚应符合下列规定：

① 当钢材的表面有锈蚀、麻点或划痕等缺陷时，其深度不得大于该钢材厚度负允许偏差的 1/2；

② 钢材表面的锈蚀等级应符合国家现行标准 GB/T 8923 规定的 C 级及 C 级以上；

③ 钢材端边或断口处不应有分层、夹渣等缺陷。

10）焊条外观不应有药皮脱落、焊芯生锈等缺陷，焊剂不应受潮结块。

11）高强度螺栓连接副，应按包装箱配套供货，包装箱上应标明批号、规格、数量及生产日期。螺栓、螺母、垫圈外观表面应涂油保护，不应出现生锈和沾染脏物，螺纹不应损伤。

12）对建筑结构安全等级为一级，跨度为40m及以上的螺栓球节点钢网架结构，其连接高强度螺栓应进行表面硬度试验，对8.8级的高强度螺栓其硬度应为HRC21～29；10.9级的高强度螺栓其硬度应为HRC32～36，且不得有裂纹或损伤。

2. 质量控制要点

（1）材料质量抽样和检验方法，应符合国家有关标准和设计要求。要能反映该批材料的质量特性。对于重要的构件，应按合同或设计规定增加采样的数量。

（2）为保证采购的产品符合规定的要求，应选择合适的供货方。

（3）对用于工程的主要材料，进场时必须具备正式的出厂合格证和材质证明书。如不具备或证明资料有疑义，应抽样复验，只有当试验结果达到国家标准的规定和技术文件的要求时方可采用。

（4）工程中所有的钢构件必须有出厂合格证和相关质量资料。由于运输安装中出现的构件质量问题，应进行分析研究，制定纠正措施并落实。

（5）凡标志不清或怀疑质量有问题的材料、钢结构件，受工程重要性程度决定应进行一定比例试验的材料，需要进行追踪检验，以控制和保证其质量可靠性的材料和钢结构件等，均应进行抽检；对于进口材料应进行商检。

（6）对材料的性能、质量标准、适用范围和对施工的要求必须充分了解，慎重选择和使用材料，如焊条的选用应符合母材的等级，油漆应注意上、下层的用料选择。

6.2 钢结构连接工程

6.2.1 钢结构焊接

1. 质量控制要点

（1）焊接材料。

1）钢结构手工焊接用焊条的质量，应符合现行国家标准《碳钢焊条》（GB/T 5117）或《低合金钢焊条》（GB/T 5118）的规定。选用的型号应与母材强度相匹配。低碳钢含碳量低，产生焊接裂纹的倾向小，焊接性能好，一般按焊缝金属与母材等强度的原则选择焊条。低合金高强度结构钢应选择低氢型焊条，打底的第一层还可选用超低氢型焊条。为了使焊缝金属的机械性能与母材基本相同，选择的焊条强度应略低于母材强度。当不同强度等级的钢材焊接时，宜选用与低级强度钢材相适应的焊接材料。

2）自动焊接或半自动焊接采用的焊丝和焊剂，应与母材强度相适应，焊丝应符合现行国家标准《熔化焊用钢丝》（GB/T 14957）或《气体保护焊用钢丝》（GB/T 14958）的规定。

3）施工单位应按设计要求对采购的焊接材料进行验收，并经监理认可。

4）焊接材料应存放在通风干燥、适温的仓库内，存放时间超过一年的，原则上应进行焊接工艺及机械性能复检。

5）严禁使用药皮脱落或焊芯生锈的焊条、受潮结块或已熔烧过的焊剂以及生锈的焊丝。低氢型焊条药皮易吸潮，产生氢致裂纹，气孔和白点增加，使焊缝塑性、韧性下降。为此，使用前应按规定的烘烤时间和温度进行烘烤。

6）根据工程重要性、特点、部位，必须进行同环境焊接工艺评定试验，其试验标准、内容及其结果均应得到监理及质量监督部门的认可。

（2）焊缝裂纹。

1）对重要结构必须有经焊接专家认可的焊接工艺，施工过程中有焊接工程师做现场指导。

2）钢结构焊缝一旦出现裂纹，焊工不得擅自处理，应及时通知焊接工程师，找有关单位的焊接专家及原结构设计人员进行分析采取处理措施，再进行返修，返修次数不宜超过两次；受负荷的钢结构出现裂纹，应根据情况进行补强或加固；焊缝金属中的裂纹在修补前应用超声波探伤确定裂纹深度及长度，用碳弧气刨刨掉的实际长度应比实测裂纹长两端各加 50mm，然后修补。对焊接母材中的裂纹原则上更换母材。

3）焊后及时热处理，可清除焊接内应力及降低接头焊缝的含氢量。对板厚超过 25mm 和抗拉强度在 500N/mm^2 以上钢材，应选用碱性低氢焊条或低氢的焊接方法，如气体保护焊，选择合理的焊接顺序，减小焊接内应力，改进接头设计，减小约束度，避免应力集中。

4）凡需预热的构件，焊前应在焊道两侧各 100mm 范围内均匀预热，板厚超过 30mm，且有淬硬倾向和约束度较大的低合金结构钢的焊接，必要时可进行后热处理。常用预热温度，当普通碳素结构钢板厚≥50mm、低合金结构钢板厚≥36mm 时，预热及层间温度应控制在 70～100℃（环境温度 0℃以上）。低合金结构钢的后热处理温度为 200～300℃，后热时间为每 30mm 板厚 1h。

（3）焊件变形。

1）利用胎具和支撑杆件加强刚度，增加约束达到减小变形。

2）工件焊前根据经验及有关试验所得数据，按变形的反方向变形装配。如 60°左右的坡口对接焊，反变形约在 2°～3°之间。焊接网架结构支座时，为防止变形，两支座应用螺栓拧紧在一起，以增加其刚性。钢桁架或钢梁为防止在焊接过程中由于自重影响产生挠度变形，应在焊前先起拱后再焊。

3）高层或超高层钢柱，构件大，刚性强，无法用人工反变形时，可在柱安装时人为预留偏差值。钢柱之间焊缝焊接过程发现钢柱偏向一方，可用两个焊工以不同焊接速度和焊接顺序来调整变形。

4）收缩量最大的焊缝必须先焊，因为先焊的焊缝收缩时阻力小，变形就小。

5）钢框架钢梁为防止焊接在钢梁内产生残余应力和防止梁端焊缝收缩将钢柱拉偏，可采取跳焊的焊接顺序，梁一端焊接，另一端自由，由内向外焊接。

6）对接接头、T形接头和十字接头的坡口焊接，在工件放置条件允许或易于翻面的情况下，宜采用双面坡口对称顺序焊接；对于有对称截面的构件，宜采用对称于构件中和轴的顺序焊接。对双面非对称坡口焊接，宜采用先焊深坡口侧、后焊浅坡口侧的顺序。

7）对一般构件可用定位焊固定同时限制变形；对大型、厚型构件宜用刚性固定法增加结构焊接时的刚性。对于大型结构宜采取分部组装焊接、分别矫正变形后再进行总装焊接或连接的施工方法。

8）对碳素结构钢可通过焊缝热影响区附近的热量迅速冷却达到减小变形，而对低合金结构钢必须缓冷以防热裂纹。

9）在焊接过程中除第一层和表面层以外，其他各层焊缝用小锤敲击，可减小焊接变形和残余应力。

10）在节点形式、焊缝布置、焊接顺序确定的情况下，宜采用熔化极气体保护电弧焊或药芯焊丝自保护电弧焊等能量密度相对较高的焊接方法，并采用较小的热输入。

11）对长焊缝宜采用分段退焊法或与多人对称焊法同时运用。采用跳焊法可避免工件局部加热集中。

2. 质量检验标准

（1）钢构件焊接工程。

1）主控项目检验（表6-1）。

2）一般项目检验（表6-3）。

（2）焊钉（栓钉）焊接工程。

1）主控项目检验（表6-7）。

钢结构焊接主控项目检验　　表 6-1

序号	项目	合格质量标准	检验方法	检查数量
1	焊接材料品种、规格	焊接材料的品种、规格、性能等应符合现行国家产品标准和设计要求	检查焊接材料的质量合格证明文件、中文标志及检验报告等	全数检查
2	焊接材料复验	重要钢结构采用的焊接材料应进行抽样复验，复验结果应符合现行国家产品标准和设计要求	检查复验报告	
3	材料匹配	焊条、焊丝、焊剂、电渣焊熔嘴等焊接材料与母材的匹配应符合设计要求及国家现行行业标准《建筑钢结构焊接技术规程》(JGJ 81)的规定。焊条、焊剂、药芯焊丝、熔嘴等在使用前，应按其产品说明书及焊接工艺文件的规定进行烘焙和存放	检查质量证明书和烘焙记录	
4	焊工证书	焊工必须经考试合格并取得合格证书。持证焊工必须在其考试合格项目及其认可范围内施焊	检查焊工合格证及其认可范围、有效期	
5	焊接工艺评定	施工单位对其首次采用的钢材、焊接材料、焊接方法、焊后热处理等，应进行焊接工艺评定，并应根据评定报告确定焊接工艺	检查焊接工艺评定报告	
6	内部缺陷	设计要求全焊透的一、二级焊缝应采用超声波探伤进行内部缺陷的检验，超声波探伤不能对缺陷作出判断时，应采用射线探伤，其内部缺陷分级及探伤方法应符合现行国家标准《钢焊缝手工超声波探伤方法和探伤结果分级法》(GB 11345)或《金属熔化焊焊接接头照相》(GB 3323)的规定	检查超声波或射线探伤记录	全数检查

续表

序号	项目	合格质量标准	检验方法	检查数量
6	内部缺陷	焊接球节点网架焊缝、螺栓球节点网架焊缝及圆管T、K、Y形节点相关线焊缝，其内部缺陷分级及探伤方法应分别符合国家现行标准《钢结构超声波探伤及质量分级法》（JG/T 203）、《建筑钢结构焊接技术规程》（JGJ 81）的规定； 一级、二级焊缝的质量等级及缺陷分级应符合表6-2的规定	检查超声波或射线探伤记录	全数检查
7	组合焊缝尺寸	T形接头、十字接头、角接接头等要求熔透的对接和角对接组合焊缝，其焊脚尺寸应不小于$t/4$[图6-1（a）、（b）、（c）]；设计有疲劳验算要求的吊车梁或类似构件的腹板与上翼缘连接焊缝的焊脚尺寸为$t/2$[图6-1（d）]，且应不大于10mm。焊脚尺寸的允许偏差为0～4mm	观察检查，用焊缝量规抽查测量	资料全数检查；同类焊缝抽查10%，且应不少于3条
8	焊缝表面缺陷	焊缝表面不得有裂纹、焊瘤等缺陷。一级、二级焊缝不得有表面气孔、夹渣、弧坑裂纹、电弧擦伤等缺陷。且一级焊缝不得有咬边、未焊满、根部收缩等缺陷	观察检查或使用放大镜焊缝量规和钢尺检查，当存在疑义时，采用渗透或磁粉探伤检查	每批同类构件抽查10%，且应不少于3件；被抽查构件中，每一类型焊缝按条数抽查5%，且应不少于1条；每条检查1处，总抽查数应不少于10处

一、二级焊缝质量等级及缺陷分级　　　　表 6-2

焊缝质量等级		一级	二级
内部缺陷超声波探伤	评定等级	Ⅱ	Ⅲ
	检验等级	B级	B级
	探伤比例	100%	20%
内部缺陷射线探伤	评定等级	Ⅱ	Ⅲ
	检验等级	AB级	AB级
	探伤比例	100%	20%

注：1. 探伤比例的计数方法应按以下原则确定：

(1) 对工厂制作焊缝，应按每条焊缝计算百分比，且探伤长度应不小于200mm，当焊缝长度不足200mm时，应对整条焊缝进行探伤；

(2) 对现场安装焊缝，应按同一类型、同一施焊条件的焊缝条数计算百分比，探伤长度应不小于200mm，并应不少于1条焊缝。

2. 本表摘自《钢结构工程施工质量验收规范》(GB 50205)。

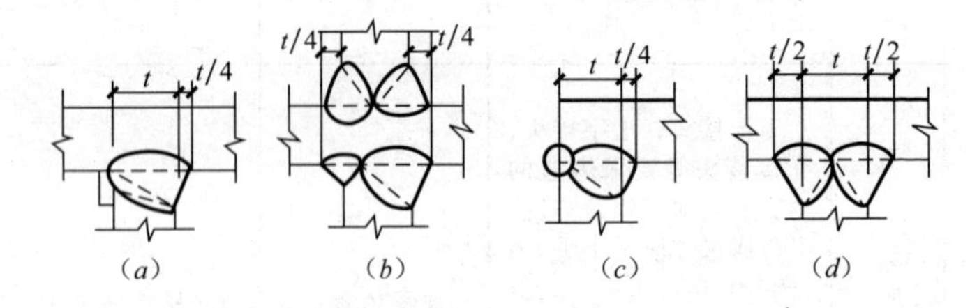

图 6-1　焊脚尺寸

钢结构焊接一般项目检验　　　　表 6-3

序号	项目	合格质量标准	检验方法	检查数量
1	焊接材料外观质量	焊条外观不应有药皮脱落、焊芯生锈等缺陷；焊剂不应受潮结块	观察检查	按量抽查1%，且应不少于10包
2	预热和后热处理	对于需要进行焊前预热或焊后热处理的焊缝，其预热温度或后热温度应符合国家现行有关标准的规定或通过工艺试验确定。预热区在焊道两侧，每侧宽，度均应大于焊件厚度的1.5倍以上，且应不小于100mm；后热处理应在焊后立即进行，保温时间应根据板厚按每25mm板厚1h确定	检查预、后热施工记录和工艺试验报告	全数检查

续表

序号	项目	合格质量标准	检验方法	检查数量
3	焊缝外观质量	二级、三级焊缝外观质量标准应符合表 6-4 的规定。三级对接焊缝应按二级焊缝标准进行外观质量检验	观察检查或使用放大镜、焊缝量规和钢尺检查	每批同类构件抽查 10%，且应不少于 3 件；被抽查构件中，每种焊缝按条数各抽查 5%，但应不少于 1 条；每条检查 1 处，总抽查数应不少于 10 处
4	焊缝尺寸偏差	焊缝尺寸允许偏差应符合表 6-5 和表 6-6 的规定	用焊缝量规检查	
5	凹形角焊缝	焊成凹形的角焊缝，焊缝金属与母材间应平缓过渡；加工成凹形的角焊缝，不得在其表面留下切痕	观察检查	每批同类构件抽查 10%，且应不少于 3 件
6	焊缝感观	焊缝感观应达到：外形均匀、成形较好，焊道与焊道、焊道与基本金属间过渡较平滑，焊渣和飞溅物基本清除干净		每批同类构件抽查 10%，且应不少于 3 件；被抽查构件中，每种焊缝按数量各抽查 5%，总抽查处应不少于 5 处

二、三级焊缝外观质量标准　　表 6-4

项目	允许偏差（mm）	
缺陷类型	二级	三级
未焊满（指不足设计要求）	≤0.2+0.02t，且≤1.0	≤0.2+0.04t，且≤2.0
	每 100.0 焊缝内缺陷总长≤25.0	
根部收缩	≤0.2+0.02t，且≤1.0	≤0.2+0.04t，且≤2.0
	长度不限	
咬边	≤0.05t，且≤0.5；连续长度≤100.0，且焊缝两侧咬边总长≤10%焊缝全长	≤0.1t 且≤1.0，长度不限
弧坑裂纹	—	允许存在个别长度≤5.0 的弧坑裂纹
电弧擦伤	—	允许存在个别电弧擦伤

续表

项目	允许偏差（mm）	
缺陷类型	二级	三级
接头不良	缺口深度 0.05t，且≤0.5	缺口深度 0.1t，且≤1.0
	每 1000.0 焊缝不应超过 1 处	
表面夹渣	—	深≤0.2t，长≤0.5t，且≤20.0
表面气孔	—	每 50.0 焊缝长度内允许直径≤0.4t，且≤3.0 的气孔 2 个，孔距≥6 倍孔径

注：表内 t 为连接处较薄的板厚。

对接焊缝及完全熔透组合焊缝尺寸允许偏差　　表 6-5

序号	项目	图例	允许偏差（mm）	
			一、二级	三级
1	对接焊缝余高 C		$B<20$：0～3.0 $B\geq20$：0～4.0	$B<20$：0～4.0 $B\geq20$：0～5.0
2	对接焊缝错边 d		$d<0.15t$，且≤2.0	$d<0.15t$，且≤3.0

部分焊透组合焊缝和角焊缝外形尺寸允许偏差　　表 6-6

序号	项目	图例	允许偏差（mm）
1	焊脚尺寸 h_f		$h_f\leq6$：0～1.5 $h_f>6$：0～3.0
2	角焊缝余高 C		$h_f\leq6$：0～1.5 $h_f>6$：0～3.0

注：1. $h_f>8.0$mm 的角焊缝其局部焊脚尺寸允许低于设计要求值 1.0mm，但总长度不得超过焊缝长度 10%。
2. 焊接 H 形梁腹板与翼缘板的焊缝两端在其两倍翼缘板宽度范围内，焊缝的焊脚尺寸不得低于设计值。

焊钉（栓钉）焊接工程主控项目检验　　表 6-7

序号	项目	合格质量标准	检验方法	检查数量
1	焊接材料品种、规格	焊接材料的品种、规格、性能等应符合现行国家产品标准和设计要求	检查焊接材料的质量合格证明文件、中文标志及检验报告等	全数检查
2	焊接材料复验	重要钢结构采用的焊接材料应进行抽样复验，复验结果应符合现行国家产品标准和设计要求	检查复验报告	全数检查
3	焊接工艺评定	施工单位对其采用的焊钉和钢材焊接应进行焊接工艺评定，其结果应符合设计要求和国家现行有关标准的规定。瓷环应按其产品说明书进行烘焙	检查焊接工艺评定报告和烘焙记录	
4	焊后弯曲试验	焊钉焊接后应进行弯曲试验检查，其焊缝和热影响区不应有肉眼可见的裂纹	焊钉弯曲 30°后用角尺检查和观察检查	每批同类构件抽查 10%，且应不少于 10 件；被抽查构件中，每件检查焊钉数量的 1%，但应不少于 1 个

2）一般项目检验（表 6-8）。

焊钉焊接工程一般项目检验　　表 6-8

序号	项目	合格质量标准	检验方法	检查数量
1	焊钉和瓷环尺寸	焊钉及焊接瓷环的规格、尺寸及偏差应符合现行国家标准《圆弧螺柱焊用圆柱头焊钉》（GB 10433）中的规定	用钢尺和游标深度尺量测	按量抽查 1%，且应不少于 10 套
2	焊缝外观质量	焊钉根部焊脚应均匀，焊脚立面的局部未熔合或不足 360°的焊脚应进行修补	观察检查	按总焊钉数量抽查 1%，且应不少于 10 个

6.2.2 紧固件连接

1. 质量控制要点

（1）高强度螺栓采用喷砂处理摩擦面，贴合面上喷砂范围应不小于4t（t为孔径）。喷砂面不得有毛刺、泥土和溅点，亦不得涂刷油漆；采用砂轮打磨，打磨的方向应与构件受力方向垂直，打磨后的表面应呈铁色，并无明显不平。

（2）高强度螺栓连接应对构件摩擦面进行喷砂、砂轮打磨或酸洗加工处理。

（3）处理后的摩擦面应在生锈前进行组装，或加涂无机富锌漆；亦可在生锈后组装，组装时应用钢丝清除表面上的氧化铁皮、黑皮、泥土、毛刺等，至略呈赤锈色即可。

（4）经表面处理的构件、连接件摩擦面，应进行摩擦系数测定，其数值必须符合设计要求。安装前应逐组复验摩擦系数，合格后方可安装。

（5）高强度螺栓应顺畅穿入孔内，不得强行敲打，在同一连接面上穿入方向宜一致，以便于操作；对连接构件不重合的孔，应用钻头或铰刀扩孔或修孔，符合要求时方可进行安装。

（6）安装用临时螺栓可用普通螺栓，亦可直接用高强度螺栓，其穿入数量不得少于安装孔总数的1/3，且不少于两个螺栓，如穿入部分冲钉则其数量不得多于临时螺栓的30%。

（7）高强度螺栓的紧固，应分两次拧紧（即初拧和终拧），每组拧紧顺序应从节点中心开始逐步向边缘两端施拧。整体结构的不同连接位置或同一节点的不同位置有两个连接构件时，应先紧主要构件，后紧次要构件。

（8）安装时先在安装临时螺栓余下的螺孔中拧满高强度螺栓，并用扳手扳紧，然后将临时普通螺栓逐一换成高强度螺栓，并用扳手扳紧。

（9）高强度螺栓紧固宜用电动扳手进行。扭剪型高强度螺栓初拧一般用60%～70%轴力控制，以拧掉尾部梅花卡头为终拧结束。不能使用电动扳手的部位，则用测力扳手紧固，初拧扭矩值不得小于终拧扭矩值的30%，终拧扭矩值 M_A（N·m）应符合设计要求。

（10）螺栓初拧、复拧和终拧后，要做好不同标记，以便识别，避免重拧或漏拧。高强度螺栓终拧后外露丝扣不得小于两扣。

（11）高强度螺栓紧固后要求进行检查和测定。如发现欠拧、漏拧时，应补拧；超拧时应更换。处理后的扭矩值应符合设计规定。

2. 质量检验标准

（1）普通紧固件连接。

1）主控项目检验（表6-9）。

普通螺栓连接主控项目检验　　表6-9

序号	项目	合格质量标准	检验方法	检查数量
1	成品进场	钢结构连接用高强度大六角头螺栓连接副、扭剪型高强度螺栓连接副、钢网架用高强度螺栓、普通螺栓、铆钉、自攻钉、拉铆钉、射钉、锚栓（机械型和化学试剂型）、地脚锚栓等紧固标准件及螺母、垫圈等标准配件，其品种、规格、性能等应符合现行国家产品标准和设计要求。高强度大六角头螺栓连接副和扭剪型高强度螺栓连接副出厂时应分别随箱带有扭矩系数和紧固轴力（预拉力）的检验报告	全数检查	检查产品的质量合格证明文件、中文标志及检验报告等
2	螺栓实物复验	普通螺栓作为永久性连接螺栓时，当设计有要求或对其质量有疑义时，应进行螺栓实物最小拉力载荷复验，其结果应符合现行国家标准《紧固件机械性能螺栓、螺钉和螺柱》（GB 3098.1）的规定	检查螺栓实物复验报告	每一规格螺栓抽查8个
3	匹配及间距	连接薄钢板采用的自攻钉、拉铆钉、射钉等其规格尺寸应与被连接钢板相匹配，其间距、边距等应符合设计要求	观察和尺量检查	按连接节点数抽查1%，且应不少于3个

2）一般项目检验（表 6-10）。

普通标准连接一般项目检验　　表 6-10

序号	项目	合格质量标准	检验方法	检查数量
1	螺栓紧固	永久性普通螺栓紧固应牢固、可靠，外露螺纹应不少于 2 个螺距	观察或用小锤敲击检查	按连接节点数抽查 10%，且应不少于 3 个
2	外观质量	自攻螺钉、钢拉铆钉、射钉等与连接钢板应紧固密贴，外观排列整齐		

（2）高强度螺栓连接。

1）主控项目检验（表 6-11）。

高强度螺栓连接主控项目检验　　表 6-11

序号	项目	合格质量标准	检验方法	检查数量
1	成品进场	钢结构连接用高强度大六角头螺栓连接副、扭剪型高强度螺栓连接副、钢网架用高强度螺栓、普通螺栓、铆钉、自攻钉、拉铆钉、射钉、锚栓（机械型和化学试剂型）、地脚锚栓等紧固标准件及螺母、垫圈等标准配件，其品种、规格、性能等应符合现行国家产品标准和设计要求。高强度大六角头螺栓连接副和扭剪型高强度螺栓连接副出厂时应分别随箱带有扭矩系数和紧固轴力（预拉力）的检验报告。 高强度大六角头螺栓连接副的扭矩系数和扭剪型高强度螺栓连接副的紧固轴力（预拉力）是影响高强度螺栓连接质量最主要的因素，也是施工的重要依据，因此要求生产厂家在出厂前要进行检验，且出具检验报告，施工单位应在使用前及产品质量保证期内及时复验，该复验应为见证取样、送样检验项目	检查产品的质量合格证明文件、中文标志及检验报告等	全数检查
2	扭矩系数	高强度大六角头螺栓连接副应按规定检验其扭矩系数，其检验结果应符合规定	检查复验报告	全数检查

续表

序号	项目	合格质量标准	检验方法	检查数量
2	预拉力复验	扭剪型高强度螺栓连接副应按规定检验预拉力，其检验结果应符合规定	检查复验报告	全数检查
3	抗滑移系数试验	钢结构制作和安装单位应按规定分别进行高强度螺栓连接摩擦面的抗滑移系数试验和复验，现场处理的构件摩擦面应单独进行摩擦面抗滑移系数试验，其结果应符合设计要求	检查摩擦面抗滑移系数试验报告和复验报告	
4	高强度大六角头螺栓连接副终拧扭矩	高强度大六角头螺栓连接副终拧完成1h后、48h内应进行终拧扭矩检查，检查结果应符合规定	（1）扭矩法检验； （2）转角法检验	按节点数抽查10%，且应不少于10个；每个被抽查节点按螺栓数抽查10%，且应不少于2个
	扭剪型高强度螺栓连接副终拧扭矩	扭剪型高强度螺栓连接副终拧后，除因构造原因无法使用专用扳手终拧掉梅花头者外，未在终拧中拧掉梅花头的螺栓数应不大于该节点螺栓数的5%。对所有梅花头未拧掉的扭剪型高强度螺栓连接副应采用扭矩法或转角法进行终拧并做好标记，且按上条标准的规定进行终拧扭矩检查	观察检查	按节点数抽查10%，但应不少于10个节点，被抽查节点中梅花头未拧掉的扭剪型高强度螺栓连接副全数进行终拧扭矩检查

2）一般项目检验（表6-12）。

高强度螺栓连接一般项目检验　　　　表6-12

序号	项目	合格质量标准	检验方法	检查数量
1	成品进场检验	高强度螺栓连接副，应按包装箱配套供货，包装箱上应标明批号、规格、数量及生产日期。螺栓、螺母、垫圈外观表面应涂油保护，不应出现生锈和沾染脏物，螺纹不应损伤	观察检查	按包装箱数抽查5%，且应不少于3箱

续表

序号	项目	合格质量标准	检验方法	检查数量
2	表面硬度试验	对建筑结构安全等级为一级，跨度40m及以上的螺栓球节点钢网架结构，其连接高强度螺栓应进行表面硬度试验，对8.8级的高强度螺栓其硬度应为HRC 21～29；10.9级高强度螺栓其硬度应为HRC 32～36，且不得有裂纹或损伤	硬度计、10倍放大镜或磁粉探伤	按规格抽查8只
3	初拧、复拧扭矩	高强度螺栓连接副的施拧顺序和初拧、复拧扭矩应符合设计要求和国家现行行业标准《钢结构高强度螺栓连接的设计施工及验收规程》(JGJ 82)的规定	检查扭矩扳手标定记录和螺栓施工记录	全数检查资料
4	连接外观质量	高强度螺栓连接副终拧后，螺栓螺纹外露应为2～3个螺距，其中允许有10%的螺栓螺纹外露1个螺距或4个螺距	观察检查	按节点数抽查5%，且应不少于10个
5	摩擦面外观	高强度螺栓连接摩擦面应保持干燥、整洁，不应有飞边、毛刺、焊接飞溅物、焊疤、氧化铁皮、污垢等，除设计要求外摩擦面不应涂漆		全数检查
6	扩孔	高强度螺栓应自由穿入螺栓孔。高强度螺栓孔不应采用气割扩孔，扩孔数量应征得设计同意，扩孔后的孔径不应超过1.2d（d为螺栓直径）	观察检查及用卡尺检查	被扩螺栓孔全数检查

6.3 钢结构加工制作

1. 质量控制要点

(1) 放样。

放样是按照技术部门审核的施工详图，以1∶1的比例在样板台上弹出实样，求取实长从而制作样板的过程。号料则是以样板为依据，在原材料上画出实样，并打上各种加工记号。

应根据工艺要求预留切割余量、加工余量或焊接收缩余量。放样时，桁架上下弦应同时起拱，竖腹杆方向尺寸保持不变，吊车梁应按 $L/500$ 起拱。

（2）样板、样杆。

样板多用厚 0.3～0.75mm 薄钢板或塑料板制作，对一次性样板可用油毡、黄纸板制作。样板、样杆上要标明零件号、规格、数量、孔径等，其工作边缘要整齐，其上标记应细、小、清晰，其长度和宽度几何尺寸允许偏差为＋0、－1.0mm；矩形对角线之差不大于 1mm，相邻孔眼中心距偏差及孔心位移不大于 0.5mm。

（3）下料。

1）配料时，对焊缝较多、加工量大的构件，应先号料；拼接口应避开安装孔和复杂部位；工字形部件的上下翼板和腹板的焊接口应错开 200mm 以上；同一构件需要拼接料时，必须同时号料，并要标明拼接料的号码、坡口形式和角度。

2）在焊接结构上号孔，应在焊接完毕并经整形以后进行，孔眼应距焊缝边缘 50mm 以上。

3）切割时，应清除钢材表面切割区域内的铁锈、油污等。切割后，断口上不得有裂纹和大于 1.0mm 的缺棱，并应清除边缘上的熔瘤和飞溅物等。

切割的质量要求：切割截面和钢材表面不垂直度应不大于钢材厚度的 10％，且不得大于 2.0mm；机械剪切割的零件，剪切线与号料线的允许偏差为 2mm；机械剪切的型钢，其端部剪切斜度不大于 2.0mm，并均应清除毛刺；切割面必须整齐，个别处出现缺陷，要进行修磨处理。

2. 质量检验标准

（1）钢零件及钢部件加工。

1）钢结构零、部件加工。

① 主控项目检验（表 6-13）。

钢零件加工主控项目检验　　　　表 6-13

序号	项目	合格质量标准	检验方法	检查数量
1	材料品种、规格	钢材、钢铸件的品种、规格、性能等应符合现行国家产品标准和设计要求。进口钢材产品的质量应符合设计和合同规定标准的要求	检查质量合格证明文件、中文标志及检验报告	全数检查
2	钢材复验	对属于下列情况之一的钢材，应进行抽样复验，其复验结果应符合现行国家产品标准和设计要求： （1）国外进口钢材； （2）钢材混批； （3）板厚等于或大于 40mm，且设计有 Z 向性能要求的厚板； （4）建筑结构安全等级为一级，大跨度钢结构中主要受力构件所采用的钢材； （5）设计有复验要求的钢材； （6）对质量有疑义的钢材	检查复验报告	全数检查
3	切面质量	钢材切割面或剪切面应无裂纹、夹渣、分层和大于 1mm 的缺棱	观察或用放大镜及百分尺检查，有疑义时作渗透、磁粉或超声波探伤检查	
4	矫正	碳素结构钢在环境温度低于－16℃、低合金结构钢在环境温度低于－12℃时，不应进行冷矫正和冷弯曲。碳素结构钢和低合金结构钢在加热矫正时，加热温度不应超过 900℃。低合金结构钢在加热矫正后应自然冷却	检查制作工艺报告和施工记录	
5	边缘加工	气割或机械剪切的零件，需要进行边缘加工时，其刨削量应不小于 2.0mm	检查工艺报告和施工记录	
6	制孔	A、B 级螺栓孔（Ⅰ类孔）应具有 H12 的精度，孔壁表面粗糙度 R_a 应不大于 12.5μm。其孔径的允许偏差应符合表 6-15 的规定。 C 级螺栓孔（Ⅱ类孔），孔壁表面粗糙度 R_a 应不大于 25μm，其允许偏差应符合表 6-16 的规定		

② 一般项目检验（表 6-14）。

钢零件加工一般项目检验　　表 6-14

序号	项目	合格质量标准	检验方法	检查数量
1	材料规格尺寸	钢板厚度及允许偏差应符合其产品标准的要求； 型钢的规格尺寸及允许偏差符合其产品标准的要求	用游标卡尺量测； 用钢尺和游标卡尺量测	每一品种、规格的钢板抽查 5 处
2	钢材表面质量	钢材的表面外观质量除应符合国家现行有关标准的规定外，尚应符合下列规定： （1）当钢材的表面有锈蚀、麻点或划痕等缺陷时，其深度不得大于该钢材厚度负允许偏差值的 1/2； （2）钢材表面的锈蚀等级应符合现行国家标准 GB/T 8923 规定的 C 级及 C 级以上； （3）钢材端边或断口处不应有分层、夹渣等缺陷	观察检查	全数检查
3	气割精度	气割的允许偏差应符合表 6-17 的规定	观察检查或用钢尺、塞尺检查	按切割面数抽查 10%，且应不少于 3 个
	机械剪切精度	机械剪切的允许偏差应符合表 6-18 的规定		
4	矫正质量	矫正后的钢材表面，不应有明显的凹面或损伤，划痕深度不得大于 0.5mm，且应不大于该钢材厚度负允许偏差的 1/2； 冷矫正和冷弯曲的最小曲率半径和最大弯曲矢高应符合表 6-19 的规定； 钢材矫正后的允许偏差，应符合表 6-20 的规定	观察检查和实测检查	按冷矫正和冷弯曲的件数抽查 10%，且应不少于 3 个； 按矫正件数抽查 10%，且应不少于 3 件
5	边缘加工精度	边缘加工允许偏差应符合表 6-21 的规定	观察检查和实测检查	按加工面数抽查 10%，且应不少于 3 件
6	制孔精度	螺栓孔孔距的允许偏差应符合表 6-22 的规定	尺量检查	全数检查

A、B 级螺栓孔径的允许偏差（mm） 表 6-15

序号	螺栓公称直径、螺栓孔直径	螺栓公称直径允许偏差	螺栓孔直径允许偏差
1	10～18	0.00 −0.21	+0.18 0.00
2	18～30	0.00 −0.21	+0.21 0.00
3	30～50	0.00 −0.25	+0.25 0.00

注：本表摘自《钢结构工程施工质量验收规范》(GB 50205)。

C 级螺栓孔的允许偏差（mm） 表 6-16

项目	直径	圆度	垂直度
允许偏差	+0.1 0.0	2.0	0.03t，且应不大于 2.0

注：本表摘自《钢结构工程施工质量验收规范》(GB 50205)。

气割的允许偏差 表 6-17

项目	允许偏差（mm）	项目	允许偏差（mm）
零件宽度、长度	±3.0	割纹深度	0.3
切割面平面度	0.05t，且应不大于 2.0	局部缺口深度	1.0

注：1. t 为切割面厚度。

2. 本表摘自《钢结构工程施工质量验收规范》(GB 50205)。

机械剪切的允许偏差 表 6-18

项目	零件宽度、长度	边缘缺棱	型钢端部垂直度
允许偏差（mm）	±3.0	1.0	2.0

注：本表摘自《钢结构工程施工质量验收规范》(GB 50205)。

冷矫正和冷弯曲的最小曲率半径和最大弯曲矢高（mm） 表 6-19

钢材类别	图例	对应轴	矫正		弯曲	
			r	f	r	f
钢板扁钢	(图：y、x、t)	$x-x$	$50t$	$\frac{l^2}{400t}$	$25t$	$\frac{l^2}{200t}$
		$y-y$（仅对扁钢轴线）	$100b$	$\frac{l^2}{800b}$	$50b$	$\frac{l^2}{400b}$

续表

钢材类别	图例	对应轴	矫正		弯曲	
			r	f	r	f
角钢	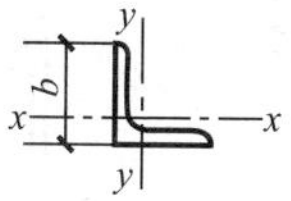	$x-x$	$90b$	$\frac{l^2}{720b}$	$45b$	$\frac{l^2}{360b}$
槽钢	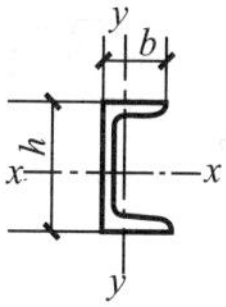	$x-x$	$50h$	$\frac{l^2}{400h}$	$25h$	$\frac{l^2}{200h}$
		$y-y$	$90b$	$\frac{l^2}{720b}$	$45b$	$\frac{l^2}{360b}$
工字钢	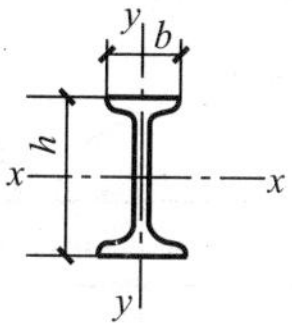	$x-x$	$50h$	$\frac{l^2}{400h}$	$25h$	$\frac{l^2}{200h}$
		$y-y$	$50b$	$\frac{l^2}{400b}$	$25b$	$\frac{l^2}{200b}$

注：1. r 为曲率半径；f 为弯曲矢高；l 为弯曲弦长；t 为钢板厚度。

2. 本表摘自《钢结构工程施工质量验收规范》(GB 50205)。

钢材矫正后的允许偏差　　表 6-20

项目		允许偏差（mm）	图例
钢板的局部平面度	$t \leqslant 14$	1.5	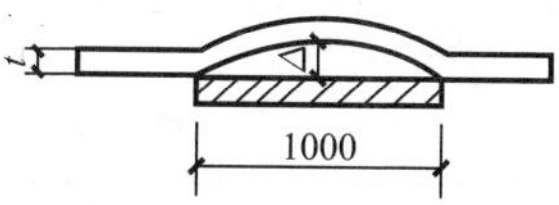
	$t > 14$	1.0	
型钢弯曲矢高		$t/1000$ 且应不大于 5.0	
角钢肢的垂直度		$b/100$ 双肢栓接角钢的角度不得大于 90°	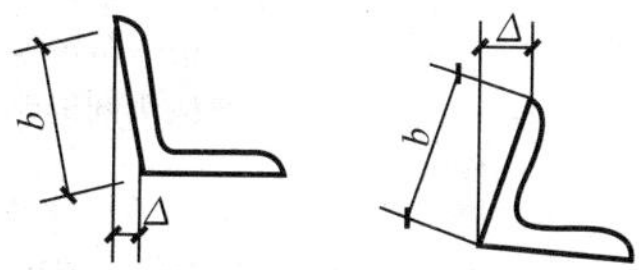

续表

项目	允许偏差（mm）	图例
槽钢翼缘对腹板的垂直度	$b/80$	
工字钢、H型钢翼缘对腹板的垂直度	$b/100$ 且不大于 2.0	

注：本表摘自《钢结构工程施工质量验收规范》(GB 50205)。

边缘加工的允许偏差 **表 6-21**

项目	允许偏差（mm）	项目	允许偏差（mm）
零件宽度、长度	±1.0	加工面垂直度	$0.025t$，且应不大于 0.5
加工边直线度	$l/3000$，且应不大于 2.0	加工面表面粗糙度	50▽
相邻两边夹角	±6′		

注：本表摘自《钢结构工程施工质量验收规范》(GB 50205)。

螺栓孔孔距允许偏差（mm） **表 6-22**

螺栓孔孔距范围	≤500	501～1200	1201～3000	>3000
同一组内任意两孔间距离	±1.0	±1.5	—	—
相邻两组的墙孔间距离	±1.5	±2.0	±2.5	±3.0

注：1. 在节点中连接板与一根杆件相连的所有螺栓孔为一组。
2. 对接接头在拼接板一侧的螺栓孔为一组。
3. 在两相邻节点或接头间的螺栓孔为一组，但不包括上述两款所规定的螺栓孔。
4. 受弯构件翼缘上的连接螺栓孔，每米长度范围内的螺栓孔为一组。
5. 本表摘自《钢结构工程施工质量验收规范》(GB 50205)。

2）钢网架制作。

① 主控项目检验（表 6-23）。

钢网架制作主控项目检验　　表 6-23

序号	项目	合格质量标准	检验方法	检查数量
1	材料品种、规格、性能	焊接球及制造焊接球所采用的原材料，其品种、规格、性能等应符合现行国家产品标准和设计要求； 螺栓球及制造螺栓球节点所采用的原材料，其品种、规格、性能等应符合现行国家产品标准和设计要求； 封板、锥头和套筒及制造封板、锥头和套筒所采用的原材料，其品种、规格、性能等应符合现行国家产品标准和设计要求	检查产品的质量合格证明文件、中文标志及检验报告等	全数检查
2	螺栓球加工	螺栓球成型后，不应有裂纹，褶皱、过烧；螺栓球不得有过烧、裂纹及褶皱	用 10 倍放大镜观察和表面擦伤	每种规格抽查 10%，且应不少于 5 只； 每种规格抽查 5%，且应不少于 5 个
3	焊接球加工	钢板压成半圆球后，表面不应有裂纹、褶皱；焊接球其对接坡口应采用机械加工，对接焊缝表面应打磨平整； 封板、锥头、套筒外观不得有裂纹、过烧及氧化皮	10 倍放大镜观察和表面探伤； 用放大镜观察检查和表面探伤	每种规格抽查 10%，且应不少于 5 个； 每种抽查 5%，且应不少于 10 只
4	制孔	A、B 级螺栓孔（Ⅰ类孔）应具有 H12 的精度，孔壁表面粗糙度 Ra 应不大于 12.5μm。其孔径的允许偏差应符合表 6-15 的规定。 C 级螺栓孔（Ⅱ类孔），孔壁表面粗糙度 Ra 应不大于 25μm，其允许偏差应符合表 6-16 的规定	用游标深度尺或孔径量规检查	按钢构件数量抽查 10%，且应不少于 3 件

② 一般项目检验（表 6-24）。

钢网架制作一般项目检验　　表 6-24

序号	项目	合格质量标准	检验方法	检查数量
1	材料规格、尺寸	钢板厚度及允许偏差应符合其产品标准的要求； 型钢的规格尺寸及允许偏差符合其产品标准的要求	用游标深度尺量测； 用钢尺和游标深度尺量测	每一品种、规格的型钢抽查 5 处
2	螺栓球加工精度	螺栓球加工的允许偏差应符合表 6-25 的规定； 螺栓球螺纹尺寸应符合现行国家标准《普通螺纹　基本尺寸》（GB/T 196）中粗牙螺纹的规定，螺纹公差必须符合现行国家标准《普通螺纹公差》（GB/T 197）中 6H 级精度的规定； 螺栓球直径、圆度、相邻两螺栓孔中心线夹角等尺寸及允许偏差应符合本规范的规定	见表 6-25	每种规格抽查 10%，且应不少于 5 个； 每种规格抽查 5%，且应不少于 5 只； 每一规格按数量抽查 5%，且应不少于 3 个
3	焊接球加工精度	焊接球加工的允许偏差应符合表 6-26 的规定； 焊接球直径、圆度、壁厚减薄量等尺寸及允许偏差应符合本规范的规定； 焊接球表面应无明显波纹及局部凹凸不平不大于 1.5mm	见表 6-26	每种规格抽查 10%，且应不少于 5 个； 每一规格按数量抽查 5%，且应不少于 3 个
4	管件加工精度	钢网架（桁架）用钢管杆件加工的允许偏差应符合表 6-27 的规定； 钢管杆件的长度，端面垂直度和管口曲线，其偏差的规定值是按照组装、焊接和网架杆件受力的要求而提出的，杆件直线度的允许偏差应符合型钢矫正弯曲矢高的规定。管口曲线用样板靠紧检查，其间隙应不大于 1.0mm	见表 6-27	每种规格抽查 10%，且应不少于 5 根

螺栓球加工的允许偏差　　　　表 6-25

项目		允许偏差（mm）	检验方法
圆度	$d \leqslant 120$	1.5	用卡尺和游标深度尺检查
	$d > 120$	2.5	
同一轴线上两铣平面平行度	$d \leqslant 120$	0.2	用百分表V形块检查
	$d > 120$	0.3	
铣平面距球中心距离		±0.2	用游标深度尺检查
相邻两螺栓孔中心线夹角		±30′	用分度头检查
两铣平面与螺栓孔轴线垂直度		0.005r	用百分表检查
球毛坯直径	$d \leqslant 120$	+2.0 −1.0	用卡尺和游标深度尺检查
	$d > 120$	+3.0 −1.5	

注：本表摘自《钢结构工程施工质量验收规范》(GB 50205)。

焊接球加工的允许偏差　　　　表 6-26

项目	允许偏差（mm）	检验方法
直径	±0.005d 且不大于±2.5	用卡尺和游标深度尺检查
圆度	2.5	
壁厚减薄量	0.13t，且应不大于1.5	用卡尺和测厚仪检查
两半球对口错边	1.0	用套模和游标深度尺检查

注：本表摘自《钢结构工程施工质量验收规范》(GB 50205)。

钢网架（桁架）用钢管杆件加工的允许偏差　　表 6-27

项目	允许偏差（mm）	检验方法
长度	±1.0	用钢尺和百分表检查
端面对管轴的垂直度	0.005r	用百分表V形块检查
管口曲线	1.0	用套模和游标深度尺检查

注：本表摘自《钢结构工程施工质量验收规范》(GB 50205)。

（2）钢构件预拼装

1）主控项目检验（表 6-28）。

钢构件预拼装主控项目检验　　　　表 6-28

序号	项目	合格质量标准	检验方法	检查数量
1	多层板叠螺栓孔	高强度螺栓和普通螺栓连接的多层板叠，应采用试孔器进行检查，并应符合下列规定： （1）当采用比孔公称直径小 1.0mm 的试孔器检查时，每组孔的通过率应不小于 85%； （2）当采用比螺栓公称直径大 0.3mm 的试孔器检查时，通过率应为 100%	采用试孔器检查	按预拼装单元全数检查

2）一般项目检验（表 6-29）。

钢构件预拼装一般项目检验　　　　表 6-29

序号	项目	合格质量标准	检验方法	检查数量
1	预拼装精度	预拼装的允许偏差应符合表 6-30 的规定	见表 6-30	按预拼装单元全数检查

钢构件预拼装的允许偏差　　　　表 6-30

<table>
<tr><th>构件类型</th><th colspan="2">项目</th><th>允许偏差（mm）</th><th>检验方法</th></tr>
<tr><td rowspan="5">多节柱</td><td colspan="2">预拼装单元总长</td><td>±5.0</td><td>用钢尺检查</td></tr>
<tr><td colspan="2">预拼装单元弯曲矢高</td><td>l/1500，且应不大于 10.0</td><td>用拉线和钢尺检查</td></tr>
<tr><td colspan="2">接口错边</td><td>2.0</td><td>用焊缝量规检查</td></tr>
<tr><td colspan="2">预拼装单元柱身扭曲</td><td>h/200，且应不大于 5.0</td><td>用拉线、吊线和钢尺检查</td></tr>
<tr><td colspan="2">顶紧面至任一牛腿距离</td><td>±2.0</td><td rowspan="2">用钢尺检查</td></tr>
<tr><td rowspan="5">梁、桁架</td><td colspan="2">跨度最外两端安装孔或两端支承面最外侧距离</td><td>+5.0
−10.0</td></tr>
<tr><td colspan="2">接口截面错位</td><td>2.0</td><td>用焊缝量规检查</td></tr>
<tr><td rowspan="2">拱度</td><td>设计要求起拱</td><td>±l/5000</td><td rowspan="2">用拉线和钢尺检查</td></tr>
<tr><td>设计未要求起拱</td><td>l/2000
0</td></tr>
<tr><td colspan="2">节点处杆件轴线错位</td><td>4.0</td><td>画线后用钢尺检查</td></tr>
</table>

续表

构件类型	项目	允许偏差（mm）	检验方法
管构件	预拼装单元总长	±5.0	用钢尺检查
	预拼装单元弯曲矢高	l/1500，且应不大于10.0	用拉线和钢尺检查
	对口错边	l/10，且应不大于3.0	用焊缝量规检查
	坡口间隙	+2.0 −1.0	
构件平面总体预拼装	各楼层柱距	±4.0	用钢尺检查
	相邻楼层梁与梁之间距离	±3.0	
	各层间框架两对角线之差	H/2000，且应不大于5.0	
	在意两对角线之差	$\sum H$/2000，且应不大于8.0	

注：本表摘自《钢结构工程施工质量验收规范》（GB 50205）。

（3）钢结构组装

1）主控项目检验（表6-31）。

钢结构组装主控项目检验　　表6-31

序号	项目	合格质量标准	检验方法	检查数量
1	吊车梁（桁架）	吊车梁和吊车桁架不应下挠	构件直立，在两端支承后，用水准仪和钢尺检查	全数检查
2	端部铣平精度	端部铣平的允许偏差应符合表6-33的规定	按铣平面数量抽查10%，且应不少于3个	用钢尺、角尺、塞尺等检查
3	钢构件外形尺寸	钢结构外形尺寸主控项目的允许偏差应符合表6-34的规定	用钢尺检查	全数检查

2）一般项目检验（表 6-32）。

钢结构组装一般项目检验　　表 6-32

序号	项目	合格质量标准	检验方法	检查数量
1	焊接 H 型钢接缝	焊接 H 型钢的翼缘板拼接缝和腹板拼接缝的间距应不小于 200mm。翼缘板拼接长度应不小于 2 倍板宽；腹板拼接宽度应不小于 300mm，长度应不小于 600mm	观察和用钢尺检查	全数检查
2	焊接 H 型钢精度	焊接 H 型钢的允许偏差应符合表 6-35 的规定	用钢尺、角尺、塞尺等检查	按钢构件数抽查 10%，且应不少于 3 件
3	焊接	焊接连接组装的允许偏差应符合表 6-36 的规定	用钢尺检验	按构件数抽查 10%，且应不少于 3 个
4	顶紧接触面	顶紧接触面应有 75% 以上的面积紧贴	用 0.3mm 塞尺检查，其塞入面积应小于 25%，边缘间隙应不大于 0.8mm	按接触面的数量抽查 10%，且应不少于 10 个
5	轴线交点错位	桁架结构杆件轴线交点错位的允许偏差不得大于 3.0mm，允许偏差不得大于 4.0mm	尺量检查	按构件数抽查 10%，且应不少于 3 个，每个抽查构件按节点数抽查 10%，且应不少于 3 个节点
6	焊缝坡口精度	安装焊缝坡口的允许偏差应符合表 6-37 的规定	用焊缝量规检查	按坡口数量抽查 10%，且应不少于 3 条
7	铣平面保护	外露铣平面应防锈保护	观察检查	全数检查
8	钢构件外形尺寸	钢构件外形尺寸一般项目的允许偏差应符合表 6-38～表 6-44 的规定	见表 6-38～表 6-44	按构件数量抽查 10%，且应不少于 3 件

端部铣平的允许偏差 **表 6-33**

项目	允许偏差（mm）	项目	允许偏差（mm）
两端铣平时构件长度	±2.0	铣平面的平面度	0.3
两端铣平时零件长度	±0.5	铣平面对轴线的垂直度	$l/1500$

注：本表摘自《钢结构工程施工质量验收规范》（GB 50205）。

钢构件外形尺寸主控项目的允许偏差 **表 6-34**

项目	允许偏差（mm）
单层柱、梁、桁架受力支托（支承面）表面至第一个安装孔距离	±1.0
多节柱铣平面至第一个安装孔距离	±1.0
实腹梁两端最外侧安装孔距离	±3.0
构件连接处的截面几何尺寸	±3.0
柱、梁连接处的腹板中心线偏移	2.0
受压构件（杆件）弯曲矢高	$l/1000$，且应不大于 10.0

注：本表摘自《钢结构工程施工质量验收规范》（GB 50205）。

焊接 H 型钢的允许偏差（mm） **表 6-35**

项目		允许偏差	图例
截面高度 h	$h<500$	±2.0	
	$500<h<1000$	±3.0	
	$h>1000$	±4.0	
截面高度 b		±3.0	
腹板中心偏移		2.0	
翼缘板垂直度 Δ		$b/100$，且应不大于 3.0	
弯曲矢高（受压构件除外）		$l/1000$，且应不大于 10.0	

续表

项目		允许偏差	图例
扭曲		$h/250$，且应不大于 5.0	
腹板局部平面度 f	$t<14$	3.0	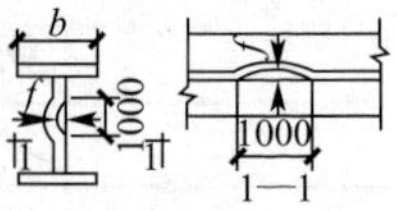
	$t\geqslant 14$	2.0	

注：本表摘自《钢结构工程施工质量验收规范》(GB 50205)。

焊接连接制作组装的允许偏差　　表 6-36

项目		允许偏差（mm）	图例
对口错边 Δ		$t/10$，且应不大于 3.0	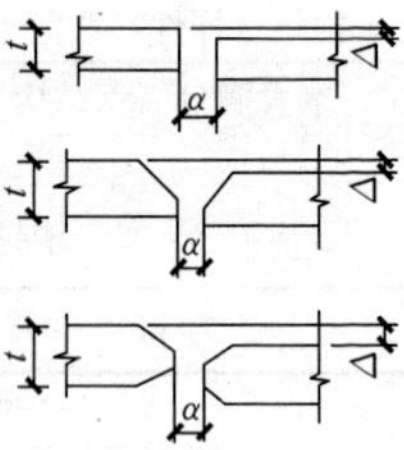
间隙 a		±1.0	
搭接长度 a		±5.0	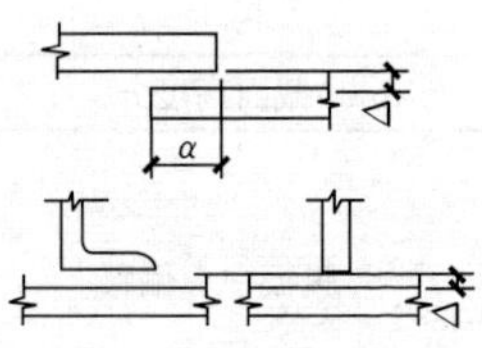
缝隙 Δ		1.5	
高度 h		±2.0	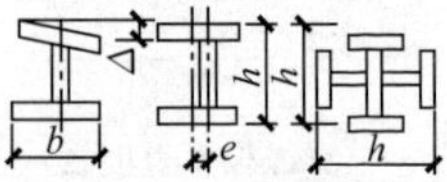
垂直度 Δ		$b/100$，且应不大于 3.0	
中心偏移 e		±2.0	
型钢错位	连接处	1.0	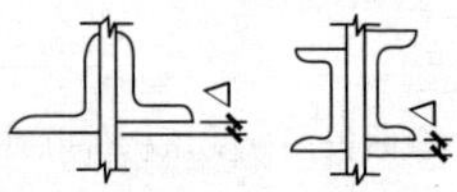
	其他处	2.0	

续表

项目	允许偏差（mm）	图例
箱形截面高度 h	±2.0	
宽度 b	±2.0	
垂直度 Δ	$b/200$，且应不大于 3.0	

注：本表摘自《钢结构工程施工质量验收规范》(GB 50205)。

安装焊缝坡口的允许偏差　　表 6-37

项目	坡口角度	钝边
允许偏差	±5°	±1.0mm

注：本表摘自《钢结构工程施工质量验收规范》(GB 50205)。

单层钢柱外形尺寸的允许偏差　　表 6-38

项目		允许偏差（mm）	检验方法	图例
柱底面到柱端与桁架连接的最上一个安装孔距离 l		$\pm l_1/1500$ ±15.0	用钢尺检查	
柱底面到牛腿支承面距离 l_1		$\pm l_1/2000$ ±8.0		
牛腿面的翘曲 Δ		2.0	用拉线、直角尺和钢尺检查	
柱身弯曲矢高		$H/1200$， 且不应大于 12.0		
柱身扭曲	牛腿处	3.0	用拉线、吊线和钢尺检查	
	其他处	8.0		
柱截面几何尺寸	连接处	±3.0	用钢尺检查	
	非连接处	±4.0		
翼缘对腹板的垂直度	连接处	1.5	用直角尺和钢尺检查	
	其他处	$b/100$， 且不应大于 5.0		

续表

项目	允许偏差（mm）	检验方法	图例
柱脚底板平面度	5.0	用1m直尺和塞尺检查	
柱角螺栓孔中心对柱轴线的距离	3.0	用钢尺检查	

注：本表摘自《钢结构工程施工质量验收规范》（GB 50205）。

多节钢柱外形尺寸的允许偏差（mm）　　表 6-39

<table>
<tr><th colspan="2">项目</th><th>允许偏差</th><th>检验方法</th><th>图例</th></tr>
<tr><td colspan="2">一节柱高度 H</td><td>±3.0</td><td rowspan="3">用钢尺检查</td><td rowspan="11">铣平面
a Δ l_2 l_3 l_1 H
a
铣平面</td></tr>
<tr><td colspan="2">两端最外侧安装孔距离 l_3</td><td>±2.0</td></tr>
<tr><td colspan="2">铣平面到第一个安装孔距离 a</td><td>±1.0</td></tr>
<tr><td colspan="2">柱身弯曲矢高 f</td><td>H/1500，且不应大于5.0</td><td>用拉线和钢尺检查</td></tr>
<tr><td colspan="2">一节柱的柱身扭曲</td><td>h/250，且不应大于5.0</td><td>用拉线、吊线和钢尺检查</td></tr>
<tr><td colspan="2">牛腿端孔到柱轴线距离 l_2</td><td>±3.0</td><td>用钢尺检查</td></tr>
<tr><td rowspan="2">牛腿的翘曲或扭曲 Δ</td><td>$l_2 \leqslant 1000$</td><td>2.0</td><td rowspan="2">用拉线、直角尺和钢尺检查</td></tr>
<tr><td>$l_2 > 1000$</td><td>3.0</td></tr>
<tr><td rowspan="2">柱截面尺寸</td><td>连接处</td><td>±3.0</td><td rowspan="2">用钢尺检查</td></tr>
<tr><td>非连接处</td><td>±4.0</td></tr>
<tr><td colspan="2">柱脚底板平面度</td><td>5.0</td><td>用直尺和塞尺检查</td></tr>
</table>

续表

项目		允许偏差	检验方法	图例
翼缘板对腹板的垂直度	连接处	1.5	用直角尺和钢尺检查	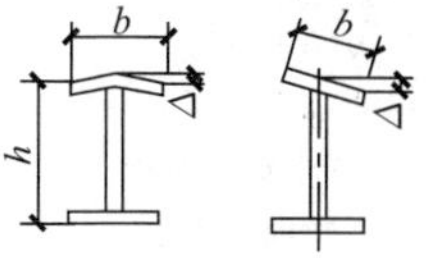
	其他处	$b/100$，且不应大于 5.0		
柱脚螺栓孔对柱轴线的距离 a		3.0	用钢尺检查	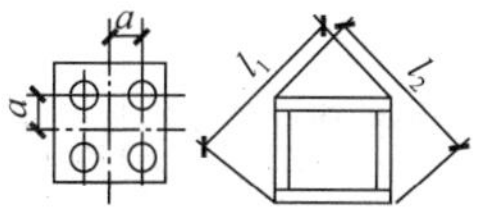
箱形截面连接处对角线差		3.0		
箱型柱身板垂直度		$h(b)/150$，且不应大于 5.0	用直角尺和钢尺检查	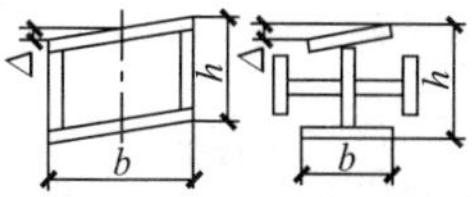

注：本表摘自《钢结构工程施工质量验收规范》(GB 50205)。

焊接实腹钢梁外形尺寸的允许偏差　　　表 6-40

项目		允许偏差（mm）	检验方法	图例
梁长度 l	端部有凸缘支座板	0 −5.0	用钢尺检查	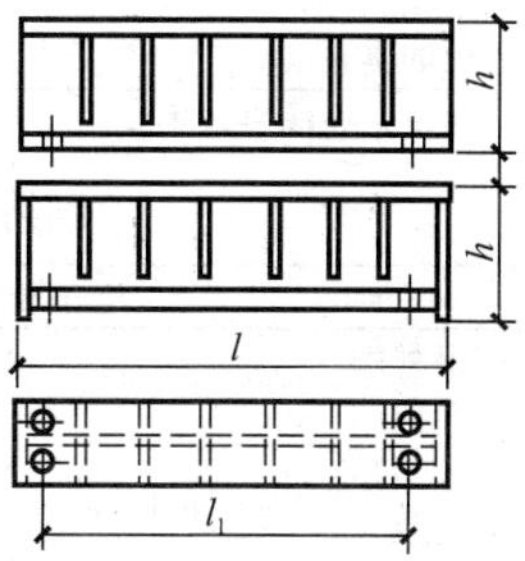
	其他形式	$\pm l/2500$ ±10.0		
端部高度 h	$h\leqslant 2000$	±2.0		
	$h\leqslant 2000$	±3.0	用拉线和钢尺检查	
拱度	设计要求起拱	$\pm l/5000$		
	设计未要求起拱	10.0 −5.0		
侧弯矢高		$l/2000$，且不应大于 10.0	用拉线、吊线和钢尺检查	
扭曲		$h/250$，且不应大于 10.0		
腹板局部平面度	$t\leqslant 14$	5.0	用 1m 直尺和塞尺检查	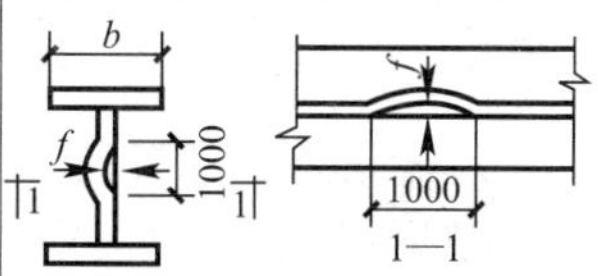
	$t>14$	4.0		

续表

项目		允许偏差（mm）	检验方法	图例
翼缘板对腹板的垂直度		$b/100$，且不应大于3.0	用直角尺和钢尺检查	
吊车梁上翼缘与轨道接触面平面度		1.0	用200mm、1m直尺和塞尺检查	
箱形截面对角线差		5.0	用钢尺检查	
箱形截面两腹板至翼缘板中心线距离 a	连接处	1.0		
	其他处	1.5		
梁端板的平面度（只允许凹进）		$h/500$，且不应大于2.0	用直角尺和钢尺检查	
梁端板与腹板的垂直度		$h/500$，且不应大于2.0	用直角尺和钢尺检查	

注：本表摘自《钢结构工程施工质量验收规范》(GB 50205)。

钢桁架外形尺寸的允许偏差　　表6-41

项目		允许偏差（mm）	检验方法	图例
桁架最外端两个孔或两端支承面最外侧距离	$l \leqslant 24m$	+3.0 −7.0	用钢尺检查	
	$l > 24m$	+5.0 −10.0		
桁架跨中高度		±10.0		
桁架跨中拱度	设计要求起拱	$\pm l/5000$		
	设计未要求起拱	10.0 −5.0		
相邻节间弦杆弯曲（受压除外）		$l/1000$		

续表

项目	允许偏差（mm）	检验方法	图例
支承面到第一个安装孔距离 a	±1.0	用钢尺检查	l_3 a 铣平顶紧支承面
檩条连接支座间距	±5.0		a

注：本表摘自《钢结构工程施工质量验收规范》(GB 50205)。

钢管构件外形尺寸的允许偏差　　表 6-42

项目	允许偏差（mm）	检验方法	图例
直径 d	$\pm d/500$ ±5.0	用钢尺检查	l d
构件长度 l	±3.0		
管口圆度	$d/500$，且不应大于 5.0	用焊缝量规检查	
管面对管轴的垂直度	$d/500$，且不应大于 3.0	用拉线、吊线和钢尺检查	
弯曲矢高	$l/1500$，且不应大于 5.0	用拉线和钢尺检查	
对口错边	$t/10$，且不应大于 3.0		

注：1. 对方矩形管，d 为长边尺寸。
　　2. 本表摘自《钢结构工程施工质量验收规范》(GB 50205)。

墙架、檩条、支撑系统钢构件外形尺寸的允许偏差　表 6-43

项目	允许偏差（mm）	检验方法
构件长度 l	±4.0	用钢尺检查
构件两端最外侧安装孔距离 l_1	±3.0	

续表

项目	允许偏差（mm）	检验方法
构件弯曲矢高	l/1000，且不应大于10.0	用拉线和钢尺检查
截面尺寸	+5.0 −2.0	用钢尺检查

注：本表摘自《钢结构工程施工质量验收规范》(GB 50205)。

钢平台、钢梯和防护钢栏杆外形尺寸的允许偏差（mm） **表 6-44**

项目	允许偏差（mm）	检验方法	图例
平台长度和宽度	±5.0	用钢尺检查	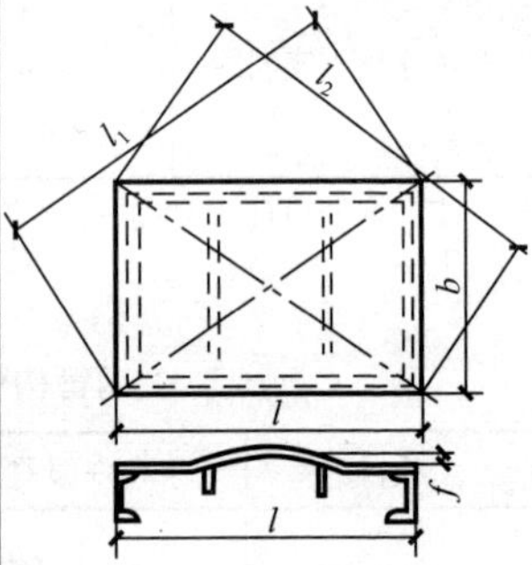
平台两对角线差 $\mid l_1-l_2 \mid$	6.0		
平台支柱高度	±3.0		
平台支柱弯曲矢高	5.0	用拉线和钢尺检查	
平台表面平面度（1m范围内）	6.0	用1m直尺和塞尺检查	
梯梁长度 l	±5.0	用钢尺检查	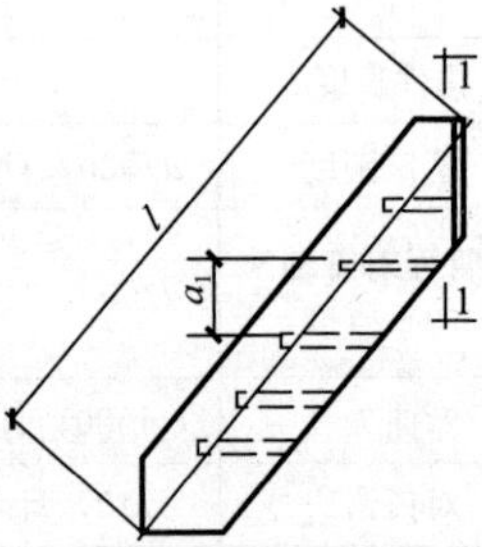
钢梯宽度 b	±5.0		
钢梯安装孔距离 a	±3.0	用拉线和钢尺检查	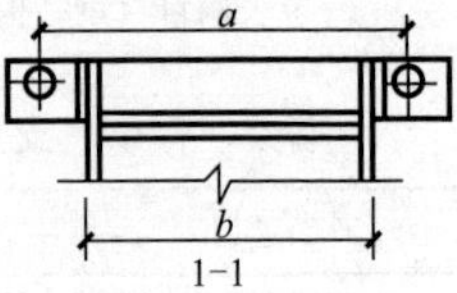
钢梯纵向挠曲矢高	l/1000		
踏步（棍）间距	±5.0	用钢尺检查	
栏杆高度	±5.0		
栏杆立柱间距	±10.0		

注：本表摘自《钢结构工程施工质量验收规范》(GB 50205—2001)。

6.4 钢结构安装工程

6.4.1 钢结构安装

1. 质量控制要点

（1）地脚螺栓的直径、长度，均应按设计规定的尺寸制作；一般地脚螺栓应与钢结构配套出厂，其材质、尺寸、规格、形状和螺纹的加工质量，均应符合设计施工图的规定。如钢结构出厂不带地脚螺栓时，则需自行加工，地脚螺栓各部尺寸应符合下列要求：

1）地脚螺栓的直径尺寸与钢柱底座板的孔径应相适配，为便于安装找正、调整，多数是底座孔径尺寸大于螺栓直径。

2）为使埋设的地脚螺栓有足够的锚固力，其根部需经加热后加工（或煨成）成L形、U形等形状。

（2）样板尺寸放完后，在自检合格的基础上交监理抽检，进行单项验收。

（3）对制作的成品钢柱要加强管理，以防放置的垫放点、运输不合理，由于自重压力作产生弯矩而发生变形。

（4）钢柱就位校正时，应注意风力和日照温度、温差的影响，使柱身发生弯曲变形。

（5）不论一次埋设或事先预留的孔二次埋设地脚螺栓时，埋设前，一定要将埋入混凝土中的一段螺杆表面的铁锈、油污清理干净。清理的一般做法是用钢丝刷或砂纸去锈；油污一般是用火焰烧烤去除。

（6）地脚螺栓在预留孔内埋设时，其根部底面与孔底的距离不得小于80mm；地脚螺栓的中心应在预留孔中心位置，螺栓的外表与预留孔壁的距离不得小于20mm。

（7）对于预留孔的地脚螺栓埋设前，应将孔内杂物清理干净，一般做法是用长度较长的钢凿将孔底及孔壁结合薄弱的混凝土颗粒及贴附的杂物全部清除，然后用压缩空气吹净，浇筑前并用清水充分湿润，再进行浇筑。

（8）为防止浇筑时地脚螺栓的垂直度及距孔内侧壁、底部的尺寸变化，浇筑前应将地脚螺栓找正后加固固定。

（9）吊装钢柱时还应注意起吊半径或旋转半径的正确，并采取在柱底端设置滑移设施，以防钢柱吊起扶直时发生拖动阻力以及压力作用，促使柱体产生弯曲变形或损坏底座板。

（10）钢柱垂直度的校正应以纵横轴线为准，先找正固定两端边柱为样板柱，依样板柱为基准来校正其余各柱。

（11）基础支承面的标高与钢柱安装标高的调整处理，应根据成品钢柱实际制作尺寸进行，以实际安装后的钢柱总高度及各位置高度尺寸达到统一。

（12）钢屋架在制作阶段应按设计规定的跨度比例（1/500）进行起拱。

（13）起拱的弧度加工后不应存在应力，并使弧度曲线圆滑均匀；如果存在应力或变形时，应认真矫正消除。矫正后的钢屋架拱度应用样板或尺量检查，其结果要符合施工图规定的起拱高度和弧度；凡是拱度及其他部位的结构发生变形时，一定经矫正符合要求后，方准进行吊装。

（14）钢屋架吊装前应制定合理的吊装方案，以保证其拱度及其他部位不发生变形。吊装前的屋架应按不同的跨度尺寸进行加固和选择正确的吊点，否则钢屋架的拱度发生上拱过大或下挠的变形，以至影响钢柱的垂直度。

（15）钢屋架制作时应按施工规范规定的工艺进行加工，以控制屋架的跨度尺寸符合设计要求。其控制方法如下：

1）用同一底样或模具并采用挡铁定位进行拼装，以保证拱度的正确。

2）为了在制作时控制屋架的跨度符合设计要求，对屋架两端的不同支座应采用不同的拼装形式。

（16）吊装前，屋架应认真检查，对其变形超过标准规定的范围时应经矫正，在保证跨度尺寸后再进行吊装。

（17）安装时为了保证跨度尺寸的正确，应按合理的工艺进行安装：

1）屋架端部底座板的基准线必须与钢柱的柱头板的轴线及基础轴线位置一致。

2）保证各钢柱的垂直度及跨距符合设计要求或规范规定。

3）为使钢柱的垂直度、跨度不产生位移，在吊装屋架前应采用小型拉力工具在钢柱顶端按跨度值对应临时拉紧定位，以便于安装屋架时按规定的跨度进行入位、固定安装。

4）如果柱顶板孔位与屋架支座孔位不一致时，不宜采用外力强制入位，应利用椭圆孔或扩孔法调整入位，并用厚板垫圈覆盖焊接，将螺栓紧固。不经扩孔调整或用较大的外力进行强制入位，将会使安装后的屋架跨度产生过大的正偏差或负偏差。

（18）钢屋架安装应执行合理的安装工艺，应保证如下构件的安装质量：

1）安装到各纵横轴线位置的钢柱的垂直度偏差应控制在允许范围内，钢柱垂直度偏差使钢屋架的垂直度也产生偏差。

2）各钢柱顶端柱头板平面的高度（标高）、水平度，应控制在同一水平面。

3）安装后的钢屋架与檩条连接时，必须保证各相邻钢屋架的间距与檩条固定连接的距离位置相一致，不然两者距离尺寸过大或过小，都会使钢屋架的垂直度产生超差。

（19）各跨钢屋架发生垂直度超差时，应在吊装屋面板前，用吊车配合来调整处理：

1）首先应调整钢柱达到垂直后，再用加焊厚薄垫铁来调整各柱头板与钢屋架端部的支座板之间接触面的统一高度和水平度。

2）如果相邻钢屋架间距与檩条连接处间的距离不符而影响垂直度时，可卸除檩条的连接螺栓，仍用厚薄平垫铁或斜垫铁，先调整钢屋架达到垂直度，然后改变檩条与屋架上弦的对应垂直位置，再相连接。

3）天窗架垂直度偏差过大时，应将钢屋架调整达到垂直度并固定后，用经纬仪或线坠对天窗架两端支柱进行测量，根据垂直度偏差数值，用垫厚、薄垫铁的方法进行调整。

(20) 吊车梁垂直度、水平度的控制：

1) 钢柱在制作时应严格控制底座板至牛腿面的长度尺寸及扭曲变形，可防止垂直度、水平度发生超差。

2) 应严格控制钢柱制作、安装的定位轴线，可防止钢柱安装后轴线位移，以至吊车梁安装时垂直度或水平度偏差。

3) 应认真搞好基础支承平面的标高，其垫放的垫铁应正确；二次灌浆工作应采用无收缩、微膨胀的水泥砂浆。避免基础标高超差，影响吊车梁安装水平度的超差。

4) 钢柱安装时，应认真按要求调整好垂直度和牛腿面的水平度，以保证下部吊车梁安装时达到要求的垂直度和水平度。

5) 预先测量吊车梁在支承处的高度和牛腿距柱底的高度，如产生偏差时，可用垫铁在基础上平面或牛腿支承面上予以调整。

6) 吊装吊车梁前，防止垂直度、水平度超差，应认真检查其变形情况，如发生扭曲等变形时应予以矫正，并采取刚性加固措施防止吊装再变形；吊装时应根据梁的长度，可采用单机或双机进行吊装。

7) 安装时，应按梁的上翼缘平面事先画的中心线进行水平移位、梁端间隙的调整，达到规定的标准要求后，再进行梁端部与柱的斜撑等连接。

8) 吊车梁各部位置基本固定后应认真复测有关安装的尺寸，按要求达到质量标准后，再进行制动架的安装和紧固。

9) 防止吊车梁垂直度、水平度超差，应认真做好校正工作。其顺序是首先校正标高，其他项目的调整、校正工作，待屋盖系统安装完成后再进行校正、调整，这样可防止因屋盖安装引起钢柱变形而直接影响吊车梁安装的垂直度或水平度的偏差。

2. 质量检验标准

(1) 单层钢结构安装工程。

1) 主控项目检验（表6-45)。

单层钢结构安装主控项目检验　　表 6-45

序号	项目	合格质量标准	检验方法	检查数量
1	基础验收	建筑物的定位轴线、基础轴线和标高、地脚螺栓的规格及其紧固应符合设计要求； 基础顶面直接作为柱的支承面和基础顶面预埋钢板或支座作为柱的支承面时，其支承面、地脚螺栓（锚栓）位置的允许偏差应符合表 6-47 的规定； 采用坐浆垫板时，坐浆垫板的允许偏差应符合表 6-48 的规定； 采用杯口基础时，杯口尺寸的允许偏差应符合表 6-49 的规定	用经纬仪、水准仪、全站仪和钢尺现场实测 用经纬仪、水准仪、全站仪、水平尺和钢尺实测 用水准仪、全站仪、水平尺和钢尺现场实测 观察及尺量检察	按柱基数抽查 10%，且应不少于 3 个 资料全数检查。按柱基数抽查 10%，且应不少于 3 个 按基础数抽查 10%，且应不少于 4 处
2	构件验收	钢构件应符合设计要求和 GB 50205 的规定。运输、堆放和吊装等造成的钢构件变形及涂层脱落，应进行矫正和修补	用拉线、钢尺现场实测或观察	按构件数抽查 10%，且应不少于 3 个
3	顶紧接触面	设计要求顶紧的节点，接触面应不少于 70% 紧贴，且边缘最大间隙应不大于 0.8mm	用钢尺级 0.3mm 和 0.8mm 厚的塞尺现场实测	按节点数抽查 10%，且应不少于 3 个
4	钢构件垂直度和侧弯矢高	钢屋（托）架、桁架、梁及受压杆件的垂直度和侧向弯曲矢高的允许偏差应符合表 6-50 的规定	用吊线、拉线、经纬仪和钢尺现场实测	按同类构件数抽查 10%，且应不少于 3 个
5	主体结构尺寸	单层钢结构主体结构的整体垂直度和整体平面弯曲的允许偏差应符合表 6-51 的规定	采用经纬仪、全站仪等测量	对主要立面全部检查。对每个所检查的立面，除两列角柱外，尚应至少选取一列中间柱

2）一般项目检验（表 6-46）。

单层钢结构安装一般项目检验　　表 6-46

序号	项目	合格质量标准	检验方法	检查数量
1	地脚螺栓精度	地脚螺栓（锚栓）尺寸的偏差应符合表 6-52 的规定。地脚螺栓（锚栓）的螺纹应受到保护	用钢尺现场实测	按栓基数抽查 10%，且应不少于 3 个
2	标记	钢柱等主要构件的中心线及标高基准点等标记应齐全	观察检查	按同类构件数抽查 10%，且应不少于 3 件
3	桁架（梁）安装精度	当钢桁架（或梁）安装在混凝土柱上时，其支座中心对定位轴线的偏差应不大于 10mm；当采用大型混凝土屋面板时，钢桁架（或梁）间距的偏差应不大于 10mm	用拉线和钢尺现场实测	按同类构件数抽查 10%，且应不少于 3 榀
4	钢柱安装精度	钢柱安装的允许偏差应符合表 6-53 的规定	见表 6-53	按钢柱数抽查 10%，且应不少于 3 件
5	吊车梁安装精度	钢吊车梁或直接承受动力荷载的类似构件，其安装的允许偏差应符合表 6-54 的规定	见表 6-54	按钢吊车梁数抽查 10%，且应不少于 3 榀
6	檩条、墙架等构件安装精度	檩条、墙架等次要构件安装的允许偏差应符合表 6-55 的规定	见表 6-55	按同类构件数抽查 10%，且应不少于 3 件
7	平台、钢梯等安装精度	钢平台、钢梯、栏杆安装应符合现行国家标准《固定式钢直梯安全技术条件》（GB 4053.1）、《固定式钢斜梯安全技术条件》（GB 4053.2）、《固定式防护栏杆安全技术条件》（GB 4053.3）和《固定式工业钢平台》（GB 4053.4）的规定。钢平台、钢梯和防护栏杆安装的允许偏差应符合表 6-56 的规定	见表 6-56	按钢平台总数抽查 10%，栏杆、钢梯按总长度各抽查 10%，但钢平台应不少于 1 个，栏杆应不少于 5m，钢梯应不少于 1 跑

续表

序号	项目	合格质量标准	检验方法	检查数量
8	现场组对精度	现场焊缝组对间隙的允许偏差应符合表 6-57 的规定	尺量检查	按同类节点数抽查 10%，且应不少于 3 个
9	结构表面	钢结构表面应干净、结构主要表面不应有疤痕、泥砂等污垢	观察	按同类构件数抽查 10%，且应不少于 3 件

支承面、地脚螺栓（锚栓）位置的允许偏差　　表 6-47

项目		允许偏差（mm）
支承面	标高	±3.0
	水平度	l/1000
地脚螺栓（锚栓）	螺栓中心偏移	5.0
预留孔中心偏移		10.0

注：本表摘自《钢结构工程施工质量验收规范》(GB 50205)。

坐浆垫板的允许偏差（mm）　　表 6-48

项目	顶面标高	水平度	位置
允许偏差	0.0 −3.0	l/1000	20.0

注：本表摘自《钢结构工程施工质量验收规范》(GB 50205)。

杯口尺寸的允许偏差（mm）　　表 6-49

项目	允许偏差（mm）
底面标高	0.0 −5.0
杯口深度 H	±5.0
杯口垂直度	H/100，且应不大于 10.0
位置	10.0

注：本表摘自《钢结构工程施工质量验收规范》(GB 50205)。

钢屋（托）架、桁架、梁及受压杆件垂直度和侧向弯曲矢高的允许偏差　　表 6-50

项目	允许偏差（mm）		图例
跨中的垂直度	$h/250$，且应不大于 15.0		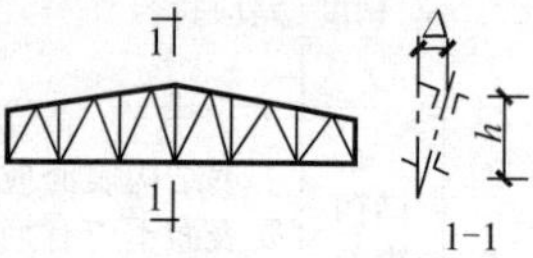 1-1
侧向弯曲矢高 f	$l \leqslant 30\text{m}$	$l/1000$，且应不大于 10.0	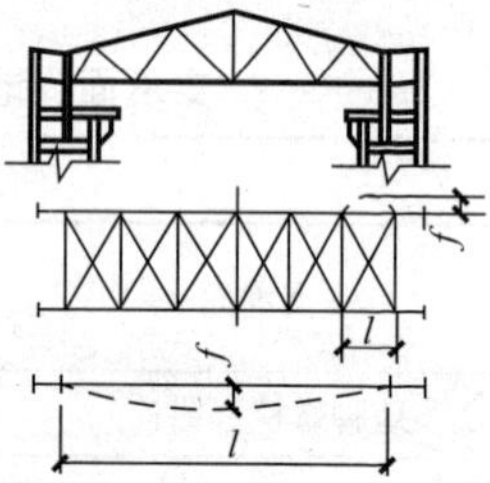
	$30\text{m} < l \leqslant 60\text{m}$	$l/1000$，且应不大于 30.0	
	$l > 60\text{m}$	$l/1000$，且应不大于 50.0	

注：本表摘自《钢结构工程施工质量验收规范》（GB 50205）。

整体垂直度和整体平面弯曲的允许偏差　　表 6-51

项目	允许偏差（mm）	图例
主体结构的整体垂直度	$H/1000$，且应不大于 25.0	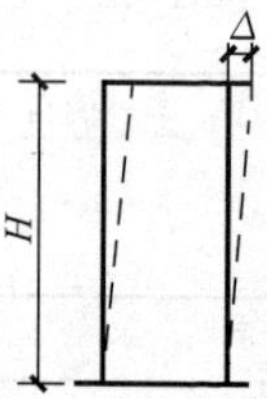
主体结构的整体平面弯曲	$L/1500$，且应不大于 25.0	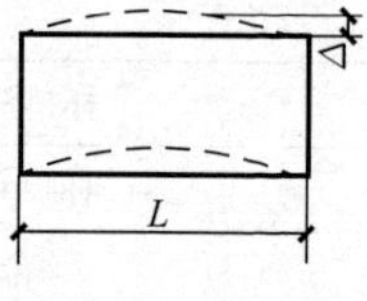

注：本表摘自《钢结构工程施工质量验收规范》（GB 50205）。

地脚螺栓（锚栓）尺寸的允许偏差　　表 6-52

项目	螺栓（锚栓）露出长度	螺纹长度（mm）
允许偏差（mm）	+30.0 0.0	+30.0 0.0

注：本表摘自《钢结构工程施工质量验收规范》(GB 50205)。

单层钢结构中柱子安装的允许偏差　　表 6-53

项目			允许偏差（mm）	图例	检验方法
柱脚底座中心线对定位轴线的偏移			5.0	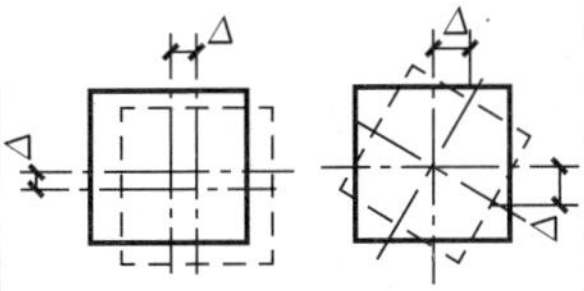	用吊线和钢尺检查
柱基准点标高	有吊车梁的柱		+3.0 −5.0	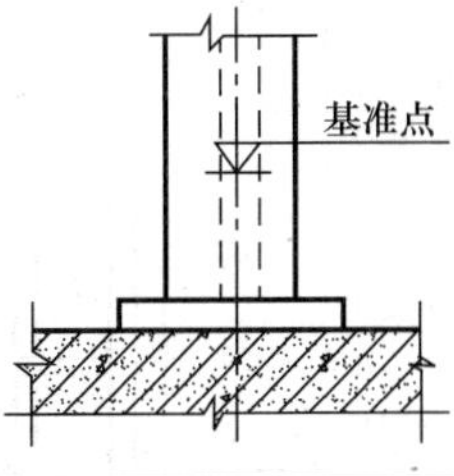	用水准仪检查
	无吊车梁的柱		+0.5 −8.0		
弯曲矢高			H/1200，且应不大于15.0		用经纬仪或拉线和钢尺检查
柱轴线垂直度	单层柱	$H\leqslant$10m	H/1000	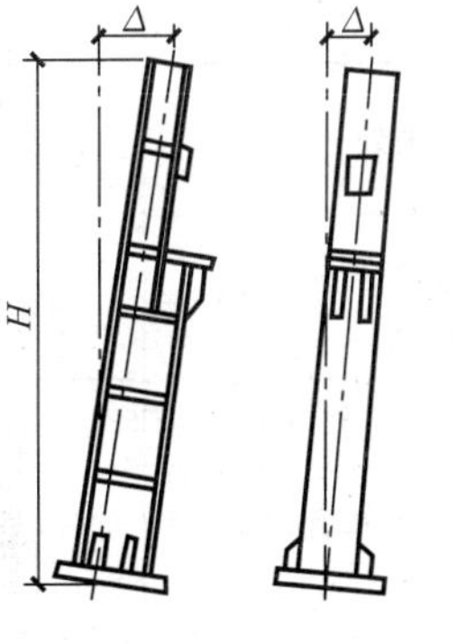	用经纬仪或吊线和钢尺检查
		$H>$10m	H/1000，且应不大于25.0		
	多节柱	单节柱	H/1000，且应不大于10.0		
		柱全高	35.0		

注：本表摘自《钢结构工程施工质量验收规范》(GB 50205)。

钢吊车梁安装的允许偏差　　表 6-54

项目		允许偏差（mm）	图例	检验方法
梁的跨中垂直度 Δ		$h/500$	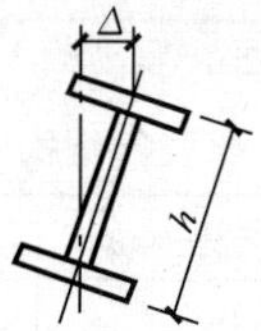	用吊线和钢尺检查
侧向弯曲矢高		$l/1500$，且应不大于 10.0		用拉线和钢尺检查
垂直上拱矢高		10.0		
两端支座中心位移 Δ	安装在钢柱上时，对牛腿中心的偏移	5.0	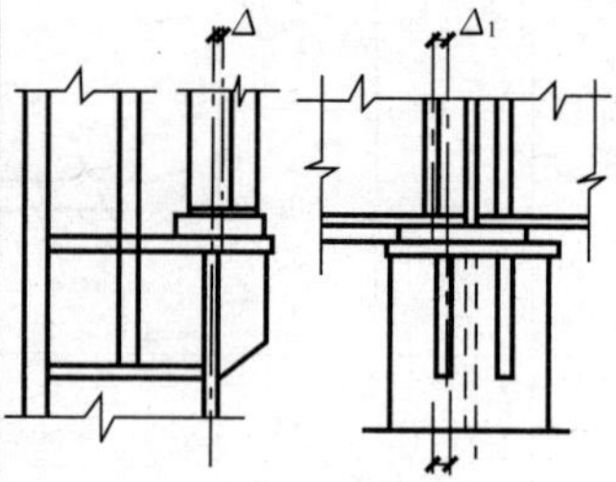	
	安装在混凝土柱上时，对定位轴线的偏移	5.0		
吊车梁支座加劲板中心与柱子承压加劲板中心的偏移 Δl		$t/2$		用吊线和钢尺检查
同跨间同一横截面吊车梁顶面高差 Δ	支座处	10.0	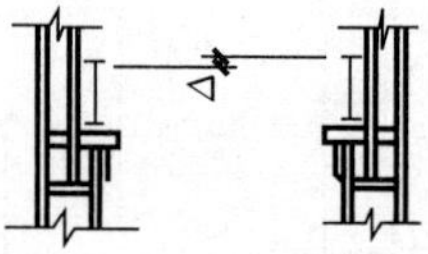	用经纬仪、水准仪和钢尺检查
	其他处	15.0		
同跨间同一横截面下挂式吊车梁底面高差 Δ		10.0		
同列相邻两柱间吊车梁顶面高差 Δ		$l/1500$ 且应不大于 10.0	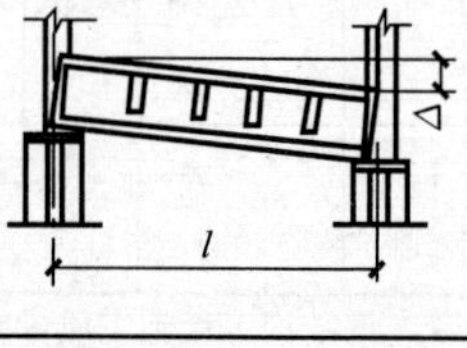	用水准仪和钢尺检查

续表

项目		允许偏差（mm）	图例	检验方法
相邻两吊车梁接头部位Δ	中心错位	3.0	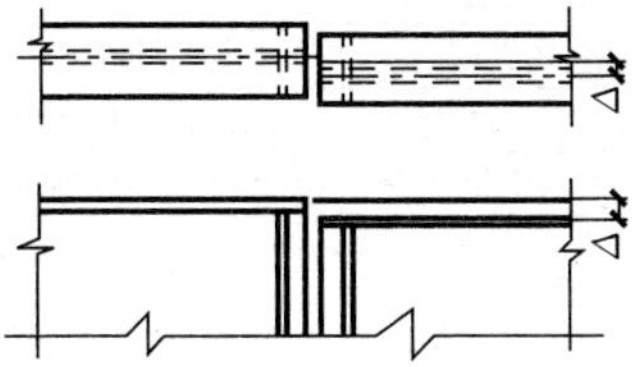	用钢尺检查
	上承式顶面高差	1.0		
	下承式顶面高差	1.0		
同跨间任一截面的吊车梁中心跨距Δ		±10.0	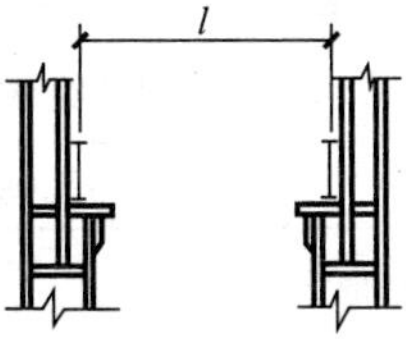	用经纬仪和光电测距仪检查；跨度小时，可用钢尺检查
轨道中心对吊车梁腹板轴线的偏移Δ		$t/2$		用吊线和钢尺检查

注：本表摘自《钢结构工程施工质量验收规范》(GB 50205)。

墙架、檩条等次要构件安装的允许偏差　　表 6-55

项目		允许偏差（mm）	检验方法
墙架立柱	中心线对定位轴线的偏移	10.0	用钢尺检查
	垂直度	$H/1000$，且应不大于 10.0	用经纬仪或吊线和钢尺检查
	弯曲矢高	$H/1000$，且应不大于 15.0	
抗风桁架的垂直度		$h/250$，且应不大于 15.0	用吊线和钢尺检查
檩条、墙梁的间距		±5.0	用钢尺检查
檩条的弯曲矢高		$H/750$，且应不大于 12.0	用拉线和钢尺检查
墙梁的弯曲矢高		$L/750$，且应不大于 10.0	

注：1. H 为墙架立柱的高度。
2. h 为抗风桁架的高度。
3. L 为檩条或墙梁的长度。
4. 本表摘自《钢结构工程施工质量验收规范》(GB 50205)。

钢平台、钢梯和防护栏杆安装的允许偏差　　表 6-56

项目	允许偏差（mm）	检验方法
平台高度	±15.0	用水准仪检查
平台梁水平度	$l/1000$，且应不大于 20.0	
平台支柱垂直度	$H/1000$，且应不大于 15.0	用经纬仪或吊线和钢尺检查
承重平台梁侧向弯曲	$l/1000$，且应不大于 10.0	用拉线和钢尺检查
承重平台梁垂直度	$h/250$，且应不大于 15.0	用吊线和钢尺检查
直梯垂直度	$l/1000$，且应不大于 15.0	
栏杆高度	±15.0	用钢尺检查
拉杆立柱间距	±15.0	

注：本表摘自《钢结构工程施工质量验收规范》(GB 50205)。

现场焊缝组对间隙的允许偏差　　表 6-57

项目	无垫板间隙	有垫板间隙
允许偏差（mm）	+3.0 0.0	+3.0 −2.0

注：本表摘自《钢结构工程施工质量验收规范》(GB 50205)。

（2）多层及高层钢构件安装。

1）主控项目检验（表 6-58）。

多层及高层钢构件安装主控项目检验　　表 6-58

序号	项目	合格质量标准	检验方法	检查数量
1	基础验收	建筑物的定位轴线、基础上柱的定位轴线和标高、地脚螺栓（锚栓）的规格和位置、地脚螺栓（锚栓）紧固应符合设计要求。当设计无要求时，应符合表 6-60 的规定。 多层建筑以基础顶面直接作为柱的支承面，或以基础顶面预埋钢板或支座作为柱的支承面时，其支承面、地脚螺栓（锚栓）位置的允许偏差应符合表 6-47 的规定。 多层建筑采用坐浆垫板时，坐浆垫板的允许偏差应符合表 6-48 的规定。 当采用杯口基础时，杯口尺寸的允许偏差应符合表 6-49 的规定	采用经纬仪、水准仪、全站仪和钢尺实测 用经纬仪、水准仪、全站仪、水平尺和钢尺实测 用水准仪、全站仪、水平尺和钢尺实测 用水准仪、全站仪、水平尺和钢尺实测	按柱基数抽查 10%，且应不少于 3 个，资料全数检查。按柱基数抽查 10%，且应不少于 3 个 按基础数抽查 10%，且应不少于 4 处

续表

序号	项目	合格质量标准	检验方法	检查数量
2	构件验收	钢构件应符合设计要求和GB 50205的规定。运输、堆放和吊装等造成的钢构件变形及涂层脱落，应进行矫正和修补	用拉线、钢尺现场实测或观察	按构件数抽查10%，且应不少于3个
3	钢柱安装精度	柱子安装的允许偏差应符合表6-61的规定	用全站仪或激光经纬仪和钢尺实测	标准柱全部检查；非标准柱抽查10%，且应不少于3根
4	顶紧接触面	设计要求顶紧的节点，接触面应不小于70%紧贴，且边缘最大间隙应不大于0.8mm	用钢尺及0.3mm和0.8mm厚的塞尺现场实测	按节点数抽查10%，且应不少于3个
5	垂直度和侧弯矢高	钢主梁、次梁及受压杆件的垂直度和侧向弯曲矢高的允许偏差应符合表6-50中有关钢屋（托）架允许偏差的规定	用吊线、拉线、经纬仪和钢尺现场实测	按同类构件数抽查10%，且应不少于3个
6	主体结构尺寸	多层及高层钢结构主体结构的整体垂直度和整体平面弯曲的允许偏差应符合表6-62的规定	对主要立面全部检查。对每个所检查的立面，除两列角柱外，尚应至少选取一列中间柱	对于整体垂直度，可采用激光经纬仪、全站仪测量，也可根据各节柱的垂直度允许偏差累计（代数和）计算。对于整体平面弯曲，可按产生的允许偏差累计（代数和）计算

2）一般项目检验（表6-59）。

多层及高层钢构件安装一般项目检验　　表 6-59

序号	项目	合格质量标准	检验方法	检查数量
1	地脚螺栓精度	地脚螺栓（锚栓）尺寸的允许偏差应符合表 6-52 的规定。地脚螺栓（锚栓）的螺纹应受到保护	用钢尺现场实测	按柱基数抽查 10%，且应不少于 3 个
2	标记	钢柱等主要构件的中心线及标高基准点等标记应齐全	观察检查	按同类构件数抽查 10%，且应不少于 3 件
3	构件安装精度	钢构件安装的允许偏差应符合表 6-63 的规定 当钢构件安装在混凝土柱上时，其支座中心对定位轴线的偏差应不大于 10mm；当采用大型混凝土屋面板时，钢梁（或桁架）间距的偏差应不大于 10mm	见表 6-63	按同类构件或节点数抽查 10%。其中柱和梁各应不少于 3 件，主梁与次梁连接节点应不少于 3 个，支承压型金属板的钢梁长度应不少于 5m 按同类构件数抽查 10%，且应不少于 3 榀
4	主体结构高度	主体结构总高度的允许偏差应符合表 6-64 的规定	采用全站仪、水准仪和钢尺实测	按标准柱列数抽查 10%，且应不少于 4 列
5	吊车梁安装精度	多层及高层钢结构中钢吊车梁或直接承受动力荷载的类似构件，其安装的允许偏差应符合表 6-54 的规定	见表 6-54	按钢吊车梁数抽查 10%，且应不少于 3 榀
6	檩条、墙架安装精度	多层及高层钢结构中檩条、墙架等次要构件安装的允许偏差应符合表 6-55 的规定	见表 6-55	按同类构件数抽查 10%，且应不少于 3 件

续表

序号	项目	合格质量标准	检验方法	检查数量
7	平台、钢梯安装精度	多层及高层钢结构中钢平台、钢梯、栏杆安装应符合现行国家标准《固定式钢直梯安全技术条件》(GB 4053.1)、《固定式钢斜梯安全技术条件》(GB 4053.2)、《固定式防护栏杆安全技术条件》(GB 4053.3)和《固定式工业钢平台》(GB 4053.4)的规定。钢平台、钢梯和防护栏杆安装的允许偏差应符合表 6-56 的规定	见表 6-56	按钢平台总数抽查 10%,栏杆、钢梯按总长度各抽查 10%,但钢平台应不少于 1 个,栏杆应不少于 5m,钢梯应不少于 1 跑
8	现场组对精度	多层及高层钢结构中现场焊缝组对间隙的允许偏差应符合表 6-57 的规定	尺量检查	按同类节点数抽查 10%,且应不少于 3 个
9	结构表面	钢结构表面应干净,结构主要表面不应有疤痕、泥砂等污垢	观察检查	按同类构件数抽查 10%,且应不少于 3 件

建筑物定位轴线、基础上柱的定位轴线和标高、地脚螺栓(锚栓)的允许偏差　　表 6-60

项目	允许偏差(mm)	图例
建筑物定位轴线	$L/20000$,且应不大于 3.0	
基础上柱的定位轴线	1.0	

续表

项目	允许偏差（mm）	图例
基础上柱底标高	±2.0	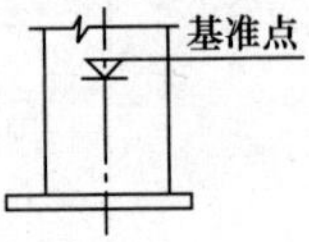 基准点
地脚螺栓（锚栓）位移	2.0	 Δ

注：本表摘自《钢结构工程施工质量验收规范》(GB 50205)。

柱子安装的允许偏差　　表 6-61

项目	允许偏差（mm）	图例
底层柱柱底轴线对定位轴线偏移	3.0	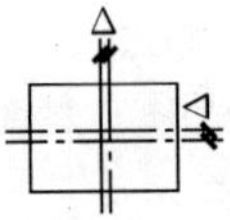 Δ
柱子定位轴线	1.0	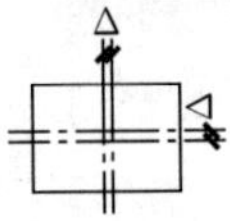 Δ
单节柱的垂直度	$h/1000$，且应不大于 10.0	 Δ

注：本表摘自《钢结构工程施工质量验收规范》(GB 50205)。

整体垂直度和整体平面弯曲的允许偏差　　表 6-62

项目	允许偏差（mm）	图例
主体结构的整体垂直度	($H/2500+10.0$)，且应不大于 50.0	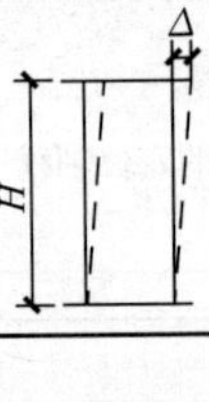 Δ　H

续表

项目	允许偏差（mm）	图例
主体结构的整体平面弯曲	$L/1500$，且应不大于25.0	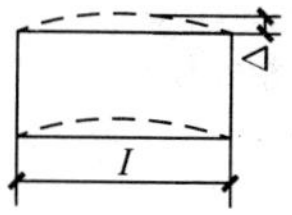

注：本表摘自《钢结构工程施工质量验收规范》（GB 50205）。

多层及高层钢结构中构件安装的允许偏差　　表6-63

项目	允许偏差（mm）	图例	检验方法
上、下柱连接处的错口Δ	3.0	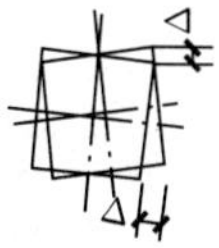	用水准仪检查
同一层柱的各柱顶高度差Δ	5.0	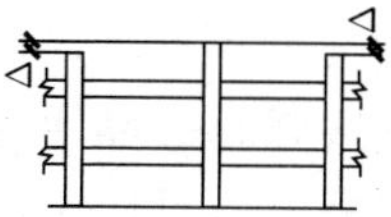	用水准仪检查
同一根梁两端顶面的高差Δ	$l/1000$，且应不大于10.0	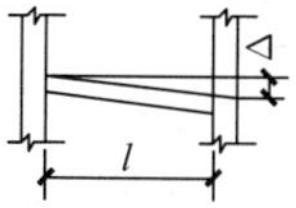	用水准仪检查
主梁与次梁表面的高差Δ	±2.0	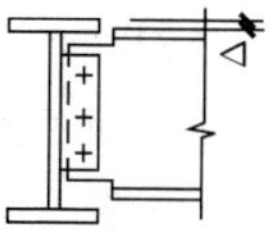	用直尺和钢尺检查
压型金属板在钢梁上相邻列的错位Δ	15.0	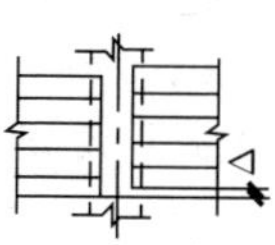	用直尺和钢尺检查

注：本表摘自《钢结构工程施工质量验收规范》（GB 50205）。

多层及高层钢结构主体结构总高度的允许偏差　表 6-64

项目	允许偏差（mm）	图例
用相对标高控制安装	$\pm\sum(\Delta_h+\Delta_z+\Delta_w)$	
用设计标高控制安装	$H/1000$，且应不大于 30.0 $-H/1000$，且应不小于−30.0	

注：1. Δ_h 为每节柱子长度的制造允许偏差。
2. Δ_z 为每节柱子长度受荷载后的压缩值。
3. Δ_w 为每节柱子接头焊缝的收缩值。
4. 本表摘自《钢结构工程施工质量验收规范》(GB 50205)。

6.4.2　钢网架结构安装

钢网架结构是一种空间结构，它具有空间刚度好、用材经济、工厂预制、现场安装、施工方便，所以广泛应用于大型公共建筑、工业厂房、大型机库、特种结构、装饰网架、扩建增层等不同的领域。由于钢网架结构安装工程具有位置固定，施工流动，结构类型不一，质量要求不一，施工工艺不一，体型不一，整体性很强，产品手工作业多，允许偏差较小等特点，钢网架结构工程的质量比一般的钢结构工程更加难以控制。目前常用的钢网架的双层网架形式有三大类：平面桁架系网架、四角锥体系网架、三角锥体系网架。钢网架结构安装的常用方法为高空散装法、分块分条安装法、高空滑移法、整体吊装法、整体提升法、整体顶升法等。

1. 质量控制要点

（1）焊接球、螺栓球及焊接钢板节点及焊件制作精度。

1）焊接球。半圆球宜用机床加工制作坡口。焊接后的成品球，其表面应光滑平整，不能有局部凸起或褶皱。直径允许偏差为±2mm；不圆度为 2mm；厚度不均匀度为 10%；对口错边量为 1mm。成品球以 200 个为一批（当不足 200 个时，也以一批处理），每批取两个球进行抽样检验，如其中有 1 个不合格，则加倍取样，如其中又有 1 个不合格，则该批球为不合格品。

2）螺栓球。毛坯不圆度的允许制作偏差为 2mm，螺栓按 3

级精度加工，其检验标准按《钢网架螺栓球节点用高强度螺栓》（GB/T 16939—2016）的技术条件进行。

3）焊接钢板节点的成品允许偏差为±2mm；角度可用角度尺检查，其接触面应密合。

4）焊接钢板节点的型钢杆件制作成品长度允许偏差为±2mm。

5）焊接节点及螺栓球节点的钢管杆件制作成品长度允许偏差为±1mm；锥头与钢管同轴度偏差不大于0.2mm。

（2）钢管球节点焊缝收缩量。

钢管球节点加套管时，每条焊缝收缩应为1.5～3.5mm；不加套管时，每条焊缝收缩应为1.0～2.0mm；焊接钢板节点，每个节点收缩量应为2.0～3.0mm。

（3）管球焊接。

1）钢管壁厚4～9mm时，坡口≥45°为宜。由于局部未焊透，所以加强部位高度要大于或等于3mm。

钢管壁厚≥10mm时，采用圆弧坡口如图6-2所示，钝边≤2mm，单面焊接双面成形易焊透。

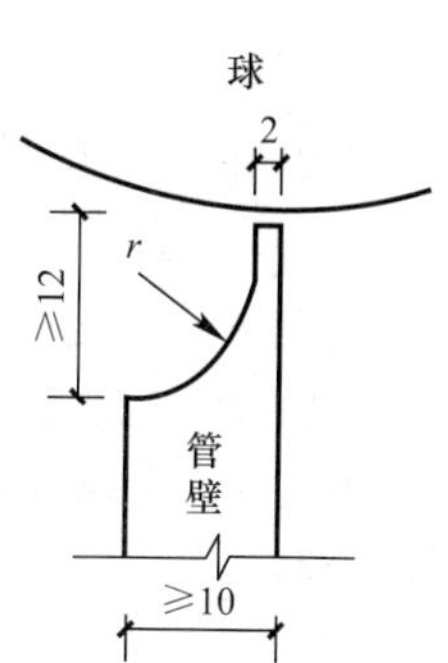

图6-2　圆弧形坡口

2）焊前清除焊接处污物。

3）焊工必须持有钢管定位位置焊接操作证。

4）严格执行坡口焊接及圆弧形坡口焊接工艺。

5）为保证焊缝质量，对于等强焊缝必须符合《钢结构工程施工质量验收规范》（GB 50205—2001）规定。二级焊缝的质量，除进行外观检验外，对大中跨度钢管网架的拉杆与球的对接焊缝，应做无损探伤检验，其抽样数不少于焊口总数的20%。钢管厚度大于4mm时，开坡口焊接，钢管与球壁之间必须留有3～4mm间隙，以便加衬管焊接时根部易焊透。但是加衬管办法给拼装带来很大麻烦，故一般在合拢杆件情况下，采用加衬管办法。

(4) 焊接球节点的钢管布置。

1）两杆件距离不小于10mm，否则开成马蹄形，两管间焊接时须在两管间加肋补强。

2）在杆件端头加锥头（锥头比杆件细），另加肋焊于球上。

3）将没有达到满应力的杆件的直径改小。

4）凡遇有杆件相碰，必须与设计单位研究处理。

(5) 螺栓球节点。

1）钢管杆件宜用机床、切管机、爬管机下料，也可用气割下料，其长度都应考虑杆件与锥头或封板焊接收缩量值，具体收缩值可通过试验和经验数值确定。

2）螺栓球节点的螺纹应按6H级精度加工，并符合国家标准的规定。球中心至螺孔端面距离偏差为±0.20mm，螺栓球螺孔角度允许偏差为±30′。

3）钢管杆件成品是指钢管与锥头或封板的组合长度，其允许偏差值指组合偏差为±1mm。

4）螺栓球节点网架安装时，必须将高强度螺栓拧紧，螺栓拧进长度为该螺栓直径的1倍时，可以满足受力要求，按规定拧进长度为直径的1.1倍，并随时进行复拧。

5）螺栓球与钢管特别是拉杆的连接，杆件在承受拉力后即变形，必然产生缝隙，在南方或沿海地区，水气有可能进入高强度螺栓或钢管中，易腐蚀，因此网架的屋盖系统安装后，再对网架各个接头用油腻子将所有空余螺孔及接缝处填嵌密实，补刷防腐漆两道。

(6) 网架拼装顺序。

1）大面积拼装，一般采取从中间向两边或向四周顺序拼装，杆件有一端是自由端，能及时调整拼装尺寸，以减小焊接应力与变形。

2）螺栓球节点总拼顺序，一般从一边向另一边，或从中间向两边顺序进行。只有螺栓头与锥筒（封板）端部齐平时，才可以跳格拼装，其顺序为：下弦→斜杆→上弦。

（7）高空散装法安装。

1）采用控制屋脊线标高的方法拼装，一般从中间向两侧发展，以减小累积偏差和便于控制标高，使偏差消除在边缘上。

2）拼装支架应进行设计，对重要的或大型工程，还应进行试压，使其具有足够的强度和刚度，并满足单肢和整体稳定的要求。

3）悬挑拼装时，由于网架单元不能承受自重，所以对网架要进行加固，即在网架拼装过程中必须是稳定的。支架承受荷载，必然产生沉降，就必须采取千斤顶随时进行调整，当调整无效时，应会同技术人员解决，否则影响拼装精度。支架总沉降量经验值应小于 5mm。

（8）高空滑移法安装挠度。

1）大型网架安装时，中间应设置滑道，以减小网架跨度，增强其刚度。

2）在拼接处可临时加反梁办法，或增设三层网架加强刚度。

3）拼装时增加网架施工起拱数值。

4）适当增大网架杆件断面，以增强其刚度。

5）为避免滑移过程中，因杆件内力改变而影响挠度值，必须控制网架在滑移过程中的同步数值，其方法可采用在网架两端滑轨上标出尺寸，也可以利用自整角机代替标尺。

（9）整体顶升位移。

1）顶升同步值按千斤顶行程而定，并设专人指挥顶升速度。

2）千斤顶合力与柱轴线位移允许值为 5mm，千斤顶应保持垂直。

3）顶升点处的网架做法可做成上支承点或下支承点形式，并有足够的刚度。为增加柱子刚度，可在双肢柱间增加缀条。

4）顶升时，各顶点的允许高差值应满足以下要求：

① 相邻两个顶升支承结构间距的 1/1000，且不大于 30mm；

② 在一个顶升支承结构上，有两个或两个以上千斤顶时，为千斤顶间距的 1/200，且不大于 10mm。

5）顶升前及顶升过程中，网架支座中心对柱轴线的水平偏移值，不得大于截面短边尺寸的1/50及柱高的1/500。

6）支承结构（如柱子）刚性较大，可不设导轨；如刚性较小，必须加设导轨。

7）已发现位移，可以把千斤顶用楔片垫斜或人为造成反向升差；或将千斤顶平放，水平支顶网架支座。

（10）整体提升柱的稳定性。

1）网架提升吊点要通过计算，尽量与设计受力情况相接近，避免杆件失稳；每个提升设备所受荷载尽量达到平衡；提升负荷能力，群顶或群机作业，按额定能力乘以折减系数，电力螺杆0.7～0.8，穿心式千斤顶为0.5～0.6。

2）不同步的升差值对柱的稳定有很大影响，当用升板机时允许差值为相邻提升点距离的1/400，且不大于15mm；当用穿心式千斤顶时，为相邻提升点距离的1/250，且不大于25mm。

3）提升设备放在柱顶或放在被提升重物上应尽量减少偏心距。

4）采用提升法施工时，下部结构应形成稳定的框架结构体系，即柱间设置水平支撑及垂直支撑，独立柱应根据提升受力情况进行验算。

5）升网滑模提升速度应与混凝土强度应适应，混凝土强度等级必须达到C10以上。

6）网架提升过程中，为防止大风影响，造成柱倾覆，可在网架四角拉上缆风绳，平时放松，风力超过5级应停止提升，拉紧缆风绳。

（11）整体安装空中移位。

1）由于网架是按使用阶段的荷载进行设计的，设计中一般难以准确计入施工荷载，所以施工之前应按吊装时的吊点和预先考虑的最大提升高度差，验算网架整体安装所需要的刚度，并据此确定施工措施或修改设计。

2）要严格控制网架提升高差，尽量做到同步提升。提升高差允许值（指相邻甄拔杆间或相邻两吊点组的合力点间相对高差），可取吊点间距的 1/400，且不大于 100mm，或通过验算而定。

3）采用拔杆安装时，应使卷扬机型号、钢丝绳型号以及起升速度相同，并且使吊点钢丝绳相通，以达到吊点间杆件受力一致，采取多机抬吊安装时，应使起重机型号、起升速度相同，吊点间钢丝绳相通，以达到杆件受力一致。

4）合理布置起重机械及拔杆。

5）缆风地锚必须经过计算，缆风主初拉应力控制到 60%，施工过程中应设专人检查。

6）网架安装过程中，拔杆顶端偏斜不超过 1/1000（拔杆高）且不大于 30mm。

2. 质量检验标准

（1）主控项目检验（表 6-65）。

钢网架安装主控项目检验 **表 6-65**

序号	项目	质量检验标准	检验方法	检验数量
1	基础验收	钢网架结构支座定位轴线的位置，支座锚栓的规格应符合设计要求。 支承面顶板的位置、标高、水平度以及支座锚栓位置的允许偏差应符合表 6-67 的规定	用经纬仪和钢尺实测 用经纬仪、水准仪、水平尺和钢尺实测	按支座数抽查 10%，且应不少于 4 处
2	支座	支承垫块的种类、规格、摆放位置和朝向，必须符合设计要求和国家现行有关标准的规定。橡胶垫块与刚性垫块之间或不同类型刚性垫块之间不得互换使用。 网架支座锚栓的紧固应符合设计要求	观察和用钢尺实测 观察检查	
3	橡胶垫	钢结构用橡胶垫的品种、规格、性能等应符合现行国家产品标准和设计要求	检查产品的质量合格证明文件、中文标志及检验报告等	全数检查

续表

序号	项目	质量检验标准	检验方法	检验数量
4	拼装精度	小拼单元的允许偏差应符合表 6-68 的规定； 中拼单元的允许偏差应符合表 6-69 的规定	用钢尺和拉线等辅助量具实测 用钢尺和辅助量具实测	按单元数抽查 5%，且应不少于 5 个 全数检查
5	节点承载力试验	对建筑结构安全等级为一级，跨度 40m 及以上的公共建筑钢网架结构，且设计有要求时，应按下列项目进行节点承载力试验，其结果应符合以下规定： （1）焊接球节点应按设计指定规格的球及其匹配的钢管焊接成试件，进行轴心拉，压承载力试验，其试验破坏荷载值大于或等于 1.6 倍设计承载力为合格 （2）螺栓球节点应按设计指定规格的球最大螺栓孔螺纹进行抗拉强度保证荷载试验，当达到螺栓的设计承载力时，螺孔、螺纹及封板仍完好无损为合格	在万能试验机上进行检验，检查试验报告	每项试验做 3 个试件
6	结构挠度	钢网架结构总拼完成后及屋面工程完成后应分别测量其挠度值，且所测的挠度值不应超过相应设计值的 1.15 倍	用钢尺和水准仪实测	跨度 24m 及以下钢网架结构测量下弦中央一点；跨度 24m 以上钢网架结构测量下弦中央一点及各向下弦跨度的四等分点

（2）一般项目检验（表 6-66）。

钢网架安装一般项目检验　　　　表 6-66

序号	项目	合格质量标准	检验方法	检查数量
1	锚栓精度	支座锚栓尺寸的允许偏差应符合表 6-52 的规定。支座锚栓的螺纹应受到保护	用钢尺实测	按支座数抽查 10%，且应不少于 4 处

续表

序号	项目	合格质量标准	检验方法	检查数量
2	结构表面	钢网架结构安装完成后，其节点及杆件表面应干净，不应有明显的疤痕、泥砂和污垢。螺栓球节点应将所有接缝用油腻子填嵌严密，并应将多余螺孔封口	观察检查	按节点及杆件数抽查5%，且应不少于10个节点
3	安装精度	钢网架结构安装完成后，其安装的允许偏差应符合表6-70的规定	见表6-70	除杆件弯曲矢高按杆件数抽查5%外，其余全数检查
4	高强度螺栓紧固	螺栓球节点网架总拼完成后，高强度螺栓与球节点应紧固连接，高强度螺栓拧入螺栓球内的螺纹长度应不小于1.0d（d为螺栓直径），连接处不应出现有间隙、松动等未拧紧情况	普通扳手及尺量检查	按节点数抽查5%，且应不少于10个

支承面顶板、支座锚栓位置的允许偏差　　表6-67

项目		允许偏差（mm）
支承面顶板	位置	15.0
	顶面标高	−3.0
	顶面水平度	l/1000
支座锚栓	中心偏移	±5.0

注：本表摘自《钢结构工程施工质量验收规范》(GB 50205)。

小拼单元的允许偏差　　表6-68

项目		允许偏差（mm）
节点中心偏移		2.0
焊接球节点与钢管中心的偏移		1.0
杆件轴线的弯曲矢高		L_1/1000，且应不大于5.0
锥体形小拼单元	弦杆长度	±2.0
	锥体高度	±2.0
	上弦杆对角线长度	±3.0

续表

项目			允许偏差（mm）
平面桁架型小拼单元	跨长	≤24m	+3.0 −7.0
		＞24m	+5.0 −10.0
	跨中高度		±3.0
	跨中拱度	设计要求起拱	±L/5000
		设计未要求起拱	±10.0

注：1. L_1 为杆件长度。
2. L 为跨长。
3. 本表摘自《钢结构工程施工质量验收规范》（GB 50205）。

中拼单元的允许偏差　　表 6-69

项目		允许偏差（mm）
单元长度≤20m，拼接长度	单跨	±10.0
	多跨连续	±5.0
单元长度＞20m，拼接长度	单跨	±20.0
	多跨连续	±10.0

注：本表摘自《钢结构工程施工质量验收规范》（GB 50205）。

钢网架结构安装的允许偏差　　表 6-70

项目	允许偏差（mm）	检验方法
纵向、横向长度	L/2000，且应不大于 30.0 −L/2000，且应不小于−30.0	用钢尺实测
支座中心偏移	L/3000，且应不大于 30.0	用钢尺和经纬仪实测
周边支承网架相邻支座高差	L/400，且应不大于 15.0	用钢尺和水准仪实测
支座最大高差	30.0	
多点支承网架相邻支座高差	L_1/800，且应不大于 30.0	

注：1. L 为纵向、横向长度。
2. L_1 为相邻支座间距。
3. 本表摘自《钢结构工程施工质量验收规范》（GB 50205）。

6.5　钢结构涂装工程

1. 钢结构油漆涂刷

（1）质量控制要点

1）涂刷宜在晴天和通风良好的条件下进行。作业温度室内宜在5～38℃，室外宜在15～35℃，气温低于5℃或高于35℃时不宜涂刷。

2）涂漆前，应对基层进行彻底清理，并保持干燥，在不超过8h内，尽快涂头道底漆。

3）涂装前，要除去钢材表面的污垢、油脂、铁锈、氧化皮、焊渣和已失效的旧漆膜，且在钢材表面形成合适的“粗糙度”。

4）进行防腐、防火涂装的质量控制。

5）涂刷面漆时，应按设计要求的颜色和品种的规定来进行涂刷，涂刷方法与底漆涂刷方法相同。对于前一遍漆面上留有的砂粒、漆皮等，应用铲刀刮去。对于前一遍漆表面过分光滑或干燥后停留时间过长（如两遍漆之间超过7h），为了防止离层，应将漆面打磨清理后再涂漆。

6）涂刷底漆时，应根据面积大小来选用适宜的涂刷方法。不论采用喷涂法还是手工涂刷法，其涂刷顺序均为：先上后下、先难后易、先左后右、先内后外。要保持厚度均匀一致，做到不漏涂、不流坠为好。待第一遍底漆充分干燥后（干燥时间一般不少于48h）用砂布、水砂纸打磨，除去表面浮漆粉再刷第二遍底漆。

7）应正确配套使用稀释剂。当油漆黏度过大需用稀释剂稀释时，应正确控制用量，以防掺用过多，导致涂料内固体含量下降，使得漆膜厚度和密实性不足，影响涂层质量。同时应注意稀释剂与油漆之间的配套问题，油基漆、酚醛漆、长油度醇酸磁漆、防锈漆等用松香水（即200号溶剂汽油）、松节油；中油度醇酸漆用松香水与二甲苯1∶1（质量比）的混合溶剂；短油度醇酸漆用二甲苯调配；过氯乙烯采用溶剂性强的甲苯、丙酮来调配。如果错用就会发生沉淀离析、咬底或渗色等病害。

（2）质量检验标准

1）主控项目检验（表6-71）。

涂装工程主控项目检验　　表6-71

序号	项目	合格质量标准	检验方法	检查数量
1	涂料性能	钢结构防腐涂料、稀释剂和固化剂等材料的品种、规格、性能等应符合现行国家产品标准和设计要求	检查产品的质量合格证明文件、中文标志及检验报告等	全数检查
2	涂装基层验收	涂装前钢材表面除锈应符合设计要求和国家现行有关标准的规定。处理后的钢材表面不应有焊渣、焊疤、灰尘、油污、水和毛刺等。当设计无要求时，钢材表面除锈等级应符合表6-72的规定	用铲刀检查和用现行国家标准《涂装前钢材表面锈蚀等级和除锈等级》（GB 8923）规定的图片对照观察检查	构件件数抽查10%，且同类构件应不少于3件
3	涂层厚度	涂料、涂装遍数、涂层厚度均应符合设计要求。当设计对涂层厚度无要求时，涂层干漆膜总厚度：室外应为150μm，室内应为125μm，其允许偏差为－25μm。每遍涂层干漆膜厚度的允许偏差为－5μm	用干漆膜测厚仪检查。每个构件检测5处，每处的数值为3个相距50mm测点涂层干漆膜厚度的平均值	

各种底漆或防锈漆要求最低的除锈等级　　表6-72

涂料品种	除锈等级
油性酚醛、醇酸等底漆或防锈漆	Sa 2
高氯化聚乙烯、氯化橡胶、氯磺化聚乙烯、环氧树脂、聚氨酯等底漆或防锈漆	Sa 2
无机富锌、有机硅、过氯乙烯等底漆	Sa $2\frac{1}{2}$

注：本表摘自《钢结构工程施工质量验收规范》（GB 50205）。

2）一般项目检验（表 6-73）。

涂装工程一般项目检验　　表 6-73

序号	项目	合格质量标准	检验方法	检查数量
1	涂料质量	防腐涂料和防火涂料的型号、名称、颜色及有效期应与其质量证明文件相符。开启后，不应存在结皮、结块、凝胶等现象	观察检查	按桶数抽查5%，且应不少于 3 桶
2	表面质量	构件表面不应误涂、漏涂，涂层不应脱皮和返锈等。涂层应均匀、无明显皱皮、流坠、针眼和气泡等		全数检查
3	附着力测试	当钢结构处在有腐蚀介质环境或外露且设计有要求时，应进行涂层附着力测试，在检测处范围内，当涂层完整程度达到 70%以上时，涂层附着力达到合格质量标准的要求	按照现行国家标准 GB 1720 或 GB 9286 执行	按构件数抽查 1%，且应不少于 3 件，每件测 3 处
4	标志	涂装完成后，构件的标志，标记和编号应清晰完整	观察检查	全数检查

2. 钢结构防火涂料涂装

(1) 主控项目检验（表 6-74）。

防火涂料涂装主控项目检验　　表 6-74

序号	项目	合格质量标准	检验方法	检查数量
1	涂料性能	钢结构防火涂料的品种和技术性能应符合设计要求，并应经过具有资质的检测机构检测符合国家现行有关标准的规定	检查产品的质量合格证明文件、中文标志及检验报告等	全数检查

续表

序号	项目	合格质量标准	检验方法	检查数量
2	涂装基层验收	防火涂料涂装前钢材表面除锈及防锈底漆涂装应符合设计要求和国家现行有关标准的规定	表面除锈用铲刀检查和用现行国家标准《涂装前钢材表面锈蚀等级和除锈等级》(GB 8923)规定的图片对照观察检查。底漆涂装用干漆膜测厚仪检查，每个构件检测5处，每处的数值为3个相距50mm测点涂层干漆膜厚度的平均值	按构件数抽查10%，且同类构件应不少于3件
3	强度试验	钢结构防火涂料的粘结强度、抗压强度应符合国家现行标准《钢结构防火涂料应用技术规程》(CECS 24：90)的规定。检验方法应符合现行国家标准《建筑构件防火喷涂材料性能试验方法》(GB 9978)的规定	检查复检报告	每使用100t或不足100t薄涂型防火涂料应抽检一次粘结强度；每使用500t或不足500t厚涂型防火涂料应抽检一次粘结强度和抗压强度
4	涂层厚度	薄涂型防火涂料的涂层厚度应符合有关耐火极限的设计要求。厚涂型防火涂料涂层的厚度，80%及以上面积应符合有关耐火极限的设计要求，且最薄处厚度不应低于设计要求的85%	用涂层厚度测量仪、测针和钢尺检查。测量方法应符合国家现行标准《钢结构防火涂料应用技术规程》(CECS 24：90)的规定	按同类构件数抽查10%，且均应不少于3件
5	表面裂纹	薄涂型防火涂料涂层表面裂纹宽度应不大于0.5mm；厚涂型防火涂料涂层表面裂纹宽度应不大于1mm	观察和用尺量检查	

（2）一般项目检验（表 6-75）。

防火涂料涂装一般项目检验　　　　表 6-75

序号	项目	合格质量标准	检验方法	检查数量
1	产品质量	防腐涂料和防火涂料的型号、名称、颜色及有效期应与其质量证明文件相符。开启后，不应存在结皮、结块、凝胶等现象	观察检查	按桶数抽查5%，且应不少于3桶
2	基层表面	防火涂料涂装基层不应有油污、灰尘和泥砂等污垢		全数检查
3	涂层表面质量	防火涂料不应有误涂、漏涂，涂层应闭合，无脱层，空鼓、明显凹陷、粉化松散和浮浆等外观缺陷，乳突已剔除		

第7章　木结构工程

7.1　方木和原木结构

1. 质量控制要点

（1）使用的钢尺应为检验有效的度量工具，同时以同一把尺子为宜。

（2）可按图纸确定起拱高度，或取跨度的1/200，但最大起拱高度应不大于20mm。

（3）木屋架、梁、柱在吊装前，应对其制作、装配、运输根据设计要求进行检验，主要检查原材料质量，结构及其构件的尺寸正确程度及构件制作质量，并记录在案，验收合格后方可安装。

（4）当桁架完全对称时，足尺大样可只放半个桁架，并将全部节点构造详尽绘入；除设计有特殊要求者外，各杆件轴线应汇交一点，否则会产生杆件附加弯矩与剪力。

（5）要严格控制足尺大样的偏差，其允许偏差见表7-1。

足尺大样的允许偏差　　表7-1

结构跨度（m）	跨度偏差（mm）	结构高度偏差（mm）	节点间距偏差（mm）
≤15 >15	±5 +7	±2 ±3	±2 ±2

（6）木结构中所用钢材等级应符合设计要求。钢件的连接不应用气焊或锻接。受拉螺栓垫板应根据设计要求设置。受剪螺栓和系紧螺栓的垫板若无设计要求时，应符合下列规定：厚度不小于0.25d（d为螺栓直径），且不应小于4mm；正方形垫板的边长或圆形垫板的直径不应小于3.5d。

（7）采用木纹平直不易变形的木材（如红松、杉木等），且含水率不大于18%板材按实样制作样板。样板的允许偏差为±1mm。按样板制作的构件长度允许偏差为±2mm。

(8) 桁架上弦或下弦需接头时，夹板所采用螺栓直径、数量及排列间距均应按图施工。螺栓排列要避开髓心。受拉构件在夹板区段的构件材质均应达到一等材的要求。

(9) 受压接头端面应与构件轴线垂直，不应采用斜槎接头；齿连接或构件接头处不得采用凸凹榫。

(10) 当采用木夹板螺栓连接的接头钻孔时，应各部固定，一次钻通以保证孔位完全一致。受剪螺栓孔径大于螺栓直径不超过1mm，系紧螺栓孔直径大于螺栓直径不超过2mm。

(11) 屋架就位后要控制稳定，检查位置与固定情况。第一榀屋架吊装后立即找中、找直、找平，并用临时拉杆（或支撑）固定。第二榀屋架吊装后，立即上脊檩，装上剪刀撑。支撑与屋架用螺栓连接。

(12) 在正常情况下，屋架端头应加以锚固，故屋架安装校正完毕后，应将锚固螺栓上螺帽并拧紧。

(13) 对于经常受潮的木构件，以及木构件与砖石砌体及混凝土结构接触处进行防腐处理。在虫害（白蚁、长蠹虫、粉蠹虫及家天牛等）地区的木构件应进行防虫处理。

(14) 木屋架支座节点、下弦及梁端部不应封闭在墙、保温层或其他通风不良处内，构件周边（除支承面）及端部均应留出不小于5cm的空隙。

(15) 木材自身易燃，在50℃以上高温烘烤下，即降低承载力和产生变形。为此，木结构与烟囱、壁炉的防火间距应严格符合设计要求。木结构支承在防火墙上时，不能穿过防火墙，并将端面用砖墙封闭隔开。

2. 质量检验标准

(1) 主控项目检验

1) 方木和原木结构主控项目检验标准见表7-2。

方木和原木结构主控项目检验　　表 7-2

<table>
<tr><th colspan="3">检查项目</th><th colspan="2">质量要求</th><th colspan="2">检查方法、数量</th></tr>
<tr><td rowspan="11">主控项目</td><td>1</td><td>结构形式、结构布置和构件尺寸</td><td colspan="2">符合设计文件的规定</td><td>实物与施工设计图对照、丈量</td><td rowspan="2">检验批全数</td></tr>
<tr><td>2</td><td>木材质量</td><td colspan="2">符合设计文件的规定，具有产品质量合格证书</td><td>实物与设计文件对照，检查质量合格证书、标识</td></tr>
<tr><td>3</td><td>进场木材的弦向静曲强度</td><td colspan="2">作强度见证检验</td><td>在每株（根）试材的髓心外切取 3 个无疵弦向静曲强度试件</td><td>每一检验批每一树种的木材随机抽取 3 株（根）</td></tr>
<tr><td>4</td><td>方木、原木及板材的目测材质等级</td><td colspan="2">符合本 GB 50206—2012 表 4.2.4 要求；不得采用普通商品材的等级标准替代</td><td>GB 50206—2012 规范附录 B</td><td>检验批全数</td></tr>
<tr><td rowspan="4">5</td><td rowspan="4">木材平均含水率</td><td>原木或方木</td><td>≤25%</td><td rowspan="4">GB 50206—2012 规范附录 C（烘干法、电测法）</td><td rowspan="4">每一检验批每一树种每一规格随机抽取 5 根</td></tr>
<tr><td>板材及规格材</td><td>≤20%</td></tr>
<tr><td>受拉构件连接板</td><td>≤18%</td></tr>
<tr><td>通风不畅的木构件</td><td>≤20%</td></tr>
<tr><td>6</td><td>承重钢构件和连接所用钢材质量</td><td colspan="2">有产品质量合格证书和化学成分的合格证书；钢材的材质标准不低于现行国家标准；钢木屋架下弦圆钢应作抗拉屈服强度、极限强度、延伸率、冷弯检验，并满足设计文件的规定</td><td>取样方法、试样制备及拉伸试验方法应分别符合《钢材力学及工艺性能试验取样规定》(GB 2975)、《金属拉伸试验试样》(GB 6397)、《金属材料室温拉伸试验方法》(GB/T 228) 的有关规定</td><td>每检验批每一钢种随机抽取两件</td></tr>
<tr><td>7</td><td>焊条的质量</td><td colspan="2">符合现行国家标准，型号与所用钢材匹配，并有产品质量合格证书</td><td rowspan="2">实物与产品质量合格证书对照检查</td><td rowspan="2">检验批全数</td></tr>
<tr><td>8</td><td>螺栓、螺帽质量</td><td colspan="2">有产品质量合格证书，其性能符合现行国家标准的规定</td></tr>
</table>

续表

<table>
<tr><th colspan="3">检查项目</th><th>质量要求</th><th colspan="2">检查方法、数量</th></tr>
<tr><td rowspan="6">主控项目</td><td>9</td><td>圆钉质量</td><td>有产品质量合格证书，性能符合现行行业标准规定；设计文件规定钉子的抗弯屈服强度时，作钉子抗弯强度见证检验</td><td>检查产品质量合格证书、检测报告。强度见证检验方法为钉弯曲试验方法</td><td>每检验批每一规格圆钉随机抽取 10 枚</td></tr>
<tr><td rowspan="3">10</td><td rowspan="3">圆钢拉杆的质量</td><td>圆钢拉杆应平直，接头应采用双面绑条焊</td><td rowspan="3">量、检查交接检验报告</td><td rowspan="3">检验批全数</td></tr>
<tr><td>螺帽下垫板符合设计文件规定，厚度不小于螺杆直径的 30%，方形垫板的边长不小于螺杆直径的 3.5 倍，圆形垫板的直径不小于螺杆直径的 4 倍</td></tr>
<tr><td>钢木屋架下弦圆钢拉杆、桁架主要受拉腹杆、蹬式节点拉杆及螺栓直径大于 20mm 时，均采用双螺帽自锁；受拉螺杆伸出螺帽的长度，不小于螺杆直径的 80%</td></tr>
<tr><td>11</td><td>承重钢构件节点焊缝焊脚高度</td><td>不得小于设计文件的规定，除设计文件另有规定外，焊缝质量不得低于三级，−30℃以下工作的受拉构件焊缝质量不得低于二级</td><td>按现行行业标准《建筑钢结构焊接技术规范》（JGJ 81）的有关规定检查，并检查交接检验报告</td><td>检验批全部受力焊缝</td></tr>
<tr><td>12</td><td>钉、螺栓连接节点的连接件规格及数量</td><td>符合设计文件的规定</td><td>目测、丈量</td><td>检验批全数</td></tr>
</table>

续表

检查项目			质量要求	检查方法、数量	
主控项目	13	木桁架支座节点的齿连接质量	端部木材不应有腐朽、开裂和斜纹等缺陷，剪切面不应位于木材髓心侧；螺栓连接的受拉接头，连接区段木材及连接板均采用Ⅰa等材质，并符合本规范附录B的有关规定；其他螺栓连接接头也应避开木材腐朽、裂缝、斜纹和松节等缺陷部位	目测	检验批全数
	14	抗震构造措施	符合设计文件规定；抗震设防烈度8级以上时，应符合质量验收规范的要求	目测、丈量	检验批全数

2）方木的材质标准应符合表7-3的规定。

方木材质标准 **表7-3**

项次	缺陷名称		木材等级		
			Ⅰa	Ⅱa	Ⅲa
1	腐朽		不允许	不允许	不允许
2	木节	在构件任一面任何150mm长度上所有木节尺寸的总和与所在面宽的比值	≤1/3（连接部位≤1/4）	≤2/5	≤1/2
		死节	不允许	允许，但不包括腐朽节，直径不应大于20mm，且每延米中不得多于1个	允许，但不包括腐朽节，直径不应大于50mm，且每延米中不得多于2个
3	斜纹	斜率	≤5%	≤8%	≤12%
4	裂缝	在连接的受剪面上	不允许	不允许	不允许
		在连接部位的受剪面附近，其裂缝深度（有对面裂缝时，用两者之和）不得大于材宽的	≤1/4	≤1/3	不限
5	髓心		不在受剪面上	不限	不限
6	虫眼		不允许	允许表层虫眼	允许表层虫眼

本节尺寸应按垂直于构件长度方向测量，并应取沿构件长度方向150mm范围内所有木节尺寸的总和（图7-1*a*）。直径小于10mm的木节应不计，所测面上呈条状的木节应不量（图7-1*b*）。

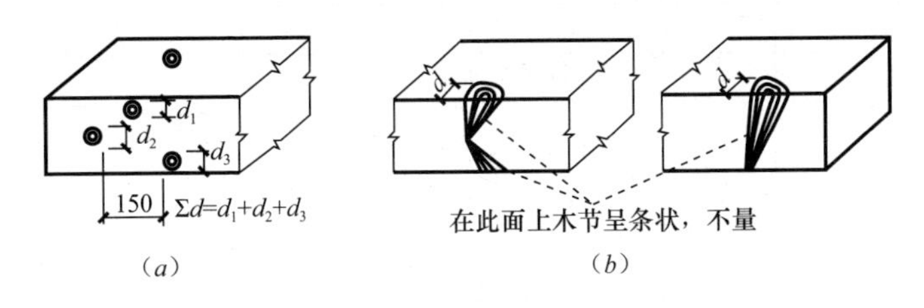

图7-1　木节量测法

（*a*）量测的木节；（*b*）不量测的条状木节

3）原木的材质标准应符合表7-4的规定。

原木材质标准　　表7-4

项次	缺陷名称		木材等级		
			Ⅰa	Ⅱa	Ⅲa
1	腐朽		不允许	不允许	不允许
2	木节	在构件任一面任何150mm长度上沿周长所有木节尺寸的总和，与所测部位原本周的比值	≤1/4	≤1/3	≤2/5
		每个木节的最大尺寸与所测部位原木周长的比值	≤1/10（普通部位）；≤1/12（连接部位）	≤1/6	≤1/6
		死节	不允许	不允许	允许，但直径不大于原木直径的1/5，每2m长度内不多于1个

续表

项次	缺陷名称		木材等级		
			Ⅰa	Ⅱa	Ⅲa
3	扭纹	斜率	≤8%	≤12%	≤15%
4	裂缝	在连接部位的受剪面上	不允许	不允许	不允许
		在连接部位的受剪面附近，其裂缝深度（有对面裂缝时，两者之和）与原木直径的比值	≤1/4	≤1/3	不限
5	髓心	位置	不在受剪面上	不限	不限
6	虫眼		不允许	允许表层虫眼	允许表层虫眼

注：本节尺寸按垂直于构件长度方向测量。直径小于10mm的木节不计。

4）板材的材质标准应符合表7-5的规定。

板材材质标准　　表7-5

项次	缺陷名称		木材等级		
			Ⅰa	Ⅱa	Ⅲa
1	腐朽		不允许	不允许	不允许
2	木节	在构件任一面任何150mm长度上所有木节尺寸的总和与所在面宽的比值	≤1/4（连接部位≤1/5）	≤1/3	≤2/5
		死节	不允许	允许，但不包括腐朽节，直径不应大于20mm，且每延米中不得多于1个	允许，但不包括腐朽节，直径不应大于50mm，且每延米中不得多于2个
3	斜纹	斜率	≤5%	≤8%	≤12%
4	裂缝	连接部位的受剪面及其附近	不允许	不允许	不允许
5	髓心		不允许	不允许	不允许

（2）一般项目检验

方木和原木结构一般项目检验标准见表7-6。

方木和原木结构一般项目检验　　表 7-6

<table>
<tr><th colspan="3">检查项目</th><th colspan="4">质量要求</th><th colspan="2">检查方法、数量</th></tr>
<tr><td rowspan="18">一般项目</td><td rowspan="18">1</td><td rowspan="18">方木原木结构和胶合木结构桁架梁和柱制作允许偏差</td><td rowspan="3">构件截面尺寸</td><td colspan="2">构件截面的高度、宽度</td><td>−3mm</td><td rowspan="3">钢尺量</td><td rowspan="18">全数检查</td></tr>
<tr><td colspan="2">板材厚度、宽度</td><td>−2mm</td></tr>
<tr><td colspan="2">原木构件梢径</td><td>−5mm</td></tr>
<tr><td rowspan="2">结构长度</td><td colspan="2">长度≤15m</td><td>±10mm</td><td rowspan="2">钢尺量桁架支座节点中心间距，梁、柱全长</td></tr>
<tr><td colspan="2">长度>15m</td><td>±15mm</td></tr>
<tr><td rowspan="2">桁架高度</td><td colspan="2">长度≤15m</td><td>±10mm</td><td rowspan="2">钢尺量脊节点中心与下弦中心距离</td></tr>
<tr><td colspan="2">长度>15m</td><td>±15mm</td></tr>
<tr><td rowspan="2">受压或压弯构件纵向弯曲</td><td colspan="2">方木、胶合木构件</td><td>$L/500$</td><td rowspan="2">拉线钢尺量</td></tr>
<tr><td colspan="2">原木构件</td><td>$L/200$</td></tr>
<tr><td colspan="3">弦杆节点间距</td><td>±5mm</td><td rowspan="2">钢尺量</td></tr>
<tr><td colspan="3">齿连接刻槽深度</td><td>±2mm</td></tr>
<tr><td rowspan="3">支座节点受剪面</td><td colspan="2">长度</td><td>−10mm</td><td rowspan="6">钢尺量</td></tr>
<tr><td rowspan="2">宽度</td><td>方木、胶合木</td><td>−3mm</td></tr>
<tr><td>原木</td><td>−4mm</td></tr>
<tr><td rowspan="3">螺栓中心间距</td><td colspan="2">进孔处</td><td>$\pm 0.2d$</td></tr>
<tr><td rowspan="2">出孔处</td><td>垂直木纹方向</td><td>$\pm 0.5d$ 且不大于 $4B/100$</td></tr>
<tr><td>顺木纹方向</td><td>$\pm 1d$</td></tr>
<tr><td colspan="3">钉进孔处的中心间距</td><td>$\pm 1d$</td><td>—</td></tr>
</table>

续表

<table>
<tr><th colspan="3">检查项目</th><th colspan="2">质量要求</th><th colspan="2">检查方法、数量</th></tr>
<tr><td rowspan="2">一般项目</td><td rowspan="2">1</td><td rowspan="2">方木原木结构和胶合木结构桁架梁和柱制作允许偏差</td><td rowspan="2">桁架起拱</td><td>±20mm</td><td>以两支座节点下弦中心线为准，拉一下水平线，用钢尺量</td><td rowspan="2">全数检查</td></tr>
<tr><td>−10mm</td><td>两跨中下弦中心线与拉线之间距离</td></tr>
</table>

(3) 允许偏差

1) 方木、原木结构和胶合木结构桁架、梁、柱制作的允许偏差见表 7-7。

方木、原木结构和胶合木结构桁架、梁、柱制作的允许偏差

表 7-7

<table>
<tr><th>项次</th><th colspan="2">项目</th><th>允许偏差（mm）</th><th>检验方法</th></tr>
<tr><td rowspan="3">1</td><td rowspan="3">构件截面尺寸</td><td>方木和胶合木构件截面的高度、宽度</td><td>−3</td><td rowspan="3">钢尺量</td></tr>
<tr><td>板材厚度、宽度</td><td>−2</td></tr>
<tr><td>原木构件梢径</td><td>−5</td></tr>
<tr><td rowspan="2">2</td><td rowspan="2">构件长度</td><td>长度不大于 15m</td><td>±10</td><td rowspan="2">钢尺量桁架支座节点中心间距，梁、柱全长</td></tr>
<tr><td>长度大于 15m</td><td>±15</td></tr>
<tr><td rowspan="2">3</td><td rowspan="2">桁架高度</td><td>长度不大于 15m</td><td>±10</td><td rowspan="2">钢尺量脊节点中心与下弦中心距离</td></tr>
<tr><td>长度大于 15m</td><td>±15</td></tr>
<tr><td rowspan="2">4</td><td rowspan="2">受压或压弯构件纵向弯曲</td><td>方木、胶合木构件</td><td>$L/500$</td><td rowspan="2">拉线钢尺量</td></tr>
<tr><td>原木构件</td><td>$L/200$</td></tr>
<tr><td>5</td><td colspan="2">弦杆节点间距</td><td>±5</td><td rowspan="2">钢尺量</td></tr>
<tr><td>6</td><td colspan="2">齿连接刻槽深度</td><td>±2</td></tr>
</table>

续表

项次	项目			允许偏差（mm）	检验方法
7	支座节点受剪面	长度		−10	钢尺量
		宽度	方木、胶合木	−3	
			原木	−4	
8	螺栓中心间距	进孔处		±0.2d	
		出孔处	垂直木纹方向	±0.5d且不大于4B/100	
			顺木纹方向	±1d	
9	钉进孔处的中心间距			+1d	
10	桁架起拱			+20	以两支座节点下弦中心线为准，拉一水平线，用钢尺量
				−10	两跨中下弦中心线与拉线之间距离

注：1. d为螺栓或钉的直径；L为构件长度；B为板的总厚度。
2. 本表摘自《木结构工程施工质量验收规范》（GB 50206—2012）。

2）方木、原木结构和胶合木结构桁架、梁和柱的安装误差，应符合表7-8的规定。

方木、原木结构和胶合木结构桁架、梁和柱安装允许偏差

表7-8

项次	项目	允许偏差（mm）	检验方法
1	结构中心线的间距	+20	钢尺量
2	垂直度	H/200且不大于15	吊线钢尺量
3	受压或压弯构件纵向弯曲	L/300	吊（拉）线钢尺量
4	支座轴线对支承面中心位移	10	钢尺量
5	支座标高	±5	用水准仪

注：H为桁架或柱的高度；L为构件长度。

3）方木、原木结构和胶合木结构屋面木构架的安装误差，应符合表 7-9 的规定。

方木、原木结构和胶合木结构屋面木构架的安装允许偏差

表 7-9

<table>
<tr><th>项次</th><th colspan="2">项目</th><th>允许偏差
(mm)</th><th>检验方法</th></tr>
<tr><td rowspan="5">1</td><td rowspan="5">檩条、
椽条</td><td>方木、胶合木截面</td><td>−2</td><td>钢尺量</td></tr>
<tr><td>原木梢径</td><td>−5</td><td>钢尺量，椭圆时取大小径的平均值</td></tr>
<tr><td>间距</td><td>−10</td><td>钢尺量</td></tr>
<tr><td>方木、胶合木上表面平直</td><td>4</td><td rowspan="2">沿坡拉线钢尺量</td></tr>
<tr><td>原木上表面平直</td><td>7</td></tr>
<tr><td>2</td><td colspan="2">油毡搭接宽度</td><td>−10</td><td rowspan="2">钢尺量</td></tr>
<tr><td>3</td><td colspan="2">挂瓦条间距</td><td>±5</td></tr>
<tr><td rowspan="2">4</td><td rowspan="2">封山、封檐板平直</td><td>下边缘</td><td>5</td><td rowspan="2">拉 10m 线，不足 10m 拉通线，钢尺量</td></tr>
<tr><td>表面</td><td>8</td></tr>
</table>

7.2 胶合木结构

1. 质量控制要点

（1）层板胶合木的质量取决于层板木材质量、层板加大截面的胶合质量和层板接长的胶合指形接头质量。其中首要的是胶缝（层板之间的胶合面）的完整性，因为只要胶缝保持耐久的完整性，即使层板局部缺陷稍超过限值或个别指接传力效能稍低，相邻层板通过胶缝能起补偿作用。承重结构使用的胶，应保证其胶合强度不低于木材顺纹抗剪和横纹抗拉强度。

（2）胶连接的耐水性和耐久性，应与结构的用途和使用年限相适应，承重结构用胶，除应具有出厂合格证明外，尚应在使用前按“胶粘能力检验标准”的规定检验其胶粘能力，检验合格者方能使用。

（3）层板胶合木可采用分别由普通胶合木层板、目测分等或机械分等层板按规定的构件截面组坯胶合而成的普通层板胶合木、目测分等与机械分等同等组合胶合木，以及异等组合的对称与非对称组合胶合木。

（4）层板胶合木构件应由经资质认证的专业加工企业加工生产。

（5）材料、构配件的质量控制应以一幢胶合木结构房屋为一个检验批；构件制作安装质量控制应以整幢房屋的一楼层或变形缝间的一楼层为一个检验批。

2. 质量检验标准

（1）主控项目检验

胶合木结构主控项目检验标准见表 7-10。

胶合木结构主控项目检验　　表 7-10

检查项目			质量要求	检查方法、数量
主控项目	1	胶合木结构的结构形式、结构布置和构件截面尺寸	符合设计文件的规定	实物与设计文件对照、丈量，检验批全数
	2	结构用层板胶合木材质	类别、强度等级和组坯方式，符合设计文件的规定，并有产品质量合格证书和产品标识，同时有满足产品标准规定的胶缝完整性检验和层板指接强度检验合格证书	实物与证明文件对照，检验批全数
	3	胶合木受弯构件的抗弯性能检验	在检验荷载作用下胶缝不开裂，原有漏胶胶缝不发展，跨中挠度的平均值不大于理论计算值的 1.13 倍	通过试验观察，取实测挠度的平均值与理论计算挠度比较，每一检验批同一胶合工艺、同一层板类别、树种组合、构件截面组坯的同类型构件随机抽取 3 根
	4	弧形构件的曲率半径及其偏差	符合设计文件的规定，层板厚度不应大于 $R/125$（R 为曲率半径）	钢尺丈量，检验批全数

续表

检查项目			质量要求	检查方法、数量
主控项目	5	木构件的含水率	层板胶合木构件平均含水率不大于15%，同一构件各层板间含水率差别不大于5%	检验方法：烘干法、电测法，每一检验批每一规格随机抽取5根
	6	钢材、焊条、螺栓、螺帽的质量	符合质量验收规范的相关规定	实物与产品质量合格证书对照检查，检验批全数
	7	连接节点的连接件材质	各连接节点的连接件类别、规格、数量符合设计文件的规定；桁架端节点齿连接胶合木端部的受剪面及螺栓连接中的螺栓位置，不与漏胶胶缝重合	目测、丈量，检验批全数

层板材质标准见表7-11。

层板材质标准　　表7-11

项次	缺陷名称	材质等级		
		I_b与I_{bt}	II_b	III_b
		受拉构件或拉弯构件	受弯构件或压弯构件	受压构件
1	腐朽，压损，严重的压应木，大量含树脂的木板，宽面上的漏刨	不允许	不允许	不允许
2	木节： 突出于板面的木节 在层板较差的宽面任何200mm长度上所有木节尺寸的总和不大于构件面宽的	不允许 1/3	不允许 2/5	不允许 1/2
3	斜纹：斜率不大于（%）	5	8	15
4	裂缝： 含树脂的振裂 窄面的裂缝（有对面裂缝时，用两者之和）深度不大于构件面宽的 宽面上的裂缝（含劈裂、振裂）深$b/8$，长$2b$，若贯穿板厚而平行于板边长1/2	不允许 1/4 允许	不允许 1/3 允许	不允许 不限 允许

续表

项次	缺陷名称	材质等级		
		I_b与I_{bt}	II_b	III_b
		受拉构件或拉弯构件	受弯构件或压弯构件	受压构件
5	髓心	不允许	不限	不限
6	翘曲、顺弯或扭曲≤4/1000，横弯≤2/1000，树脂条纹宽≤b/12，长≤1/b，干树脂囊宽 3mm，长<b，木板侧边漏刨长 3mm，刃具撕伤木纹，变色但不变质，偶尔的小虫眼或分散的针孔状虫眼，最后加工能修整的微小损棱。	允许	允许	允许

注：1. 木节是指活节、健康节、紧节、松节及节孔；
2. b—木板（或拼合木板）的宽度；l—木板的长度；
3. I_{bt}级层板位于梁受拉区外层时在较差的宽面任何 200mm 长度上所有木节尺寸的总和不大于构件面宽的 1/4，在表面加工后距板边 13mm 的范围内，不允许存在尺寸大于 10mm 的木节及撕伤木纹；
4. 构件截面宽度方向由两块木板拼合时，应按拼合后的宽度定级。

（2）一般项目检验

胶合木结构一般项目检验标准见表 7-12。

胶合木结构一般项目检验　　　　表 7-12

检查项目			质量要求		检查方法、数量
一般项目	1	层板胶合木构造及外观	木纹平行于构件长度方向		厚薄规（塞尺）、量器、目测，检验批全数
			胶缝均匀，厚度为 0.1～0.3mm		
			外观质量符合规范要求		
	2 胶合木构件的制作偏差	构件截面尺寸	胶合木构件的高度、宽度	−3mm	钢尺量
			板材厚度、宽度	−2mm	
			原木构件梢径	−5mm	
		构件长度	长度不大于 15m	±10mm	钢尺量桁架支座节点中心间距，梁、柱全长
			长度大于 15m	±15mm	
		桁架高度	长度不大于 15m	±10mm	钢尺量脊节点中心与下弦中心距离
			长度大于 15m	±15mm	

续表

<table>
<tr><th colspan="5">检查项目</th><th>质量要求</th><th colspan="2">检查方法、数量</th></tr>
<tr><td rowspan="16">一般项目</td><td rowspan="13">2 胶合木构件的制作偏差</td><td rowspan="2">受压或受弯构件纵向弯曲</td><td colspan="2">方木、胶合木构件</td><td>$L/500$</td><td colspan="2" rowspan="2">拉线钢尺量</td></tr>
<tr><td colspan="2">原木构件</td><td>$L/200$</td></tr>
<tr><td colspan="3">弦杆节点间距</td><td>±5mm</td><td colspan="2" rowspan="2">钢尺量</td></tr>
<tr><td colspan="3">齿连接刻槽深度</td><td>±2mm</td></tr>
<tr><td rowspan="3">支座节点受剪面</td><td colspan="2">长度</td><td>−10mm</td><td colspan="2" rowspan="6">钢尺量</td></tr>
<tr><td rowspan="2">宽度</td><td>方木、胶合木</td><td>−3mm</td></tr>
<tr><td>原木</td><td>−4mm</td></tr>
<tr><td rowspan="3">螺栓中心间距</td><td colspan="2">进孔处</td><td>$\pm 0.2d$</td></tr>
<tr><td rowspan="2">出孔处</td><td>垂直木纹方向</td><td>$\pm 0.5d$ 且不大于 $4B/100$</td></tr>
<tr><td>顺木纹方向</td><td>$\pm 1d$</td></tr>
<tr><td colspan="3">钉进孔处的中心间距</td><td>$\pm 1d$</td><td colspan="2">—</td></tr>
<tr><td colspan="3" rowspan="2">桁架起拱</td><td>±20</td><td colspan="2">以两支座节点下弦中心线为准，拉一水平线，用钢尺量</td></tr>
<tr><td>−10</td><td colspan="2">两跨中下弦中心线与拉线之间距离</td></tr>
<tr><td>3</td><td>齿连接、螺栓连接、圆钢拉杆及焊缝质量</td><td colspan="3">符合质量验收规范相关规定的要求</td><td colspan="2">目测、丈量，检查交接检验报告，检验批全数</td></tr>
<tr><td>4</td><td>金属节点构造、用料规格及焊缝质量</td><td colspan="3">符合设计文件的规定；除设计文件另有规定外，与其相连的各构件轴线相交于金属节点的合力作用点，与各构件相连的连接类型符合设计文件的规定</td><td colspan="2">检验批全数，目测、丈量</td></tr>
<tr><td>5 胶合木构件的制作偏差</td><td>结构中心线的间距</td><td colspan="3">±20mm</td><td>钢尺量</td><td>过程控制检验批全数，分项验收抽取总数10%复检</td></tr>
</table>

7.3 轻型木结构

1. 质量控制要点

（1）木框架结构用材分七个规格等级，即Ⅰc、Ⅱc、Ⅲc、Ⅳc、Vc、Ⅵc、Ⅶc。轻型木结构用规格材的材质等级见表7-13。

轻型木结构用规格材的材质等级　　表7-13

项次	主要用途	材质等级
1	用于对强度、刚度和外观有较高要求的构件	Ⅰc
2		Ⅱc
3	用于对强度、刚度有较高要求而对外观只有一般要求的构件	Ⅲc
4	用于对强度、刚度有较高要求而对外观无要求的普通构件	Ⅳc
5	用于墙骨柱	Ⅴc
6	除上述用途外的构件	Ⅵc
7		Ⅶc

（2）木框架所用的木材、普通圆钢钉、麻花钉及U形钉应符合质量要求。

（3）木材端面安装前应进行隐蔽工程验收。

（4）等级标识。所有目测分等和机械分等，规格材均盖有经认证的分等机构或组织提供的等级标识。标识应在规格材的宽面，并明确指出：生产者名称、树种组合名称、生产木材含水率及根据“统一分等标准”或等效分等标准的等级代号。

（5）楼盖主梁或屋脊梁可采用结构复合木材梁，搁栅可采用预制工字形木搁栅，屋盖框架可采用齿板连接的轻型木屋架。这三种木制品必须是按照各自的工艺标准在专门的工厂制造，并经有资质的木结构检测机构检验合格。

（6）轻型木框架结构应符合国家标准《木结构设计规范》（GB 50005）的要求设计的施工图进行施工。

（7）施工过程要严格控制轴线及标高尺寸，由专人放线后并经专人验收复核。

2. 质量检验标准

（1）主控项目检验

1）轻型木结构主控项目检验标准见表 7-14。

轻型木结构主控项目检验 **表 7-14**

序号	项目	合格质量标准	检验方法	检查数量
1	轻型木结构的承重墙（包括剪力墙）、柱、楼盖、屋盖布置、抗倾覆措施及屋盖抗掀起措施	应符合设计文件的规定	实物与设计文件对照	检验批全数
2	进场规格材	应有产品质量合格证书和产品标识	实物与证书对照	检验批全数
3	每批次进场目测分等规格材	应由有资质的专业分等人员做目测等级见证检验或做抗弯强度见证检验；每批次进场机械分等规格材应作抗弯强度见证检验，并应符合表 7-16 的规定	表 7-16 的规定	检验批中随机取样，数量应符合表 7-15 的规定
4	轻型木结构各类构件所用规格材的树种、材质等级和规格，以及覆面板的种类和规格	应符合设计文件的规定	实物与设计文件对照，检查交接报告	全数检查

续表

序号	项目	合格质量标准	检验方法	检查数量
5	规格材的平均含水率	不应大于20%	见规范《木结构工程施工质量验收规范》GB 50206—2012附录C	每一检验批每一树种每一规格等级规格材随机抽取5根
6	木基结构板材	应有产品质量合格证书和产品标识,用作楼面板、屋面板的木基结构板材应有该批次干、湿态集中荷载、均布荷载及冲击荷载检验的报告,其性能不应低于《木结构工程施工质量验收规范》(GB 50206—2012)附录H的规定。 进场木基结构板材应作静曲强度和静曲弹性模量见证检验,所测得的平均值应不低于产品说明书的规定	按现行国家标准《木结构覆板用胶合板》(GB/T 22349)的有关规定进行见证试验,检查产品质量合格证书,该批次木基结构板干、湿态集中力、均布荷载及冲击荷载下的检验合格证书。检查静曲强度和弹性模量检验报告	每一检验批每一树种每一规格等级随机抽取3张板材
7	进场结构复合木材和工字形木搁栅	应有产品质量合格证书,并应有符合设计文件规定的平弯或侧立抗弯性能检验报告。 进场工字形木搁栅和结构复合木材受弯构件,应作荷载效应标准组合作用下的结构性能检验,在检验荷载作用下,构件不应发生开裂等损伤现象,最大挠度不应大于表7-15的规定,跨中挠度的平均值不应大于理论计算值的1.13倍	按规范《木结构工程施工质量验收规范》GB 50206—2012附录F的规定进行,检查产品质量合格证书、结构复合木材材料强度和弹性模量检验报告及构件性能检验报告	每一检验批每一规格随机抽取3根

续表

序号	项目	合格质量标准	检验方法	检查数量
8	齿板桁架	应由专业加工厂加工制作，并应有产品质量合格证书	实物与产品质量合格证书对照检查	检验批全数
9	钢材、焊条、螺栓和圆钉	应符合规范《木结构工程施工质量验收规范》(GB 50206—2012)的第4.2.6～4.2.9条的规定		
10	金属连接件	应冲压成型，并应具有产品质量合格证书和材质合格保证。镀锌防锈层厚度不应小于275g/m^2	实物与产品质量合格证书对照检查	检验批全数
11	轻型木结构各类构件间连接的金属连接件	其规格、钉连接的用钉规格与数量，应符合设计文件的规定	目测、丈量	检验批全数
12	各类构件间的钉	当采用构造设计时，各类构件间的钉连接不应低于规范《木结构工程施工质量验收规范》(GB 50206—2012)附录J的规定	目测、丈量	检验批全数

荷载效应标准组合作用下受弯木构件的挠度限值　表7-15

项次	构件类别		挠度限值（m）
1	檩条	$L \leqslant 3.3$m	$L/200$
		$L > 3.3$m	$L/250$
2	主梁		$L/250$

注：L为受弯构件的跨度。

2）目测分等规格材的材质等级应符合表 7-16 的规定。

目测分等[1]规格材材质标准 **表 7-16**

项次	缺陷名称[2]	材质等级		
		Ⅰc	Ⅱc	Ⅲc
1	振裂和干裂	允许个别长度不超过 600mm，但不贯通；贯通时，应按劈裂要求检验		贯通：长度不超过 600mm 不贯通：900mm 长或不超过 1/4 构件长干裂无限制；贯通干裂应按劈裂要求检验
2	漏刨	构件的 10%轻度漏刨[3]		轻度漏刨不超过构件的 5%，包含长达 600mm 的散布漏刨[5]，或重度漏刨[4]
3	劈裂	$b/6$		$1.5b$
4	斜纹：斜率不大于（%）	8	10	12
5	钝棱[6]	$h/4$ 和 $b/4$，全长或与其相当，如果在 1/4 长度内钝棱不超过 $h/2$ 或 $b/3$		$h/3$ 和 $b/3$，全长或与其相当，如果在 1/4 长度内钝棱不超过 $2h/3$ 或 $b/2$
6	针孔虫眼	每 25mm 的节孔允许 48 个针孔虫眼，以最差材面为准		
7	大虫眼	每 25mm 的节孔允许 12 个 6mm 的大虫眼，以最差材面为准		
8	腐朽—材心[17]	不允许		当 $h>40$mm 时不允许，否则 $h/3$ 或 $b/3$
9	腐朽—白腐[17]	不允许		1/3 体积
10	腐朽—蜂窝腐[17]	不允许		$b/6$ 坚实[13]
11	腐朽—局部片状腐[17]	不允许		$b/6$ 宽[13],[14]

续表

项次	缺陷名称[2]	材质等级								
		Ⅰc			Ⅱc			Ⅲc		
12	腐朽—不健全材	不允许						最大尺寸 $b/12$ 和50mm长，或等效的多个小尺寸[13]		
13	扭曲、横弯和顺弯[7]	1/2中度						轻度		
14	木节和节孔[16]高度(mm)	健全节、卷入节和均布节[8]		非健全节，松节和节孔[9]	健全节、卷入节和均布节		非健全节，松节和节孔[10]	任何木节		节孔[11]
		材边	材心		材边	材心		材边	材心	
	40	10	10	10	13	13	13	16	16	16
	65	13	13	13	19	19	19	22	22	22
	90	19	22	19	25	38	25	32	51	32
	115	25	38	22	32	48	29	41	60	35
	140	29	48	25	38	57	32	48	73	38
	185	38	57	32	51	70	38	64	89	51
	235	48	67	32	64	93	38	83	108	64
	285	57	76	32	76	95	38	95	121	76

项次	缺陷名称[2]	材质等级	
		Ⅳc	Ⅴc
1	振裂和干裂	贯通—1/3构件长 不贯通—全长 3面振裂—1/6构件长 干裂无限制 贯通干裂参见劈裂要求	不贯通全长 贯通和三面振裂1/3构件长
2	漏刨	散布漏刨伴有不超过构件10%的重度漏刨[4]	任何面的散布漏刨中，宽面含不超过10%的重度漏刨[4]
3	劈裂	$L/6$	$2b$
4	斜纹：斜率不大于(%)	25	25

续表

项次	缺陷名称[2]	材质等级					
		Ⅳc			Ⅴc		
5	钝棱[6]	$h/2$ 或 $b/2$，全长或与其相当，如果在1/4长度内钝棱不超过 $7h/8$ 或 $3b/4$			$h/3$ 或 $b/3$，全长或与其相当，如果在1/4长度内钝棱不超过 $h/2$ 或 $3b/4$		
6	针孔虫眼	每25mm的节孔允许48个针虫眼，以最差材面为准					
7	大虫眼	每25mm的节孔允许12个6mm的大虫眼，以最差材面为准					
8	腐朽一材心[17]	1/3截面[13]			1/3截面[15]		
9	腐朽一白腐[17]	无限制			无限制		
10	腐朽一蜂窝腐[17]	100%坚实			100%坚实		
11	腐朽一局部片状腐[17]	1/3截面			1/3截面		
12	腐朽一不健全材	1/3截面，深入部分1/6长度[15]			1/3截面，深入部分1/6长度[15]		
13	扭曲，横弯和顺弯[7]	中度			1/2中度		
14	木节和节孔[16]高度（mm）	任何木节 材边	任何木节 材心	节孔[12]	任何木节		节孔
	40	19	19	19	19	19	19
	65	32	32	32	32	32	32
	90	44	64	44	44	64	38
	115	57	76	48	57	76	44
	140	70	95	51	70	95	51
	185	89	114	64	89	114	64
	235	114	140	76	114	140	76
	285	140	165	89	140	165	89

续表

项次	缺陷名称[2]	材质等级	
		Ⅵc	Ⅶc
1	振裂和干裂	表层一不长于600mm 贯通干裂同劈裂	贯通：600mm长 不贯通：900mm长或不超过1/4构件长
2	漏刨	构件的10%轻度漏刨[3]	轻度漏刨不超过构件的5%，包含长达600mm的散布漏刨[5]或重度漏刨[4]
3	劈裂	6	1.5b
4	斜纹：斜率不大于(%)	17	25
5	钝棱[6]	$h/4$或$b/4$，全长或与其相当，如果在1/4长度内钝棱不超过$h/2$或$b/3$	$h/3$或$b/3$，全长或与其相当，如果在1/4长度内钝棱不超过$2h/3$或$b/2$，$\leqslant L/4$
6	针孔虫眼	每25mm的节孔允许48个针孔虫眼，以最差材面为准	
7	大虫眼	每25mm的节孔允许12个6mm的大虫眼，以最差材面为准	
8	腐朽一材心[17]	不允许	$h/3$或$b/3$
9	腐朽一白腐[18]	不允许	1/3体积
10	腐朽一蜂窝腐[19]	不允许	$b/6$
11	腐朽一局部片状腐[20]	不允许	$b/6$[14]
12	腐朽一不健全材	不允许	最大尺寸$b/12$和50mm长，或等效的小尺寸[13]
13	扭曲，横弯和顺弯[7]	1/2中度	轻度

续表

项次	缺陷名称[2]	材质等级			
		Ⅵc		Ⅶc	
	木节和节孔[16]高度(mm)	健全节、卷入节和均布节[8]	非健全节、松节和节孔[10]	任何木节	节孔[11]
14	40	—	—	—	—
	65	19	16	25	19
	90	32	19	38	25
	115	38	25	51	32
	140	—	—	—	—
	185	—	—	—	—
	235	—	—	—	—
	285	—	—	—	—

注：[1] 目测分等应包括构件所有材面以及两端。b 为构件宽度，h 为构件厚度，L 为构件长度。

[2] 除本注解中已说明，缺陷定义详见国家标准《锯材缺陷》(GB/T 4823)。

[3] 指深度不超过 1.6mm 的一组漏刨，漏刨之间的表面刨光。

[4] 重度漏刨为宽面上深度为 3.2mm、长度为全长的漏刨。

[5] 部分或全部漏刨，或全面糙面。

[6] 离材端全部或部分占据材面的钝棱，当表面要求满足允许漏刨规定，窄面上破坏要求满足允许节孔的规定（长度不超过同一等级最大节孔直径的 2 倍），钝棱的长度可为 300mm，每根构件允许出现一次。含有该缺陷的构件不得超过总数的 5%。

[7] 顺弯允许值是横弯的 2 倍。

[8] 卷入节是指被树脂或树皮包围不与周围木材连生的木节，均布节是指在构件任何 150mm 长度上所有木节尺寸的总和必须小于容许最大木节尺寸的 2 倍。

[9] 每 1.2m 有一个或数个小节孔，小节孔直径之和与单个节孔直径相等。

[10] 每 0.9m 有一个或数个小节孔，小节孔直径之和与单个节孔直径相等。

[11] 每 0.6m 有一个或数个小节孔，小节孔直径之和与单个节孔直径相等。

[12] 每 0.3m 有一个或数个小节孔，小节孔直径之和与单个节孔直径相等。

[13] 仅允许厚度为 40mm。

[14] 假如构件窄面均有局部片状腐，长度限制为节孔尺寸的 2 倍。

[15] 钉入边不得破坏。

[16] 节孔可全部或部分贯通构件。除非特别说明，节孔的测量方法与节子相同。

[17] 材心腐朽指某些树种沿髓心发展的局部腐朽，用目测鉴定。心材腐朽存在于活树中，在被砍伐的木材中不会发展。

[18] 白腐指木材中白色或棕色的小壁孔或斑点，由白腐菌引起。白腐存在于活树中，在使用时不会发展。

[19] 蜂窝腐与白腐相似但囊孔更大。含蜂窝腐的构件较未含蜂窝腐的构件不易腐朽。

[20] 局部片状腐指柏树中槽状或壁孔状的区域。所有引起局部片状腐的木腐菌在树砍伐后不再生长。

（2）一般项目检验

轻型木结构一般项目检验标准见表7-17。

轻型木结构一般项目检验　　表7-17

序号	项目	合格质量标准	检验方法	检查数量
1	承重墙（含剪力墙）	下列各项应符合设计文件的规定，且不应低于现行国家标准《木结构设计规范》（GB 50005）有关构造的规定： （1）墙骨间距。 （2）墙体端部、洞口两侧及墙体转角和交接处，墙骨的布置和数量。 （3）墙骨开槽或开孔的尺寸和位置。 （4）地梁板的防腐、防潮及与基础的锚固措施。 （5）墙体顶梁板规格材的层数、接头处理及在墙体转角和交接处的两层顶梁板的布置。 （6）墙体覆面板的等级、厚度及铺钉布置方式。 （7）墙体覆面板与墙骨钉连接用钉的间距。 （8）墙体与楼盖或基础间连接件的规格尺寸和布置	实物与设计文件对照、丈量	检验批全数
2	楼盖	下列各项应符合设计文件的规定，且不应低于现行国家标准《木结构设计规范》（GB 50005）有关构造的规定： （1）拼合梁钉或螺栓的排列、连续拼合梁规格材接头的形式和位置。 （2）搁栅或拼合梁的定位、间距和支承长度。 （3）搁栅开槽或开孔的尺寸和位置。 （4）楼盖洞口周围搁栅的布置和数量；洞口周围搁栅间的连接、连接件的规格尺寸及布置。 （5）楼盖横撑、剪刀撑或木底撑的材质等级、规格尺寸和布置	目测、丈量	检验批全数

续表

序号	项目	合格质量标准	检验方法	检查数量
3	齿板桁架	其进场验收，应符合下列规定： (1) 规格材的树种：等级和规格应符合设计文件的规定。 (2) 齿板的规格、类型应符合设计文件的规定。 (3) 桁架的几何尺寸偏差不应超过表 7-18 的规定。 (4) 齿板的安装位置偏差不应超过表 7-19 所示的规定。 (5) 齿板连接的缺陷面积当连接处的构件宽度大于 50mm 时，不应超过齿板与该构件接触面积的 20%；当构件宽度小于 50mm 时，不应超过齿板与该构件接触面积的 10%。缺陷面积应为齿板与构件接触面范围内的木材表面缺陷面积与板齿倒伏面积之和。 (6) 齿板连接处木构件的缝隙不应超过图 7-2 所示的规定。除设计文件有特殊规定外，宽度超过允许值的缝隙，均应有宽度不小于 19mm、厚度与缝隙宽度相当的金属片填实，并应有螺纹钉固定在被填塞的构件上	目测、量器测量	检验批全数的 20%
4	屋盖	下列各项应符合设计文件的规定，且不应低于现行国家标准《木结构设计规范》(GB 50005)有关构造的规定： (1) 椽条、天棚搁栅或齿板屋架的定位、间距和支承长度； (2) 屋盖洞口周围椽条与顶棚搁栅的布置和数量；洞口周围椽条与顶棚搁栅间的连接、连接件的规格尺寸及布置； (3) 屋面板铺钉方式及与搁栅连接用钉的间距	钢尺或卡尺量、目测	检验批全数
5	轻型木结构	其各种构件的制作与安装偏差，不应大于表 7-21 的规定	表 7-21	检验批全数
6	轻型木结构的保温措施和隔气层的设置	应符合设计文件的规定	对照设计文件检查	检验批全数

桁架制作允许误差（mm）　　　　表 7-18

	相同桁架间尺寸差	与设计尺寸间的误差
桁架长度	12.5	18.5
桁架高度	6.5	12.5

注：1. 桁架长度指不包括悬挑或外伸部分的桁架总长，用于限定制作误差；
2. 桁架高度指不包括悬挑或外伸等上、下弦杆突出部分的全榀桁架最高部位处的高度，为上弦顶面到下弦底面的总高度，用于限定制作误差。

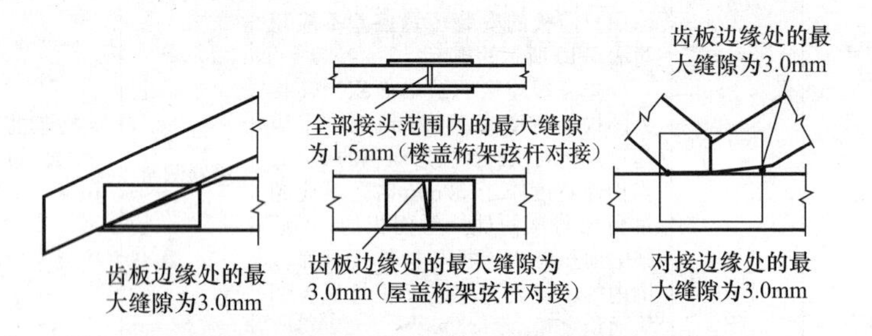

图 7-2　齿板桁架木构件间允许缝隙限值

轻型木结构的制作安装误差应符合表 7-19 的规定。

轻型木结构的制作安装允许偏差　　　　表 7-19

项次	项目			允许偏差（mm）	检验方法
1	楼盖主梁、柱子及连接件	楼盖主梁	截面宽度/高度	±6	钢板尺量
			水平度	+1/200	水平尺量
			垂直度	±3	直角尺和钢板尺量
			间距	±6	钢尺量
			拼合梁的钉间距	+30	钢尺量
			拼合梁的各构件的截面高度	±3	钢尺量
			支承长度	−6	钢尺量
2	楼盖主梁、柱子及连接件	柱子	截面尺寸	±3	钢尺量
			拼合柱的钉间距	+30	钢尺量
			柱子长度	±3	钢尺量
			垂直度	±1/200	靠尺量

续表

项次	项目			允许偏差（mm）	检验方法
3	楼盖主梁、柱子及连接件	连接件	连接件的间距	±6	钢尺量
			同一排列连接件之间的错位	±6	钢尺量
			构件上安装连接件开槽尺寸	连接件尺寸±3	卡尺量
			端距/边距	±6	钢尺量
			连接钢板的构件开槽尺寸	±6	卡尺量
4	楼（屋）盖施工	楼（屋）盖	搁栅间距	±40	钢尺量
			楼盖整体水平度	±1/250	水平尺量
			楼盖局部水平度	±1/150	水平尺量
			搁栅截面高度	±3	钢尺量
			搁栅支承长度	−6	钢尺量
5		楼（屋）盖	规定的钉间距	+30	钢尺量
			钉头嵌入楼、屋面板表面的最大深度	+3	卡尺量
6		楼（屋）盖齿板连接桁架	桁架间距	±40	钢尺量
			桁架垂直度	±1/200	直角尺和钢尺量
			齿板安装位置	±6	钢尺量
			弦杆、腹杆、支撑	19	钢尺量
			桁架高度	13	钢尺量

7.4 木构件防护

1. 质量控制要点

（1）木结构的使用环境分为三级：HJⅠ、HJⅡ及HJⅢ，定义如下。

1）HJⅠ：木材和复合木材在地面以上用于以下三种情况。

① 室内结构；

② 室外有遮盖的木结构；

③ 室外暴露在大气中或长期处于潮湿状态的木结构。

2）HJⅡ：木材和复合木材用于与地面（或土壤）、淡水接触或处于其他易遭腐朽的环境（例如埋于砌体或混凝土中的木构件）以及虫害地区。

3）HJⅢ：木材和复合木材用于与地面（或土壤）接触处。

① 园艺场或虫害严重地区；

② 亚热带或热带。

注：不包括海事用途的木结构。

（2）为确保木结构达到设计要求的使用年限，应根据使用环境和所使用的树种耐腐或抗虫蛀的性能，确定是否采用防腐药剂进行处理。

（3）防护剂应具有毒杀木腐菌和害虫的功能，而不致危及人畜和污染环境，因此对下述防护剂应限制其使用范围。

1）混合防腐油和五氯酚只用于与地（或土壤）接触的房屋构件防腐和防虫，应用两层可靠的包皮密封，不得用于居住建筑的内部和农用建筑的内部，以防与人畜直接接触；并不得用于储存食品的房屋或能与饮用水接触的处所。

2）含砷的无机盐可用于居住、商业或工业房屋的室内，只需在构件处理完毕后将所有的浮尘清除干净，但不得用于储存食品的房屋或能与饮用水接触的处所。

（4）用防护剂处理木材的方法有浸渍法、喷洒法和涂刷法。浸渍法包括常温浸渍法、冷热槽法和加压处理法。为了保证达到足够的防护剂透入度，锯材、层板胶合木、胶合板及结构复合木材均应采用加压处理法。

（5）木构件在处理前应加工至最后的截面尺寸，以消除已处理木材再度切割、钻孔的必要性。若有切口和孔眼，应用原来处理用的防护剂涂刷。

(6) 用水溶性防护剂处理后的木材，包括层板胶合木胶合板及结构复合木材均应重新干燥到使用环境所要求的含水率。

(7) 木构件需做阻燃处理时，应符合下列规定。

1) 阻燃剂的配方和处理方法应遵照国家标准《建筑设计防火规范》(GB 50016) 和设计对不同用途和截面尺寸的木构件耐火极限要求选用，但不得采用表面涂刷法。

2) 对于长期暴露在潮湿环境中的木构件，经过防火处理后，尚应进行防水处理。

2. 质量检验标准

(1) 木结构防护主控项目检验标准见表 7-20。

木结构防护主控项目检验　　表 7-20

序号	项目	合格质量标准	检验方法	检查数量
1	防腐、防虫及防火和阻燃药剂	应符合设计文件表明的木构件（包括胶合木构件等）使用环境类别和耐火等级，且应有质量合格证书的证明文件。经化学药剂防腐处理后的每批次木构件（包括成品防腐木材），应有符合规范《木结构工程施工质量验收规范》(GB 50206—2012) 附录 K 规定的药物有效性成分的载药量和透入度检验合格报告	实物对照、检查检验报告	检验批全数
2	经化学药剂防腐处理后进场的每批次木构件	应进行透入度见证检验，透入度应符合规范《木结构工程施工质量验收规范》(GB 50206—2012) 附录 K 的规定	现行国家标准《木结构试验方法标准》(GB/T 50329)	每检验批随机抽取 5～10 根构件，均匀地钻取 20 个（油性药剂）或 48 个（水性药剂）芯样

续表

序号	项目	合格质量标准	检验方法	检查数量
3	木结构构件的各项防腐构造措施	应符合设计文件的规定，并应符合下列要求： (1) 首层木楼盖应设置架空层，方木、原木结构楼盖底面距室内地面不应小于400mm，轻型木结构不应小于150mm。支承楼盖的基础或墙上应设通风口，通风口总面积不应小于楼盖面积的1/150，架空空间应保持良好通风。 (2) 非经防腐处理的梁、檩条和桁架等支承在混凝土构件或砌体上时，宜设防腐垫木，支承面间应有卷材防潮层。梁、檩条和桁架等支座不应封闭在混凝土或墙体中，除支承面外，该部位构件的两侧面、顶面及端面均应与支承构件间留30mm以上能与大气相通的缝隙。 (3) 非经防腐处理的柱应支承在柱墩上，支承面间应有卷材防潮层。柱与土壤严禁接触，柱墩顶面距土地面的高度不应小于300mm。当采用金属连接件固定并受雨淋时，连接件不应存水。 (4) 木屋盖设吊顶时，屋盖系统应有老虎窗、山墙百叶窗等通风装置。寒冷地区保温层设在吊顶内时，保温层顶距桁架下弦的距离不应小于100mm。 (5) 屋面系统的内排水天沟不应直接支承在桁架、屋面梁等承重构件上	对照实物、逐项检查	检验批全数

续表

序号	项目	合格质量标准	检验方法	检查数量
4	木构件需作防火阻燃处理时	应由专业工厂完成，所使用的阻燃药剂应具有有效性检验报告和合格证书，阻燃剂应采用加压浸渍法施工。经浸渍阻燃处理的木构件，应有符合设计文件规定的药物吸收干量的检验报告。采用喷涂法施工的防火涂层厚度应均匀，见证检验的平均厚度不应小于该药物说明书的规定值	卡尺测量、检查合格证书	每检验批随机抽取20处测量涂层厚度
5	木构件包覆材料	凡木构件外部需用防火石膏板等包覆时，包覆材料的防火性能应有合格证书，厚度应符合设计文件的规定	卡尺测量、检查产品合格证书	检验批全数
6	炊事、采暖等所用烟道、烟囱	应用不燃材料制作且密封，砖砌烟囱的壁厚不应小于240mm，并应有砂浆抹面，金属烟囱应外包厚度不小于70mm的矿棉保护层和耐火极限不低于1.00h的防火板，其外边缘距木构件的距离不应小于120mm，并应有良好通风。烟囱出屋面处的空隙应用不燃材料封堵	对照实物	检验批全数
7	墙体、楼盖、屋盖空腔内现场填充的保温、隔热、吸声等材料	应符合设计文件的规定，且防火性能不应低于难燃性B_1级	实物与设计文件对照、检查产品合格证书	检验批全数
8	电源线敷设	应符合下列要求： （1）敷设在墙体或楼盖中的电源线应用穿金属管线或检验合格的阻燃型塑料管。 （2）电源线明敷时，可用金属线槽或穿金属管线。 （3）矿物绝缘电缆可采用支架或沿墙明敷	对照实物、查验交接检验报告	检验批全数

续表

序号	项目	合格质量标准	检验方法	检查数量
9	埋设或穿越木结构的各类管道敷设	加压浸渍法施工。经浸渍阻燃处理的木构件，应有符合设计文件规定的药物吸收干量的检验报告。采用喷涂法施工的防火涂层厚度应均匀，见证检验的平均厚度不应小于该药物说明书的规定值	卡尺测量、检查合格证书	每检验批随机抽取20处测量涂层厚度
10	木结构中外露钢构件及未作镀锌处理的金属连接件	应按设计文件的规定采取防锈蚀措施	实物与设计文件对照	检验批全数

（2）木结构防护一般项目检验标准见表7-21。

木结构防护主控项目检验　　表7-21

序号	项目	合格质量标准	检验方法	检查数量
1	经防护处理的木构件	其防护层有损伤或因局部加工而造成防护层缺损时，应进行修补	根据设计文件与实物对照检查，检查交接报告	检验批全数
2	墙体和顶棚	其采用石膏板（防火或普通石膏板）作覆面板并兼作防火材料时，紧固件（钉子或木螺钉）贯入构件的深度不应小于表7-22的规定	实物与设计文件对照，检查交接报告	检验批全数
3	木结构外墙的防护构造措施	应符合设计文件的规定	根据设计文件与实物对照检查，检查交接报告	检验批全数

续表

序号	项目	合格质量标准	检验方法	检查数量
4	防火隔断	楼盖、楼梯、顶棚以及墙体内最小边长超过25mm的空腔，其贯通的竖向高度超过3m，水平长度超过20m时，均应设置防火隔断。天花板、屋顶空间，以及未占用的阁楼空间所形成的隐蔽空间面积超过300m²，或长边长度超过20m时，均应设防火隔断，并应分隔成隐蔽空间。防火隔断应采用下列材料： （1）厚度不小于40mm的规格材。 （2）厚度不小于20mm且由钉交错钉合的双层木板。 （3）厚度不小于12mm的石膏板、结构胶合板或定向木片板。 （4）厚度不小于0.4mm的薄钢板。 （5）厚度不小于6mm的钢筋混凝土板	根据设计文件与实物对照检查，检查交接报告	检验批全数

石膏板紧固件贯入木构件的深度（mm）　　**表7-22**

耐火极限	墙体		顶棚	
	钉	木螺钉	钉	木螺钉
0.75h	20	20	30	30
1.00h	20	20	45	45
1.50h	20	20	60	60

第8章 建筑屋面工程

屋面防水就是防止屋面上的雨水漏入室内。《屋面工程质量验收规范》（GB 50207—2012）根据不同的屋面防水等级和防水层合理使用年限，规定了不同的构造要求和选用材料，并提出分别选用高、中、低档防水材料，进行一道或多道设防，作为设计人员进行屋面工程设计时的依据。屋面防水层多道设防时，可采用同种卷材叠层或不同卷材复合，也可采用卷材、涂膜复合，刚性防水和卷材或涂膜复合等。

8.1 卷材防水屋面

在屋面工程中，卷材防水多用于平屋顶及坡度较小的屋面工程，通常做法是三毡四油，上面铺设绿豆砂保护层。卷材防水屋面构造，如图8-1所示。

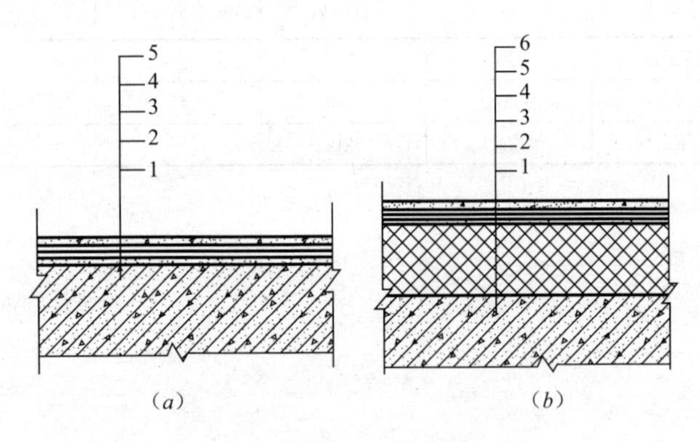

图8-1 卷材防水层面构造

（a）不保温卷材屋面；（b）保温卷材屋面

1—结构层；2—找平层；3—冷底子油结合层；4—卷材防水层；5—保护层

1—结构层；2—隔汽层、保温层；3—找平层；4—冷底子油结合层；5—卷材防水层；6—保护层

8.1.1 屋面找平层

1. 质量控制要点

（1）找平层的厚度和技术要求应符合表 8-1 的规定。

找平层的厚度和技术要求　　　　表 8-1

类别	基层种类	厚度（mm）	技术要求
水泥砂浆找平层	整体混凝土	15～25	1：（2.5～3）（水泥：砂）体积比，水泥强度等级不低于32.5级
	整体或板状材料保温层	20～25	
	装配式混凝土板、松散材料保温	20～30	
细石混凝土找平层	松散材料保温层	30～35	混凝土强度等级不低于 C20
沥青砂浆找平层	整体混凝土装配式混凝土板、整	15～20	1：8（沥青：砂）重量比
	体或板状材料保温层	20～25	

（2）基层处理。

1）水泥砂浆、细石混凝土找平层的基层，施工前必须先清理干净和浇水湿润。

2）沥青砂浆找平层的基层，施工前必须干净、干燥。满涂冷底子油 1～2 道，要求薄而均匀，不得有气泡和空白。

（3）分格缝留设。

1）找平层宜设分格缝，并嵌填密封材料。分格缝应留设在板端缝处，其纵横缝的最大间距：水泥砂浆或细石混凝土找平层，不宜大于 6m；沥青砂浆找平层，不宜大于 4m。

2）按照设计要求，应先在基层上弹线标出分格缝位置。若基层为预制屋面板，则分格缝应与板缝对齐。

3）安放分格缝的木条应平直、连续，其高度与找平层厚度一致，宽度应符合设计要求，断面为上宽下窄，便于取出。

（4）找平层施工。

1）水泥砂浆找平层表面应压实，无脱皮、起砂等缺陷；沥青砂浆找平层的铺设，是在干燥的基层上满涂冷底子油 1～2 道，干燥后再铺设沥青砂浆，滚压后表面应平整、密实、无蜂窝、无压痕。

2）水泥砂浆、细石混凝土找平层，在收水后，应做二次压光，确保表面坚固密实和平整。终凝后应采取浇水、覆盖浇水、喷养护剂等养护措施，保证水泥充分水化，确保找平层质量。同时严禁过早堆物、上人和操作。特别应注意：在气温低于 0℃ 或终凝前可能下雨的情况下，不宜进行施工。

3）沥青砂浆找平层施工，应在冷底子油干燥后，开始铺设。虚铺厚度一般应按 1.3～1.4 倍压实厚度的要求控制。对沥青砂浆在拌制、铺设、滚压过程中的温度，必须按规定准确控制，常温下沥青砂浆的拌制温度为 140～170℃，铺设温度为 90～120℃。待沥青砂浆铺设于屋面并刮平后，应立即用火滚子进行滚压（夏天温度较高时；滚筒可不生火），直至表面平整、密实、无蜂窝和压痕为止，滚压后的温度为 60℃。火滚子滚压不到的地方，可用烙铁烫压。施工缝应留斜槎，继续施工时，接槎处应刷热沥青一道，然后再铺设。

4）内部排水的水落口杯应牢固地固定在承重结构上，均应预先清除铁锈，并涂上专用底漆（锌磺类或磷化底漆等）。水落口杯与竖管承口的连接处，应用沥青与纤维材料拌制的填料或油膏填塞。

5）准确设置转角圆弧。对各类转角处的找平层宜采用细石混凝土或沥青砂浆，做出圆弧形。施工前可按照设计规定的圆弧半径，采用木材、钢板或其他光滑材料制成简易圆弧操作工具，用于压实、拍平和抹光，并统一控制圆弧形状和半径。

2. 质量检验标准

（1）主控项目检验（表 8-2）。

屋面找平层主控项目检验　　表 8-2

序号	项目	合格质量标准	检验方法	检验数量
1	材料的质量及配合比	找坡层和找平层材料的质量及配合比应符合设计要求	检查出厂合格证、质量检验报告和计量措施	按屋面面积每 $100m^2$ 抽查一处，每处应为 $10m^2$，且不得少于 3 处
2	排水坡度	找坡层和找平层的排水坡度，应符合设计要求	坡度尺检查	

（2）一般项目检验（表 8-3）。

屋面找平层一般项目检验　　表 8-3

序号	项目	合格质量标准	检验方法	检验数量
1	找平层	应抹平、压光，不得有酥松、起砂、起皮现象	观察检查	按屋面面积每 $100m^2$ 抽查一处，每处应为 $10m^2$，且不得少于 3 处
2	交接处的转角细部处理	卷材防水层的基层与突出屋面结构的交接处，以及基层的转角处，找平层应做成圆弧形，且应整齐平顺	观察检查	
3	分格缝的宽度和间距	找平层分格缝的宽度和间距，均应符合设计要求	观察和尺量检查	
4	表面平整度的允许偏差	找坡层表面平整度的允许偏差为 7mm，找平层表面平整度的允许偏差为 5mm	2m 靠尺和塞尺检查	

8.1.2　屋面保温层

1. 质量控制要点

（1）铺设保温层的基层应平整、干燥和干净。

（2）保温层应干燥，封闭式保温层的含水率应相当于该材料在当地自然风干状态下的平衡含水率。屋面保温层干燥有困难时，应采用排汽措施。

（3）倒置式屋面应采用吸水率小、长期浸水不腐烂的保温材料。保温层上应用混凝土等块材、水泥砂浆或卵石作保护层；

卵石保护层与保温层之间，应干铺一层无纺聚酯纤维布作隔离层。

2. 质量检验标准

（1）主控项目检验

1）纤维材料保温层

① 纤维保温材料的质量，应符合设计要求。

检验方法：检查出厂合格证、质量检验报告和进场检验报告。

② 纤维材料保温层的厚度应符合设计要求，其正偏差应不限，毡不得有负偏差，板负偏差应为4%且不得大于30mm。

检验方法：钢针插入和尺量检查。

③ 屋面热桥部位处理应符合设计要求。

检验方法：观察检查。

2）板状材料保温层

① 板状保温材料的质量，应符合设计要求。

检验方法：检查出厂合格证、质量检验报告和进场检验报告。

② 板状材料保温层的厚度应符合设计要求，其正偏差应不限，负偏差应为5%，且不得大于4mm。

检验方法：钢针插入和尺量检查。

③ 屋面热桥部位处理应符合设计要求。

检验方法：观察检查。

3）喷涂硬泡聚氨酯保温层

① 喷涂硬泡聚氨酯所用原材料的质量及配合比，应符合设计要求。

检验方法：检查原材料出厂合格证、质量检验报告和计量措施。

② 喷涂硬泡聚氨酯保温层的厚度应符合设计要求，其正偏差应不限，不得有负偏差。

检验方法：钢针插入和尺量检查。

③ 屋面热桥部位处理应符合设计要求。

检验方法：观察检查。

4）现浇泡沫混凝土保温层

① 现浇泡沫混凝土所用原材料的质量及配合比，应符合设计要求。

检验方法：检查原材料出厂合格证、质量检验报告和计量措施。

② 现浇泡沫混凝土保温层的厚度应符合设计要求，其正负偏差应为5%，且不得大于5mm。

检验方法：钢针插入和尺量检查。

③ 屋面热桥部位处理应符合设计要求。

检验方法：观察检查。

5）种植隔热层

① 种植隔热层所用材料的质量，应符合设计要求。

检验方法：检查出厂合格证和质量检验报告。

② 排水层应与排水系统连通。

检验方法：观察检查。

③ 挡墙或挡板泄水孔的留设应符合设计要求，并不得堵塞。

检验方法：观察和尺量检查。

6）架空隔热层

① 架空隔热制品的质量，应符合设计要求。

检验方法：检查材料或构件合格证和质量检验报告。

② 架空隔热制品的铺设应平整、稳固，缝隙勾填应密实。

检验方法：观察检查。

7）蓄水隔热层

① 防水混凝土所用材料的质量及配合比，应符合设计要求。

检验方法：检查出厂合格证、质量检验报告、进场检验报告和计量措施。

② 防水混凝土的抗压强度和抗渗性能，应符合设计要求。

检验方法：检查混凝土抗压和抗渗试验报告。

③ 蓄水池不得有渗漏现象。

检验方法：蓄水至规定高度观察检查。

（2）一般项目检验

1）纤维材料保温层

① 纤维保温材料铺设应紧贴基层，拼缝应严密，表面应平整。

检验方法：观察检查。

② 固定件的规格、数量和位置应符合设计要求；垫片应与保温层表面齐平。

检验方法：观察检查。

③ 装配式骨架和水泥纤维板应铺钉牢固，表面应平整；龙骨间距和板材厚度应符合设计要求。

检验方法：观察和尺量检查。

④ 具有抗水蒸汽渗透外覆面的玻璃棉制品，其外覆面应朝向室内，拼缝应用防水密封胶带封严。

检验方法：观察检查。

⑤ 固定件的规格、数量和位置应符合设计要求；垫片应与保温层表面齐平。向室内，拼缝应用防水密封胶带封严。

检验方法：观察检查。

2）板状材料保温层

① 板状保温材料铺设应紧贴基层，应铺平垫稳，拼缝应严密，粘贴应牢固。

检验方法：观察检查。

② 固定件的规格、数量和位置均应符合设计要求；垫片应与保温层表面齐平。

检验方法：观察检查。

③ 板状材料保温层表面平整度的允许偏差为3mm。

检验方法：2mm靠尺和塞尺检查。

④ 板状材料保温层接缝高低差的允许偏差为2mm。

检验方法：直尺和塞尺检查。

3）喷涂硬泡聚氨酯保温层

① 喷涂硬泡聚氨酯应分遍喷涂，粘结应牢固，表面应平整，找坡应正确。

检验方法：观察检查。

② 喷涂硬泡聚氨酯保温层表面平整度的允许偏差为5mm。

检验方法：2m靠尺和塞尺检查。

4）现浇泡沫混凝土保温层

① 现浇泡沫混凝土应分层施工，粘结应牢固，表面应平整，找坡应正确。

检验方法：观察检查。

② 现浇泡沫混凝土不得有贯通性裂缝，以及疏松、起砂、起皮现象。

检验方法：观察检查。

③ 现浇泡沫混凝土保温层表面平整度的允许偏差为5mm。

检验方法：2m靠尺和塞尺检查。

5）种植隔热层

① 陶粒应铺设平整、均匀，厚度应符合设计要求。

检验方法：观察和尺量检查。

② 排水板应铺设平整，接缝方法应符合国家现行有关标准的规定。

检验方法：观察和尺量检查。

③ 过滤层土工布应铺设平整、接缝严密，其搭接宽度的允许偏差为－10mm。

检验方法：观察和尺量检查。

④ 种植土应铺设平整、均匀，其厚度的允许偏差为±5%，且不得大于30mm。

检验方法：尺量检查。

6）架空隔热层

① 架空隔热制品距山墙或女儿墙不得小于250mm。

检验方法：观察和尺量检查。

② 架空隔热层的高度及通风屋脊、变形缝做法，应符合设计要求。

检验方法：观察和尺量检查。

③ 架空隔热制品接缝高低差的允许偏差为3mm。

检验方法：直尺和塞尺检查。

7）蓄水隔热层

① 防水混凝土表面应密实、平整，不得有蜂窝、麻面、露筋等缺陷。

检验方法：观察检查。

② 防水混凝土表面的裂缝宽度不应大于0.2mm，并不得贯通。

检验方法：刻度放大镜检查。

③ 蓄水池上所留设的溢水口、过水孔、排水管、溢水管等，其位置、标高和尺寸均应符合设计要求。

检验方法：观察和尺量检查。

④ 蓄水池结构的允许偏差和检验方法应符合表8-4的规定。

蓄水池结构的允许偏差和检验方法　　表8-4

项目	允许偏差（mm）	检验方法
长度、宽度	+15，−10	尺量检查
厚度	±5	
表面平整度	5	2m靠尺和塞尺检查
排水坡度	符合设计要求	坡度尺检查

8.1.3 卷材防水层

1. 质量控制要点

（1）卷材防水层应采用高聚物改性沥青防水卷材、合成高分子防水卷材或沥青防水卷材。所选用的基层处理剂、接缝胶粘剂、密封材料等配套材料应与铺贴的卷材材性相容。

（2）在坡度大于25%的屋面上采用卷材作防水层时，应采取固定措施，固定点应密封严密。

（3）铺设屋面隔汽层和防水层前，基层必须干净、干燥。干燥程度的简易检验方法为，将1mm^{2}卷材平坦地干铺在找平层上，静置3～4h后掀开检查，找平层覆盖部位与卷材上未见水印即可铺设。

（4）冷底子油涂刷应符合下列规定：

① 涂刷冷底子油的找平层表面，要求平整、干净、干燥。如个别地方较潮湿，可用喷灯烘烤干燥。

② 涂刷冷底子油的品种应视铺贴的卷材而定，不可错用。焦油沥青低温油毡，应用焦油沥青冷底子油。

③ 涂刷冷底子油要薄而匀，无漏刷、麻点、气泡。过于粗糙的找平层表面，宜先刷一遍慢挥发性冷底子油，待其初步干燥后，再刷一遍快挥发性冷底子油。涂刷时间宜在铺毡前1～2d进行。如采取湿铺工艺，冷底子油需在水泥砂浆找平层终凝后能上人时涂刷。

（5）卷材铺贴方向应符合下列规定。

① 屋面坡度小于3%时，卷材宜平行屋脊铺贴。

② 屋面坡度在3%～15%时，卷材可平行或垂直屋脊铺贴。

③ 屋面坡度大于15%或屋面受震动时，沥青防水卷材应垂直屋脊铺贴，高聚物改性沥青防水卷材和合成高分子防水卷材可平行或垂直屋脊铺贴。

④ 上下层卷材不得相互垂直铺贴。

（6）卷材厚度选用应符合表8-5的规定。

卷材厚度选用表　　表8-5

屋面防水等级	设防道数	合成高分子卷材	高聚物改性沥青防水卷材	沥青防水卷材
Ⅰ级	三道或三道以上设防	不应小于1.5mm	不应小于3mm	—
Ⅱ级	二道设防	不应小于1.2mm	不应小于3mm	—
Ⅲ级	一道设防	不应小于1.2mm	不应小于4mm	三毡四油
Ⅳ级	一道设防	—	—	二毡三油

（7）铺贴卷材采用搭接法时，上下层及相邻两幅卷材的搭接缝应错开。各种卷材搭接宽度应符合表8-6的要求。

卷材搭接宽度（单位：mm）　　表 8-6

卷材类别		搭接宽度
合成高分子防水卷材	胶粘剂	80
	胶粘带	50
	单缝焊	60，有效焊接宽度不小于 25
	双缝焊	80，有效焊接宽度 10×2+空腔宽
高聚物改性沥青防水卷材	胶粘剂	100
	自粘	80

（8）冷粘法铺贴卷材应符合下列规定：

① 胶粘剂涂刷应均匀，不露底，不堆积。

② 铺贴卷材应平整顺直，搭接尺寸准确，不得扭曲、皱折。

③ 根据胶粘剂的性能，应控制胶粘剂涂刷与卷材铺贴的间隔时间。

④ 铺贴的卷材下面的空气应排尽，并辊压粘结牢固。

⑤ 接缝口应用密封材料封严，宽度不应小于 10mm。

（9）热熔法铺贴卷材应符合下列规定。

① 火焰加热器加热卷材应均匀，不得过分加热或烧穿卷材；厚度小于 3mm 的高聚物改性沥青防水卷材严禁采用热熔法施工。

② 卷材表面热熔后应立即滚铺卷材，卷材下面的空气应排尽，并辊压粘结牢固，不得空鼓。

③ 卷材接缝部位必须溢出热熔的改性沥青胶。

④ 铺贴的卷材应平整顺直，搭接尺寸准确，不得扭曲、皱折。

（10）自粘法铺贴卷材应符合下列规定：

① 铺贴卷材时，应将自粘胶底面的隔离纸全部撕净。

② 卷材下面的空气应排尽，并辊压粘结牢固。

③ 铺贴卷材前基层表面应均匀涂刷基层处理剂，干燥后应及时铺贴卷材。

④ 铺贴的卷材应平整顺直，搭接尺寸准确，不得扭曲、皱折。搭接部位宜采用热风加热，随即粘贴牢固。

⑤ 接缝口应用密封材料封严，宽度不应小于10mm。

(11) 卷材热风焊接施工应符合下列规定。

① 焊接前卷材的铺设应平整顺直，搭接尺寸准确，不得扭曲、皱折。

② 卷材的焊接面应清扫干净，无水滴、油污及附着物。

③ 焊接时应先焊长边搭接缝，后焊短边搭接缝。

④ 控制热风加热温度和时间，焊接处不得有漏焊、跳焊、焊焦或焊接不牢现象。

⑤ 焊接时不得损害非焊接部位的卷材。

(12) 沥青玛𤥝脂的配制和使用应符合下列规定。

① 配制沥青玛𤥝脂的配合比应视使用条件、坡度和当地历年极端最高气温，并根据所用的材料经试验确定；施工中应按确定的配合比严格配料，每工作班应检查软化点和柔韧性。

② 热沥青玛𤥝脂的加热温度不应高于240℃，使用温度不应低于190℃。

③ 冷沥青玛𤥝脂使用时应搅匀，稠度太大时可加少量溶剂稀释搅匀。

④ 沥青玛𤥝脂应涂刮均匀，不得过厚或堆积。

粘结层厚度：热沥青玛𤥝脂宜为1～1.5mm，冷沥青玛𤥝脂宜为0.5～1mm；

面层厚度：热沥青玛𤥝脂宜为2～3mm，冷沥青玛𤥝脂宜为1～1.5mm。

(13) 天沟、檐沟、檐口、泛水和立面卷材收头的端部应裁齐，塞入预留凹槽内用金属压条钉压固定，最大钉距不应大于900mm，并用密封材料嵌填封严。

(14) 卷材防水层完工并经验收合格后，应做好成品保护。保护层的施工应符合下列规定。

① 绿豆砂应清洁、预热、铺撒均匀，并使其与沥青玛𤥝脂粘结牢固，不得残留未粘结的绿豆砂。

② 细石混凝土保护层，混凝土应密实，表面抹平压光，并

留设分格缝，分格面积不大于 36m²。

③ 块体材料保护层应留设分格缝，分格面积不宜大于 100m²，分格缝宽度不宜小于 20mm。

④ 水泥砂浆保护层的表面应抹平压光，并设表面分格缝，分格面积宜为 1m²。

⑤ 浅色涂料保护层应与卷材粘结牢固，厚薄均匀，不得漏涂。

⑥ 云母或蛭石保护层不得有粉料，撒铺应均匀，不得露底，多余的云母或蛭石应清除。

⑦ 水泥砂浆、块材或细石混凝土保护层与防水层之间应设置隔离层。

⑧ 刚性保护层与女儿墙、山墙之间应预留宽度为 30mm 的缝隙，并用密封材料嵌填严密。

2. 质量检验标准

(1) 主控项目检验（表 8-7）。

卷材防水主控项目检验　　　　表 8-7

序号	项目	合格质量标准	检验方法	检查数量
1	防水卷材及其配套材料的质量	应符合设计要求	检查出厂合格证、质量检验报告和进场检验报告	按屋面面积每 100m² 抽查一处，每处应为 10m²，且不得少于 3 处；接缝密封防水应按每 50m 抽查一处，每处应为 5m，且不得少于 3 处
2	卷材防水层	不得有渗漏和积水现象	雨后观察或淋水、蓄水试验	
3	防水细部构造	卷材防水层在檐口、檐沟、天沟、水落口、泛水、变形缝和伸出屋面管道的防水构造，应符合设计要求	观察检查	

（2）一般项目检验（表 8-8）。

一般项目检验　　表 8-8

序号	项目	合格质量标准	检验方法	检查数量
1	卷材的搭接缝	应粘结或焊接牢固，密封应严密，不得扭曲、皱折和翘边	观察检查	按屋面面积每 100m² 抽查一处，每处应为 10m²，且不得少于 3 处；接缝密封防水应按每 50m 抽查一处，每处应为 5m，且不得少于 3 处
2	卷材防水层的收头	应与基层粘结，钉压应牢固，密封应严密	观察检查	
3	卷材防水层的铺贴	铺贴方向应正确，卷材搭接宽度的允许偏差为 －10mm	观察和尺量检查	
4	屋面排汽道的留置	屋面排汽构造的排汽道应纵横贯通，不得堵塞；排汽管应安装牢固，位置应正确，封闭应严密	观察检查	

8.2 涂膜防水屋面

1. 质量控制要点

（1）防水涂料应采用高聚物改性沥青防水涂料、合成高分子防水涂料。

（2）工程所用材料必须符合国家有关质量标准和设计要求，并按规定抽样复查合格。

（3）多组分涂料应按配合比准确计量，搅拌均匀，并应根据有效时间确定使用量。

（4）天沟、檐沟、檐口、泛水和立面涂膜防水层的收头，应用防水涂料多遍涂刷或用密封材料封严。

（5）应待先涂的涂层干燥成膜后，方可涂后一遍涂料。

（6）需铺设胎体增强材料时，屋面坡度小于 15％时可平行屋脊铺设，屋面坡度大于 15％时应垂直于屋脊铺设。

（7）采用两层胎体增强材料时，上下层不得相互垂直铺设，搭接缝应错开，其间距不应小于幅宽的1/3。

（8）节点、构造细部等处做法应符合设计要求，封固严密，不得开缝翘边，密封材料必须与基层粘结牢固，密封部位应平直、光滑，无气泡、龟裂、空鼓、起壳、塌陷，尺寸符合设计要求；底部放置背衬材料但不与密封材料粘结；保护层应覆盖严密。

（9）涂膜防水层表面应平整、均匀，不应有裂纹、脱皮、流淌、鼓泡、露胎体、皱皮等现象；涂膜厚度应符合设计要求。

（10）涂膜表面上的松散材料保护层、涂料保护层或泡沫塑料保护层等，应覆盖均匀，粘结牢固。

（11）在屋面涂膜防水工程中的架空隔热层、保温层、蓄水屋面和种植屋面等，应符合设计要求和有关技术规范规定。

（12）涂膜防水层完工并经验收合格后，应做好成品保护。

2. 质量检验标准

（1）主控项目检验（表8-9）。

涂膜防水主控项目检验　　表8-9

序号	项目	合格质量标准	检验方法	检查数量
1	防水涂料和胎体增强材料的质量	应符合设计要求	检查出厂合格证、质量检验报告和进场检验报告	按屋面面积每100m² 抽查一处，每处应为10m²，且不得少于3处
2	涂膜防水层	涂膜防水层不得有渗漏和积水现象	雨后观察或淋水、蓄水试验	
3	防水细部构造	涂膜防水层在檐口、檐沟、天沟、水落口、泛水、变形缝和伸出屋面管道的防水构造，应符合设计要求	观察检查	
4	涂膜防水层的平均厚度	应符合设计要求，且最小厚度不得小于设计厚度的80％	针测法或取样量测	

（2）一般项目检验（表 8-10）。

涂膜防水一般项目检验　　　　表 8-10

序号	项目	合格质量标准	检验方法	检查数量
1	涂膜施工	涂膜防水层与基层应粘结牢固，表面应平整，涂布应均匀，不得有流淌、皱折、起泡和露胎体等缺陷	观察检查	全数检查
2	涂膜防水层的收头	涂膜防水层的收头应用防水涂料多遍涂刷	观察检查	按屋面面积每 100m² 抽查一处，每处应为 10m²，且不得少于 3 处
3	铺贴胎体增强材料	应平整顺直，搭接尺寸应准确，应排除气泡，并应与涂料粘结牢固；胎体增强材料搭接宽度的允许偏差为 −10mm	观察和尺量检查	

8.3 瓦屋面

8.3.1 烧结瓦和混凝土屋面铺装

1. 质量控制要点

（1）平瓦屋面与立墙及突出屋面结构等交接处，均应做泛水处理。天沟、檐沟的防水层，应采用合成高分子防水卷材、高聚物改性沥青防水卷材、沥青防水卷材、金属板材或塑料板材等材料铺设。

（2）瓦屋面檐口挑出墙面的长度不宜小于 300mm。

（3）脊瓦在两坡面瓦上的搭盖宽度，每边不应小于 3 脊瓦下端距坡面瓦的高度不宜大于 40mm。

（4）脊瓦下端距坡面瓦的高度不宜大于 80mm。

（5）瓦头伸入檐沟、天沟内的长度宜为 50～70mm。

（6）金属檐沟、天沟伸入瓦内的宽度不应小于 150mm。

（7）瓦头挑出檐口的长度宜为 50～70mm。

（8）突出层面结构的侧面瓦伸入泛水的宽度不应小于50mm。

2. 质量检验标准

(1) 主控项目检验（表 8-11）。

主控项目检验 **表 8-11**

序号	项目	合格质量标准	检验方法	检查数量
1	瓦材及防水垫层的质量	应符合设计要求	检查出厂合格证、质量检验报告和进场检验报告	按屋面面积每 100m² 抽查一处，每处应为 10m²，且不得少于 3 处
2	烧结瓦、混凝土瓦屋面	烧结瓦、混凝土瓦屋面不得有渗漏现象	雨后观察或淋水试验	
3	瓦片铺置	瓦片必须铺置牢固。在大风及地震设防地区或屋面坡度大于 100%时，应按设计要求采取固定加强措施	观察或手扳检查	

(2) 一般项目检验（表 8-12）。

一般项目检验 **表 8-12**

序号	项目	合格质量标准	检验方法	检查数量
1	挂瓦条	应分档均匀，铺钉应平整、牢固；瓦面应平整，行列应整齐，搭接应紧密，檐口应平直	观察检查	按屋面面积每 100m² 抽查一处，每处应为 10m²，且不得少于 3 处
2	脊瓦搭盖	脊瓦应搭盖正确，间距应均匀，封固应严密；正脊和斜脊应顺直，应无起伏现象	观察检查	
3	泛水做法	应符合设计要求，并应顺直整齐、结合严密	观察检查	
4	瓦铺装尺寸	烧结瓦和混凝土瓦铺装的有关尺寸，应符合设计要求	尺量检查	

8.3.2 金属板屋面铺装

1. 质量控制要点

(1) 金属板材屋面与立墙及突出屋面结构等交接处，均应做泛水处理。两板间应放置通长密封条；螺栓拧紧后，两板的搭接口处应用密封材料封严。

（2）压型板应采用带防水垫圈的镀锌螺栓（螺钉）固定，固定点应设在波峰上。所有外露的螺栓（螺钉），均应涂抹密封材料保护。

（3）金属板材屋面。

1）压型板屋面。压型板屋面的有关尺寸应符合下列要求：

① 压型板伸入檐沟内酶长度不小于 15mm；

② 压型板的横向搭接不小于一个波，纵向搭接不小于 200mm；

③ 压型板与泛水的搭接宽度不小于 200mm；

④ 压型板挑出墙面的长度不小于 200mm。

2）波形薄钢板屋面。

① 波形薄钢板、镀锌波形薄钢板按规定涂刷防锈漆、底漆、罩面漆，且涂刷应均匀、无脱皮、漏刷。

② 搭接宽度一般为一个半波至二个波，不得少于一个波。上下排搭接长度不应少于 80mm，搭接要顺主导风向，搭接缝应严实。

③ 波瓦须用螺栓和弯钩螺栓将波瓦锁牢在檩子上，螺栓中距 300～450min，上下排接头必须位于檩条上。上下接头的螺栓每隔三个凸陇栓一根。在木檩条上应用带防水垫圈的镀锌螺栓固定。在金属和钢筋混凝土檩条上应用带防水垫圈的镀锌弯钩螺栓固定、螺钉应设在波峰上。螺栓的数量、在瓦四周的每一搭接边上，均不宜少于 3 个，波中央必须放两个。

④ 在靠高出屋面山墙处，最少要卷起 180mm，弯成“Z”形伸入墙体预留槽内并用水泥砂浆抹平。若山墙不出屋面时，应靠山墙剪齐波瓦，用砂浆封山抹檐。

⑤ 屋脊、斜脊、天沟和屋面与突出屋面结构连接处的泛水板，均应用铁皮，与波瓦搭接不少于 150mm。

⑥ 薄钢板的搭接缝和其他可能浸水的部位，应用铅油麻丝或油灰封固。

3）薄钢板屋面。

① 薄钢板应按规定涂刷防锈漆、罩面漆，且应涂刷均匀，无脱皮及漏刷。

② 薄钢板在安装前应预制成拼板，其长度应按设计要求根据屋面坡长和运输吊装条件确定。

③ 先安装檐口薄钢板，以檐口为准，檐口要挑出封檐板，伸入檐沟边 50mm；无檐沟者挑出 120mm；无组织排水屋面檐口薄钢板挑出距墙至少 200mm。

④ 檐口薄钢板宜固定在 T 形铁板上（图 8-2）。用钉子将 T 形铁板钉在檐口垫板上，间距不宜大于 700mm，若做钢板包檐时应带有向外弯的滴水线。

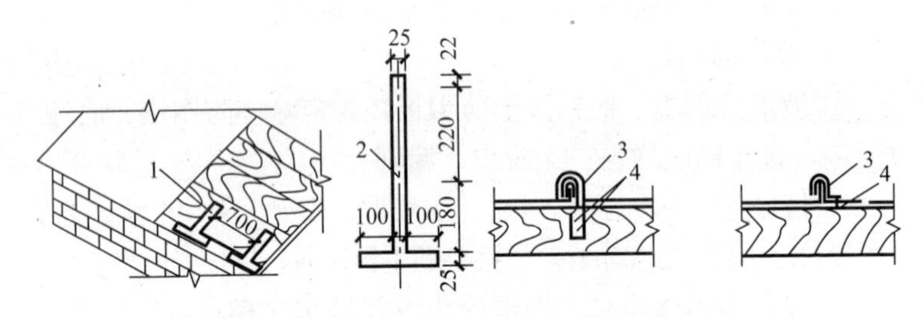

图 8-2 T 形铁板固定及钢板带固定薄钢板方法

1—T 形铁板安装；2—T 形铁板大样；3—钢板带；4—钉子

⑤ 垂直于流水方向的平咬口，应位于檩条上，每张板顺长度方向至少钉三个钢板带，间距不大于 600mm。

⑥ 钉子不得直接钉在咬口上。上行弯边应在下行弯边之上，沿顺水方向盖叠，与屋脊垂直方向的接合缝用单咬口，折叠方向一致，单咬口、双咬口应顺流水方向；在屋面的同一坡面上，相邻两薄钢板咬口接合缝，均应错开 50mm 以上，立咬口折边必须折向顺主导风向。屋面坡度大于 30％的垂直流水方向的拼缝宜用单平咬口。天沟、斜沟的薄钢板拼板及其与坡面薄钢板的连接处，宜用双平咬口，并用油灰嵌缝。

⑦ 屋面薄钢板与突出屋面墙的连接处，薄钢板应向上弯起

伸入墙的预留槽中，高度不宜小于150mm。用钉子钉在槽内预埋木砖上，然后用掺有麻刀的混合砂浆将槽抹平做成泛水。

⑧ 有钉眼露于屋面时，应进行处理。爬脊薄钢板，有爬脊木或脊檩的，用人字薄钢板盖压，无爬脊木的用立式咬口。

⑨ 为防止屋面被风刮起，大风地区每隔三个立口应设方木加固。

2. 质量检验标准

(1) 主控项目检验（表8-13）。

金属板屋面铺装主控项目检验　　　表8-13

序号	项目	合格质量标准	检验方法	检查数量
1	板材及其辅助材料的质量	金属板材及其辅助材料的质量，应符合设计要求	检查出厂合格证、质量检验报告和进场检验报告	按屋面面积每100m²抽查一处，每处应为10m²，且不得少于3处
2	屋面连接和密封	金属板屋面不得有渗漏现象	雨后观察或淋水试验	

(2) 一般项目检验（表8-14）。

金属板屋面铺装一般项目检验　　　表8-14

序号	项目	合格质量标准	检验方法	检查数量
1	金属板铺装	金属板铺装应平整、顺滑；排水坡度应符合设计要求	坡度尺检查	按屋面面积每100m²抽查一处，每处应为10m²，且不得少于3处
2	咬口锁边	压型金属板的咬口锁边连接应严密、连续、平整，不得扭曲和裂口	观察检查	
3	紧固件	压型金属板的紧固件连接应采用带防水垫圈的自攻螺钉，固定点应设在波峰上；所有自攻螺钉外露的部位均应密封处理	观察检查	

续表

序号	项目	合格质量标准	检验方法	检查数量
4	绝热夹芯板	金属面绝热夹芯板的纵向和横向搭接，应符合设计要求	观察检查	按屋面面积每 100m² 抽查一处，每处应为 10m²，且不得少于 3 处
5	屋脊、檐口、泛水	直线段应顺直，曲线段应顺畅	观察检查	
6	铺装的允许偏差检验方法	应符合表 8-15 的规定		

金属板铺装的允许偏差和检验方法　　表 8-15

项目	允许偏差（mm）	检验方法
檐口与屋脊的平行度	15	拉线和尺量检查
金属板对屋脊的垂直度	单坡长度的 1/800，且不大于 25	
金属板咬缝的平整度	10	
檐口相邻两板的端部错位	6	
金属板铺装的有关尺寸	符合设计要求	尺量检查

8.4 沥青瓦屋面铺装

1. 质量控制要点

（1）沥青瓦应边缘整齐，切槽应清晰，厚薄应均匀，表面应无孔洞、楞伤、裂纹、皱折和起泡等缺陷。

（2）沥青瓦应自檐口向上铺设，起始层瓦应由瓦片经切除垂片部分后制得，且起始层瓦沿檐口平行铺设并伸出檐口10mm，并应用沥青基胶粘材料与基层粘结；第一层瓦应与起始层瓦叠合，但瓦切口应向下指向檐口；第二层瓦应压在第一层瓦上且露出瓦切口，但不得超过切口长度。相邻两层沥青瓦的拼缝及切应均匀错开。

（3）沥青瓦铺设时，每张瓦片不得少于 4 个固定钉，在大风地区或屋面坡度大于 100%时，每张瓦片不得少于 6 个固定钉；

(4) 铺设脊瓦时，宜将沥青瓦沿切口剪开分成三块作为脊瓦，并应用 2 个固定钉固定，同时应用沥青基胶粘材料密封；脊瓦搭盖应顺主导风向。

(5) 脊瓦在两坡面瓦上的搭盖宽度，每边不应小于 150mm；

(6) 脊瓦与脊瓦的压盖面不应小于脊瓦面积的 1/2；

(7) 沥青瓦挑出檐口的长度宜为 10～20mm；

(8) 金属泛水板与沥青瓦的搭盖宽度不应小于 100mm；

(9) 金属泛水板与突出屋面墙体的搭接高度不应小于 250mm；

(10) 金属滴水板伸入沥青瓦下的宽度不应小于 80mm。

2. 质量检验标准

沥青瓦屋面：

1) 主控项目检验（表 8-16）。

沥青瓦屋面主控项目检验　　表 8-16

<table>
<tr><th>序号</th><th>项目</th><th>合格质量标准</th><th>检验方法</th><th>检查数量</th></tr>
<tr><td>1</td><td>沥青瓦及防水垫层的质量</td><td>应符合设计要求</td><td>检查出厂合格证、质量检验报告和进场检验报告</td><td rowspan="3">按屋面面积每 100m² 抽查一处，每处应为 10m²，且不得少于 3 处</td></tr>
<tr><td>2</td><td>屋面连接和密封</td><td>沥青瓦屋面不得有渗漏现象</td><td>雨后观察或淋水试验</td></tr>
<tr><td>3</td><td>沥青瓦铺设</td><td>沥青瓦铺设应搭接正确，瓦片外露部分不得超过切口长度</td><td>观察检查</td></tr>
</table>

2) 一般项目检验（表 8-17）。

沥青瓦屋面一般项目检验　　表 8-17

<table>
<tr><th>序号</th><th>项目</th><th>合格质量标准</th><th>检验方法</th><th>检查数量</th></tr>
<tr><td>1</td><td>沥青瓦所用固定钉</td><td>沥青瓦所用固定钉应垂直钉入持钉层，钉帽不得外露</td><td>观察检查</td><td rowspan="2">按屋面面积每 100m² 抽查一处，每处应为 10m²，且不得少于 3 处</td></tr>
<tr><td>2</td><td>屋面连接和密封</td><td>沥青瓦应与基层粘钉牢固，瓦面应平整，檐口应平直</td><td>观察检查</td></tr>
</table>

续表

序号	项目	合格质量标准	检验方法	检查数量
3	泛水做法	应符合设计要求，并应顺直整齐、结合紧密	观察检查	按屋面面积每 100m^2 抽查一处，每处应为 10m^2，且不得少于 3 处
4	沥青瓦铺装的有关尺寸	应符合设计要求	尺量检查	

第9章　建筑装饰装修工程

9.1　地面工程

9.1.1　基层铺设

1. 质量控制要点

（1）基层承受由垫层传来的荷载，必须具备足够的强度与刚度。

（2）土方回填前应清除基底的垃圾、树根等杂物，抽除坑穴积水、淤泥，验收基底标高。如在耕植土或松土上填方，应在基底压实后再进行。

（3）填土前，其下一层表面应干净、无积水。填土用土料，可采用砂土或黏性土，除去草皮等杂质。土的粒径不大于50mm。

（4）对填方土料应按设计要求验收后方可填入。

（5）填土时应为最优含水量。重要工程或大面积的地面填土前，应取土样，按击实试验确定最优含水量与相应的最大干密度。

（6）填方施工过程中应检查排水措施，每层填筑厚度、含水量控制、压实程度、填筑厚度及压实遍数应根据土质、压实系数及所用机具确定。如无试验依据，应符合有关规定。

2. 质量检验标准

（1）主控项目检验（表9-1）。

基层铺设主控项目检验　　表9-1

序号	项目	合格质量标准	检验方法	检查数量
1	基土土料	基土严禁用淤泥、腐殖土、冻土、耕植土、膨胀土和含有有机物质大于8%的土作为填土料	观察检查和检查土质记录	随机检验应不少于3间，不足3间应全数检验；其中走廊（过道）应以10延长米

续表

序号	项目	合格质量标准	检验方法	检查数量
2	基土压实	基土应均匀密实，压实系数应符合设计要求，设计无要求时，应不小于0.90	观察检查和检查试验记录	为1间，工业厂房（按单跨计）、礼堂、门厅应以每个轴线为1间计算 有防水要求的房间随机检验应不少于4间，不足4间，应全数检查

（2）一般项目检验（表9-2）。

基层铺设一般项目检验　　表9-2

序号	项目	合格质量标准	检验方法	检查数量
1	基土表面允许偏差	基土表面的允许偏差应符合以下规定： 表面平整度不大于15mm 标高：0，－50mm 坡度：不大于房间相应尺寸的2/1000，且不大于30mm 厚度：在个别地方不大于设计厚度的1/10	表面平整度：用2m靠尺和楔形塞尺检查 标高：用水准仪检查 坡度：用坡度尺检查 厚度：有钢尺检查	同主控项目

9.1.2 垫层铺设

1. 质量控制要点

（1）灰土垫层。

1）基层铺设前，其下一层表面应干净、无积水。

2）熟化石灰可采用磨细生石灰，亦可用粉煤灰或电石渣代替。

3）石灰土垫层施工前必须对下卧地基进行检验，如发现局部软弱土坑，应挖除，用素土或石灰土填平夯实。

4）建筑地面工程施工时，各层环境温度的控制应符合设计规定。

5）施工时应将灰土拌合均匀，控制含水量，如土料水分过多或不足时应晾干或洒水润湿，以达到灰土最佳含水量。

6）灰土垫层应分层夯实，经湿润养护、晾干后方可进行下一道工序施工。

7）每层灰土的夯打遍数，应根据设计要求的干密度在现场试验确定。

8）压实后的灰土应采取排水措施，3天内不得受水浸泡。灰土垫层铺筑完毕后，要防止日晒雨淋，应及时铺筑上层。

9）建筑地面下的沟槽、暗管等工程完工后，经检验合格并做好隐蔽记录，方可进行建筑地面工程的施工。

10）建筑地面工程基层（各构造层）和面层的铺设，均应待其下一层检验合格后方可施工上一层。建筑地面工程各层铺设前与相关专业的分部（子分部）工程、分项工程以及设备管道安装工程之间，应进行交接检验。

（2）砂垫层和砂石垫层。

1）砂石应选用天然级配材料。铺设时不应有粗细颗粒分离现象，压（夯）至不松动为止。

2）砂垫层厚度不应小于60mm；砂石垫层厚度不应小于100mm。

3）砂垫层施工，在现场用环刀取样，测定其干密度，砂垫层干密度以不小于该砂料在中密度状态时的干密度数值为合格。中砂在中密度状态的干密度，一般为1.55～1.60g/cm^3。

4）砂垫层铺平后，应洒水湿润，并宜用机具振实。

（3）碎石垫层和碎砖垫层。

1）碎石垫层和碎砖垫层厚度均不应小于100mm。

2）碎（卵）石垫层必须摊铺均匀，表面空隙用粒径为5～25mm的细石子填缝。

3）用碾压机碾压时，应适当洒水使其表面保持湿润，一般碾压不少于 3 遍，并压到松动为止，达到表面坚实、平整，如工程量不大，亦可用人工夯实，但必须达到碾压的要求。

4）碎砖垫层每层虚铺厚度应控制不大于 200mm，适当洒水后进行夯实，夯实均匀，平整密实；夯实后的厚度一般为虚铺厚度的 3/4。不得在已铺好的垫层上用锤击方法进砖加工。

（4）三合土垫层。

1）三合土垫层采用石灰、砂（可掺入少量黏土）与碎砖的拌合料铺设，其厚度不应小于 100mm。拌合料的体积比应符合设计要求，一般采用 1：2：4 或 1：3：6（石灰：砂：碎料）。

2）三合土垫层其铺设方法可采用先拌合后铺设或先铺设碎料后灌砂浆的方法，但均应铺平夯实。

3）三合土垫层应分层夯打密实，表面平整，在最后一遍夯打时，宜浇浓石灰浆，待表面灰浆晾干后，才可进行下道工序施工。

（5）炉渣垫层。

1）炉渣垫层采用炉渣或水泥与炉渣或水泥、石灰与炉渣的拌合料铺设，其厚度不应小于 80mm。

2）炉渣或水泥炉渣垫层的炉渣，使用前应浇水闷透；水泥石灰炉渣垫层的炉渣，使用前应用石灰浆或用熟化石灰浇水拌合闷透；闷透时间均不得少于 5d。

3）铺设前，其下一层应湿润，铺设时应分层压实拍平，垫层厚度如大于 120mm 时，应分层铺设，每层虚铺厚度应大于 160mm，可采用振动器或滚筒、木拍等方法压实。压实后的厚度不应大于虚铺厚度的 3/4，炉渣垫层与其下一层结合应牢固，不应有空鼓和松散炉渣颗粒。

4）炉渣内不应含有有机杂质和未燃尽的煤块，颗粒粒径不应大于 40mm，且颗粒粒径在 5mm 及其以下的颗粒，不得超过总体积的 40%；熟化石灰颗粒粒径不应大于 5mm。

5）炉渣垫层施工完毕后应避免受水浸湿，铺设后应养护，待其凝结后方可进行下一道施工。

（6）水泥混凝土垫层。

1）水泥混凝土垫层铺设在基土上，当气温长期处于0℃以下，设计无要求时，垫层应缩缝。

2）水泥混凝土垫层的厚度不应小于60mm。

3）垫层铺设前，其下一层表面应湿润。

4）室内地面的水泥混凝土垫层，应设置纵向缩缝和横向缩缝；纵向缩缝间距不得大于6m，横向缩缝不得大于12m。

5）垫层的纵向缩缝应做成平头缝或加肋板平头缝。当垫层厚度大于150mm时，可做企口缝。横向缩缝应做假缝。

6）平头缝和企口缝的缝间不得放置隔离材料，浇筑时应互相紧贴。企口缝的尺寸应符合设计要求，假缝宽度为5～20mm，深度为垫层厚度的1/3，缝内填水泥砂浆。

7）工业厂房、礼堂、门厅等大面积水泥混凝土垫层应分区段浇筑。分区段应结合变形缝位置、不同类型的建筑地面连接处和设备基础的位置进行划分，并应与设置的纵向、横向缩缝的间距相一致。

8）检验水泥混凝土和水泥砂浆强度试块的组数，按每一层（或检验批）建筑地面工程不应小于1组。当每一层（或检验批）建筑地面工程面积大于1000m^2时，每增加1000m^2应增做1组试块；小于1000m^2按1000m^2计算。当改变配合比时，亦应相应地制作试块组数。

2. 质量检验标准

（1）灰土垫层。

1）主控项目检验（表9-3）。

灰土垫层主控项目检验　　表9-3

序号	项目	合格质量标准	检验方法	检查数量
1	灰土体积比	灰土体积比应符合设计要求	观察检查和检查配合比通知单记录	按设计要求

2）一般项目检验（表9-4）。

灰土垫层一般项目检验　　　　表 9-4

序号	项目	合格质量标准	检验方法	检查数量
1	灰土材料质量	熟化石灰颗粒粒径不得大于5mm；黏土（或粉质黏土、粉土）内不得含有有机物质，颗粒粒径不得大于15mm	观察检查和检查材质合格记录	按设计要求
2	灰土垫层表面允许偏差	灰土垫层表面的允许偏差应符合以下的规定： 表面平整度：10mm 标高：±10mm 坡度：不大于房间相应尺寸的2/1000，且不大于30mm 厚度：在个别地方不大于设计厚度的1/10	表面平整度：用2m靠尺和楔形塞尺检查 标高：用水准仪检查 坡度：用坡度尺检查 厚度：用钢尺检查	随机检验应不少于3间，不足3间，应全数检查；走廊（过道）应以10延长米为1间，工业厂房（按单跨计）、礼堂、门厅应以两轴线为1间 有防水要求的房间随机检验应不少于4间，不足4间，应全数检查

（2）砂垫层和砂石垫层。

1）主控项目检验（表 9-5）。

砂石垫层主控项目检验　　　　表 9-5

序号	项目	合格质量标准	检验方法	检查数量
1	砂和砂石质量	砂和砂石不得含有草根等有机杂质；砂应采用中砂；石子最大粒径不得大于垫层厚度的2/3	观察检查和检查材质合格证明文件及检测报告	（1）每检验批应以各子分部工程的基层（各构造层）所划分的分项工程按自然间（或标准间）检验，抽查数量应随机检验应不少于3间；不足3间，应全数检查；其中走廊（过道）应以10延长米为1间，工业厂房（按单跨计）、礼堂、门厅应以两个轴线为1间计算。

续表

序号	项目	合格质量标准	检验方法	检查数量
2	垫层干密度	砂垫层和砂石垫层的干密度（或贯入度）应符合设计要求	观察检查和检查试验记录	（2）有防水要求的建筑地面子分部工程的分项工程施工质量每检验批抽查数量应按其房间总数随机检验应不少于4间，不足4间，应全数检查

2）一般项目检验（表9-6）。

砂石垫层一般项目检验　　表9-6

序号	项目	合格质量标准	检验方法	检查数量
1	垫层表面质量	表面不应有砂窝、石堆等质量缺陷	观察检查	（1）每检验批应以各子分部工程的基层（各构造层）所划分的分项工程按自然间（或标准间）检验，抽查数量应随机检验应不少于3间；不足3间，应全数检查；其中走廊（过道）应以10延长米为1间，工业厂房（按单跨计）、礼堂、门厅应以两个轴线为1间计算。 （2）有防水要求的建筑地面子分部工程的分项工程施工质量每检验批抽查数量应按其房间总数随机检验应不少于4间，不足4间，应全数检查
2	砂和砂石垫层表面允许偏差	砂垫层和砂石垫层表面的允许偏差应符合以下规定： 表面平整度：15mm 标高：±20mm 坡度：不大于房间相应尺寸的2/1000；且不大于30mm 厚度：在个别地方不大于设计厚度的1/10	表面平整度：用2m靠尺和楔形塞尺检查 标高：用水准仪检查 坡度：用坡度尺检查 厚度：用钢尺检查	

（3）碎石垫层和碎砖垫层。

1）主控项目检验（表9-7）。

碎石、碎砖垫层主控项目检验　　　　表 9-7

序号	项目	合格质量标准	检验方法	检查数量
1	材料质量	碎石的强度应均匀，最大粒径应不大于垫层厚度的 2/3；碎砖不应采用风化、酥松、夹有有机杂质的砖料，颗粒粒径应不大于 60mm	观察检查和检查材质合格证明文件及检测报告	(1) 抽查数量应随机检验应不少于 3 间；不足 3 间，应全数检查；其中走廊（过道）应以 10 延长米为 1 间，工业厂房（按单跨计）、礼堂、门厅应以两个轴线为 1 间计算。 (2) 有防水要求的建筑地面子分部工程的分项工程施工质量每检验批抽查数量应按其房间总数随机检验应不少于 4 间，不足 4 间，应全数检查
2	垫层密实度	碎石、碎砖垫层的密实度应符合设计要求	观察检查和检查试验记录	

2）一般项目检验（表 9-8）。

碎石、碎砖垫层一般项目检验　　　　表 9-8

序号	项目	合格质量标准	检验方法	检查数量
1	碎石、碎砖垫层表面允许偏差	碎石、碎砖垫层的表面允许偏差应符合以下规定： 表面平整度：15mm 标高：±20mm 坡度：不大于房间相应尺寸的 2/1000，且不大于 30mm 厚度：在个别地方不大于设计厚度的 1/10	表面平整度：用 2m 靠尺和楔形塞尺检查 标高：用水准仪检查 坡度：用坡度尺检查 厚度：用钢尺检查	同主控项目

（4）三合土垫层。

1）主控项目检验（表 9-9）。

三合土垫层主控项目检验 **表 9-9**

序号	项目	合格质量标准	检验方法	检查数量
1	材料质量	熟化石灰颗粒粒径不得大于 5mm；砂应用中砂，并不得含有草根等有机物质；碎砖不应采用风化、酥松和有机杂质的砖料，颗粒粒径应不大于 60mm	观察检查和检查材质合格证明文件及检测报告	（1）抽查数量应随机检验应不少于 3 间；不足 3 间，应全数检查；其中走廊（过道）应以 10 延长米为 1 间，工业厂房（按单跨计）、礼堂、门厅应以两个轴线为 1 间计算。 （2）有防水要求的建筑地面子分部工程的分项工程施工质量每检验批抽查数量应按其房间总数随机检验应不少于 4 间，不足 4 间，应全数检查
2	体积化	三合土的体积比应符合设计要求	观察检查和检查配合比通知单记录	

2）一般项目检验（表 9-10）。

三合土垫层一般项目检验 **表 9-10**

序号	项目	合格质量标准	检验方法	检查数量
1	三合土垫层表面允许偏差	三合土垫层表面的允许偏差应符合以下规定： 表面平整度：10mm 标高：±10mm 坡度：不大于房间相应尺寸的 2/1000，且不大于 30mm 厚度：在个别地方不大于设计厚度的 1/10	表面平整度：用 2m 靠尺和楔形塞尺检查 标高：用水准仪检查 坡度：用坡度尺检查 厚度：用钢尺检查	同主控项目

（5）炉渣垫层。

1）主控项目检验（表 9-11）。

炉渣垫层主控项目检验 **表 9-11**

序号	项目	合格质量标准	检验方法	检查数量
1	材料质量	炉渣内不应含有有机杂质和未燃尽的煤块，颗粒粒径应不大于 40mm，且颗粒粒径在 5mm 及其以下的颗粒，不得超过总体积的 40%；熟化石灰颗粒粒径不得大于 5mm	观察检查和检查材质合格证明文件及检测报告	（1）抽查数量应随机检验应不少于 3 间；不足 3 间，应全数检查；其中走廊（过道）应以 10 延长米为 1 间，工业厂房（按单跨计）、礼堂、门厅应以两个轴线为 1 间计算。 （2）有防水要求的建筑地面子分部工程的分项工程施工质量每检验批抽查数量应按其房间总数随机检验应不少于 4 间，不足 4 间，应全数检查
2	体积比	炉渣垫层的体积比应符合设计要求	观察检查和检查配合比通知单	

2）一般项目检验（表 9-12）。

炉渣垫层一般项目检验 **表 9-12**

序号	项目	合格质量标准	检验方法	检查数量
1	垫层与下一层粘结	炉渣垫层与其下一层结合牢固，不得有空鼓和松散炉渣颗粒	观察检查和用小锤轻击检查	同主控项目
2	炉渣垫层表面允许偏差	炉渣垫层表面的允许偏差应符合以下规定： 表面平整度：10mm 标高：±10mm 坡度：不大于房间相应尺寸的 2/1000，且不大于 30mm 厚度：在个别地方不大于设计厚度的 1/10	表面平整度：用 2m 靠尺和楔形塞尺检查 标高：用水准仪检查 坡度：用坡度尺检查 厚度：用钢尺检查	

(6) 水泥混凝土垫层。

1) 主控项目检验(表 9-13)。

水泥混凝土垫层主控项目检验　　表 9-13

序号	项目	合格质量标准	检验方法	检查数量
1	材料质量	水泥混凝土垫层采用的粗骨料,其最大粒径应不大于垫层厚度的 2/3;含泥量应不大于 2%;砂为中粗砂,其含泥量应不大于 3%	观察检查和检查材质合格证明文件及检测报告	(1) 抽查数量应随机检验应不少于 3 间;不足 3 间,应全数检查;其中走廊(过道)应以 10 延长米为 1 间,工业厂房(按单跨计)、礼堂、门厅应以两个轴线为 1 间计算。 (2) 有防水要求的建筑地面子分部工程的分项工程施工质量每检验批抽查数量应按其房间总数随机检验应不少于 4 间,不足 4 间,应全数检查
2	混凝土强度等级	混凝土的强度等级应符合设计要求,且应不小于 C10	观察检查和检查配合比通知单及检测报告	

2) 一般项目检验(表 9-14)。

水泥混凝土垫层一般项目检验　　表 9-14

序号	项目	合格质量标准	检验方法	检查数量
1	水泥混凝土垫层表面允许偏差	水泥混凝土垫层表面的允许偏差应符合以下规定: 表面平整度:10mm 标高:±10mm 坡度:不大于房间相应尺寸的 2/1000,且不大于 30mm 厚度:在个别地方不大于设计厚度的 1/10	表面平整度:用 2m 靠尺和楔形塞尺检查 标高:用水准仪检查 坡度:用坡度尺检查 厚度:用钢尺检查	同主控项目

9.1.3 面层铺设

1. 质量控制要点

（1）水泥混凝土面层。

1）水泥混凝土面层厚度应符合设计要求。

2）浇筑混凝土的前一天对楼板表面进行洒水湿润。

3）基层表面的杂物、砂浆块等应清理干净。如表面有油污，应用5%～10%浓度的火碱溶度清洗干净。

4）细石混凝土必须搅拌均匀，铺设时按标筋厚度刮平，随后用平板式振捣器振捣密实。待稍收水，即用铁抹子预压一遍，使之平整，不显露石子。或是用铁辊筒往复交叉滚压3～5遍，低凹处用混凝土填补，滚压至表面泛浆。如泛出的浆水呈细花纹状，表明已滚压密实，即可进行压光。

5）细石混凝土浇捣过程中应随压随抹，一般抹2～3遍，达到表面光滑、无抹痕、色泽均匀一致。必须是在水泥初凝前完成找平工作，水泥终凝前完成压光，以避免面层产生脱皮和裂缝等质量弊病，且保证强度。

6）水泥混凝土面层不得留施工缝。当施工间歇超过规定的允许时间后，再继续浇筑混凝土时，应对已浇筑的混凝土接槎处进行处理，用钢丝刷刷到石子外露，表面用水冲洗，并涂以水灰比为0.4～0.6的水泥浆，再浇混凝土，并应捣实抹平，使新旧混凝土接缝严密，不显接头槎。

7）水泥混凝土散水、明沟应设置伸缩缝，其延米间距不得大于10m；房屋转角处应做45°缝。水泥混凝土散水、明沟和台阶等与建筑物连接处应设缝处理，缝宽度15～20mm，缝内填嵌柔性密封材料。

8）细石混凝土面层铺设后1d内，可用锯木屑、砂或其他材料覆盖，在常温下洒水养护。养护期不少于7h，且禁止上人走动或进行其他作业。

9）冬期施工，混凝土施工环境温度不应低于5℃，注意保温养护。

(2) 水泥砂浆面层。

1) 水泥砂浆面层的厚度应符合设计要求，且不应小于20mm。

2) 水泥砂浆面层的体积比（强度等级）必须符合设计要求；体积比应为1∶2（水泥∶砂），其稠度不应大于35mm，强度等级不应小于M15。

3) 地面和楼面的标高与找平、控制线应统一弹到房间的墙上，高度一般比设计地面高500mm。有地漏等带有坡度的面层，表面坡度应符合设计要求，且不得有倒泛水和积水现象。

4) 基层应清理干净，表面应粗糙、湿润并不得有积水。

5) 铺设时，在基层上涂刷水灰比为0.4～0.5的水泥浆，随刷随铺水泥砂浆，随铺随拍实并控制其厚度。抹压时先用刮尺刮平，用木抹子抹平，再用铁抹子压光。

6) 水泥砂浆面层的抹平工作应在初凝前完成，压光工作应在终凝前完成，且养护不得少于7h；抗压强度达到5MPa后，方准上人行走；抗压强度应达到设计要求后，方可正常使用。

(3) 水磨石面层。

1) 当采用掺有水泥拌合料做踢脚线时，不得用石灰砂浆打底。

2) 水磨石地面镶边时，如设计无要求，应用同类材料以分隔条设置镶边。

3) 水磨石面层应采用水泥与石粒的拌合料铺设。面层厚度除有特殊要求外，宜为12～18mm，且按石粒粒径确定。水磨石面层的颜色和图案应符合设计要求。

4) 白色或浅色的水磨石面层，应采用白水泥；深色的水磨石面层，宜采用硅酸盐水泥、普通硅酸盐水泥或矿渣硅酸盐水泥；同颜色的面层应使用同一批水泥，同一彩色面层应使用同厂、同批的颜料；其掺入量宜为水泥质量的3%～6%或由试验确定。

5) 水磨石面层的结合层的水泥砂浆体积比宜为1∶3，相应的强度等级不应小于M10，水泥砂浆稠度（以标准圆锥体沉入度计）宜为 30～35mm。

6）普通水磨石面层磨光遍数不应少于 3～4 遍，高级水磨石面层的厚度和磨光遍数由设计确定。

7）整体面层的抹平工作应在水泥初凝前完成，压光工作应在水泥终凝前完成。

8）水泥石粒浆必须严格按配合比计量，一般是先将水泥和颜料干拌均匀过筛后装袋备用，铺设前再将石料加入彩色水泥粉中干拌 2～3 遍，然后加水湿拌。通常是在选定的灰石比内取出 1/5 石粒，以备撒石时用。将拌合均匀的石粒浆按分格顺序进行铺设，其厚度宜高出分格条 2mm，以防滚压时压弯铜条或压碎玻璃条。水泥石粒浆平整地铺设后，在表面均匀撒一层预先留出的石粒，用抹子拍实拍平，再用辊筒滚压密实。待表面出浆后，用抹子进一步抹平，次日即开始养护。

9）整体面层施工后，养护时间不少于 7d，抗压强度应达到 5MPa 后，方准上人行走；抗压强度应达到设计要求后，方可正常使用。

（4）砖面层。

1）在铺贴前，应对砖的规格尺寸（用套板进行分类）、外观质量（剔除缺楞、掉角、裂缝、歪斜、不平等）、色泽等进行预选，浸水湿润晾干待用。

2）铺设板块面层时，应在结合层上铺设。其水泥类基层的抗压强度不得小于 1.2MPa；表面应平整、粗糙、洁净。

3）铺砂浆前，基层应浇水湿润，刷一道水泥素浆，务必要随刷随铺。铺贴砖时，砂浆饱满、缝隙一致，当需要调整缝隙时，应在水泥浆结合层终凝前完成。

4）铺贴宜整间一次完成，如果房间大一次不能铺完，可按轴线分块，须将接槎切齐，余灰清理干净。

5）在水泥砂浆结合层上铺贴陶瓷锦砖面层时，砖底面应洁净，每联陶瓷锦砖之间、与结合层之间以及在墙角、镶边和靠墙处应紧密贴合。在靠墙处不得采用砂浆填补。

6）勾缝和压缝应采用同品种、同强度等级、同颜色的水泥，并做养护和保护，湿润养护时间应不少于7h。当砖面层的水泥砂浆结合层的抗压强度达到设计要求后，方可正常使用。

（5）大理石面层和花岗石面层。

1）铺设大理石面层和花岗石面层时，其水泥类基层的抗压强度标准值不得小于1.2MPa。

2）板块在铺设前，应根据石材的颜色、花纹、图案、纹理等按设计要求，试拼编号。

3）板块的排设应符合设计要求，当设计无要求时，应避免出现板块小于1/4边长的边角料。

4）铺设大理石、花岗石面层前，板材应浸水湿润、晾干。在板块试铺时，放在铺贴位置上的板块对好纵横缝后用皮锤（或木锤）轻轻敲击板块中间，使砂浆振密实，锤到铺贴高度。板块试铺合板后，搬起板块，检查砂浆结合层是否平整、密实。增补砂浆，浇一层水灰比为0.5左右的素水泥浆后，再铺放原板，应四角同时落下，用小皮锤轻敲，用水平尺找平。

5）在已铺贴的板块上不准上人，铺贴应倒退进行。用与板块同色的水泥浆填缝，然后用软布擦干净粘在板块上的砂浆，在面层铺设后，表面应覆盖、湿润，其养护时间应不少于7h。当板块面层的水泥砂浆结合层的抗压强度达到设计要求后，方可正常使用。

（6）预制板块面层。

1）预制板块面层采用水泥混凝土板块、水磨石板块，应在结合层上铺设。

2）预制板块面层铺设时，其水泥类基层的抗压强度标准值不得小于1.2MPa。

3）预制板块面层踢脚线施工时，严禁采用石灰砂浆打底。出墙厚度应一致，当设计无规定时，出墙厚度不宜大于板厚且小于20mm。

4）楼梯踏步和台阶板块的缝隙宽度一致、齿角整齐，楼层梯段相邻踏步高度差不应大于10mm，防滑条顺直。

5）水泥混凝土板块面层的缝隙应采用水泥浆（或砂浆）填缝，彩色混凝土板块和水磨石板块应用同色水泥浆（或砂浆）擦缝。

（7）料石面层。

1）料石面层铺设时，其水泥类基层的抗压强度标准值不得小于1.2MPa。

2）条石面层采用水泥砂浆结合层时，厚度应为10～15mm；采用石油沥青胶结料铺设时，结合层厚度应为2～5mm；砂结合层厚度应为15～20mm。

3）块石面层的砂垫层厚度，在夯实后不应小于60mm。若块面层铺在基土上时，其基土应均匀密实，填土或土层结构被挠动的基土，应予分层压（夯）实。

4）条石应按规格尺寸分类，并垂直于行走方向拉线铺砌成行，相邻石块应错缝石长度的1/3～1/2，不宜出现十字缝，铺砌的方向和坡度应正确。

5）在砂结合上铺砌条石的缝隙宽度不宜大于5mm。石料间的缝隙，采用水泥砂浆或沥青胶结料填塞时，应预先用砂填缝至高度的1/2。

6）在水泥砂浆结合层上铺砌条石面层时，用同类砂浆填塞石料缝隙，其缝隙宽度应不大于5mm。

（8）塑料板面层。

1）基层处理。对铺贴基层的基本要求是平整、坚实、干燥、有足够强度，各阴阳角方正，无油脂、尘垢和杂质。在混凝土及水泥砂浆类基层上铺贴塑料地板，其表面用2m直尺检查的允许空隙不得超过2mm，基层含水率不应大于9%。当表面有麻面、起砂和裂缝等缺陷时，应采用腻子修补并涂刷乳液。先用石膏乳液腻子做第一道嵌补找平，用0号铁砂布打磨；再用滑石粉乳液腻子做第二道修补找平，直至表面平整后，再用稀释的乳液涂刷一遍。分格定位时，如果地板块的尺寸与房间长宽方向尺寸并非完全吻合，一般可留出200～300mm作镶边。根据设计要求及地板的规格、图案及色彩，确定分色线的位置。如套间内外房间地板颜色不同，分色线应设在门洞踩口线外，分格线应设在门中，使门口地板对称，但也不应使门口出现小于板宽1/2的窄条。

2）试铺与裁板。地板块按定位线先试铺，试铺无误后应进行编号。当需要裁割时，需先用划针（钢锥）画线，然后根据铺贴要求用裁切刀进行裁割。对于曲面及墙（柱）面凸出部位贴靠处的裁割，通常是使用两脚规或画线器沿轮廓画线后沿线裁切。

3）涂刷底子胶。塑料板块正式铺贴前，在清理洁净的基层表面涂刷一层薄而均匀的底子胶，待其干燥后方可铺板。底子胶的配制，当采用非水溶性胶粘剂时，宜按同类胶粘剂（非水溶性）加入其重量10%的汽油（65号）和10%的醋酸乙酯（或乙酸乙酯），并搅拌均匀；当采用水溶性胶粘剂时，宜按同类胶加水搅拌均匀。

4）涂刷胶粘剂。塑料地板铺贴施工时，室内相对湿度不应大于80%。应根据铺设场所部位等不同条件，正确选用胶粘剂，不同的胶粘剂应采用不同的施工方法。如采用溶剂型胶粘剂，一般是在涂布后晾干至溶剂挥发到不粘手时（约10～20min），再进行铺贴；采用乳液型胶粘剂时，则不需晾干过程，宜将塑料地板的粘结面打毛，涂胶后即可铺贴；采用E-44环氧树脂胶（6101环氧胶、HN605胶）、405聚氨酯胶及202胶等胶粘剂，多为双组分，要根据使用说明按组分配合比准确计量调配，并即时用完。一般乳液型胶粘剂需要双面涂胶（塑料地板及基层粘结面），溶剂型胶粘剂大多只需在基层涂刮胶液即可。基层涂胶时，应超出分格线10mm（俗称硬板出线），涂胶厚度应≤1mm。

5）铺贴作业。塑料地板块应根据弹线按编号在涂胶后适时地一次就位粘贴，一般是沿轴线由中央向四周展开，保持图案对称和尺寸整齐。应先将地板块的一端对齐后再铺平粘合，同时用橡胶滚筒轻力滚压使之平敷并赶出气泡。为使粘贴可靠，应再用压辊压实或用橡胶锤敲实，边角部位可采用橡胶压边滚筒滚压，防止翘边。对于采用初粘力较弱的胶粘剂（如聚氨酯和环氧树脂等），粘贴后应使用砂袋将塑料地板面压住，直至胶粘剂固化。

(9) 地毯面层。

1）基层处理：对于水泥砂浆基层应按规范施工，表面无空鼓或宽度大于1mm的裂缝，不得有油污、蜡质等，否则应进行修补（可用108胶水泥砂浆）、清理洁净（可采用松节油或丙酮）或用砂轮机打磨。新浇混凝土必须养护28d左右，现抹水泥砂浆基层施工后14d左右，基层表面含水率小于8%并具一定强度后，方可铺设地毯。

2）尺量与裁割：精确测量房间尺寸、铺设地毯的细部尺寸，确定铺设方向，要按房间和用毯型号逐一填表记录。化纤地毯的裁剪长度应比实需尺寸长出20mm，宽度以裁去地毯边缘后的尺寸计算。在地毯背面弹线，然后用手推裁刀从毯背裁切，裁后卷成卷并编号运入对号房间。如系圈绒地毯，裁割时应是从环毛的中间剪断；如系平绒地毯，应注意切口绒毛的整齐。

3）缝合：对于加设垫层的地毯，裁切完毕先虚铺于垫层上，然后再将地毯卷起，在需要拼接端头进行缝合。先用直针在毯背面隔一定距离缝几针作为临时固定，然后再用大针满缝。背面缝合拼接后，于接缝处涂刷50～60mm宽的一道白乳胶，粘贴布条或牛皮纸带；或采用电熨斗烫成品接缝带的方法。将地毯再次平放铺好，用弯针在接缝处做正面绒毛的缝合，使之不显拼缝痕迹。

4）固定踢脚板：铺设地毯房间的踢脚板，多采用木踢脚板。木踢脚板可用木螺钉拧固于墙体预埋木砖上，表面进行油漆涂饰或再粘贴复合柚木板等装饰层。如果墙体没有预埋，可用水泥钉或其他方式固定踢脚板。踢脚板离开楼地面8mm左右，以便于地毯在此处掩边封口。如采用塑料踢脚板，其定位与木踢脚相同，安装方式可用钉固或直接粘贴于墙面基层。无论采用何种踢脚板，均应明确其对于地毯铺设的收口作用。

5）固定倒刺板条：采用成卷地毯并设垫层的地毯工程，以倒刺板固定地毯的做法居多。倒刺板条沿踢脚板边缘用水泥钉钉固于楼地面，间距400mm左右，并离开踢脚板面（或不设踢脚板的柱面及装饰造型底面等）8～10mm，以方便敲钉。

6）地毯的张紧与固定：将地毯的一条长边先固定在倒刺板条上，将其毛边掩入踢脚板下，即可用地毯撑子对地毯进行拉伸，可由数人从不同方向同时操作，直至拉平张紧将其四个边均牢挂于四周倒刺板朝天钉钩上。对于走廊等处纵向较长的地毯铺设，应充分利用地毯撑子使地毯在纵横方向呈“V”形张紧，而后再固定。

7）地毯收口：地毯铺设的重要收口部位，一般多采用铝合金收口条，可以是L形倒刺收口条，也可以是带刺圆角锑条或不带刺的铝合金压条，以美观和牢固为原则。收口条与楼地面基体的连接，可以采用水泥钉钉固，也可以钻孔打入木楔或尼龙胀塞以螺钉拧紧，或选用其他连接方法。

（10）实木地板面层。

1）地板应在施工后期铺设，不得交叉施工。铺设后应尽快打磨和涂装，以免弄脏地板或使受潮变形。

2）地板铺设前宜拆包堆放在铺设现场1～2d，使其适应环境，以免铺设后出现胀缩变形。

3）龙骨应平整牢固，切忌用水泥加固，最好用膨胀螺栓、美固钉等。

4）龙骨应选用握钉力较强的落叶松、柳安等木材。龙骨或毛地板的含水率应接近地板的含水率。

5）龙骨间距不宜太大，一般不超过40cm。地板两端应落实在龙骨上，不得空搁，且每根龙骨上都必须钉上钉子，不得使用水性胶水。

6）铺设应做好防潮措施，尤其是底层等较潮湿的场合。防潮措施有涂防潮漆、铺防潮膜、使用铺垫宝等。

7）地板和厅、卫生间、厨房间等石质地面交接处应有彻底的隔离防潮措施。

8）地板不宜铺得太紧，四周应留足够的伸缩缝（0.5～1.2cm），且不宜超宽铺设，如遇较宽的场合应分隔切断，再压铜条过渡。

9）地板色差不可避免，如对色差有较高要求，可预先分拣，采取逐步过渡的方法，以减少视觉上的突变感。

10）使用中忌用水冲洗，避免长时间的日晒、空调连续直吹、窗口处防止雨林、避免硬物撞击摩擦。为保护地板，在漆面上可以打蜡（从保护地板的角度看，打蜡比涂漆效果更好）。

（11）实木复合地板面层。

1）实木复合地板面层采用条材和块材，实木复合地板或采用拼花实木复合地板，以空铺或实铺方式在基层上铺设。其表面应平整、坚硬、洁净、干燥，不起砂。

2）实木复合地板面层可采用整贴和点贴法施工。粘贴材料应采用具有耐老化、防水和防菌、无毒等性能的材料，或按设计要求选用。

3）铺设实木复合地板面层时，其木格栅的截面尺寸、间距和稳固方法等均应符合设计要求。木格栅固定时，不得损坏基层和预埋管线。木格栅应垫实钉牢，与墙之间应留出30mm缝隙，表面应平直。

4）实木复合地板面层铺设时，相邻板材接头位置应错开不小于300mm距离，与墙之间应留不小于10mm空隙。

5）实木复合地板面层下衬垫的材质和厚度应符合设计要求。

6）大面积铺设实木复合地板面层时，应分段铺设，分段缝的处理应符合设计要求。

（12）中密度（强化）复合地板面层。

1）面层铺设时，相邻条板端头应错开不小于300mm距离，衬垫层及面层与墙之间应留不小于 10mm 空隙。

2）施工过程中应防止边楞损坏。

3）面层下的木格栅、垫木和毛地板等做防腐、防蛀处理，及其施工过程质量控制，同实木地板的有关规定。

（13）竹地板面层。

1）竹地板面层的铺设应按实木地板的规定执行。

2）竹子具有纤维硬、密度大、水分少、不易变形等优点。竹地板应经严格选材、硫化、防腐、防蛀处理，并采用具有商品检验合格证的产品。

2. 质量检验标准

（1）水泥混凝土面层。

1）主控项目检验（表 9-15）。

水泥混凝土面层主控项目检验　　表 9-15

序号	项目	合格质量标准	检验方法	检查数量
1	粗骨料粒径	水泥混凝土采用的粗骨料，其最大粒径应不大于面层厚度的 2/3，细石混凝土面层采用的石子粒径应不大于 15mm	观察检查和检查材质合格证明文件及检测报告	（1）抽查数量应随机检验应不少于 3 间；不足 3 间，应全数检查；其中走廊（过道）应以 10 延长米为 1 间，工业厂房（按单跨计）、礼堂、门厅应以两个轴线为 1 间计算。 （2）有防水要求的检验批抽查数量应按其房间总数随机检验应不少于 4 间，不足 4 间，应全数检查。
2	面层强度等级	面层的强度等级应符合设计要求，且水泥混凝土面层强度等级应不小于 C20；水泥混凝土垫层兼面层强度等级应不小于 C15	检查配合比通知单及检测报告	
3	面层与下一层结合	面层与下一层应结合牢固，无空鼓、裂纹 注：空鼓面积应不大于 $400cm^2$，且每自然间（标准间）不多于 2 处可不计	用小锤轻击检查	

2）一般项目检验（表 9-16）。

水泥混凝土面层一般项目检验　　表 9-16

序号	项目	合格质量标准	检验方法	检查数量
1	表面质量	面层表面不应有裂纹、脱皮、麻面、起砂等缺陷	观察检查	（1）抽查数量应随机检验应不少于 3 间；不足 3 间，应全数检查；其中走廊（过道）应以 10 延长米为 1 间，工业厂房（按单跨计）、礼堂、门厅应以两个轴线为 1 间计算。 （2）有防水要求的检验批抽查数量应按其房间总数随机检验应不少于 4 间，不足 4 间，应全数检查
2	表面坡度	面层表面的坡度应符合设计要求，不得有倒泛水和积水现象	观察和采用泼水或用坡度尺检查	
3	踢脚线与墙面结合	水泥砂浆踢脚线与墙面应紧密结合，高度一致，出墙厚度均匀 注：局部空鼓长度应不大于 300mm，且每自然间（标准间）不多于 2 处可不计	用小锤轻击、钢尺和观察检查	
4	楼梯踏步	楼梯踏步的宽度、高度应符合设计要求。楼层梯段相邻踏步高度差应不大于 10mm，每踏步两端宽度应不大于 10mm；旋转楼梯梯段的每踏步两端宽度的允许偏差为 5mm。楼梯踏步的齿角应整齐，防滑条应顺直	观察和钢尺检查	（1）抽查数量应随机检验应不少于 3 间；不足 3 间，应全数检查；其中走廊（过道）应以 10 延长米为 1 间，工业厂房（按单跨计）、礼堂、门厅应以两个轴线为 1 间计算 （2）有防水要求的检验批抽查数量应按其房间总数随机检验应不少于 4 间，不足 4 间，应全数检查
5	水泥混凝土面层表面允许偏差	水泥混凝土面层的允许偏差应符合以下规定 表面平整度：5mm 踢脚线上口平直：4mm 缝格平直：3mm	表面平整度：用 2m 靠尺和楔形塞尺检查 踢脚线上口平直和缝格平直：拉 5m 线和用钢尺检查	

(2) 水泥砂浆面层。

1) 主控项目检验(表 9-17)。

水泥砂浆面层主控项目检验　　表 9-17

序号	项目	合格质量标准	检验方法	检查数量
1	材料质量	水泥采用硅酸盐水泥、普通硅酸盐水泥,其强度等级应不小于 32.5 级,不同品种、不同强度等级的水泥严禁混用;砂应为中粗砂,当采用石屑时,其粒径应为 1～5mm,且含泥量应不大于 3%	观察检查和检查材质合格证明文件及检测报告	(1) 抽查数量应随机检验应不少于 3 间;不足 3 间,应全数检查;其中走廊(过道)应以 10 延长米为 1 间,工业厂房(按单跨计)、礼堂、门厅应以两个轴线为 1 间计算。 (2) 有防水要求的检验批抽查数量应按其房间总数随机检验应不少于 4 间,不足 4 间,应全数检查
2	体积比及强度等级	水泥砂浆面层的体积比(强度等级)必须符合设计要求;且体积比应为 1:2,强度等级应不小于 M15	检查配合比通知单和检测报告	
3	面层与下一层结合	面层与下一层应结合牢固,无空鼓、裂纹 注:空鼓面积应不大于 400cm^2,且每自然间(标准间)不多于 2 处可不计	用小锤轻击检查	

2) 一般项目检验(表 9-18)。

水泥砂浆面层一般项目检验　　表 9-18

序号	项目	合格质量标准	检验方法	检查数量
1	面层坡度	面层表面的坡度应符合设计要求,不得有倒泛水和积水现象	观察和采用泼水或坡度尺检查	同主控项目
2	表面质量	面层表面应洁净,无裂纹、脱皮、麻面、起砂等缺陷	观察检查	

续表

序号	项目	合格质量标准	检验方法	检查数量
3	踢脚线质量	踢脚线与墙面应紧密结合，高度一致，出墙厚度均匀 注：局部空鼓长度应不大于300mm，且每自然间（标准间）不多于2处可不计	用小锤轻击、钢尺和观察检查	同主控项目
4	楼梯踏步	楼梯踏步的宽步，高度应符合设计要求。楼层楼段相邻踏步高度差应不大于10mm，每踏步两端宽度差应不大于10mm；旋转楼梯梯段的每踏步两端宽度的允许偏差为5mm。楼梯踏步的齿角应整齐，防滑条应顺直	观察和钢尺检查	
5	水泥砂浆面层允许偏差	水泥砂浆面层的允许偏差应符合以下规定： 表面平整度：4mm 踢脚线上口平直：4mm 缝格平直：3mm	表面平整度：用2m靠尺和楔形塞尺检查 踢脚线上口平直和缝格平直：拉5m线和用钢尺检查	

（3）水磨石面层。

1）主控项目检验（表9-19）。

水磨石面层主控项目检验　　表9-19

序号	项目	合格质量标准	检验方法	检查数量
1	材料质量	水磨石面层的石粒，应采用坚硬可磨白云石、大理石等岩石加工而成，石粒应洁净无杂物，其粒径除特殊要求外应为6～15mm；水泥强度等级应不小于32.5级；颜料应采用耐光、耐碱的矿物原料，不得使用酸性颜料	观察检查和检查材质合格证明文件	（1）抽查数量应随机检验应不少于3间；不足3间，应全数检查；其中走廊（过道）应以10延长米为1间；工业厂房（按单跨计）、礼堂、门厅应以两个轴线为1间计算。

续表

序号	项目	合格质量标准	检验方法	检查数量
2	拌合料体积比（水泥：石粒）	水磨石面层拌合料的体积比应符合设计要求，且为1：1.5～1：2.5（水泥：石粒）	检查配合比通知单和检测报告	（2）有防水要求的检验批抽查数量应按其房间总数随机检验应不少于4间，不足4间，应全数检查
3	面层与下一层结合	面层与下一层结合应牢固，无空鼓、裂纹 注：空鼓面积应不大于 $400cm^2$，且每自然间（标准间）不多于2处可不计	用小锤轻击检查	

2）一般项目检验（表9-20）。

水磨石层面一般项目检验　　表9-20

序号	项目	合格质量标准	检验方法	检查数量
1	面层表面质量	面层表面应光滑；无明显裂纹、砂眼和磨纹；石粒密实，显露均匀；颜色图案一致，不混色；分格条牢固、顺直和清晰	观察检查	同主控项目
2	踢脚线	踢脚线与墙面应紧密结合，高度一致，出墙厚度均匀 注：局部空鼓长度不大于300mm，且每自然间（标准间）不多于2处可不计	用小锤轻击、钢尺和观察检查	
3	楼梯踏步	楼梯踏步的宽度、高度应符合设计要求。楼层梯段相邻踏步高度差应不大于10mm，每踏步两端宽度差应不大于10mm，旋转楼梯梯段的每踏步两端宽度的允许偏差为5mm。楼梯踏步的齿角应整齐，防滑条应顺直	观察和钢尺检查	

续表

序号	项目	合格质量标准	检验方法	检查数量
4	水磨石面层表面允许偏差	水磨石面层的允许偏差应符合以下规定： 表面平整度 高级水磨石：2mm 普通水磨石：3mm 踢脚线上口平直：7mm 缝格平直 高级水磨石：2mm 普通水磨石：3mm	表面平整度：用 2m 靠尺和楔形塞尺检查 踢脚线和缝格：拉 5m 线和用钢尺检查	同主控项目

（4）砖面层。

1）主控项目检验（表 9-21）。

砖面层主控项目检验　　表 9-21

序号	项目	合格质量标准	检验方法	检查数量
1	板材质量	面层所用的板块的品种、质量必须符合设计要求	观察检查和检查材质合格证明文件及检测报告	（1）抽查数量应随机检验应不少于 3 间；不足 3 间，应全数检查；其中走廊（过道）应以 10 延长米为 1 间，工业厂房（按单跨计）、礼堂、门厅应以两个轴线为 1 间计算。 （2）有防水要求的检验批抽查数量应按其房间总数随机检验应不少于 4 间，不足 4 间，应全数检查
2	面层与下一层的结合	面层与下一层的结合（黏结）应牢固，无空鼓 注：凡单块砖边角有局部空鼓，且每自然间（标准间）不超过总数的 5% 可不计	用小锤轻击检查	

2）一般项目检验（表 9-22）。

砖面层一般项目检验 **表 9-22**

序号	项目	合格质量标准	检验方法	检查数量
1	面层表面质量	砖面层的表面应洁净、图案清晰，色泽一致，接缝平整，深浅一致，周边顺直。板块无裂纹、掉角和缺楞等缺陷	观察检查	同主控项目
2	面层邻接处镶边	面层邻接处的镶边用料及尺寸应符合设计要求，边角整齐、光滑	观察和用钢尺检查	
3	踢脚线质量	踢脚线表面应洁净、高度一致、结合牢固、出墙厚度一致	观察和用小锤轻击及钢尺检查	
4	楼梯踏步	楼梯踏步和台阶板块的缝隙宽度应一致、齿角整齐；楼层梯段相邻踏步高度差应不大于 10mm；防滑条顺直	观察和用钢尺检查	
5	面层表面坡度	面层表面的坡度应符合设计要求，不倒泛水，无积水；与地漏、管道结合处应严密牢固，无渗漏	观察、泼水或坡度尺及蓄水检查	
6	面层表面允许偏差	砖面层的允许偏差见《建筑地面工程施工质量验收规范》(GB 50209）中表 6.1.8 的规定	见《建筑地面工程施工质量验收规范》(GB 50209）中表 6.1.8 的规定	

（5）大理石面层和花岗石面层。

1）主控项目检验（表 9-23）。

大理石、花岗石地板主控项目检验　　表 9-23

序号	项目	合格质量标准	检验方法	检查数量
1	板块品种、质量	大理石、花岗石面层所用板块的品种、质量应符合设计要求	观察检查和检查材质合格记录	（1）抽查数量应随机检验应不少于 3 间；不足 3 间，应全数检查；其中走廊（过道）应以 10 延长米为 1 间，工业厂房（按单跨计）、礼堂、门厅应以两个轴线为 1 间计算。 （2）有防水要求的检验批抽查数量应按其房间总数随机检验应不少于 4 间，不足 4 间，应全数检查
2	面层与下一层结合	面层与下一层应结合牢固，无空鼓。 注：凡单块板块边角有局部空鼓，且每自然间（标准间）不超过总数的 5%可不计	用小锤轻击检查	

2）一般项目检验（表 9-24）。

大理石、花岗石地板一般项目检验　　表 9-24

序号	项目	合格质量标准	检验方法	检查数量
1	面层表面质量	大理石、花岗石面层的表面应洁净、平整、无磨痕，且应图案清晰、色泽一致、接缝均匀、周边顺直、镶嵌正确、板块无裂纹、掉角、缺楞等缺陷	观察检查	同主控项目
2	踢脚线质量	踢脚线表面应洁净，高度一致、结合牢固、出墙厚度一致	观察和用小锤轻击及钢尺检查	
3	楼梯踏步	楼梯踏步和台阶板块的缝隙宽度应一致、齿角整齐，楼层梯段相邻踏步高度差应不大于 10mm，防滑条应顺直、牢固	观察和用钢尺检查	
4	面层坡度及其他要求	面层表面的坡度应符合设计要求，不倒泛水、无积水；与地漏、管道结合处应严密牢固，无渗漏	观察、泼水或坡度尺及蓄水检查	

续表

序号	项目	合格质量标准	检验方法	检查数量
5	面层表面允许偏差	见《建筑地面工程施工质量验收规范》（GB 50209）中表6.1.8	见《建筑地面工程施工质量验收规范》（GB 50209）中表6.1.8	同主控项目

（6）预制板块面层。

1）主控项目检验（表9-25）。

预制板块面层主控项目检验　　表9-25

序号	项目	合格质量标准	检验方法	检查数量
1	板块强度、品种、质量	预制板块的强度等级、规格、质量应符合设计要求；水磨石板块尚应符合国家现行行业标准《建筑水磨石制品》（JC/T 507）的规定	观察检查和检查材质合格证明文件及检测报告	（1）抽查数量应随机检验应不少于3间；不足3间，应全数检查；其中走廊（过道）应以10延长米为1间，工业厂房（按单跨计）、礼堂、门厅应以两个轴线为1间计算。 （2）有防水要求的检验批抽查数量应按其房间总数随机检验应不少于4间，不足4间，应全数检查
2	面层与下一层结合	面层与下一层应结合牢固、无空鼓。 注：凡单块板块料边角有局部空鼓，且每自然间（标准间）不超过总数的5%可不计	用小锤轻击检查	

2）一般项目检验（表9-26）。

预制板块面层一般项目检验　　表9-26

序号	项目	合格质量标准	检验方法	检查数量
1	板块质量	预制板块表面应无裂缝、掉角、翘曲等明显缺陷	观察检查	同主控项目
2	板块面层质量	预制板块面层应平整洁净，图案清晰，色泽一致，接缝均匀，周边顺直，镶嵌正确	观察检查	

续表

序号	项目	合格质量标准	检验方法	检查数量
3	面层邻接处镶边	面层邻接处的镶边用料尺寸应符合设计要求，边角整齐、光滑	观察和钢尺检查	同主控项目
4	踢脚线质量	踢脚线表面应洁净、高度一致、结合牢固、出墙厚度一致	观察和用小锤轻击及钢尺检查	
5	楼梯踏步	楼梯踏步和台阶板块的缝隙宽度一致、齿角整齐，楼层梯段相邻踏步高度差应不大于10mm，防滑条顺直	观察和钢尺检查	
6	面层表面允许偏差	水泥混凝土板块和水磨石板块面层的允许偏差应符合规《建筑地面工程施工质量验收规范》（GB 50209）中表6.1.8的规定	见《建筑地面工程施工质量验收规范》（GB 50209）中表6.1.8的规定	

（7）料石面层。

1）主控项目检验（表9-27）。

料石面层主控项目检验　　　　表9-27

序号	项目	合格质量标准	检验方法	检查数量
1	料石质量	面层材质应符合设计要求；条石的强度等级应大于MU60，块石的强度等级应大于MU30	观察检查和检查材质合格证明文件及检测报告	（1）抽查数量应随机检验应不少于3间；不足3间，应全数检查；其中走廊（过道）应以10延长米为1间，工业厂房（按单跨计）、礼堂、门厅应以两个轴线为1间计算。 （2）有防水要求的检验批抽查数量应按其房间总数随机检验应不少于4间，不足4间，应全数检查
2	面层与下一层结合	面层与下一层应结合牢固、无松动	观察检查和用锤击检查	

2）一般项目检验（表 9-28）。

料石面层一般项目检验　　表 9-28

序号	项目	合格质量标准	检验方法	检查数量
1	组砌方法	条石面层应组砌合理，无十字缝，铺砌方向和坡度应符合设计要求；块石面层石料缝隙应相互错开，通缝不超过两块石料	观察和用坡度尺检查	同主控项目
2	面层允许偏差	条石面层和块石面层的允许偏差应符合表 9-29 的规定	见表 9-29	

条石面层和块石面层允许偏差　　表 9-29

项目	允许偏差（mm）		检验方法
表面平整度	条石、块石	10	表面平整度：用 2m 靠尺和楔形塞尺检查
缝格平直	条石、块石	8	缝格平直：5m 线和用钢尺检查
接缝高低差	条石	2.0	接缝高低差：用钢尺和楔形塞尺检查
	块石	—	
板块间隙宽度	条石、块石	5	板块间隙宽度：用钢尺检查

（8）塑料板面层。

1）主控项目检验（表 9-30）。

塑料板面层主控项目检验　　表 9-30

序号	项目	合格质量标准	检验方法	检查数量
1	塑料板质量	塑料板面层所用的塑料板块和卷材的品种、规格、颜色、等级应符合设计要求和现行国家标准的规定	观察检查和检查材质合格证明文件及检测报告	（1）抽查数量应随机检验应不少于 3 间；不足 3 间，应全数检查；其中走廊（过道）应以 10 延长米为 1 间，工业厂房（按单跨计）、礼堂、门厅应以两个轴线为 1 间计算。

续表

序号	项目	合格质量标准	检验方法	检查数量
2	面层与下一层黏结	面层与下一层的黏结应牢固，不翘边、不脱胶、无溢胶 注：卷材局部脱胶处面积应不大于 20cm²，且相隔间距不小于 50cm 可不计；凡单块板块料边角局部脱胶处且每自然间（标准间）不超过总数的 5%者可不计	观察检查和用敲击及钢尺检查	(2) 有防水要求的检验批抽查数量应按其房间总数随机检验应不少于 4 间，不足 4 间，应全数检查

2）一般项目检验（表 9-31）。

塑料板面层一般项目检验　　表 9-31

序号	项目	合格质量标准	检验方法	检查数量
1	面层质量	塑料板面层应表面洁净，图案清晰，色泽一致，接缝严密、美观。拼缝处的图案、花纹吻合，无胶痕；与墙边交接严密，阴阳角收边方正	观察检查	同主控项目
2	焊接质量	板块的焊接，焊缝应平整、光洁，无焦化变色、斑点、焊瘤和起鳞等缺陷，其凹凸允许偏差为±0.6mm。焊缝的抗拉强度不得小于塑料板强度的 75%	观察检查和检查检测报告	
3	镶边用料	镶边用料应尺寸准确、边角整齐、拼缝严密、接缝顺直	用钢尺和观察检查	
4	面层允许偏差	见《建筑地面工程施工质量验收规范》(GB 50209) 中表 6.1.8	见《建筑地面工程施工质量验收规范》(GB 50209) 中表 6.1.8	

（9）地毯面层。

1）主控项目检验（表9-32）。

地毯面层主控项目检验　　表9-32

<table>
<tr><th>序号</th><th>项目</th><th>合格质量标准</th><th>检验方法</th><th>检查数量</th></tr>
<tr><td>1</td><td>地毯、胶料及辅料质量</td><td>地毯的品种、规格、颜色、花色、胶料和辅料及其材质必须符合设计要求和国家现行地毯产品标准的规定</td><td>观察检查和检查材质合格记录</td><td rowspan="2">（1）抽查数量应随机检验应不少于3间；不足3间，应全数检查；其中走廊（过道）应以10延长米为1间，工业厂房（按单跨计）、礼堂、门厅应以两个轴线为1间计算。
（2）有防水要求的检验批抽查数量应按其房间总数随机检验应不少于4间，不足4间，应全数检查</td></tr>
<tr><td>2</td><td>地毯铺设质量</td><td>地毯表面应平服、拼缝处粘贴牢固、严密平整、图案吻合</td><td>观察检查</td></tr>
</table>

2）一般项目检验（表9-33）。

地毯面层一般项目检验　　表9-33

<table>
<tr><th>序号</th><th>项目</th><th>合格质量标准</th><th>检验方法</th><th>检查数量</th></tr>
<tr><td>1</td><td>地毯表面质量</td><td>地毯表面不应起鼓、起皱、翘边、卷边、显拼缝、露线和无毛边，绒面毛顺光一致，毯面干净，无污染和损伤</td><td rowspan="2">观察检查</td><td rowspan="2">同主控项目</td></tr>
<tr><td>2</td><td>地毯细部连接</td><td>地毯同其他面层连接处、收口处和墙边、柱子周围应顺直、压紧</td></tr>
</table>

（10）实木地板面层。

1）主控项目检验（表9-34）。

实木地板面层主控项目检验　　表 9-34

序号	项目	合格质量标准	检验方法	检查数量
1	材料质量	实木地板面层所采用的材质和铺设时的木材含水率必须符合设计要求。木格栅、垫木和毛地板等必须做防腐、防蛀处理	观察检查和检查材质合格证明文件及检测报告	(1) 抽查数量应随机检验应不少于 3 间；不足 3 间，应全数检查；其中走廊（过道）应以 10 延长米为 1 间，工业厂房（按单跨计）、礼堂、门厅应以两个轴线为 1 间计算。 (2) 有防水要求的检验批抽查数量应按其房间总数随机检验应不少于 4 间，不足 4 间，应全数检查
2	木栅栏安装	木格栅安装应牢固、平直	观察、脚踩检查	
3	面层铺设	面层铺设应牢固；粘贴无空鼓	观察、脚踩或用小锤轻击检查	

2）一般项目检验（表 9-35）。

实木地板面层一般项目检验　　表 9-35

序号	项目	合格质量标准	检验方法	检查数量
1	面层质量	实木地板面层应刨平、磨光，无明显刨痕和毛刺等现象；图案清晰、颜色均匀一致	观察、手摸和脚踩检查	同主控项目
2	面层缝隙	(1) 实木地板铺设时，面板与墙之间应留 8～12mm 缝隙。 (2) 面层缝隙应严密；接头位置应错开，表面洁净	观察检查	
3	拼花地板	拼花地板接缝应对齐，粘、钉严密；缝隙宽度均匀一致；表面洁净，胶粘无溢胶		
4	踢脚线	踢脚线表面应光滑，接缝严密，高度一致	观察和钢尺检查	

续表

序号	项目	合格质量标准	检验方法	检查数量
5	表面允许偏差	见《建筑地面工程施工质量验收规范》(GB 50209) 表7.1.7	见《建筑地面工程施工质量验收规范》(GB 50209) 表7.1.7	同主控项目

(11) 实木复合地板面层。

1) 主控项目检验（表9-36）。

实木复合地板面层主控项目检验　　表9-36

序号	项目	合格质量标准	检验方法	检查数量
1	材料质量	实木复合地板面层所采用的条材和块材，其技术等级及质量要求应符合设计要求。木格栅、垫木和毛地板等必须做防腐、防蛀处理	观察检查和检查材质合格证明文件及检测报告	(1) 抽查数量应随机检验应不少于3间；不足3间，应全数检查；其中走廊（过道）应以10延长米为1间，工业厂房（按单跨计）、礼堂、门厅应以两个轴线为1间计算。 (2) 有防水要求的检验批抽查数量应按其房间总数随机检验应不少于4间，不足4间，应全数检查
2	木格栅安装	木格栅安装应牢固、平直	观察、脚踩检查	
3	面层铺设质量	面层铺设应牢固；粘贴无空鼓	观察、脚踩或用小锤轻击检查	

2) 一般项目检验（表9-37）。

实木复合地板面层一般项目检验　　表9-37

序号	项目	合格质量标准	检验方法	检查数量
1	面层外观质量	实木复合地板面层图案和颜色应符合设计要求，图案清晰，颜色一致，板面无翘曲	观察、用2m靠尺和楔形塞尺检查	同主控项目
2	面层接头	面层的接头应错开、缝隙严密、表面洁净	观察检查	
3	踢脚线	踢脚线表面光滑，接缝严密，高度一致	观察和钢尺检查	

续表

序号	项目	合格质量标准	检验方法	检查数量
4	面层允许偏差	见《建筑地面工程施工质量验收规范》（GB 50209）中表7.1.7	见《建筑地面工程施工质量验收规范》（GB 50209）中表7.1.7	同主控项目

（12）中密度强化复合地板面层。

1）主控项目检验（表9-38）。

中密度复合地板面层主控项目检验　　　　表9-38

序号	项目	合格质量标准	检验方法	检查数量
1	材料质量	中密度（强化）复合地板面层所采用的材料，其技术等级及质量要求应符合设计要求。木格栅、垫木和毛地板等应做防腐、防蛀处理	观察检查和检查材质合格证明文件及检测报告	（1）抽查数量应随机检验应不少于3间；不足3间，应全数检查；其中走廊（过道）应以10延长米为1间，工业厂房（按单跨计）、礼堂、门厅应以两个轴线为1间计算。 （2）有防水要求的检验批抽查数量应按其房间总数随机检验应不少于4间，不足4间，应全数检查
2	木格栅安装	木格栅安装应牢固、平直	观察、脚踩检查	
3	面层铺设	面层铺设应牢固	观察、脚踩检查	

2）一般项目检验（表9-39）。

中密度复合地板面层一般项目检验　　　　表9-39

序号	项目	合格质量标准	检验方法	检查数量
1	面层外观质量	中密度（强化）复合地板面层图案和颜色应符合设计要求，图案清晰，颜色一致，板面无翘曲	观察、用2m靠尺和楔形塞尺检查	同主控项目
2	面层接头	面层的接头应错开、缝隙严密、表面洁净	观察检查	

续表

序号	项目	合格质量标准	检验方法	检查数量
3	踢脚线	踢脚线表面应光滑，接缝严密，高度一致	观察和钢尺检查	同主控项目
4	面层允许偏差	同实木复合地板面层允许偏差	同实木复合地板面层检验方法	

(13) 竹地板面层。

1) 主控项目检验（表 9-40）。

竹地板面层主控项目检验　　表 9-40

序号	项目	合格质量标准	检验方法	检查数量
1	材料质量	竹地板面层所采用的材料，其技术等级和质量要求应符合设计要求。木格栅、毛地板和垫木等应做防腐、防蛀处理	观察检查和检查材质合格证明文件及检测报告	(1) 抽查数量应随机检验应不少于 3 间；不足 3 间，应全数检查；其中走廊（过道）应以 10 延长米为 1 间，工业厂房（按单跨计）、礼堂、门厅应以两个轴线为 1 间计算。 (2) 有防水要求的检验批抽查数量应按其房间总数随机检验应不少于 4 间，不足 4 间，应全数检查
2	木格栅安装	木格栅安装应牢固、平直	观察、脚踩检查	
3	面层铺设	面层铺设应牢固；粘贴无空鼓	观察、脚踩或用小锤轻击检查	

2) 一般项目检验（表 9-41）。

竹地板面层一般项目检验　　表 9-41

序号	项目	合格质量标准	检验方法	检查数量
1	面层品种规格	竹地板面层品种与规格应符合设计要求，板面无翘曲	观察、用 2m 靠尺和楔形塞尺检查	同主控项目
2	面层缝隙接头	面层缝隙应均匀、接头位置错开，表面洁净	观察检查	

续表

序号	项目	合格质量标准	检验方法	检查数量
3	踢脚线	踢脚线表面应光滑，接缝均匀，高度一致	观察和用钢尺检查	同主控项目
4	面层允许偏差	同实木复合地板面层允许偏差	同实木复合地板面层检验方法	

9.2 抹灰工程

9.2.1 一般抹灰工程

1. 质量控制要点

（1）一般抹灰应在基体或基层的质量检查合格后进行。

（2）一般抹灰工程施工的环境温度，高级抹灰不应低于5℃，中级和普通抹灰应在0℃以上。

（3）抹灰前，砖石、混凝土等基体表面的灰尘、污垢和油渍等应清除干净，砌块的空壳凿掉，光滑的混凝土表面要进行斩毛处理，并洒水湿润。

（4）抹灰前，应纵横拉通线，用与抹灰层相同砂浆设置标志或标筋。

（5）一般抹灰工程施工顺序通常应先室外后室内，先上面后下面，先顶棚后地面。高层建筑采取措施后，也可分段进行。

（6）抹灰的面层应在踢脚板、门窗贴脸板和挂镜线等木制品安装前进行涂抹。

（7）水泥砂浆不得抹在石灰砂浆层上。

（8）各种砂浆的抹灰层，在凝结前，应防止快干、水冲、撞击和振动；凝结后，应采取措施防止污染和损坏。

（9）抹灰线用的模子，其线型、楞角等应符合设计要求，并按墙面、柱面找平后的水平线确定灰线位置。

（10）抹灰用的石灰膏的熟化期不应少于15d，罩面用的磨细石灰粉的熟化期不应少于3d。

2. 质量检验标准

(1) 主控项目检验（表 9-42）。

一般抹灰主控项目检验 **表 9-42**

序号	项目	合格质量标准	检验方法	检查数量
1	基层表面	抹灰前基层表面的尘土、污垢、油渍等应清除干净，并应洒水润湿	检查施工记录	(1) 室内每个检验批应至少抽查 10%，并不得少于 3 间；不足 3 间时应全数检查。 (2) 室外每个检验批每 $100m^2$ 应至少抽查一处，每处不得小于 $10m^2$
2	材料品种和性能	一般抹灰所用材料的品种和性能应符合设计要求。水泥的凝结时间和安定性复验应合格。砂浆的配合比应符合设计要求	检查产品合格证书、进场验收记录、复验报告和施工记录	
3	操作要求	抹灰工程应分层进行。当抹灰总厚度大于或等于 35mm 时，应采取加强措施，不同材料基体交接处表面的抹灰，应采取防止开裂的加强措施，当采用加强网时，加强网与各基体的搭接宽度应不小于 100mm	检查隐蔽工程验收记录和施工记录	
4	层黏结及面层质量	抹灰层与基层之间及各抹灰层之间必须黏结牢固，抹灰层应无脱层、空鼓，面层应无爆灰和裂缝	观察；用小锤轻击检查；检查施工记录	

(2) 一般项目检验（表 9-43）。

一般抹灰一般项目检验 **表 9-43**

序号	项目	合格质量标准	检验方法	检查数量
1	表面质量	一般抹灰工程的表面质量应符合下列规定： (1) 普通抹灰表面应光滑、洁净、接槎平整，分格缝应清晰。 (2) 高级抹灰表面应光滑、洁净、颜色均匀、无抹纹，分格缝和灰线应清晰美观	观察；手摸检查	同主控项目

续表

序号	项目	合格质量标准	检验方法	检查数量
2	细部质量	护角、孔洞、槽、盒周围的抹灰表面应整齐、光滑、管道后面的抹灰表面应平整	观察	同主控项目
3	层总厚度及层间材料	抹灰层的总厚度应符合设计要求；水泥砂浆不得抹在石灰砂浆层上；罩面石膏灰不得抹在水泥砂浆层上	检查施工记录	
4	分格缝	抹灰分格缝的设置应符合设计要求,宽度和深度应均匀,表面应光滑,棱角应整齐	观察；尺量检查	
5	滴水线（槽）	有排水要求的部位应做滴水线（槽）。滴水线（槽）应整齐顺直，滴水线应内高外低，滴水槽的宽度和深度均应不小于 10mm	观察；尺量检查	
6	允许偏差	一般抹灰工程质量的允许偏差和检验方法应符合《建筑装饰装修工程质量验收规范》（GB 50210）中表 4.2.11 的规定	见《建筑装饰装修工程质量验收规范》（GB 50210）中表 4.2.11	

9.2.2 装饰抹灰工程

1. 质量控制要点

（1）装饰抹灰在基体与基层质量检验合格后方可进行。基层必须清理干净，使抹灰层与基层粘结牢固。

（2）装饰抹灰面层应做在已硬化、粗糙而平整的中层砂浆面上，涂抹前应洒水湿润。装配式混凝土外墙板，其外墙面和接缝不平处以及缺楞掉角处，用水泥砂浆修补后，可直接进行喷涂、滚涂、弹涂。

（3）装饰抹灰面层的施工缝，应留在分格缝、墙面阴角、水落管背后或独立装饰组成部分的边缘处。每个分块必须连续作业，不显接槎。

（4）装饰抹灰周围的墙面、窗口等部位，应采取有效措施，进行遮挡，以防污染。

（5）装饰抹灰的材料配合比、面层颜色和图案要符合设计要求，以达到理想的装饰效果，为此，应预先做出样板（一个样品或标准间），经建设、设计、施工、监理四方共同鉴定合格后，方可大面积施工。

（6）喷涂、弹涂等工艺在雨天或天气预报下雨时不得施工，干粘石等工艺在大风天气不宜施工。

2. 质量检验标准

（1）主控项目检验（表 9-44）。

装饰抹灰主控项目检验　　　　表 9-44

序号	项目	合格质量标准	检验方法	检查数量
1	基层表面	抹灰前基层表面的尘土、污垢、油渍等应清除干净，并应洒水润湿	检查施工记录	（1）室内每个检验批应至少抽查 10%，并不得少于 3 间；不足 3 间时应全数检查。
2	材料品种和性能	装饰抹灰工程所用材料的品种和性能应符合设计要求。水泥的凝结时间和安定性复验应合格。砂浆的配合比应符合设计要求	检查产品合格证书、进场验收记录、复验报告和施工记录	
3	操作要求	抹灰工程应分层进行。当抹灰总厚度大于或等于 35mm 时，应采取加强措施。不同材料基体交接处表面的抹灰，应采取防止开裂的加强措施，当采用加强网时，加强网与各基体的搭接宽度应不小于 100mm	检查隐蔽工程验收记录和施工记录	

续表

序号	项目	合格质量标准	检验方法	检查数量
4	层黏结及面层质量	各抹灰层之间及抹灰层与基体之间必须粘结牢固，抹灰层应无脱层、空鼓和裂缝	观察；用小锤轻击检查；检查施工记录	（2）室外每个检验批每 $100m^2$ 应至少抽查 1 处，每处不得小于 $10m^2$

（2）一般项目检验（表 9-45）。

装饰抹灰一般项目检验　　　　表 9-45

序号	项目	合格质量标准	检验方法	检查数量
1	表面质量	装饰抹灰工程的表面质量应符合下列规定： （1）水刷石表面应石粒清晰、分布均匀、紧密平整、色泽一致，应无掉粒和接槎痕迹。 （2）斩假石表面剁纹应均匀顺直、深浅一致，应无漏剁处；阳角处应横剁并留出宽窄一致的不剁边条，棱角应无损坏。 （3）干粘石表面应色泽一致、不露浆、不漏粘，石粒应粘结牢固、分布均匀，阳角处应无明显黑边。 （4）假面砖表面应平整、沟纹清晰、留缝整齐、色泽一致，应无掉角、脱皮、起砂等缺陷	观察；手摸检查	（1）室内每个检验批应至少抽查 10%，并不得少于 3 间；不足 3 间时应全数检查。 （2）室外每个检验批每 $100m^2$ 应至少抽查 1 处，每处不得小于 $10m^2$
2	分格条（缝）	装饰抹灰分格条（缝）的设置应符合设计要求，宽度和深度应均匀，表面应平整光滑，棱角应整齐	观察	
3	滴水线	有排水要求的部位应做滴水线（槽）。滴水线（槽）应整齐顺直，滴水线应内高外低，滴水槽的宽度和深度均应不小于 10mm	观察尺量检查	
4	允许偏差	装饰抹灰工程质量的允许偏差和检验方法应符合《建筑装饰装修工程质量验收规范》（GB 50210）中表 4.3.9 的规定	见《建筑装饰装修工程质量验收规范》（GB 50210）中表 4.3.9	

9.2.3 清水砌体勾缝工程

1. 质量控制要点

（1）在勾缝之前，先检查墙面的灰缝宽窄，水平和垂直是否符合要求，如果有缺陷，就应进行开缝和补缝。

（2）对缺楞掉角的砖和游丁的立缝，应进行修补，修补前要浇水润湿，补缝砂浆的颜色必须与墙上砖面颜色近似。

（3）勾缝所用砂浆的配合比必须准确，水泥∶砂子＝1∶(1～1.5)，把水泥和砂拌合均匀后，再加水拌合，稠度为30～50mm，以勾缝溜子挑起不掉为宜。根据需要也可以在砂浆中掺加水泥用量10%～15%的磨细粉煤灰，以调剂颜色，增加和易性。勾缝砂浆应随拌随用，下班前必须把砂浆用完，不能使用过夜砂浆。

（4）为了防止砂浆早期脱水，在勾缝前一天应将砖墙浇水润湿，勾缝时再适量浇水，但不宜太湿。勾缝时用溜子把灰挑起来填嵌，俗称“叼缝”，防止托灰板污染墙面。外墙一般勾成平缝，凹进墙面3～5mm，从上而下，自右向左进行，先勾水平缝，后勾立缝。使阳角方正，阴角处不能上下直通和瞎缝，水平缝和竖缝要深浅一致，密实光滑，搭接处平顺。

（5）勾完缝加强自检，检查有无丢缝现象。特别是勒脚、腰线，过梁上第一皮砖及门窗膀侧面，如发现漏勾的，应及时补勾好。

2. 质量检验标准

（1）主控项目检验（表9-46）。

清水勾缝主控项目检验　　表9-46

序号	项目	合格质量标准	检验方法	检查数量
1	水泥及配合比	清水砌体勾缝所用水泥的凝结时间和安定性复验应合格。砂浆的配合比应符合设计要求	检查复验报告和施工记录	（1）室内每个检验批应至少抽查10%，并不得少于3间；不足3间时应全数检查。 （2）室外每个检验批每100m^2应至少抽查1处，每处不得小于10m^2
2	勾缝牢固性	清水砌体勾缝应无漏勾。勾缝材料应粘结牢固、无开裂	观察	

（2）一般项目检验（表9-47）。

清水勾缝一般项目检验　　表9-47

序号	项目	合格质量标准	检验方法	检查数量
1	勾缝外观质量	清水砌体勾缝应横平竖直，交接处应平顺，宽度和深度应均匀，表面应压实抹平	观察；尺量检查	同主控项目
2	灰缝及表面	灰缝应颜色一致，砌体表面应洁净	观察	

9.3 门窗工程

9.3.1 木门窗制作与安装工程

1. 质量控制要点

（1）按设计要求配料，木材品种、材质等级、含水率和防腐、防蛀、防水处理均应符合设计要求和规范的规定。

（2）木门窗及门窗五金从生产厂运到工地，必须做验收，按图纸检查框扇型号，检查产品防锈红丹无漏涂、薄刷现象，不合质量者严格退回。

（3）木门窗安装宜采用预留洞口的方法施工。如果采用先安装后砌口的方法施工时，则应注意避免门窗框在施工中受损、受挤压变形或受到污染。

（4）门窗框安装应安排在地面、墙面湿作业完成之后，窗扇安装应在室内抹灰施工前进行，门窗安装应在室内抹灰完成和水泥地面达到强度以后进行。

（5）门窗框、扇进场后，框的靠墙、靠地的一面应刷防腐涂料，其他各面应刷清油一道。刷油后分类码放平整，底层应垫平、垫高，每层框间衬木板条通风，防止日晒雨淋。

（6）门窗框和厚度大于50mm的门窗扇应用双榫连接。

（7）建筑外门窗的安装必须牢固，在砌体上安装门窗严禁用射钉固定。

(8) 门窗框安装前应校正方正，加钉必要拉条以避免变形。安装门窗框时，每边固定点不得少于两处，其间距不得大于1.2m。

(9) 门窗框需镶贴脸时，门窗框应凸出墙面，凸出的厚度应等于抹灰层或装饰面层的厚度。

(10) 木门窗与墙体间的缝隙应填嵌憎水性的保温材料，表面应嵌填耐候密封胶。

2. 质量检验标准

(1) 木门窗制作。

1) 主控项目检验见表9-48。

木门窗制作主控项目检验　　表9-48

序号	项目	合格质量标准	检验方法	检查数量
1	材料质量	木门窗的木材品种、材质等级、规格、尺寸、框扇的线型及人造木板的甲醛含量应符合设计要求	观察；检查材料进场验收记录和复验报告	每个检验批应至少抽查5%，并不得少于3樘，不足3樘时应全数检查；高层建筑外窗，每个检验批应至少抽查10%，并不得少于6樘，不足6樘时应全数检查
2	木材含水率	木门窗应采用烘干的木材，含水率应符合《建筑木门、木窗》(JG/T 122)的规定	检查材料进场验收记录	
3	木材防护	木门窗的防火、防腐、防蛀处理应符合设计要求	观察；检查材料进场验收记录	
4	木节及虫眼	木门窗的结合处和安装配件处不得有木节或已填补的木节。木门窗如有允许限值以内的死节及直径较大的虫眼时，应用同一材质的木塞加胶填补。对于清漆制品，木塞的木纹和色泽应与制品一致	观察	
5	榫槽连接	门窗框和厚度大于50mm的门窗扇应用双榫连接。榫槽应采用胶料严密嵌合，并应用胶楔加紧	观察；手扳检查	

续表

序号	项目	合格质量标准	检验方法	检查数量
6	胶合板门、纤维板门、压模质量	胶合板门、纤维板门和模压门不得脱胶。胶合板不得刨透表层单板，不得有戗槎。制作胶合板门、纤维板门时，边框和横楞应在同一平面上，面层、边框及横楞应加压胶结。横楞和上、下冒头应各钻两个以上的透气孔，透气孔应通畅	观察	每个检验批应至少抽查5%，并不得少于3樘，不足3樘时应全数检查；高层建筑外窗，每个检验批应至少抽查10%，并不得少于6樘，不足6樘时应全数检查

2）一般项目检验见表9-49。

木门窗制作一般项目检验　　表9-49

序号	项目	合格质量标准	检验方法	检查数量
1	木门窗表面质量	木门窗表面应洁净，不得有刨痕、锤印	观察	同主控项目
2	木门窗割角拼缝	木门窗的割角、拼缝应严密平整。门窗框、扇裁口应顺直，刨面应平整		
3	木门窗槽、孔	木门窗上的槽、孔应边缘整齐，无毛刺		
4	制作允许偏差	木门窗制作的允许偏差和检验方法应符合《建筑装饰装修工程质量验收规范》（GB 50210）中表5.2.17的规定	见《建筑装饰装修工程质量验收规范》（GB 50210）中表5.2.17	

（2）木门窗安装。

1）主控项目检验见表9-50。

木门窗安装主控项目检验　　　　表 9-50

序号	项目	合格质量标准	检验方法	检查数量
1	木门窗品种、规格、安装方向位置	木门窗的品种、类型、规格、开启方向、安装位置及连接方式应符合设计要求	观察；尺量检查；检查成品门的产品合格证书	每个检验批应至少抽查 5%，并不得少于 3 樘，不足 3 樘时应全数检查；高层建筑外窗，每个检验批应至少抽查 10%，并不得少于 6 樘，不足 6 樘时应全数检查
2	木门窗安装牢固	木门窗框的安装必须牢固。预埋木砖的防腐处理、木门窗框固定点的数量、位置及固定方法应符合设计要求	观察；手扳检查；检查隐蔽工程验收记录和施工记录	
3	木门窗扇安装	木门窗扇必须安装牢固,并应开关灵活,关闭严密,无倒翘	观察；开启和关闭检查；手扳检查	
4	门窗配件安装	木门窗配件的型号、规格、数量应符合设计要求，安装应牢固，位置应正确，功能应满足使用要求	观察；开启和关闭检查；手扳检查	

2）一般项目检验见表 9-51。

木门窗安装一般项目检验　　　　表 9-51

序号	项目	合格质量标准	检验方法	检查数量
1	缝隙嵌填材料	木门窗与墙体间缝隙的填嵌材料应符合设计要求，填嵌应饱满。寒冷地区外门窗（或门窗框）与砌体间的空隙应填充保温材料	轻敲门窗框检查；检查隐蔽工程验收记录和施工记录	同主控项目
2	披水、盖口条等细部	木门窗披水、盖口王、压缝条、密封条的安装应顺直、与门窗结合应牢固、严密	观察；手扳检查	
3	安装留缝限值及允许偏差	木门窗安装的留缝限值、允许偏差和检验方法应符合《建筑装饰装修工程质量验收规范》（GB 50210）中表 5.2.18 规定	见《建筑装饰装修工程质量验收规范》（GB 50210）中表 5.2.18	

9.3.2 金属门窗制作与安装工程

1. 质量控制要点

(1) 钢门窗安装前，应在离地、楼面500mm高的墙面上弹一条水平控制线，再按门窗的安装标高、尺寸和开启方向，在墙体预留洞口四周弹出门窗落位线。

(2) 门窗安装就位后应暂时用木楔固定，木楔固定钢门窗的位置应设置于门窗四角和框框端部，否则易产生变形。

(3) 门窗附件安装，必须地、墙面，顶棚等抹灰完成后，并在安装玻璃之前进行，且应检查门窗扇质量，对附件安装有影响的应先校正，然后再安装。

2. 质量检验标准

(1) 主控项目检验（表9-52）。

金属门窗制作与安装主控项目检验　　表9-52

序号	项目	合格质量标准	检验方法	检查数量
1	门窗质量	钢门窗的品种、类型、规格、尺寸、性能、开启方向、安装位置、连接方式及铝合金门窗的型材壁厚应符合设计要求。金属门窗的防腐处理及填嵌、密封处理应符合设计要求	观察；尺量检查；检查产品合格证书、性能检测报告、进场验收记录和复验报告，检查隐蔽工程验收记录	每个检验批应至少抽查5%，并不得少于3樘，不足3樘时应全数检查；高层建筑的外窗，每个检验批应至少抽查10%，并不得少于6樘，不足6樘时应全数检查
2	框和副框安装及预埋件	钢门窗框和副框的安装必须牢固。预埋件的数量、位置、埋设方式、与框的连接方式必须符合设计要求	手扳检查；检查隐蔽工程验收记录	
3	门窗扇安装	钢门窗扇必须安装牢固，并应开关灵活、关闭严密，无倒翘。推拉门窗扇必须有防脱落措施	观察；开启和关闭检查；手扳检查	

续表

序号	项目	合格质量标准	检验方法	检查数量
4	配件质量及安装	钢门窗配件的型号、规格、数量应符合设计要求，安装应牢固，位置应正确，功能应满足使用要求	观察；开启和关闭检查；手扳检查	每个检验批应至少抽查5%，并不得少于3樘，不足3樘时应全数检查；高层建筑的外窗，每个检验批应至少抽查10%，并不得少于6樘，不足6樘时应全数检查

（2）一般项目检验（表9-53）。

金属门窗制作与安装一般项目检验　　表9-53

序号	项目	合格质量标准	检验方法	检查数量
1	表面质量	钢门窗表面应洁净、平整、光滑、色泽一致，无锈蚀。大面应无划痕、碰伤。漆膜或保护层应连续	观察	同主控项目
2	框与墙体间缝隙	钢门窗框与墙体之间的缝隙应填嵌饱满，并采用密封胶密封。密封胶表面应光滑、顺直，无裂纹	观察；轻敲门窗框检查；检查隐蔽工程验收记录	
3	扇密封胶条或毛毡密封条	钢门窗扇的橡胶密封条或毛毡密封条应安装完好，不得脱槽	观察；开启和关闭检查	
4	排水孔	有排水孔的钢门窗，排水孔应畅通，位置和数量应符合设计要求	观察	
5	留缝限值和允许偏差	金属门窗安装的留缝限值、允许偏差和检验方法应符合《建筑装饰装修工程质量验收规范》(GB 50210)中表5.3.11～表5.3.13的规定	见《建筑装饰装修工程质量验收规范》(GB 50210)中表5.3.11～表5.3.13	

9.3.3 塑料门窗制作与安装工程

1. 质量控制要点

(1) 储存塑料门窗的环境温度应小于50℃，与热源的距离不小于1m。门窗在安装现场放置的时间不应超过两个月。

(2) 塑料门窗在安装前，应先装五金配件及固定件。安装螺钉时，不能直接撞击拧入，应先钻孔后再用自攻螺钉拧入。安装五金配件时，必须加衬增强金属板。

(3) 同一品种、类型和规格的塑料门窗及门窗玻璃每100樘应划分为一个检验批，不足100樘也应划分为一个检验批。

2. 质量检验标准

(1) 主控项目检验（表9-54）。

塑料门窗制作与安装主控项目检验　　表9-54

序号	项目	合格质量标准	检验方法	检查数量
1	门窗质量	塑料门窗的品种、类型、规格、尺寸、开启方向、安装位置、连接方式及填嵌密封处理应符合设计要求，内衬增强型钢的壁厚及设置应符合国家现行产品标准的质量要求	观察；尺量检查；检查产品合格证书、性能检测报告、进场验收记录和复验报告；检查隐蔽工程验收记录	每个检验批应至少抽查5%，并不得少于3樘，不足3樘时应全数检查；高层建筑的外窗，每个检验批应至少抽查10%，并不得少于6樘，不足6樘时应全数检查
2	框、扇安装	塑料门窗框、副框和扇的安装必须牢固。固定片或膨胀螺栓的数量与位置应正确，连接方式应符合设计要求。固定点应距窗角、中横框、中竖框150～200mm，固定点间距应不大于600mm	观察；手扳检查：检查隐蔽工程验收记录	

续表

序号	项目	合格质量标准	检验方法	检查数量
3	拼樘料与框连接	塑料门窗拼樘料内衬增强型钢的规格、壁厚必须符合设计要求，型钢应与型材内腔紧密吻合，其两端必须与洞口固定牢固。窗框必须与拼樘料连接紧密，固定点间距应不大于600mm	观察；手扳检查；尺量检查；检查进场验收记录	每个检验批应至少抽查5%，并不得少于3樘，不足3樘时应全数检查；高层建筑的外窗，每个检验批应至少抽查10%，并不得少于6樘，不足6樘时应全数检查
4	门窗扇安装	塑料门窗扇应开关灵活、关闭严密，无倒翘。推拉门窗扇必须有防脱落措施	观察；开启和关闭检查；手扳检查	
5	配件质量及安装	塑料门窗配件的型号、规格、数量应符合设计要求，安装应牢固，位置应正确，功能应满足使用要求	观察；手扳检查；尺量检查	
6	框与墙体缝隙填嵌	塑料门窗框与墙体间缝隙应采用闭孔弹性材料填嵌饱满，表面应采用密封胶密封。密封胶应黏结牢固，表面应光滑、顺直、无裂纹	观察；检查隐蔽工程验收记录	

（2）一般项目检验（表9-55）。

塑料门窗制作与安装一般项目检验　　表9-55

序号	项目	合格质量标准	检验方法	检查数量
1	表面质量	塑料门窗表面应洁净、平整、光滑，大面应无划痕、碰伤	观察	同主控项目
2	密封条及旋转门窗间隙	塑料门窗扇的密封条不得脱槽。旋转窗间隙应基本均匀		

续表

序号	项目	合格质量标准	检验方法	检查数量
3	门窗扇开关力	塑料门窗扇的开关力应符合下列规定： （1）平开门窗扇平铰链的开关力应不大于80N；滑撑铰链的开关力应不大于80N，并不小于30N。 （2）推拉门窗扇的开关力应不大于100N	观察；用弹簧秤检查	同主控项目
4	玻璃密封条、玻璃槽口	玻璃密封条与玻璃及玻璃槽口的接缝应平整，不得卷边、脱槽	观察	
5	排水孔	排水孔应畅通，位置和数量应符合设计要求		
6	安装允许偏差	塑料门窗安装的允许偏差和检验方法应符合《建筑装饰装修工程质量验收规范》（GB 50210—2001）中表5.4.13的规定	见《建筑装饰装修工程质量验收规范》（GB 50210—2001）中表5.4.13	

9.3.4 特种门安装工程

1. 质量控制要点

（1）同一品种、类型和规格的特种门每50樘应划分为一个检验批，不足50樘也应划分为一个检验批。

（2）特种门安装除应符合设计要求和《建筑装饰装修工程质量验收规范》（GB 50210—2001）规定外，还应符合有关专业标准和主管部门的规定。

2. 质量检验标准

（1）主控项目检验（表9-56）。

特种门安装主控项目检验　　表 9-56

序号	项目	合格质量标准	检验方法	检查数量
1	门质量和性能	特种门的质量和各项性能应符合设计要求	检查生产许可证、产品合格证书和性能检测报告	每个检验批应至少抽查 5%，并不得少于 10 樘，不足 10 樘时应全数检查
2	门品种规格、方向位置	特种门的品种、类型、规格、尺寸、开启方向、安装位置及防腐处理应符合设计要求	观察；尺量检查；检查进场验收记录和隐蔽工程验收记录	
3	机械、自动和智能化装置	带有机械装置、自动装置或智能化装置的特种门，其机械装置、自动装置或智能化装置的功能应符合设计要求和有关标准的规定	启动机械装置、自动装置或智能化装置，观察	
4	安装及预埋件	特种门的安装必须牢固。预埋件的数量、位置、埋设方式、与框的连接方式必须符合设计要求	观察；手扳检查；检查隐蔽工程验收记录	
5	配件、安装及功能	特种门的配件应齐全，位置应正确，安装应牢固，功能应满足使用要求和特种门的各项性能要求	观察；手扳检查；检查产品合格证书、性能检测报告和进场验收记录	

(2) 一般项目检验（表 9-57）。

特种门安装一般项目检验　　表 9-57

序号	项目	合格质量标准	检验方法	检查数量
1	表面装饰	特种门的表面装饰应符合设计要求	观察	每个检验批应至少抽查 5%，并不得少于 10 樘，不足 10 樘时应全数检查
2	表面质量	特种门的表面应洁净，无划痕、碰伤		

续表

序号	项目	合格质量标准	检验方法	检查数量
3	推拉自动门留缝限值及允许偏差	推拉自动门安装的留缝限值、允许偏差和检验方法应符合表 9-58 规定	见表 9-58	每个检验批应至少抽查 5%，并不得少于 10 樘，不足 10 樘时应全数检查
4	推拉自动门感应时间限值	推拉自动门的感应时间限值和检验方法应符合表 9-59 规定	见表 9-59	
5	旋转门安装允许偏差	旋转门安装的允许偏差和检验方法应符合《建筑装饰装修工程质量验收规范》(GB 50210)中表 5.5.11 的规定	见《建筑装饰装修工程质量验收规范》(GB 50210)中表 5.5.11	

推拉自动门安装的留缝限值、允许偏差和检验方法　　表 9-58

项次	项目		留缝限值(mm)	允许偏差(mm)	检验方法
1	门槽口宽度、高度	≤1500mm	—	1.5	用钢尺检查
		>1500mm	—	2	
2	门槽口对角线长度差	≤2000mm	—	2	
		>2000mm	—	2.5	
3	门框的正、侧面垂直度		—	1	用 1m 垂直检测尺检查
4	门构件装配间隙		—	0.3	用塞尺检查
5	门梁导轨水平度		—	1	用 1m 水平尺和塞尺检查
6	下导轨与门梁导轨平行度		—	1.5	用塞尺检查
7	门扇与侧框间留缝		1.2～1.8	—	
8	门扇对口缝		1.2～1.8	—	

推拉自动门的感应时间限值和检验方法　　表 9-59

项次	项目	感应时间限值（s）	检验方法
1	开门响应时间	≤0.5	用秒表检查
2	堵门保护延时	16～20	
3	门扇全开启后保持时间	13～17	

9.3.5 门窗玻璃安装工程

1. 质量控制要点

(1) 铝合金和塑料门窗玻璃安装前，必须清除玻璃槽内灰浆、异物等，畅通排水孔。

(2) 油灰应具有塑性，嵌抹时不断裂，不出麻面，油灰在常温下，应在 20d 内硬化。用于钢门窗玻璃的油灰，应具有防锈性。

(3) 镶嵌用的镶嵌条、定位垫块和隔片、填色材料、密封胶等的品种、规格、断面尺寸、颜色、物理及化学性质应符合设计要求。

2. 质量检验标准

(1) 主控项目检验（表 9-60）。

门窗玻璃安装主控项目检验　　表 9-60

序号	项目	合格质量标准	检验方法	检查数量
1	玻璃质量	玻璃的品种、规格、尺寸、色彩、图案和涂膜朝向应符合设计要求。单块玻璃大于 1.5m² 时应使用安全玻璃	观察；检查产品合格证书、性能检测报告和进场验收记录	每个检验批应至少抽查 5%，并不得少于 3 樘，不足 3 樘时应全数检查；高层建筑的外窗，每个检验批应至少抽查 10%，并不得少于 6 樘，不足 6 樘时应全数检查
2	玻璃裁割与安装质量	门窗玻璃裁割尺寸应正确。安装后的玻璃应牢固，不得有裂纹、损伤和松动	观察；轻敲检查	
3	安装方法、钉子或钢丝卡	玻璃的安装方法应符合设计要求。固定玻璃的钉子或钢丝卡的数量、规格应保证玻璃安装牢固	观察；检查施工记录	

续表

序号	项目	合格质量标准	检验方法	检查数量
4	木压条	镶钉木压条接触玻璃处，应与裁口边缘平齐。木压条应互相紧密连接，并与裁口边缘紧贴，割角应整齐	观察	每个检验批应至少抽查5%，并不得少于3樘，不足3樘时应全数检查；高层建筑的外窗，每个检验批应至少抽查10%，并不得少于6樘，不足6樘时应全数检查
5	密封条	密封条与玻璃、玻璃槽口的接触应紧密、平整。密封胶与玻璃、玻璃槽口的边缘应黏结牢固、接缝平齐		
6	带密封条的玻璃压条	带密封条的玻璃压条，其密封条必须与琉璃全部贴紧，压条与型材之间应无明显缝隙，压条接缝应不大于0.5mm	观察；尺量检查	

（2）一般项目检验（表9-61）。

门窗玻璃安装一般项目检验　　表9-61

序号	项目	合格质量标准	检查方法	检查数量
1	玻璃表面	玻璃表面应洁净，不得有腻子、密封胶、涂料等污渍。中空玻璃内外表面均应洁净，玻璃中空层内不得有灰尘和水蒸气	观察	同主控项目
2	玻璃安装方向	门窗玻璃不应直接接触型材。单面镀膜玻璃的镀膜层及磨砂玻璃的磨砂面应朝向室内。中空玻璃的单面镀膜玻璃应在最外层，镀膜层应朝向室内		
3	腻子	腻子应填抹饱满、粘结牢固；腻子边缘与裁口应平齐。固定玻璃的卡子不应在腻子表面显露		

9.4 吊顶工程

1. 质量控制要点

（1）顶棚工程应对人造木板的甲醛含量进行复验。

（2）顶棚标高、尺寸、起拱和造型应符合设计要求，当设计对起拱未规定时，顶棚中间部分起拱高度不小于房间短向跨度的1/200。

（3）安装龙骨前，应按设计要求对房间净高、洞口标高和吊顶内管道、设备及其支架的标高进行交接检验。

（4）吊杆距主龙骨端部距离不得大于300mm。当大于300mm时，应增加吊杆。当吊杆长度大于1.5m时，应设置反支撑。当吊杆与设备相遇时，应调整并增设吊杆。

（5）吊顶工程的木吊杆、木龙骨和木饰面板必须进行防火处理，并应符合有关设计防火规范的规定。

（6）重型灯具、电扇及其他重型设备严禁安装在顶棚工程的龙骨上。

（7）吊顶工程中的预埋件、钢筋吊杆和型钢吊杆应进行防腐处理。

（8）安装饰面板前应完成顶棚内管道和设备的调试及验收。

2. 质量检验标准

（1）暗龙骨吊顶工程。

1）主控项目检验（表9-62）。

暗龙骨吊顶主控项目检验　　表9-62

序号	项目	合格质量标准	检验方法	检查数量
1	标高、尺寸、起拱、造型	吊顶标高、尺寸、起拱和造型应符合设计要求	观察；尺量检查	每个检验批应至少抽查10%，并不得少于3间，不足3间时应全数检查
2	饰面材料	饰面材料的材质、品种、规格、图案和颜色应符合设计要求	观察；检查产品合格证书、性能检测报告、进场验收记录和复验报告	

续表

序号	项目	合格质量标准	检验方法	检查数量
3	吊杆、龙骨、饰面材料安装	暗龙骨吊顶工程的吊杆、龙骨和饰面材料的安装必须牢固	观察；手扳检查；检查隐蔽工程验收记录和施工记录	每个检验批应至少抽查10%，并不得少于3间，不足3间时应全数检查
4	吊杆、龙骨材质	吊杆、龙骨的材质、规格、安装间距及连接方式应符合设计要求。金属吊杆、龙骨应经过表面防腐处理；木吊杆、龙骨应进行防腐、防火处理	观察；尺量检查；检查产品合格证书、性能检测报告、进场验收记录和隐蔽工程验收记录	
5	石膏板接缝	石膏板的接缝应按其施工工艺标准进行板缝防裂处理。安装双层石膏板时，面层板与基层板的接缝应错开，并不得在同一根龙骨上接缝	观察	

2）一般项目检验（表9-63）。

暗龙骨吊顶一般项目检验　　表9-63

序号	项目	合格质量标准	检验方法	检查数量
1	材料表面质量	饰面材料表面应洁净、色泽一致，不得有翘曲、裂缝及缺损。压条应平直、宽窄一致	观察；尺量检查	同主控项目
2	灯具等设备	饰面板上的灯具、烟感器、喷淋头、风口箅子等设备的位置应合理、美观，与饰面板的交接应吻合、严密	观察	

续表

序号	项目	合格质量标准	检验方法	检查数量
3	龙骨、吊杆接缝	金属吊杆、龙骨的接缝应均匀一致，角缝应吻合，表面应平整，无翘曲、锤印。木质吊杆、龙骨应顺直，无劈裂、变形	检查隐蔽工程验收记录和施工记录	同主控项目
4	填充材料	吊顶内填充吸声材料的品种和铺设厚度应符合设计要求，并应有防散落措施	检查隐蔽工程验收记录和施工记录	
5	允许偏差	暗龙骨吊顶工程安装的允许偏差和检验方法应符合《建筑装饰装修工程质量验收规范》(GB 50210) 中表 6.2.11 的规定	见《建筑装饰装修工程质量验收规范》(GB 50210)中表 6.2.11	

(2) 明龙骨吊顶工程。

1) 主控项目检验（表 9-64）。

明龙骨吊顶主控项目检验　　表 9-64

序号	项目	合格质量标准	检验方法	检查数量
1	标高、尺寸、起拱、造型	吊顶标高、尺寸、起拱和造型应符合设计要求	观察；尺量检查	每个检验批应至少抽查 10%，并不得少于 3 间，不足 3 间时应全数检查
2	饰面材料	饰面材料的材质、品种、规格、图案和颜色应符合设计要求	观察；检查产品合格证书、性能检测报告、进场验收记录和复验报告	
3	吊杆、龙骨、饰面材料安装	暗龙骨吊顶工程的吊杆、龙骨和饰面材料的安装必须牢固	观察；手扳检查；检查隐蔽工程验收记录和施工记录	

续表

序号	项目	合格质量标准	检验方法	检查数量
4	吊杆、龙骨材质	吊杆、龙骨的材质、规格、安装间距及连接方式应符合设计要求。金属吊杆、龙骨应经过表面防腐处理；木吊杆、龙骨应进行防腐、防火处理	观察；尺量检查；检查产品合格证书、性能检测报告、进场验收记录和隐蔽工程验收记录	每个检验批应至少抽查10%，并不得少于3间，不足3间时应全数检查
5	石膏板接缝	石膏板的接缝应按其施工工艺标准进行板缝防裂处理。安装双层石膏板时，面层板与基层板的接缝应错开，并不得在同一根龙骨上接缝	观察	

2）一般项目检验（表9-65）。

明龙骨吊顶一般项目检验　　表9-65

序号	项目	合格质量标准	检验方法	检查数量
1	材料表面质量	饰面材料表面应洁净、色泽一致，不得有翘曲、裂缝及缺损。压条应平直、宽窄一致	观察；尺量检查	同主控项目
2	灯具等设备	饰面板上的灯具、烟感器、喷淋头、风口箅子等设备的位置应合理、美观，与饰面板的交接应吻合、严密	观察	
3	龙骨、吊杆接缝	金属吊杆、龙骨的接缝应均匀一致，角缝应吻合，表面应平整，无翘曲、锤印。木质吊杆、龙骨应顺直，无劈裂、变形	检查隐蔽工程验收记录和施工记录	

续表

序号	项目	合格质量标准	检验方法	检查数量
4	填充材料	吊顶内填充吸声材料的品种和铺设厚度应符合设计要求，并应有防散落措施	检查隐蔽工程验收记录和施工记录	同主控项目
5	允许偏差	暗龙骨吊顶工程安装的允许偏差和检验方法应符合《建筑装饰装修工程质量验收规范》(GB 50210)中表 6.2.11 的规定	见《建筑装饰装修工程质量验收规范》(GB 50210)中表 6.2.11	

9.5 轻质隔墙工程

9.5.1 板材隔墙工程

1. 质量控制要点

（1）墙位放线应清晰，位置应准确，隔墙上下基层应平整、牢固。

（2）板材隔墙安装拼接应符合设计和产品构造要求。

（3）安装板材隔墙所用的金属件应进行防腐处理。

（4）板材隔墙拼接用的芯材应符合防火要求。

（5）在板材隔墙上开槽、打孔应用云石机切割或电钻钻孔，不得直接剔凿和用力敲击。

2. 质量检验标准

（1）主控项目检验（表 9-66）。

轻质隔墙工程主控项目检验　　　　表 9-66

序号	项目	合格质量标准	检验方法	检查数量
1	材料质量	骨架隔墙所用龙骨、配件、墙面板、填充材料及嵌缝材料的品种、规格、性能和木材的含水率应符合设计要求。有隔声、隔热、阻燃、防潮等特殊要求的工程，材料应有相应性能等级的检测报告	观察；检查产品合格证书、进场验收记录、性能检测报告和复验报告	每个检验批应至少抽查10%，并不得少于 3 间；不足 3 间时应全数检查

续表

序号	项目	合格质量标准	检验方法	检查数量
2	龙骨连接	骨架隔墙工程边框龙骨必须与基体结构连接牢固，并应平整、垂直、位置正确	手扳检查；尺量检查；检查隐蔽工程验收记录	每个检验批应至少抽查10%，并不得少于3间；不足3间时应全数检查
3	龙骨间距及构造连接	骨架隔墙中龙骨间距和构造连接方法应符合设计要求。骨架内设备管线的安装、门窗洞口等部位加强龙骨应安装牢固、位置正确。填充材料的设置应符合设计要求	检查隐蔽工程验收记录	
4	防火、防腐	木龙骨及木墙面板的防火和防腐处理必须符合设计要求	检查隐蔽工程验收记录	
5	墙面板安装	骨架隔墙的墙面板应安装牢固，无脱层、翘曲、折裂及缺损	观察；手扳检查	
6	墙面板接缝材料及方法	墙面板所用接缝材料的接缝方法应符合设计要求	观察	

（2）一般项目检验（表9-67）。

轻质隔墙一般项目检验　　表9-67

序号	项目	合格质量标准	检验方法	检查数量
1	表面质量	骨架隔墙表面应平整光滑、色泽一致、洁净、无裂缝，接缝应均匀、顺直	观察；手摸检查	同主控项目
2	孔洞、槽、盒要求	骨架隔墙上的孔洞、槽、盒应位置正确、套割吻合、边缘整齐	观察	
3	填充材料要求	骨架隔墙内的填充材料应干燥，填充应密实、均匀、无下坠	轻敲检查；检查隐蔽工程验收记录	

9.5.2 骨架隔墙工程

1. 质量控制要点

（1）骨架隔墙所用龙骨、配件、墙面板、填充材料及嵌缝材料的品种、规格、性能和木材的含水率应符合设计要求。有隔声、隔热、阻燃、防潮等特殊要求的工程，材料应有相应性能等级的检测报告。

（2）骨架隔墙工程边框龙骨必须与基体结构连接牢固，并应平整、垂直、位置正确。

（3）骨架隔墙中龙骨间距和构造连接方法应符合设计要求。骨架内设备管线的安装、门窗洞口等部位的加强龙骨应安装牢固、位置正确，填充材料的设置应符合设计要求。

（4）木龙骨及木墙面板的防火和防腐处理必须符合设计要求。

（5）骨架隔墙的墙面板应安装牢固，无脱层、翘曲、折裂及缺损。

（6）墙面板所用接缝材料的接缝方法应符合设计要求。

（7）骨架隔墙表面应平整光滑、色泽一致、洁净、无裂缝，接缝应均匀、顺直。

（8）骨架隔墙上的孔洞、槽、盒应位置正确、套割吻合、边缘整齐。

（9）骨架隔墙内的填充材料应干燥，填充应密实、均匀，无下坠。

2. 质量检验标准

（1）主控项目检验（表 9-68）。

骨架隔墙工程主控项目检验　　表 9-68

序号	项目	合格质量标准	检验方法	检查数量
1	板材质量	隔墙板材的品种、规格、性能、颜色应符合设计要求。有隔声、隔热、阻燃、防潮等特殊要求的工程，板材应有相应性能等级的检测报告	观察；检查产品合格证书、进场验收记录和性能检测报告	每个检验批应至少抽查10%，并不得少于3间；不足3间时应全数检查

续表

序号	项目	合格质量标准	检验方法	检查数量
2	预埋体、连接件	安装隔墙板材所需预埋件、连接件的位置、数量及连接方法应符合设计要求	观察；尺量检查；检查隐蔽工程验收记录	每个检验批应至少抽查10%，并不得少于3间；不足3间时应全数检查
3	安装质量	隔墙板材安装必须牢固。现制钢丝网水泥隔墙与周边墙体的连接方法应符合设计要求，并应连接牢固	观察；手扳检查	
4	接缝材料、方法	隔墙板材所用接缝材料的品种及接缝方法应符合设计要求	观察；检查产品合格证书和施工记录	

（2）一般项目检验（表9-69）。

骨架隔墙工程一般项目检验　　表9-69

序号	项目	合格质量标准	检验方法	检查数量
1	安装位置	隔墙板材安装应垂直、平整、位置正确，板材不应有裂缝或缺损	观察；尺量检查	同主控项目
2	表面质量	板材隔墙表面应平整光滑、色泽一致、洁净，接缝应均匀、顺直	观察；手摸检查	
3	孔洞、槽、盒	隔墙上的孔洞、槽、盒应位置正确、套割方正、边缘整齐	观察	
4	允许偏差	板材隔墙安装的允许偏差和检验方法应符合《建筑装饰装修工程质量验收规范》(GB 50210）中表7.2.10的规定	见《建筑装饰装修工程质量验收规范》(GB 50210）中表7.2.10	

9.5.3　活动隔墙工程

1. 质量控制要点

（1）活动隔墙所用墙板、配件等材料的品种、规格、性能和木材的含水率应符合设计要求，进场产品应有合格证书。有阻燃、防潮等特性要求的工程，材料应有相应性能等级的检测报告和复验报告。

（2）活动隔墙安装后必须能重复及动态使用，同时必须保证使用的安全性和灵活性。

（3）推拉式活动隔墙的轨道必须平直，安装后推拉平稳、灵活，无噪声，不得有弹跳卡阻现象。

2. 质量检验标准

（1）主控项目检验（表9-70）。

活动隔墙工程主控项目检验　　表9-70

序号	项目	合格质量标准	检验方法	检查数量
1	材料质量	活动隔墙所用墙板、配件等材料的品种、规格、性能和木材的含水率应符合设计要求。有阻燃、防潮等特性要求的工程，材料应有相应性能等级的检测报告	观察；检查产品合格证书、进场验收记录、性能检测报告和复验报告	每个检验批应至少抽查20%，并不得少于6间；不足6间时应全数检查
2	轨道安装	活动隔墙轨道必须与基体结构连接牢固,并应位置正确	尺量检查；手扳检查	
3	构配件安装	活动隔墙用于组装、推拉和制动的构配件必须安装牢固、位置正确，推拉必须安全、平稳、灵活	尺量检查；手扳检查；推拉检查	
4	制作方法、组合方式	活动隔墙制作方法、组合方式应符合设计要求	观察	

（2）一般项目检验（表9-71）。

活动隔墙工程一般项目检验　　表9-71

序号	项目	合格质量标准	检验方法	检查数量
1	表面质量	活动隔墙表面应色泽一致、平整光滑、洁净，线条应顺直、清晰	观察；手摸检查	同主控项目

续表

序号	项目	合格质量标准	检验方法	检查数量
2	孔洞、槽、盒要求	活动隔墙上的孔洞、槽、盒应位置正确、套割吻合、边缘整齐	观察；尺量检查	同主控项目
3	隔墙推拉	活动隔墙推拉应无噪声	推拉检查	
4	安装允许偏差	活动隔墙安装的允许偏差和检验方法应符合《建筑装饰装修工程质量验收规范》（GB 50210）中表7.4.10的规定	见《建筑装饰装修工程质量验收规范》（GB 50210）中表7.4.10	

9.5.4 玻璃隔墙工程

1. 质量控制要点

（1）墙位放线清晰，位置应准确，隔墙基层应平整、牢固。

（2）拼花彩色玻璃隔断在安装前，应按拼花要求计划好各类玻璃和零配件需要量。

（3）把已裁好的玻璃按部位编号，并分别竖向堆放待用。安装玻璃前，应对骨架、边框的牢固程度进行检查，如有不牢固应予加固。

（4）用木框安装玻璃时，在木框上要裁口或挖槽，其上镶玻璃，玻璃四周常用木压条固定。压条应与边框紧贴，不得弯棱、凸鼓。

（5）用铝合金框时，玻璃镶嵌后应用橡胶带固定玻璃。

（6）玻璃安装后，应随时清理玻璃表面，特别是冰雪片彩色玻璃，要防止污垢积淤，影响美观。

2. 质量检验标准

（1）主控项目检验（表9-72）。

玻璃隔墙工程主控项目检验　　　　表 9-72

序号	项目	合格质量标准	检验方法	检查数量
1	材料质量	玻璃隔墙工程所用材料的品种、规格、性能、图案和颜色应符合设计要求。玻璃板隔墙应使用安全玻璃	观察；检查产品合格证书、进场验收记录和性能检测报告	每个检验批应至少抽查 20%，并不得少于 6 间；不足 6 间时应全数检查
2	砌筑或安装	玻璃砖隔墙的砌筑或玻璃板隔墙的安装方法应符合设计要求	观察	
3	砖隔墙拉结筋	玻璃砖隔墙砌筑中埋设的拉结筋必须与基体结构连接牢固，并应位置正确	手扳检查；尺量检查；检查隐蔽工程验收记录	
4	板隔墙安装	玻璃板隔墙的安装必须牢固。玻璃板隔墙胶垫的安装应正确	观察；手推检查；检查施工记录	

（2）一般项目检验（表 9-73）。

玻璃隔墙工程一般项目检验　　　　表 9-73

序号	项目	合格质量标准	检验方法	检查数量
1	表面质量	玻璃隔墙表面应色泽一致、平整洁净、清晰美观	观察	同主控项目
2	接缝	玻璃隔墙接缝应横平竖直，玻璃应无裂痕、缺损和划痕		
3	嵌缝及勾缝	玻璃板隔墙嵌缝及玻璃砖隔墙勾缝应密实平整、均匀顺直、深浅一致	观察	同主控项目
4	安装允许偏差	玻璃隔墙安装的允许偏差和检验方法应符合《建筑装饰装修工程质量验收规范》(GB 50210) 中表 7.5.10 的规定	见《建筑装饰装修工程质量验收规范》(GB 50210) 中表 7.5.10	

9.6 饰面工程

9.6.1 饰面板（砖）工程

1. 质量控制要点

（1）金属饰面板安装。

1）金属饰面板安装，当设计无要求时，宜采用抽芯铝铆钉，中间必须垫橡胶垫圈。抽芯铝铆钉间距控制在100～150mm为宜。

2）板材安装时严禁采用对接，搭接长度应符合设计要求，不得有透缝现象。

3）阴阳角宜采用预制角装饰板安装，角板与大面搭接方向应与主导风向一致，严禁逆向安装。

（2）石材饰面板安装。

1）饰面板安装时，接缝宽度可垫木楔调整，并确保外表面平整、垂直及板的上沿平顺。

2）灌注砂浆时，应先在竖缝内塞15～20mm深的麻丝或泡沫塑料条，以防漏浆，并将饰面板背面和基体表面湿润。砂浆灌注应分层进行，每层灌注高度为150～200mm，且不得大于板高的1/3，插捣密实。施工缝位置应留在饰面板水平接缝以下50～100mm处。待砂浆硬化后，将填缝材料清除。

3）安装人造石饰面板，接缝宜用与饰面板相同颜色的水泥浆或水泥砂浆抹勾严实。

4）室内安装天然石光面和镜面的饰面板，接缝应干接，接缝处宜用与饰面板相同颜色的水泥浆填抹；室外安装天然石光面和镜面饰面板，接缝可干接或用水泥细砂浆勾缝，干接缝应用与饰面板相同颜色水泥浆填平。安装天然石粗磨面、麻面、条纹面、天然面饰面板的接缝和勾缝应用水泥砂浆。

5）饰面板完工后，表面应清洗干净。光面和镜面饰面板经清洗晾干后，方可打蜡擦亮。

（3）聚氯乙烯塑料板饰面安装。

1）水泥砂浆基体必须垂直，要坚硬、平整，不起壳，不应过光，也不宜过毛，应洁净，如有麻面，宜用乳胶腻子修补平整，再刷一遍乳胶水溶液，以增加粘结力。

2）胶粘剂一般宜用脲醛树脂、聚酯酸乙酯、环氧树脂或氯丁胶粘剂。

3）粘贴前，在基层上分块弹线预排。

4）调制胶粘剂不宜太稀或太稠，应在基层表面和罩面板背面同时均匀涂刷胶粘剂，待用手触试已涂胶液感到黏性较大时，即可进行粘贴。

5）粘贴后应采取临时措施固定，同时及时清除板缝中多余的胶液，否则会污染板面。

6）硬聚氯乙烯装饰板，用木螺钉和垫圈或金属压条固定。金属压条时，应先用钉将装饰板临时固定，然后加盖金属压条。

（4）瓷板饰面施工。

1）瓷板装饰应在主体结构、穿过墙体的所有管道、线路等施工完毕并经验收合格后进行。

2）进场材料，按有关规定送检合格，并按不同品种、规格分类堆放在室内，若堆在室外时，应采取有效防雨防潮措施。吊运及施工过程中，严禁随意碰撞板材，不得划花、污损板材光泽面。

2. 质量检验标准

（1）主控项目检验（表 9-74）。

饰面板（砖）工程主控项目检验　　　表 9-74

序号	项目	合格质量标准	检验方法	检查数量
1	材料质量	饰面板的品种、规格、颜色和性能应符合设计要求，木龙骨、木饰面板和塑料饰面板的燃烧性能等级应符合设计要求	观察；检查产品合格证书、进场验收记录和性能检测报告	室内每个检验批应至少抽查10%，并不得少于3间；不足3间时应全数检查。 室外每个检
2	饰面板孔、槽	饰面板孔、槽的数量、位置和尺寸应符合设计要求	检查进场验收记录和施工记录	

续表

序号	项目	合格质量标准	检验方法	检查数量
3	饰面板安装	饰面板安装工程的预埋件（或后置埋件）、连接件的数量、规格、位置、连接方法和防腐处理必须符合设计要求。后置埋件的现场拉拔强度必须符合设计要求。饰面板安装必须牢固	手扳检查；检查进场验收记录、现场拉拔检测报告、隐蔽工程验收记录和施工记录	验批每 $100m^2$ 应至少抽查一处，每处不得小于 $10m^2$

（2）一般项目检验（表 9-75）。

饰面板（砖）工程一般项目检验　　表 9-75

序号	项目	合格质量标准	检验方法	检查数量
1	饰面板表面质量	饰面板表面应平整、洁净、色泽一致，无裂痕和缺损。石材表面应无泛碱等污染	观察	同主控项目
2	饰面板嵌缝	饰面板嵌缝应密实、平直，宽度和深度应符合设计要求，嵌填材料色泽应一致	观察；尺量检查	
3	湿作业施工	采用湿作业法施工的饰面板工程，石材应进行防碱背涂处理。饰面板与基体之间的灌注材料应饱满、密实	用小锤轻击检查；检查施工记录	
4	饰面板孔洞套割	饰面板上的孔洞应套割吻合，边缘应整齐	观察	
5	安装允许偏差	饰面板安装的允许偏差和检验方法应符合《建筑装饰装修工程质量验收规范》（GB 50210）中表 8.2.9 的规定	见《建筑装饰装修工程质量验收规范》（GB 50210）中表 8.2.9	

9.6.2　饰面砖粘贴工程

1. 质量控制要点

（1）饰面砖粘贴应预排，使接缝顺直、均匀。同一墙面上的横竖排列，不得有一项以上的非整砖。非整砖应排在次要部位或阴角处。

（2）饰面砖的品种、规格、图案、颜色和性能应符合设计要求。进场后应派人进行挑选，并分类堆放备用。使用前，应在清水中浸泡 2h 以上，晾干后方可使用。

（3）基层表面如有管线、灯具、卫生设备等凸出物，周围的砖应用整砖套割吻合，不得用非整砖拼凑镶贴。

（4）粘贴饰面砖，横竖须按弹线标志进行，表面应平整，不显接槎，接缝平直，宽度一致。

（5）饰面砖粘贴宜采用 1∶2（体积比）水泥砂浆或在水泥砂浆中掺入≤15%的石灰膏或纸筋灰，以改善砂浆的和易性。亦可用聚合物水泥砂浆粘贴，粘结层可减薄到 2～3mm，108 胶的掺入量以水泥用量的 3%为好。

2. 质量检验标准

（1）主控项目检验（表 9-76）。

饰面砖粘贴主控项目检验　　表 9-76

序号	项目	合格质量标准	检验方法	检查数量
1	饰面砖质量	饰面砖的品种、规格、图案、颜色和性能应符合设计要求	观察；检查产品合格证书、进场验收记录、性能检测报告和复验报告	室内每个检验批应至少抽查 10%，并不得少于 3 间；不足 3 间时应全数检查；室外每个检验批每 100m² 应至少抽查一处，每处不得小于 10m²
2	饰面砖粘贴材料	饰面砖粘贴工程的找平、防水、粘结和勾缝材料及施工方法应符合设计要求及国家现行产品标准和工程技术标准的规定	检查产品合格证书、复验报告和隐蔽工程验收记录	
3	饰面砖粘贴	饰面砖粘贴必须牢固	检查样板件粘结强度检测报告和施工记录	
4	满粘法施工	满粘法施工的饰面砖工程应无空鼓、裂缝	观察；用小锤轻击检查	

（2）一般项目检验（表 9-77）。

饰面砖粘贴一般项目检验　　表 9-77

序号	项目	合格质量标准	检验方法	检查数量
1	饰面砖表面质量	饰面砖表面应平整、洁净、色泽一致，无裂痕和缺损	观察	同主控项目
2	阴阳角及非整砖	阴阳角处搭接方式、非整砖使用部位应符合设计要求		
3	墙面突出物	墙面凸出物周围的饰面砖应整砖套割吻合，边缘应整齐。墙裙、贴脸凸出墙面的厚度应一致	观察；尺量检查	
4	饰面砖接缝、填嵌、宽深	饰面砖接缝应平直、光滑、填嵌应连续、密实；宽度和深度应符合设计要求		
5	滴水线	有排水要求的部位应做滴水线（槽）。滴水线（槽）应顺直，流水坡向应正确，坡度应符合设计要求	观察；用水平尺检查	
6	允许偏差	饰面砖粘贴的允许偏差和检验方法应符合《建筑装饰装修工程质量验收规范》(GB 50210)中表 8.3.11 的规定	见《建筑装饰装修工程质量验收规范》(GB 50210) 中表 8.3.11	

9.7　幕墙工程

9.7.1　玻璃幕墙工程

1. 质量控制要点

（1）安装玻璃幕墙的主体工程，应符合有关结构施工及验收规范的要求。

（2）单元幕墙连接处和吊挂处的铝合金型材的壁厚应通过计算确定，并不得小于 5.0mm。

（3）幕墙的金属框架与主体结构应通过预埋件连接，预埋件应在主体结构混凝土施工时埋入，预埋件的位置应准确。当没有条件采用预埋件连接时，应采用其他可靠的连接措施并应通过试验确定其承载力。

（4）立柱应采用螺栓与角码连接，螺栓直径应经过计算，并不应小于 10mm。不同金属材料接触时应采用绝缘垫片分隔。

（5）构件加工尺寸应准确，在搬运、吊装时不得碰撞、损坏和污染。构件应平直、规方，不得有变形和刮痕，不合格的构件不得安装。

（6）玻璃幕墙分格轴线的测量应与主体结构的测量配合，其偏差应及时调整不得积累。

（7）立柱和横梁等主要受力构件，其截面受力部分的壁厚应经计算确定，且铝合金型材壁厚不应小于 3.0mm，钢型材壁厚不应小于 3.5mm。

（8）幕墙及其连接件应具有足够的承载力、刚度和相对于主体结构的位移能力。幕墙构架立柱的连接金属角码与其他连接件应采用螺栓连接，并应有防松动措施。

（9）玻璃在安装前应擦干净，热反射玻璃安装应将镀膜面朝向室内。

（10）玻璃幕墙四周与主体结构之间的缝隙，应用防火的保温材料填塞；内外表面用密封封闭，确保严密不漏水。

（11）隐框、半隐框幕墙构件中板材与金属框之间硅酮结构密封胶的粘结宽度，应分别计算风荷载标准值和板材自重标准值作用下硅酮结构密封胶的粘结宽度，并取其较大值，且不得于 7.0mm。

（12）硅酮结构密封胶应打注饱满，并应在温度 15～30℃、相对湿度 50％以上、洁净的室内进行，不得在现场墙上打注。

（13）幕墙的抗震缝、伸缩缝、沉降缝等处理应保证缝的使用功能和饰面的完整性。

（14）铝合金装饰压板应符合设计要求，表面平整，色彩一致，不得有肉眼可见的变形、波纹和凸凹不平，接缝应均匀严密。

（15）玻璃幕墙施工过程中应分层进行抗雨水渗漏性能检查。

2. 质量检验标准

(1) 主控项目检验（表 9-78）。

玻璃幕墙工程主控项目检验　　表 9-78

<table>
<tr><th>序号</th><th>项目</th><th>合格质量标准</th><th>检验方法</th><th>检查数量</th></tr>
<tr><td>1</td><td>各种材料、构件、组件</td><td>玻璃幕墙工程所使用的各种材料、构件和组件的质量，应符合设计要求及国家现行产品标准和工程技术规范的规定</td><td>检查材料、构件、组件的产品合格证书、进场验收记录、性能检测报告和材料的复验报告</td><td rowspan="3">(1) 每个检验批每 100m² 应至少抽查一处，每处不得小于 10m²
(2) 对于异型或有特殊要求的幕墙工程，应根据幕墙的结构和工艺特点，由监理单位（或建设单位）和施工单位协商确定</td></tr>
<tr><td>2</td><td>造型和立面分格</td><td>玻璃幕墙的造型和立面分格应符合设计要求</td><td rowspan="2">观察；尺量检查</td></tr>
<tr><td>3</td><td>玻璃</td><td>玻璃幕墙使用的玻璃应符合下列规定。
(1) 幕墙应使用安全玻璃，玻璃的品种、规格、颜色、光学性能及安装方向应符合设计要求。
(2) 幕墙玻璃的厚度应不小于 6.0mm。全玻幕墙肋玻璃的厚度应不小于 12mm。
(3) 幕墙的中空玻璃应采用双道密封。明框幕墙的中空玻璃应采用聚硫密封胶及丁基密封胶；隐框和半隐框幕墙的中空玻璃应采用硅酮结构密封胶及丁基密封胶；镀膜面应在中空玻璃的第 2 或第 3 面上。
(4) 幕墙的夹层玻璃应采用聚乙烯醇缩丁醛（PVB）胶片干法加工合成的夹层玻璃。点支承玻璃幕墙夹层玻璃的夹层胶片（PVB）厚度应不小于 0.76mm。
(5) 钢化玻璃表面不得有损伤；8.0mm 以下的钢化玻璃应进行引爆处理。
(6) 所有幕墙玻璃均应进行边缘处理</td></tr>
</table>

续表

<table>
<tr><th>序号</th><th>项目</th><th>合格质量标准</th><th>检验方法</th><th>检查数量</th></tr>
<tr><td>4</td><td>与主体结构连接件</td><td>玻璃幕墙与主体结构连接的各种预埋件、连接件、紧固件必须安装牢固，其数量、规格、位置、连接方法和防腐处理应符合设计要求</td><td rowspan="2">观察；检查隐蔽工程验收记录和施工记录</td><td rowspan="5">（1）每个检验批每100m^{2}应至少抽查一处，每处不得小于10m^2
（2）对于异型或有特殊要求的幕墙工程，应根据幕墙的结构和工艺特点，由监理单位（或建设单位）和施工单位协商确定</td></tr>
<tr><td>5</td><td>螺栓防松及焊接连接</td><td>各种连接件、紧固件的螺栓应有防松动措施；焊接连接应符合设计要求和焊接规范的规定</td></tr>
<tr><td>6</td><td>玻璃下端托条</td><td>隐框或半隐框玻璃幕墙，每块玻璃下端应设置两个铝合金或不锈钢托条，其长度应不小于100mm，厚度应不小于2mm，托条外端应低于玻璃外表面2mm</td><td rowspan="2">观察；检查施工记录</td></tr>
<tr><td>7</td><td>明框幕墙玻璃安装</td><td>明框玻璃幕墙的玻璃安装应符合下列规定：
（1）玻璃槽口与玻璃的配合尺寸应符合设计要求和技术标准的规定。
（2）玻璃与构件不得直接接触，玻璃四周与构件凹槽底部应保持一定的空隙，每块玻璃下部应至少放置两块宽度与槽口宽度相同、长度不小于100mm的弹性定位垫块；玻璃两边嵌入量及空隙应符合设计要求。
（3）玻璃四周橡胶条的材质、型号应符合设计要求，镶嵌应平整，橡胶条长度应比边框内槽长1.5%～2.0%，橡胶条在转角处应斜面断开，并应用黏结剂黏结牢固后嵌入槽内</td></tr>
<tr><td>8</td><td>超过4m的全玻璃幕墙安装</td><td>高度超过4m的全玻幕墙应吊挂在主体结构上，吊夹具应符合设计要求，玻璃与玻璃、玻璃与玻璃肋之间的缝隙，应采用硅酮结构密封胶填嵌严密</td><td>观察；检查隐蔽工程验收记录和施工记录</td></tr>
</table>

续表

序号	项目	合格质量标准	检验方法	检查数量
9	点支承幕墙安装	点支承玻璃幕墙应采用带万向头的活动不锈钢爪，其钢爪间的中心距离应大于250mm	观察；尺量检查	（1）每个检验批每100m²应至少抽查一处，每处不得小于10m²。 （2）对于异型或有特殊要求的幕墙工程，应根据幕墙的结构和工艺特点，由监理单位（或建设单位）和施工单位协商确定
10	细部	玻璃幕墙四周、玻璃幕墙内表面与主体结构之间的连接节点、各种变形缝、墙角的连接节点应符合设计要求和技术标准的规定	观察；检查隐蔽工程验收记录和施工记录	
11	幕墙防水	玻璃幕墙应无渗漏	在易渗漏部位进行淋水检查	
12	结构胶、密封胶打注	玻璃幕墙结构胶和密封胶的打注应饱满、密实、连续、均匀、无气泡，宽度和厚度应符合设计要求和技术标准的规定	观察；尺量检查；检查施工记录	
13	幕墙开启窗	玻璃幕墙开启窗的配件应齐全，安装应牢固，安装位置和开启方向、角度应正确；开启应灵活，关闭应严密	观察；手扳检查；开启和关闭检查	
14	防雷装置	玻璃幕墙的防雷装置必须与主体结构的防雷装置可靠连接	观察；检查隐蔽工程验收记录和施工记录	

（2）一般项目检验（表9-79）。

玻璃幕墙工程一般项目检验　　　　表9-79

序号	项目	合格质量标准	检验方法	检查数量
1	表面质量	玻璃幕墙表面应平整、洁净；整幅玻璃的色泽应均匀一致；不得有污染和镀膜损坏	观察	同主控项目
2	玻璃表面质量	每平方米玻璃的表面质量和检验方法应符合表9-80规定	见表9-80	
3	铝合金型材表面质量	一个分格铝合金型材的表面质量和检验方法应符合表9-81规定	见表9-81	

续表

序号	项目	合格质量标准	检验方法	检查数量
4	明框外露框或压条	明框玻璃幕墙的外露框或压条应横平竖直，颜色、规格应符合设计要求，压条安装应牢固。单元玻璃幕墙的单元拼缝或隐框玻璃幕墙的分格玻璃拼缝应横平竖直、均匀一致	观察；手扳检查；检查进场验收记录	同主控项目
5	密封胶缝	玻璃幕墙的密封胶缝应横平竖直、深浅一致、宽窄均匀、光滑顺直	观察；手摸检查	
6	防火、保温材料	防火、保温材料填充应饱满、均匀，表面应密实、平整	检查隐蔽工程验收记录	
7	隐蔽节点	玻璃幕墙隐蔽节点的遮封装修应牢固、整齐、美观	观察；手扳检查	
8	明框幕墙安装允许偏差	明框玻璃幕墙安装的允许偏差和检验方法应符合《建筑装饰装修工程质量验收规范》(GB 50210) 中表 9.2.23 的规定	见《建筑装饰装修工程质量验收规范》(GB 50210) 中表 9.2.23	
9	隐框、半隐框玻璃幕墙安装允许偏差	隐框、半隐框玻璃幕墙安装的允许偏差和检验方法应符合《建筑装饰装修工程质量验收规范》(GB 50210) 中表 9.2.24 的规定	见《建筑装饰装修工程质量验收规范》(GB 50210) 中表 9.2.24	

每平方米玻璃的表面质量和检验方法　　表 9-80

项次	项目	质量要求	检验方法
1	明显划伤和长度＞100mm 的轻微划伤	不允许	观察
2	长度≤100mm 的轻微划伤	≤8 条	用钢尺检查
3	擦伤总面积	≤500mm²	用钢尺检查

注：本表摘自《建筑装饰装修工程质量验收规范》(GB 50210)。

一个分格铝合金型材的表面质量和检验方法　　表 9-81

项次	项目	质量要求	检验方法
1	明显划伤和长度＞100mm 的轻微划伤	不允许	观察
2	长度≤100mm 的轻微划伤	≤2 条	用钢尺检查
3	擦伤总面积	≤500mm^2	

注：本表摘自《建筑装饰装修工程质量验收规范》(GB 50210)。

9.7.2　金属幕墙工程

1. 质量控制要点

（1）金属幕墙与主体结构连接的预埋件，应在主体结构施工时按设计要求埋设。预埋件应牢固，位置准确，预埋件的位置偏差应按设计要求进行复查。当设计无明确要求时，预埋件的标高偏差不应大于 10mm，预埋位置差不应大于 20mm。后置埋件的拉拔力必须符合设计要求。

（2）安装施工测量应与主体结构的测量配合，其偏差应及时调整。

（3）金属幕墙立柱的安装标高偏差不应大于 3mm，轴线前后偏差不应大于 2mm，左右偏差不应大于 3mm；相邻两根立柱安装标高偏差不应大于 3mm，同层立柱的最大标高偏差不应大于 5mm，相邻两根立柱的距离偏差不应大于 2mm。

（4）金属板安装应符合下列规定：

1）应对横竖连接件进行检查、测量和调整。

2）金属板、石板安装时，左右、上下的偏差不应大于 1.5mm。

3）金属板、石板空缝安装时，必须有防水措施，并应有符合设计要求的排水出口。

4）填充硅酮耐候密封胶时，金属板、石板缝的宽度、厚度应根据硅酮耐候密封胶的技术参数，经计算后确定。

（5）金属幕墙横梁的安装应符合下列规定：

1）应将横梁两端的连接件及垫片安装在立柱的预定位置，并应安装牢固，其接缝应严密。

2）相邻两根横梁的水平标高偏差不应大于 1mm。同层标高偏差：当一幅幕墙宽度小于或等于 35m 时，不应大于 5mm；当一幅幕墙宽度大于 35m 时，不应大于 7mm。

（6）幕墙钢构件施焊后，其表面应采取有效防腐措施。

（7）幕墙安装过程中宜进行接缝部位的雨水渗漏检验。

（8）对幕墙的构件、面板等，应采取保护措施，不得发生变形、变色、污染等现象。粘附物应清除，清洁剂不得产生腐蚀和污染。

2. 质量检验标准

（1）主控项目检验（表 9-82）。

金属幕墙工程主控项目检验　　　　表 9-82

序号	项目	合格质量标准	检验方法	检查数量
1	材料、配件质量	金属幕墙工程所使用的各种材料和配件，应符合设计要求及国家现行产品标准和工程技术规范的规定	检查产品合格证书、性能检测报告、材料进场验收记录和复验报告	每个检验批每 100m² 应至少抽查一处，每处不得小于 10m²； 对于异型或有特殊要求的幕墙工程，应根据幕墙的结构和工艺特点，由监理单位（或建筑单位）和施工单位协商确定
2	造型和立面分格	金属幕墙的造型和立面分格应符合设计要求	观察；尺量检查	
3	金属面板质量	金属面板的品种、规格、颜色、光泽及安装方向应符合设计要求	观察；检查进场验收记录	
4	预埋件、后置件	金属幕墙主体结构上的预埋件、后置埋件的数量、位置及后置埋件的拉拔力必须符合设计要求	检查拉拔力检测报告和隐蔽工程验收记录	
5	连接与安装	金属幕墙的金属框架立柱与主体结构预埋件的连接、立柱与横梁的连接、金属面板的安装必须符合设计要求，安装必须牢固	手扳检查；检查隐蔽工程验收记录	
6	防火、保温、防潮材料	金属幕墙的防火、保温、防潮材料的设置应符合设计要求，并应密实、均匀、厚度一致	检查隐蔽工程验收记录	

续表

序号	项目	合格质量标准	检验方法	检查数量
7	框架及连接件防腐	金属框架及连接件的防腐处理应符合设计要求	检查隐蔽工程验收记录和施工记录	每个检验批每 100m² 应至少抽查一处，每处不得小于 10m²； 对于异型或有特殊要求的幕墙工程，应根据幕墙的结构和工艺特点，由监理单位（或建筑单位）和施工单位协商确定
8	防雷装置	金属幕墙的防雷装置必须与主体结构的防雷装置可靠连接	检查隐蔽工程验收记录	
9	连接节点	各种变形缝、墙角的连接节点应符合设计要求和技术标准的规定	观察；检查隐蔽工程验收记录	
10	板缝注胶	金属幕墙的板缝注胶应饱满、密实、连续、均匀、无气泡，宽度和厚度应符合设计要求和技术标准的规定	观察；尺量检查；检查施工记录	
11	防水	金属幕墙应无渗漏	在易渗漏部位进行淋水检查	

（2）一般项目检验（表 9-83）。

金属幕墙工程一般项目检验　　　表 9-83

序号	项目	合格质量标准	检验方法	检查质量
1	表面质量	金属板表面应平整、洁净、色泽一致	观察	同主控项目
2	压条安装	金属幕墙的压条应平直、洁净、接口严密、安装牢固	观察；手扳检查	
3	密封胶缝	金属幕墙的密封胶缝应横平竖直、深浅一致、宽窄均匀、光滑顺直	观察	
4	滴水线、流水坡	金属幕墙上的滴水线、流水坡向应正确、顺直	观察；用水平尺检查	
5	表面质量	每平方米金属板的表面质量和检验方法应符合表 9-84 的规定	见表 9-84	
6	安装允许偏差	金属幕墙安装的允许偏差和检验方法应符合《建筑装饰装修工程质量验收规范》（GB 50210）中表 9.3.18 的规定	见《建筑装饰装修工程质量验收规范》（GB 50210）中表 9.3.18	

每平方米金属板的表面质量和检验方法　　表 9-84

项次	项目	质量要求	检验方法
1	明显划伤和长度>100mm 的轻微划伤	不允许	观察
2	长度≤100mm 的轻微划伤	≤8 条	用钢尺检查
3	擦伤总面积	≤500mm^2	

注：本表摘自《建筑装饰装修工程质量验收规范》(GB 50210)。

9.7.3　石材幕墙工程

1. 质量控制要点

(1) 石板的安装应符合下列规定：

1) 应对横竖连接件进行检查、测量和调整。

2) 石板安装时，左右、上下的偏差不应大于 1.5mm。

3) 石板空缝安装时，必须有防水措施，并应有符合设计要求的排水出口。

4) 填充硅酮耐候密封胶时，石板缝的宽度、厚度应根据硅酮耐候密封胶的技术参数，经计算后确定。

(2) 石材幕墙立柱的安装位符合下列规定：

1) 立柱安装标高偏差不应大于 3mm，轴线前后偏差不应大于 2mm，左右偏差不应大于 3mm。

2) 相邻两根立柱安装标高偏差不应大于 3mm，同层立柱的最大标高偏差不应大于 5mm，相邻两根立柱的距离偏差不应大于 2mm。

(3) 石材幕墙横梁的安装应符合下列规定：

1) 应将横梁两端的连接件及垫片安装在立柱的预定位置，并应安装牢固，其接缝应严密。

2) 相邻两根横梁的水平标高偏差不应大于 1mm。同层标高偏差：当一幅幕墙宽度小于或等于 35m 时，不应大于 5mm；当一幅幕墙宽度大于 35m 时，不应大于 7mm。

2. 质量检验标准

(1) 主控项目检验（表 9-85）。

石材幕墙工程主控项目检验　　表 9-85

序号	项目	合格质量标准	检验方法	检查数量
1	材料质量	石材幕墙工程所用材料的品种、规格、性能和等级，应符合设计要求及国家现行产品标准和工程技术规范的规定。石材的弯曲强度应不小于 8.0MPa；吸水率应小于 0.8%。石材幕墙的铝合金挂件厚度应不小于 4.0mm，不锈钢挂件厚度应不小于 3.0mm	观察；尺量检查；检查产品合格证书、性能检测报告、材料进场验收记录和复验报告	每个检验批每 100m² 应至少抽查一处，每处不得小于 10m²； 对于异形或有特殊要求的幕墙工程，应根据幕墙的结构和工艺特点，由监理单位（或建筑单位）和施工单位协商确定
2	外观质量	石材幕墙的造型、立面分格、颜色、光泽、花纹和图案应符合设计要求	观察	
3	石材孔、槽	石材孔、槽的数量、深度、位置、尺寸应符合设计要求	检查进场验收记录或施工记录	
4	预埋件和后置埋件	石材幕墙主体结构上的预埋件和后置埋件的位置、数量及后置埋件的拉拔力必须符合设计要求	检查拉拔力检测报告和隐蔽工程验收记录	
5	构件连接	石材幕墙的金属框架立柱与主体结构预埋件的连接、立柱与横梁的连接、连接件与金属框架的连接、连接件与石材面板的连接必须符合设计要求，安装必须牢固	手扳检查；检查隐蔽工程验收记录	
6	框架和连接件防腐	金属框架和连接件的防腐处理应符合设计要求	检查隐蔽工程验收记录	
7	防腐装置	石材幕墙的防雷装置必须与主体结构防雷装置可靠连接	观察；检查隐蔽工程验收记录和施工记录	
8	防火、保温、防潮材料	石材幕墙的防火、保温、防潮材料的设置应符合设计要求，填充应密实、均匀、厚度一致	检查隐蔽工程验收记录	

续表

序号	项目	合格质量标准	检验方法	检查数量
9	结构变形缝、墙角连接点	各种结构变形缝、墙角的连接节点应符合设计要求和技术标准的规定	检查隐蔽工程验收记录和施工记录	每个检验批每 $100m^2$ 应至少抽查一处，每处不得小于 $10m^2$； 对于异形或有特殊要求的幕墙工程，应根据幕墙的结构和工艺特点，由监理单位（或建筑单位）和施工单位协商确定
10	表面和板缝处理	石材表面和板缝的处理应符合设计要求	观察	
11	板缝注胶	石材幕墙的板缝注胶应饱满、密实、连续、均匀、无气泡，板缝宽度和厚度应符合设计要求和技术标准的规定	观察；尺量检查；检查施工记录	
12	防水	石材幕墙应无渗漏	在易渗漏部位进行淋水检查	

（2）一般项目检验（表 9-86）。

石材幕墙工程一般项目检验　　表 9-86

序号	项目	合格质量标准	检验方法	检查数量
1	表面质量	石材幕墙表面应平整、洁净，无污染、缺损和裂痕。颜色和花纹应协调一致，无明显色差，无明显修痕	观察	同主控项目
2	压条	石材幕墙的压条应平直、洁净、接口严密、安装牢固	观察；手扳检查	
3	细部质量	石材接缝应横平竖直、宽窄均匀；阴阳角石板压向应正确，板边合缝应顺直；凸凹线出墙厚度应一致，上下口应平直；石材面板上洞口、槽边应套割吻合，边缘应整齐	观察；尺量检查	
4	密封胶缝	石材幕墙的密封胶缝应横平竖直、深浅一致、宽窄均匀、光滑顺直	观察	

续表

序号	项目	合格质量标准	检验方法	检查数量
5	滴水线	石材幕墙上的滴水线、流水坡向应正确、顺直	观察；用水平尺检查	同主控项目
6	石材表面质量	每平方米石材的表面质量和检验方法应符合表 9-87 的规定	见表 9-87	
7	安装允许偏差	石材幕墙安装的允许偏差和检验方法应符合《建筑装饰装修工程质量验收规范》（GB 50210）中表 9.4.20 的规定	见《建筑装饰装修工程质量验收规范》（GB 50210）中表 9.4.20	

每平方米石材的表面质量和检验方法　　表 9-87

项次	项目	质量要求	检验方法
1	裂痕、明显划伤和长度＞100mm 的轻微划伤	不允许	观察
2	长度≤100mm 的轻微划伤	≤8 条	用钢尺检查
3	擦伤总面积	≤500mm²	

注：本表摘自《建筑装饰装修工程质量验收规范》（GB 50210）。

9.8 涂饰工程

9.8.1 水性涂料涂饰工程

1. 质量控制要点

（1）水性涂料涂饰工程应在抹灰工程、地面工程、木装修工程、水暖电气安装工程等全部完成后，并在清洁干净的环境下施工。

（2）水性涂料涂饰工程的施工环境温度应在 5～35℃之间。冬期施工，室内涂饰应在采暖条件下进行，保持均衡室温，防止浆膜受冻。

（3）基层表面必须干净、平整，表面麻面等缺陷应用腻子填平，并用砂纸磨平磨光。

（4）水性涂料涂饰工程施工前，应根据设计要求做样板间，经有关部门同意认可后，方可大面积施工。

（5）现场配制的涂饰涂料，应经试验确定，并必须保证浆膜不脱落、不掉粉。

(6) 涂刷要做到颜色均匀，分色整齐，不漏刷，不透底，每个房间要先刷顶棚后由上而下一次做完。浆膜干燥前，应防止尘土沾污。完成后的产品，应加以保护，不得损坏。

(7) 湿度较大的房间刷浆，应采用具有防潮性能的腻子和涂料。

(8) 机械喷浆可不受喷涂遍数的限制，以达到质量要求为准。门窗、玻璃等不刷浆的部位应遮盖，以防被污染。

(9) 顶棚与墙面分色处，应弹浅色分色线。用排笔刷浆时要笔路长短齐，均匀一致，干后不许有明显接头痕迹。

(10) 涂层与其他装修材料和设备衔接处应吻合，界面应清晰。

(11) 室内涂饰，一面墙每遍必须一次完成，涂饰上部时溅到下部的浆点，要用铲刀及时铲除掉，以保证整体的平整美观。

(12) 室外涂饰，同一墙面应用相同的材料和配合比。涂料在施工时，应经常搅拌，每遍涂层不应过厚，涂刷均匀。若分段施工时，其施工缝应留在分格缝、墙的阴阳角处或水落管后。

(13) 涂饰工程应在涂层养护期满后进行质量验收。

2. 质量检验标准

(1) 主控项目检验（表 9-88）。

水性涂料涂饰工程主控项目检验　　　　表 9-88

序号	项目	合格质量标准	检验方法	检查数量
1	材料质量	水性涂料涂饰工程所用涂料的品种、型号和性能应符合设计要求	检查产品合格证书、性能检测报告和进场验收记录	室外涂饰工程每 $100m^2$ 应至少抽查一处，每处不得小于 $10m^2$； 室内涂饰工程每个检验批至少抽查 10%，并不得小于 3 间；不足 3 间时，应全数检查
2	涂饰颜色和图案	水性涂料涂饰工程的颜色、图案应符合设计要求	观察	
3	涂饰综合质量	水性涂料涂饰工程应涂饰均匀、粘结牢固，不得漏涂、透底、起皮和掉粉	观察，手摸检查	
4	基层处理的要求	水性涂料涂饰工程的基层处理应符合基层处理要求	观察，手摸检查，检查施工记录	

(2) 一般项目检验（表 9-89）。

水性涂料涂饰工程一般项目检验　　表 9-89

序号	项目	合格质量标准	检验方法	检查数量
1	与其他材料和设备衔接处	涂层与其他装修材料和设备衔接处应吻合，界面应清晰		见各表
2	薄涂料涂饰质量允许偏差	薄涂料的涂饰质量和检验方法应符合表 9-90 的规定	见表 9-90	
3	厚涂料涂饰质量允许偏差	厚涂料的涂饰质量和检验方法应符合表 9-91 的规定	见表 9-91	
4	复层涂料涂饰质量允许偏差	复层涂料的涂饰质量和检验方法应符合表 9-92 的规定	见表 9-92	

薄涂料的涂饰质量和检验方法　　表 9-90

项次	项目	普通涂饰	高级涂饰	检验方法
1	颜色	均匀一致	均匀一致	观察
2	泛碱、咬色	允许少量轻微	不允许	
3	流坠、疙瘩	允许少量轻微	不允许	
4	砂眼、刷纹	允许少量轻微砂眼，刷纹通顺	无砂眼，无刷纹	
5	装饰线、分色线直线度允许偏差（mm）	2	1	拉 5m 线，不足 5m 拉通线，用钢直尺检查

注：本表摘自《建筑装饰装修工程质量验收规范》（GB 50210）。

厚涂料的涂饰质量和检验方法　　表 9-91

项次	项目	普通涂饰	高级涂饰	检验方法
1	颜色	均匀一致	均匀一致	观察
2	泛碱、咬色	允许少量轻微	不允许	
3	点状分布	—	疏密均匀	

注：本表摘自《建筑装饰装修工程质量验收规范》（GB 50210）。

复层涂料的涂饰质量和检验方法　　表 9-92

项次	项目	质量要求	检验方法
1	颜色	均匀一致	观察
2	泛碱、咬色	不允许	
3	喷点疏密程度	均匀，不允许连片	

注：本表摘自《建筑装饰装修工程质量验收规范》(GB 50210)。

9.8.2 溶剂型涂料涂饰工程

1. 质量控制要点

(1) 一般溶剂型涂料涂饰工程施工时的环境温度不宜低于10℃，相对湿度不宜大于60%。遇有大风、雨、雾等情况时，不宜施工（特别是面层涂饰，更不宜施工）。

(2) 冬期施工室内溶剂型涂料涂饰工程时，应在采暖条件下进行，室温保持均衡。

(3) 溶剂型涂料涂饰工程施工前，应根据设计要求做样板件或样板间，经有关部门同意认可后，方可大面积施工。

(4) 木材表面涂饰溶剂型混色涂料应符合下列要求：

1) 刷底涂料时，木料表面、橱柜、门窗等玻璃口四周必须涂刷到位，不可遗漏。

2) 木料表面的缝隙、毛刺、戗槎和脂囊修整后，应用腻子多次填补，并用砂纸磨光。较大的脂囊应用木纹相同的材料用胶镶嵌。

3) 抹腻子时，对于宽缝、深洞要填满压实，抹平刮光。

4) 打磨砂纸要光滑，不能磨穿油底，不可磨损棱角。

5) 橱柜、门窗扇的上冒头顶面和下冒头底面不得漏刷涂料。

6) 涂刷涂料时应横平竖直，纵横交错，均匀一致。涂刷顺序应先上后下，先内后外，先浅色后深色，按木纹方向理平理直。

7) 每遍涂料应涂刷均匀，各层必须结合牢固。每遍涂料的施工，应待前一遍涂料干燥后进行。

(5) 金属表面涂饰溶剂型涂料应符合下列要求：

1) 涂饰前，金属面上的油污、鳞皮、锈斑、焊渣、毛刺、浮砂、尘土等，必须清除干净。

2）防锈涂料不得遗漏，且涂刷要均匀。在镀锌表面涂饰时，应选用C53-33锌黄醇酸防锈涂料，其面漆宜用C04-45灰醇酸磁涂料。

3）金属构件和半成品安装前，应检查防锈有无损坏，损坏处应补刷。

4）薄钢板制作的屋脊、檐沟和天沟等咬口处，应用防锈油腻子填抹密实。

5）防锈涂料和第一遍银粉涂料，应在设备、管道安装就位前涂刷；最后一遍银粉涂料应在刷浆工程完工后涂刷。

6）薄钢板屋面、檐沟、水落管、泛水等涂刷涂料时，可不刮腻子，但涂刷防锈涂料应不少于两遍。

7）金属表面除锈后，应在8h内（湿度大时为4h内）尽快刷底涂料，待底子充分干燥后再涂刷后层涂料，其间隔时间视具体条件而定，一般应不少于48h。第一度和第二度防锈涂料涂刷间隔时间不应超过7d。当第二度防锈底涂料干后，应尽快涂刷第一度涂饰。

8）高级涂料做磨退时，应用醇酸磁涂刷，并根据涂膜厚度增加1～2遍涂料和磨退、打砂蜡、打油蜡、擦亮等工作。

9）金属构件在组装前，应先涂刷一遍底子油（干性油、防锈涂料），安装后再涂刷涂料。

（6）混凝土表面和抹灰表面涂饰溶剂型涂料应符合下列要求：

1）在涂饰前，基层应充分干燥洁净，不得有起皮、松散等缺陷。粗糙处应磨光，缝隙小洞及不平处应用油腻子补平。外墙在涂饰前先刷一遍封闭涂层，然后再刷底子涂料，中间层和面层。

2）涂刷乳胶漆时，稀释后的乳胶漆应在规定时间内用完，并不得加入催干剂；外墙表面的缝隙、孔洞和麻面，不得用大白纤维素等低强度的腻子填补，应用水泥乳胶腻子填补。

3）外墙面油漆，应选用有防水性能的涂料。

（7）木材表面涂刷清漆应符合下列要求：

1）应当注意色调均匀，拼色相互一致，表面不得显露节疤。

2）在涂刷清漆、蜡克时，要做到均匀一致，理平理光，不可显露刷纹。

3）有打蜡出光要求的工程，应当将砂蜡打匀，擦油蜡时要薄而匀，赶光一致。

4）对修拼色必须十分重视。在修色后，要求以在距离 1m 内看不见修色痕迹为准。对颜色明显不一致的木材，要通过拼色达到颜色基本一致。

2. 质量检验标准

（1）主控项目检验（表 9-93）。

溶剂型涂料涂饰工程主控项目检验　　表 9-93

序号	项目	合格质量标准	检验方法	检查数量
1	涂料质量	溶剂型涂料涂饰工程所选用涂料的品种、型号和性能应符合设计要求	检查产品合格证书、性能检测报告和进场验收记录	室外涂饰工程每 100m² 应至少检查一处，每处不得小于 10m² 室内涂饰工程每个检验批应至少抽查 10%，并不得少于 3 间；不足 3 间时，应全数检查
2	颜色、光泽、图案	溶剂型涂料涂饰工程的颜色、光泽、图案应符合设计要求	观察	
3	涂饰综合质量	溶剂型涂料涂饰工程应涂饰均匀、粘结牢固，不得漏涂、透底、起皮和反锈	观察，手摸检查	
4	基层处理	溶剂型涂料涂饰工程的基层处理应符合以下要求： （1）新建筑物的混凝土或抹灰基层在涂饰涂料前应涂刷抗碱封闭底漆； （2）旧墙面在涂饰涂料前应清除疏松的旧装修层，并涂刷界面剂； （3）混凝土或抹灰基层涂刷溶剂型涂料时，含水率不得大于 8%；涂刷乳液型涂料时，含水率不得大于 10%。木材基层的含水率不得大于 12%； （4）基层腻子应平整、坚实、牢固，无粉化、起皮和裂缝；内墙腻子的粘结强度应符合《建筑室内用腻子》（JG/T 3049）的规定； （5）厨房、卫生间墙面必须使用耐水腻子	观察，手摸检查，检查施工记录	

（2）一般项目检验（表 9-94）。

溶剂型涂料涂饰工程一般项目检验　　表 9-94

序号	项目	合格质量标准	检验方法	检查数量
1	与其他材料、设备衔接	涂层与其他装修材料和设备衔接处应吻合，界面应清晰	观察	同表
2	色漆涂饰质量	色漆的涂饰质量和检验方法应符合表 9-95 的规定	见表 9-95	
3	清漆涂饰质量	清晰的涂饰质量和检验方法应符合表 9-96 的规定	见表 9-96	

色漆的涂饰质量和检验方法　　表 9-95

项次	项目	普通涂饰	高级涂饰	检验方法
1	颜色	均匀一致	均匀一致	观察
2	光泽、光滑	光泽基本均匀，光滑无挡手感	光泽均匀一致光滑	观察，手摸检查
3	刷纹	刷纹通顺	无刷纹	观察
4	裹棱、流坠、皱皮	明显处不允许	不允许	
5	装饰线、分色线直线度允许偏差（mm）	2	1	拉 5m 线，不足 5m 拉通线，用钢直尺检查

注：1. 无光色漆不检查光泽。
　　2. 本表摘自《建筑装饰装修工程质量验收规范》（GB 50210）。

清漆的涂饰质量和检验方法　　表 9-96

项次	项目	普通涂饰	高级涂饰	检验方法
1	颜色	基本一致	均匀一致	观察
2	木纹	棕眼刮平、木纹清楚	棕眼刮平、木纹清楚	
3	光泽、光滑	光泽基本均匀，光滑无挡手感	光泽均匀一致光滑	观察，手摸检查

续表

项次	项目	普通涂饰	高级涂饰	检验方法
4	刷纹	无刷纹	无刷纹	观察
5	裹棱、流坠、皱皮	明显处不允许	不允许	

注：本表摘自《建筑装饰装修工程质量验收规范》(GB 50210)。

9.8.3 美术涂饰工程

1. 质量控制要点

(1) 滚花。先在完成的涂饰表面弹垂直粉线，然后沿粉线自上而下滚涂，滚筒的轴必须垂直于粉线，不得歪斜。滚花完成后，周边应画色线或做边花、方格线。

(2) 仿木纹、仿石纹。此工序应在第一遍涂料表面上进行。待摹仿纹理或油色拍丝等完成后，表面应涂刷一遍罩面清漆。

(3) 鸡皮皱。在油漆中需掺入20%～30%的大白粉（重量比），用松节油进行稀释。涂刷厚度一般为2mm，表面拍打起粒应均匀、大小一致。

(4) 拉毛。在油漆中需掺入石膏粉或滑石粉，其掺量和涂刷厚度应根据波纹大小由试验确定。面层干燥后，宜用砂纸磨去毛尖。

(5) 套色漏花。刻制花饰图案套漏板，宜用喷印方法进行，并按分色顺序进行喷印。前一套漏板喷印完，待涂料稍干后，方可进行下一套漏板的喷印。

2. 质量检验标准

(1) 主控项目检验（表 9-97）。

美术涂饰工程主控项目检验　　　　表 9-97

序号	项目	合格质量标准	检验方法	检查数量
1	材料质量	美术涂饰所用材料的品种、型号和性能应符合设计要求	观察，检查产品合格证书、性能检测报告和进场验收记录	室外涂饰工程每100m^{2}应至少检查一处，每处不得小于10m^2； 室内涂饰工程每个检验批应至少抽查10%，并不得少于3间；不足3间时应全数检查

续表

序号	项目	合格质量标准	检验方法	检查数量
2	涂饰综合质量	美术涂饰工程应涂饰均匀、粘结牢固，不得漏涂、透底、起皮、掉粉和反锈	观察，手摸检查	室外涂饰工程每100m²应至少检查一处，每处不得小于10m²； 室内涂饰工程每个检验批应至少抽查10%，并不得少于3间；不足3间时应全数检查
3	基层处理	美术涂饰工程的基层处理应符合以下要求： （1）新建筑物的混凝土或抹灰基层在涂饰涂料前应涂刷抗碱封闭底漆； （2）旧墙面在涂饰涂料前应清除疏松的旧装修层，并涂刷界面剂； （3）混凝土或抹灰基层涂刷溶剂型涂料时，含水率不得大于8%；涂刷乳液型涂料时，含水率不得大于10%。木材基层的含水率不得大于12%； （4）基层腻子应平整、坚实、牢固，无粉化、起皮和裂缝；内墙腻子的粘结强度应符合《建筑室内用腻子》（JG/T 3049）的规定； （5）厨房、卫生间墙面必须使用耐水腻子	观察，手摸检查，检查施工记录	
4	套花、花纹、图案	美术涂饰的套色、花纹和图案应符合设计要求	观察	

（2）一般项目检验（表9-98）。

美术涂饰工程一般项目检验　　表9-98

序号	项目	合格质量标准	检验方法	检查数量
1	表面质量	美术涂饰表面应洁净，不得有流坠现象	观察	
2	仿花纹理涂饰表面质量	仿花纹涂饰的饰面应具有被模仿材料的纹理		
3	套色涂饰图案	套色涂饰的图案不得移位，纹理和轮廓应清晰		

9.9 裱糊和软包工程

9.9.1 裱糊工程

1. 质量控制要点

(1) 壁纸、墙布的种类、规格、图案、颜色和燃烧性能等级必须符合设计要求及国家现行标准的规定。同一房间的壁纸、墙布应用同一批料。即使同一批料，当有色差时，也不应贴在同一墙面上。

(2) 壁纸必须粘贴牢固，表面色泽一致，不得有气泡、空鼓、裂缝、翘边、皱折和斑污，斜视时无胶痕。

(3) 表面平整，无波纹起伏。壁纸与挂镜线，贴脸板和踢脚板紧接，不得有缝隙。

(4) 各幅拼接横平竖直，拼接处花纹、图案吻合，不离缝、不搭接，距墙面 1.5m 处正视，不显拼缝。

(5) 裱糊前，应将凸出基层表面的设备或附件卸下，钉帽应进入基层表面，钉眼用油腻子填平。

(6) 在湿度较大的房间和经常潮湿的墙体表面裱糊，应涂刷防潮剂防止壁纸受潮脱落，防潮剂一般是涂刷防潮涂料，以酚醛清漆和汽油，按清漆：汽油＝1：3（体积比）比例配制，涂刷均匀，不可太厚。

(7) 裁纸（布）时，长度应有一定余量，剪口应考虑对花并与边线垂直、裁成后卷拢，横向存放。不足幅宽的窄幅，应贴在较暗的阴角处。窄条下料时，应考虑对缝和搭缝关系，手裁的一边只能搭接不能对缝。

(8) 胶粘剂应集中调制，并通过 400 孔/cm^2 筛子过滤。调制好的胶粘剂应当天用完。

(9) 弹线是保证壁纸粘贴横平竖直、图案正确的根据。弹垂线有门窗的墙体以立边分划为好；无门窗的墙面，可选一个近窗台的角落，在距壁纸宽短 50mm 处弹垂线。如拼花并要求花纹对称，要在窗中弹出中心线，再向两边分线。

（10）如窗户不在墙体中间，为保证窗间墙阳角对称，应在墙面弹中心线，由中心线向两侧分线。

（11）无花纹的壁纸，可采用两幅间重叠2cm搭线。有花纹的壁纸，则采取两幅间壁纸花纹重叠对准，然后用钢直尺压在重叠处，用刀切断，撕去余纸，粘贴压实。

（12）裱糊普通壁纸，应先将壁纸浸水湿润3～5min（视壁纸性能而定），取出静置20min。裱糊时，基层表面和壁纸背面同时涂刷胶粘剂（壁纸刷胶后应静置5min上墙）。

（13）裱糊玻璃纤维墙布，应先将墙布背面清理干净。裱糊时，应在基层表面涂刷胶粘剂。

（14）裱糊后各幅拼接应横平竖直，拼接处花纹、图案应吻合，不离缝，不搭接，不显拼缝；粘贴牢固，不得有漏贴、补贴、脱层、空鼓和翘边。

（15）裱糊壁纸要按先垂直面后水平面，先细部后大面，先上后下。拼花壁纸，要把握先垂直、后拼花的方法。贴水平时，先高后低，从墙面所弹垂线开始至阴角处收口。

（16）裱糊要注意拼缝，通常采用重叠拼缝法，将两侧壁纸对花重叠20mm，在重叠地方用壁纸刀自上而下切开，清除余纸后刮平。拼缝时要特别注意用力均匀，一刀切割两层壁纸，不能留毛槎，又不要切破墙面基层。发泡壁纸、复合壁纸不要用刮板赶压，可用板刷或毛巾赶压。阴阳角地方不可拼缝，可搭接，壁纸绕过墙角的宽度要大于12mm。裱糊时要尽可能卸下墙面上物件，不易卸下的，可采用中心十字切割法切割裱糊。

（17）裱糊过程中和干燥前，应防止穿堂风和温度的突然变化。

（18）裱糊工程完成后，应采取可靠的成品保护措施。

2. 质量检验标准

（1）主控项目检验（表9-99）。

裱糊工程主控项目检验 **表 9-99**

序号	项目	合格质量标准	检验方法	检查数量
1	材料质量	壁纸、墙布的种类、规格、图案、颜色和燃烧性能等级必须符合设计要求及国家现行标准的有关规定	观察，检查产品合格证书、进场验收记录和性能检测报告	每个检验批应至少抽查10%，并不得少于3间；不足3间时，应全数检查
2	基层处理	裱糊工程基层处理质量应符合以下要求： （1）新建筑物的混凝土或抹灰基层墙面在刮腻子前应涂刷抗碱封闭底漆； （2）旧墙面在裱糊前应清楚疏松的旧装修层，并涂刷界面剂； （3）混凝土或抹灰基层含水率不得大于8%；木材基层的含水率不得大于12%； （4）基层腻子应平整、坚实、牢固，无粉化、起皮和裂缝；腻子的粘结强度应符合《建筑室内用腻子》(JG/T 3049)N型的规定； （5）基层表面平整度、立面垂直度及阴阳角方正应达到允许偏差不大于3mm的高级抹灰的要求； （6）基层表面颜色应一致； （7）裱糊前应用封闭底胶涂刷基层	观察，手摸检查，检查施工记录	
3	各幅拼接	裱糊后各幅拼接应横平竖直，拼接处花纹、图案应吻合，不离缝，不搭接，不显拼缝	观察，拼缝检查距离墙面1.5m处正视	
4	壁纸、墙布粘贴	壁纸、墙布应粘贴牢固，不得有漏贴、补贴、脱层、空鼓和翘边	观察，手摸检查	

（2）一般项目检验（表9-100）。

裱糊工程一般项目检验　　表9-100

序号	项目	合格质量标准	检验方法	检查数量
1	裱糊表面质量	裱糊后的壁纸、墙布表面应平整，色泽应一致，不得有波纹起伏、气泡、裂缝、皱折及斑污斜视时应无胶痕	观察，手摸检查	同表9-99
2	壁纸压痕及发泡层	复合压花壁纸的压痕及发泡壁纸的发泡层应无损坏	观察	同表9-99
3	与装饰线、设备线盒交接	壁纸、墙布与各种装饰线、设备线盒应交接严密		
4	壁纸、墙布边缘	壁纸、墙布边缘应平直整齐，不得有纸毛、飞刺		
5	壁纸、墙布阴、阳角	壁纸、墙布阴角处搭接应顺光，阳角处应无接缝		

9.9.2 软包工程

1. 质量控制要点

（1）同一房间的软包面料，应一次进足同批号货，以防出现色差。

（2）当软包面料采用大的网格形或大花形时，使用时在其房间的对应部位应注意对格对花，确保软包装饰效果。

（3）软包应尺寸准确，单块软包面料不应有接缝、毛边，四周应绷压严密。

（4）软包在施工中不应污染，完成后应做好产品保护。

2. 质量检验标准

（1）主控项目检验

软包工程主控项目检验标准见表9-101。

软包工程主控项目检验　　表 9-101

序号	项目	合格质量标准	检验方法	检查数量
1	材料质量	软包面料、内衬材料及边框的材质、颜色、图案、燃烧性能等级和木材的含水率应符合设计要求及国家现行标准的有关规定	观察，检查产品合格证书、进场验收记录和性能检测报告	每个检验批应至少抽查 20%，并不得少于 6 间；不足 6 间时，应全数检查
2	安装位置、构造做法	软包工程的安装位置及构造做法应符合设计要求	观察，尺量检查，检查施工记录	
3	龙骨、衬板、边框安装	软包工程的龙骨、衬板、边框应安装牢固，无翘曲，拼缝应平直	观察，手板检查	
4	单块面料	单块软包面料不应有接缝，四周应绷压严密	观察，手模检查	

（2）一般项目检验（表 9-102）。

软包工程一般项目检验　　表 9-102

序号	项目	合格质量标准	检验方法	检查数量
1	软包表面质量	软包工程表面应平整、洁净、无凹凸不平及皱折；图案应清晰、无色差，整体应协调美观	观察	
2	边框安装质量	软包边框应平整、顺直、接缝吻合。其表面涂饰质量应符合规定	观察，手摸检查	
3	清漆涂饰	清漆涂饰木制边框的颜色、木纹应协调一致	观察	
4	安装允许偏差	软包工程安装的允许偏差和检验方法应符合表 9-103 规定	见表 9-103	

软包工程安装的允许偏差和检验方法　　表 9-103

项次	项目	允许偏差（mm）	检验方法
1	垂直度	3	用 1m 垂直检测尺检查
2	边框宽度、高度	0；−2	用钢尺检查

续表

项次	项目	允许偏差（mm）	检验方法
3	对角线长度差	3	用钢尺检查
4	裁口、线条接缝高低差	1	用钢直尺和塞尺检查

注：本表摘自《建筑装饰装修工程质量验收规范》(GB 50210—2001)。

9.10 细部工程

9.10.1 橱柜制作与安装工程

1. 质量控制要点

(1) 橱柜制作与安装所用材料的材质和规格、木材的燃烧性能等级和含水率、花岗石的放射性及人造木板的甲醛含量应符合设计要求及国家现行标准的有关规定。

(2) 橱柜安装预埋件或后置埋件的数量、规格、位置应符合设计要求。

(3) 橱柜的造型、尺寸、安装位置、制作和固定方法应符合设计要求，橱柜安装必须牢固。

(4) 橱柜配件的品种、规格应符合设计要求，配件齐全，安装应牢固。

(5) 橱柜的抽屉和柜门应开关灵活、回位正确。

(6) 橱柜表面应平整、洁净、色泽一致，不得有裂缝、翘曲及损坏。

(7) 橱柜裁口应顺直、拼缝应严密。

(8) 橱柜安装的允许偏差和检验方法应符合表 9-104 的规定。

橱柜安装的允许偏差和检验方法　　表 9-104

项目	允许偏差（mm）	检验方法
外形尺寸	3	用钢尺检查
立面垂直度	2	用 1m 垂直检测尺检查
门与框架的平行度	2	用钢尺检查

2. 质量检验标准

（1）主控项目检验（表 9-105）。

橱柜制作与安装主控项目检验　　　　表 9-105

序号	项目	合格质量标准	检验方法	检查数量
1	材料质量	橱柜制作与安装所用材料的材质和规格、木材的燃烧性能等级和含水率、花岗石的放射性及人造木板的甲醛含量应符合设计要求及国家现行标准有关规定	观察；检查产品合格证书、进场验收记录、性能检测报告和复验报告	每个检验批应至少抽查 3 间（处），不足 3 间（处）时应全数检查
2	预埋件或后置件	橱柜安装预埋件或后置埋件的数量、规格、位置应符合设计要求	检查隐蔽工程验收记录和施工记录	
3	制作、安装、固定方法	橱柜的造型、尺寸、安装位置、制作和固定方法应符合设计要求。橱柜安装必须牢固	观察；尺量检查；手板检查	
4	橱柜配件	橱柜配件的品种、规格应符合设计要求。配件应齐全，安装应牢固	观察；手板检查；检查现场验收记录	
5	抽屉和柜门	橱柜的抽屉和柜门应开关灵活、回位正确	观察；开启和关闭检查	

（2）一般项目检验（表 9-106）。

橱柜制作与安装一般项目检验　　　　表 9-106

序号	项目	合格质量标准	检验方法	检查数量
1	橱柜表面质量	橱柜表面应平整、洁净、色泽一致，不得有裂缝、翘曲及损坏	观察	同主控项目
2	橱柜裁口	橱柜裁口应顺直、拼缝应严密		
3	安装允许偏差	橱柜安装的允许偏差和检验方法应符合《建筑装饰装修工程质量验收规范》（GB 50210）中表 12.2.10 的规定	见《建筑装饰装修工程质量验收规范》（GB 50210）中表 12.2.10	

9.10.2 窗帘盒、窗台板和散热器制作与安装工程

1. 质量控制要点

(1) 窗帘盒的安装应满足下列要求：

1) 埋件标高、位置应一致。

2) 在装窗帘盒的砖墙上或过梁上应预埋 2～3 个木砖或螺栓，如用燕尾扁铁时，应在砌墙时留洞后埋设。

3) 有后身板的窗帘盒，在安装时应用钉与木砖钉牢，无后身板的，应用木螺钉将预埋铁件和窗帘盒端头侧板拧紧，窗帘盒顶板应紧贴墙面，当在窗帘盒顶板上面用 L 形角钢时，其 L 形角钢不应外露，以免影响美观。

4) 窗帘盒安装离窗口尺寸由设计规定，但两端应高低一致，离窗洞距离一致，盒身与墙面垂直。在同一房间内同标高的窗帘盒应拉线找平找齐，使其标高一致。

5) 预埋件（或后置埋件）应进行隐蔽工程验收。

(2) 窗台板的施工安装应符合下列要求：

1) 窗台板应按设计厚度、坡度制作，与墙接触处须刷防腐剂。

2) 安装窗台板时，其出墙与两则伸出窗洞以外的长度要求一致，在同一房间内，安装标高应相同，并各自保持水平。宽度大于 150mm 的窗台板，拼合时应穿暗带。

3) 窗台板的两端牢固嵌入墙内，里边应插入窗框下冒头的槽内。

4) 木窗台板长度超过 1500mm 时，在窗台中间应埋设防腐木砖，木砖间距 500mm 左右，每樘窗不少于两块，再用扁头钉钉牢，并顺木纹冲入板内 3mm。板面略向室内倾斜，坡度约 1%。

5) 窗台板下靠墙处，应加钉一根三角木条。

6) 预埋件（或后置埋件）应进行隐蔽工程验收。

(3) 散热器罩施工安装应注意以下事项：

1) 散热器罩可采用实木板上下刻孔的做法，也可采用胶合板、硬质纤维板、硬木条等制作成格片，还可以做木雕装饰。

为了便于散热器及管道的维修，散热器罩既要安装牢固，又要摘挂方便，因此与主体连接宜采用插装、挂接、钉接等方法。

2）独立式散热器罩。散热器罩应呈五面箱体，散热器罩下端应开口让冷空气进入，顶面应设百叶片为热空气出口，散热器罩本身有独立支点落地。

3）嵌入式散热器罩。一般在砌墙时先留出壁龛 120～250mm。散热器罩此时为一单片罩板，一般采用空透型，或用金属网编织花饰，四边做木框。散热器罩安装在壁龛外口。

4）窗下式散热器罩。散热片在窗台下部，外侧用平板或花格板放在散热片的中间高度上下留出缝隙，利于热对流。

5）沿墙式散热器罩。当散热片在室内墙壁处时，散热器罩为箱式，即沿散热片的外侧、顶部及两端均用百叶或花格罩住，其罩板内侧装钢丝网，以保冷热对流。

2. 质量检验标准

（1）主控项目检验（表 9-107）。

窗台板、窗帘盒和散热器罩施工主控项目检验　表 9-107

序号	项目	合格质量标准	检验方法	检查数量
1	材料质量	窗帘盒、窗台板和散热器罩制作与安装所使用材料的材质和规格、木材的燃烧性能等级和含水率、花岗石的放射性及人造木板的甲醛含量应符合设计要求及国家现行标准的有关规定	观察；检查产品合格证书、进场验收记录、性能检测报告和复验报告	每个检验批应至少抽查 3 间（处），不足 3 间（处）时应全数检查
2	造型尺寸、安装及固定	窗帘盒、窗台板和散热器罩的造型、规格、尺寸、安装位置和固定方法必须符合设计要求。窗帘盒、窗台板和散热器罩的安装必须牢固	观察；尺量检查；手板检查	
3	窗帘盒配件	窗帘盒配件的品种、规格应符合设计要求，安装应牢固	手板检查；检查进场验收记录	

（2）一般项目检验（表9-108）。

窗台板、窗帘盒和散热器罩施工一般项目检验 表9-108

序号	项目	合格质量标准	检验方法	检查数量
1	表面质量	窗帘盒、窗台板和散热器罩表面应平整、洁净、线条顺直、接缝严密、色泽一致，不得有裂缝、翘曲及损坏	观察	同主控项目
2	与墙面、窗框衔接	窗帘盒、窗台板和散热器罩与墙面、窗框的衔接应严密，密封胶缝应顺直、光滑		
3	安装允许偏差	窗帘盒、窗台板和散热器罩安装的允许偏差和检验方法应符合《建筑装饰装修工程质量验收规范》（GB 50210）中表12.3.8的规定	见《建筑装饰装修工程质量验收规范》（GB 50210）中表12.3.8	

9.10.3 门窗套制作与安装

1. 质量控制要点

（1）门窗洞口应方正垂直，预埋木砖应符合设计要求，并应进行防腐处理。

（2）根据洞口尺寸、门窗中心线和位置线，用方木制成骨架并应做防腐处理。

（3）与墙体对应的基层板板面应进行防腐处理，基层板安装应牢固。

（4）骨架应平整牢固，表面刨平。安装骨架应方正，除留出板面厚度，骨架与木砖间的间隙应垫以木垫，连接牢固。安装洞口骨架时，一般应先上端后两侧。洞口上部骨架应与紧固件连接牢固。

（5）门窗套的横撑间距应根据面板用料厚度决定：板厚为5mm时，横撑间距≤300mm；板厚为10mm时，横撑间距≤400mm。横撑位置应与预埋件位置对应。先安装上面龙骨架，再安装两侧龙骨架。

（6）饰面板颜色、花纹应协调，板面应略大于骨架；大面应净光，小面应刮直，木纹根部应向下，长度方向需要对接时，花纹应通顺，其接头位置应避开视线平视范围，宜在室内地面2m以上或1.2m以下，接头应留在横撑上。

（7）当使用厚板作面板时，为防止板面变形弯曲，应在板背面做宽10mm、深5～8mm、间距为100mm的卸力槽。

（8）门窗套面板里侧应装进门窗框预留的凹槽里，外侧面与墙面平齐，割角严密方正，用面板厚3倍的钉子，砸扁钉帽后顺木纹冲入面层1～2mm，钉距为100mm。

（9）贴脸、线条的品种、颜色、花纹应与饰面板协调。贴脸接头应成45°角，贴脸与门窗套板面结合应紧密、平整，贴脸或线条盖住抹灰墙面应不小于10mm。

2. 质量检验标准

（1）主控项目检验（表9-109）。

门窗套制作与安装主控项目检验　　　表9-109

序号	项目	合格质量标准	检验方法	检查数量
1	材料质量	门窗套制作与安装所使用材料的材质、规格、花纹和颜色、木材的燃烧性能等级和含水率、花岗石的放射性及人造木板的甲醛含量应符合设计要求及国家现行标准的有关规定	观察；检查产品合格证书、进场验收记录、性能检测报告和复验报告	每个检验批应至少抽查3间（处），不足3间（处）时应全数检查
2	造型、尺寸及固定	门窗套的造型、尺寸和固定方法应符合设计要求，安装应牢固	观察；尺量检查；手板检查	

（2）一般项目检验（表9-110）。

门窗套制作与安装一般项目检验　　　表9-110

序号	项目	合格质量标准	检验方法	检查数量
1	表面质量	门窗套表面应平整、洁净、线条顺直、接缝严密、色泽一致，不得有裂缝、翘曲及损坏	观察	同主控项目

续表

序号	项目	合格质量标准	检验方法	检查数量
2	安装允许偏差	门窗套安装的允许偏差和检验方法应符合《建筑装饰装修工程质量验收规范》(GB 50210)中表12.4.6的规定	见《建筑装饰装修工程质量验收规范》(GB 50210)中表12.4.6	同主控项目

9.10.4 护栏和扶手制作与安装工程

1. 质量控制要点

(1) 制作木扶手前，先按设计要求做出扶手横断面的足尺样板，将扶手底刨平直后，画出中线，在其两端对好样板画出断面，刨出底部木槽，一般槽深为3～4mm，宽度视所用钢板而定，但不得超过40mm。用刨依顶头的断面出刨成形，但宜留半线。

(2) 制作扶手弯头前，应做足尺样板。把弯头的整料先斜纹出方，用样板画线，锯成皱形毛料（应比实际尺寸大10mm左右）。

(3) 木扶手、弯头安装质量应符合下列要求：

1）按栏杆斜度配好起步弯头，再接扶手，扶手高度应符合设计要求，安装由下往上进行。扶手与弯头的接头要做暗榫，或用铁活铆固，用胶粘结。木扶手与栏杆铁板用木螺钉拧紧，螺帽不得外露，间距不应大于400mm。木扶手的宽度或厚度超过70mm时，接头必须做暗燕尾榫。

2）木纹花饰，应在花饰上做雄榫，垫板下的暗榫用木螺钉拧牢。

3）栏杆的斜度必须同梯段一致，高度应保持一致；应待全部安装完后，再用刨、锉、磨逐一修整接头，务必使其弯曲自然。

4）木扶手与弯头接缝应紧密，不应松动。

5）在混凝土栏杆上安装扶手时，垫板应与木砖钉牢，其接头应做暗榫，花饰要均匀，并保持垂直，用螺钉拧紧，不得松动。

6）在铁栏杆上安装扶手时，扶手下木槽应严密地卡在栏杆上，用螺钉拧紧，防止螺帽斜露不平。

7）安装靠墙扶手时，先按图在墙上弹出坡度线，墙内埋好木砖安好连接件，然后用螺钉将木扶手与连接件结合牢固。

8）安装扶梯铁栏杆时，栏杆必须与扶梯边进出一致，每节栏杆应高低一致，栏杆要与扶梯踏步面垂直，扶手弯势要缓顺。焊接不应有咬肉、夹渣、气泡，药皮要敲掉，铁扶手接头处要磨平。

2. 质量检验标准

（1）主项项目检验（表 9-111）。

护栏与扶手制作与安装主控项目检验　　　表 9-111

序号	项目	合格质量标准	检验方法	检查数量
1	材料质量	护栏和扶手制作与安装所使用材料的材质、规格、数量和木材、塑料的燃烧性能等级应符合设计要求	观察；检查产品合格证书、进场验收记录和性能检测报告	全数检查
2	造型、尺寸	护栏和扶手的造型、尺寸及安装位置应符合设计要求	观察；尺量检查；检查进场验收记录	
3	预埋件及连接	护栏和扶手安装预埋件的数量、规格、位置以及护栏与预埋件的连接节点应符合设计要求	检查隐蔽工程验收记录和施工记录	
4	护栏高度、位置与安装	护栏高度、栏杆间距、安装位置必须符合设计要求。护栏安装必须牢固	观察；尺量检查；手板检查	
5	护栏玻璃	护栏玻璃应使用公称厚度不小于 12mm 的钢化玻璃或钢化夹层玻璃。当护栏一侧距楼地面高度为 5m 及以上时，应使用钢化夹层玻璃	观察；尺量检查；检查产品合格证书和进场验收记录	

（2）一般项目检验（表 9-112）。

护栏与扶手制作与安装一般项目检验　　表 9-112

序号	项目	合格质量标准	检验方法	检查数量
1	转角、接缝及表面质量	护栏和扶手转角弧度应符合设计要求，接缝应严密，表面应光滑。色泽应一致，不得有裂缝、翘曲及损坏	观察；手摸检查	全数检查
2	安装允许偏差	护栏和扶手安装的允许偏差和检验方法应符合《建筑装饰装修工程质量验收规范》（GB 50210）中表 12.5.9 的规定	见《建筑装饰装修工程质量验收规范》（GB 50210）中表 12.5.9	

9.10.5　花饰制作与安装工程

1. 质量控制要点

（1）预制花饰安装前应将基层或基体清理干净、处理平整，并仔细检查基底是否符合安装花饰的要求。

（2）在预制花饰安装前，确定安装位置线。按设计位置由测量配合，弹好花饰位置中心线及分块的控制线。

（3）在安装前应对重型花饰检查预埋件及木砖的位置和固定情况是否符合设计要求。

（4）预制花饰分块在正式安装前，应对规格、色调进行检验和挑选，按设计图案在平台上组拼，经预检验合格后进行编号，作为正式安装的顺序号。

（5）预制混凝土花格或浮面花饰制品，应用 1∶2 水泥砂浆砌筑，拼块的相互间用钢锚子系牢固，并与结构连接牢固。

（6）花饰粘贴法安装，一般轻型预制花饰采用此法安装。粘贴材料根据花饰材料的品种选用。水泥砂浆花饰和水泥石花饰，使用水泥砂浆或聚合物水泥砂浆粘贴；石膏花饰宜用石膏灰或水泥浆粘贴；木制花饰和塑料花饰可用胶粘剂粘贴，也可用钉子固定的方法；金属花饰宜用螺钉固定，根据构造也可选用焊接安装。

(7) 较重的大型花饰采用螺栓固定法安装。安装时将花饰预留孔对准结构预埋固定件，用铜或镀锌螺栓适量拧紧固定，花饰图案应精确吻合，固定后用 1∶1 水泥砂浆将安装孔眼堵严，表面用同花饰颜色一样的材料装饰，不留痕迹。

(8) 大重型金属装饰采用焊接固定法安装。根据花饰块体的构造，采用临时固挂的方法，按设计要求找正位置，焊接点应受力均匀，焊接质量应满足设计及有关规范的要求。

(9) 重量大、大体型花饰采用螺栓固定法安装。安装时将花饰预留孔对准安装位置的预埋螺栓，按设计要求基层与花饰表面规定的缝隙尺寸，用螺母或垫块板固定，并加临时支撑。花饰图案应精确，对缝吻合。花饰与墙面间隙的两侧和底面用石膏临时堵住。待石膏凝固后，用 1∶2 水泥砂浆灌入花饰与墙面的缝隙中，由下而上每次灌 100mm 左右的高度，下层终凝后再灌上一层。待灌缝砂浆达到强度后才能拆除支撑，清除周边临时堵缝的石膏，并修饰完整。

2. 质量检验标准

(1) 主控项目检验（表 9-113）。

花饰制作与安装主控项目检验　　表 9-113

序号	项目	合格质量标准	检验方法	检查数量
1	材料质量	花饰制作与安装所使用材料的材质、规格应符合设计要求	观察；检查产品合格证书和进场验收记录	室外每个检验批应全部检查 室外每个检验批至少抽查 3 间（处）；不足 3 间（处）时应全部检查
2	造型、尺寸	花饰的造型、尺寸应符合设计要求	观察；尺量检查	
3	安装位置与固定方法	花饰的安装位置和固定方法必须符合设计要求，安装必须牢固	观察；尺量检查；手板检查	

(2) 一般项目检验（表 9-114）。

花饰制作与安装一般项目检验　　表 9-114

序号	项目	合格质量标准	检验方法	检查数量
1	表面质量	花饰表面应洁净，接缝应严密吻合，不得有歪斜、裂缝、翘曲及损坏	观察	同主控项目
2	安装允许偏差	花饰安装的允许偏差和检验方法应符合《建筑装饰装修工程质量验收规定》（GB 50210）中表 12.6.7 的规定	见《建筑装饰装修工程质量验收规范》（GB 50210）中表 12.6.7	

第10章　建筑给水、排水及采暖工程

10.1　室内给水排水系统

10.1.1　室内给水系统安装

1. 质量控制要点

（1）孔洞的预留和地线的预埋。

这项预留工作需要与施工一起进行，在土建工作的分层模板和绑扎钢筋的同时，根据施工要求和图纸设计预留好孔洞，将管道的各项尺寸预留，最大限度地保证其牢固。不同的层面要预留不同的孔洞，同时还要保证吊线的垂直。预埋工作也要做好，在混凝土的浇筑过程中要保证其不能移位。

（2）安装套管。

给水管道应该使用金属或者是塑料套管，楼板内的安装，其套管顶应高出地面20mm，卫生间和厨房的安装，应高出地面50mm，管口底部则需要与楼板相平。墙壁内的套管，要保证其两端相平。套管与管道的缝隙需要使用极其密实的材料与防水油膏填实，保证其光滑。穿过墙壁的套管与管道之间也需要用防水油膏填实，保证其光滑。管道的接口需要避开套管内要预埋套管，同时保证建筑物的沉降量，不能小于100mm。预埋套管和预留孔的工作性质相同，其长度和尺寸要拿捏好，下料以后，套管内需要刷防锈漆，以便于焊接铁架。管道的接口不得设在套管内。

需要特别提到的是防水套管的设置部分，要特别注意外墙处、地板处、楼面处，将预留好的套管在浇筑混凝土之前固定好，待管道安装好后用填料填实。

（3）安装管道。

管道一般都要安装在吊顶内，这就需要注意托架的安装，需要保证其位置准确无误，埋设平稳而牢固，托架与管道的接触密实，并且保证滑托与滑槽两侧有 3～5mm 的间隙，无热伸长管和有热伸长管方向设计要准确，同时保证固定的吊架不影响建筑物整体的安全。

水表间的管道安装要先行，因为建筑的水管位置是固定且有限的，如果在分管之后再考虑，容易造成水表的安装尺寸不够，提前做好水表间的安装大样，有助于精确管件的连接尺寸，给水表和管道的安装留有一定的余地，节省空间，节省管井的面积。

在结构墙内固定合适的木条压槽，将户内配水支管进行暗装，可以保证供水的标高尺寸精确，又节省空间。墙槽深度一般为 d_n＋(20～30)mm、宽度为 d_n＋(40～60)mm，用金属管卡固定好管道，并且镶嵌在槽内。管道在槽内安装时可用金属管卡固定好。

室内地坪±0.00m 以下塑料管道铺设应该分为两段进行，首先应铺设基础墙外壁的管道铺设，等到建筑工程基本结束以后，再进行户外连接管道的铺设，需要特别注意的是，不能在并不夯实的土层中铺设。管道铺设结束后，要请工程师验收，保证其质量，方可回填。回填土过程中，管道周围要选用坚硬石块，当回填到距管顶 100mm 以上后，进行常规回填和施工。

至于室外管道的铺设，在开始敷设之前要严格按照图纸所示，保证深度准确，并且预留下一定的基础厚度，大型的土块石块要及时处理，以保证管道的长期使用，施工中不可以忽略埋地塑料管的设置，避免接头处出现漏水现象。车行道下的管道要在道路的土层完全夯实之后再安装，并且要有适当的管道预留，以保证将来的维修使用。如果路面正式行车，则要加厚土层，对管线进行保护，同时注意与其他工种之间的配合，将管道的线路考虑周全，为以后的维修做好打算。

(4) 试验水管。

管道安装完后，必须要进行的是试压管道，试压前应包括核对设计图纸及与其他工种的管线敷设关系有无违反施工规范，避免在不了解工程整体情况的前提下试压，导致的各种浪费。试压分为系统的试压和单项试压，单项试压按照要求对安装完毕的管道进行水压的试验，而系统试压则是等到所有管道系统安装完毕后再试验。这种试验要符合管道的设计要求。打开水源阀门，往系统内缓慢充水，将管道内气体排出并将阀门关闭。检查系统管道，保证不会出现漏水和渗漏的现象，同时缓慢升压，要特别注意的是塑料水管的试验中要用手压水泵缓慢升压，以避免水压提升太快使得塑料管道崩裂。验收后要平稳保持水压，随时监控管道在施工过程中不受损坏，同时保证管道有明确的标志，使得施工完成时可以看到明确的地面处管线。

（5）管道的防腐。

给水管道的一大问题是容易腐蚀，尤其是经过水的常年侵蚀，更是容易腐坏，对它的防腐十分重要。需要做的是给明装管道补刷防腐漆、防锈漆，给塑料水管这种抗腐蚀性强的管道少做防腐。

（6）水管的保温工作。

水管的保温工作主要有三种形式：管道防热损失保温、管道防冻保温和管道防结露保温。管道的保温工作需要在防腐工作之后进行，如果施工需要提前，则要保证阀门的暂时关闭来保证施工的安全。管道在进行保温工作前要进行全面的清理，保证管道的干燥。冬季要有防冻措施，雨季要有防潮措施，同时施工不要在雨天进行，以保证隔热材料的高效利用。垂直管道的保温工作，要自上而下，非水平管道保温施工，应自下而上进行。

（7）清洗与消毒工作。

管道的验收中，清洗与消毒前要进行通水冲洗，冲水要把水流控制在稳定的流速内，每个配水点的水龙头要打开，直到出水口出现一定程度的清水。提供生活用水的供水管道经过冲洗后一定要消毒，消毒后再次清洗，直到其符合国家规定的饮用水标准。

(8) 安装给水设备。

室内给水设备安装，就是动态设备的安装，即离心式水泵(生活水泵、消防水泵)、潜污泵等及静态设备的安装，如水箱、水罐的安装等。

2. 质量检验标准

(1) 室内给水管道及配件安装。

1) 主控项目检验（表10-1)。

室内给水管道工程主控项目检验　　　表10-1

序号	项目	合格质量标准	检验方法	检查数量
1	给水管道水压试验	室内给水管道的水压试验必须符合设计要求。当设计未注明时，各种材质的给水管道系统试验压力均为工作压力的1.5倍，但不得小于0.6MPa	金属及复合管给水管道系统在试验压力下观测10min，压力降应不大于0.02MPa，然后降到工作压力进行检查，应不渗不漏；塑料管给水系统应在试验压力下稳压1h，压力降不得超过0.05MPa，然后在工作压力的1.15倍状态下稳压2h，压力降不得超过0.03MPa，同时检查各连接处不得渗漏	全数检查
2	给水系统通水试验	给水系统交付使用前必须进行通水试验并做好记录	观察和开启阀门、水嘴等放水	
3	生活给水系统管道冲洗和消毒	生活给水系统管道在交付使用前必须冲洗和消毒，并经有关部门取样检验，符合国家《生活饮用水标准》检验方法方可使用	检查有关部门提供的检测报告	
4	直埋金属给水管道防腐	室内直埋给水管道(塑料管道和复合管道除外)应做防腐处理。埋地管道防腐层材质和结构应符合设计要求	观察或局部解剖检查	

2）一般项目检验（表 10-2）。

室内给水工程一般项目检验　　　　表 10-2

序号	项目	合格质量标准	检验方法	检查数量
1	给排水管道敷设净距	给水引入管与排水排出管的水平净距不得小于 1m。室内给水与排水管道平行敷设时，两管间的最小水平净距不得小于 0.5m；交叉铺设时，垂直净距不得小于 0.15m。给水管应铺在排水管上面，若给水管必须铺在排水管的下面时，给水管应加套管，其长度不得小于排水管管径的 3 倍	尺量检查	全数检查
2	金属给水管道及管件焊接质量	管道及管件焊接的焊缝表面质量应符合下列要求： （1）焊缝外形尺寸应符合图纸和工艺文件的规定，焊缝高度不得低于母材表面，焊缝与母材应圆滑过渡 （2）焊缝及热影响区表面应无裂纹、未熔合、未焊透、夹渣、弧坑和气孔等缺陷	观察检查	
3	给水水平管道坡度坡向	给水水平管道应有 2‰～5‰的坡度坡向泄水装置	水平尺和尺量检验	
4	管道与吊架	管道的支、吊架安装应平整牢固，其间距应符合规范规定	观察、尺量及手扳检查	
5	水表安装	水表应安装在便于检修、不受暴晒、污染和冻结的地方。安装螺翼式水表，表前与阀门应有不小于 8 倍水表接口直径的直线管段。表外壳距墙表面净距为 10～30mm；水表进水口中心标高按设计要求，允许偏差为±10mm	观察和尺量检查	

续表

序号	项目	合格质量标准	检验方法	检查数量
6	给水管道和阀门安装允许偏差	给水管道和阀门安装的允许偏差应符合表10-3的规定	见表10-3	(1) 水平管道纵、横向弯曲按系统直线管段长度每50m抽查2段，不足50m不少于1段，有分隔墙建筑，以隔墙为段数，抽查5%，但不少于5段。 (2) 立管垂直度。一根立管为1段，两层及其以上按楼层分段，各抽查5%，但均不少于10段。 (3) 隔热层。水平管和立管，凡能按隔墙、楼层分段的，均以每一楼层分隔墙内的管段为一个抽查点，抽查数为5%，但不少于5处；不能按隔墙、楼层分段的，每20m抽查一处，但不少于5处

管道和阀门安装的允许偏差和检验方法　　表10-3

项次	项目			允许偏差(mm)	检验方法
1	水平管道纵横方向弯曲	钢管	每米（全长25m以上）	1≤25	用水平尺、直尺、拉线和尺量检查
		塑料管复合管	每米（全长25m以上）	1.5≤25	
		铸铁管	每米（全长25m以上）	2≤25	
2	立管垂直度	钢管	每米（5m以上）	3≤8	吊线和尺量检查
		塑料管复合管	每米（5m以上）	2≤8	
		铸铁管	每米（5m以上）	3≤10	
3	成排管段和成排阀门		在同一平面上间距	3	尺量检查

注：本表摘自《建筑给水排水及采暖工程施工质量验收规程》(GB 50242—2002)。

(2) 给水设备安装。

1) 主控项目检验（表 10-4）。

给水设备安装主控项目检验　　表 10-4

序号	项目	合格质量标准	检验方法	检查数量
1	水泵基础	水泵就位前的基础混凝土强度、坐标、标高、尺寸和螺栓孔位置必须符合设计规定	对照图纸用仪器和尺量检查	全数检查
2	水泵试运转轴承温升	水泵试运转的轴承温升必须符合设备说明书的规定	温度计实测检查	
3	水箱满水试验或水压试验	敞口水箱的满水试验和密闭水箱（罐）的水压试验必须符合设计与《建筑给水排水及采暖工程施工质量验收规范》(GB 50242—2002）的规定	满水试验静置 24h 观察，不渗不漏；水压试验在试验压力下 10min 压力不降，不渗不漏	

2) 一般项目检验（表 10-5）。

给水设备安装一般项目检验　　表 10-5

序号	项目	合格质量标准	检验方法	检查数量
1	水箱支架或底座安装	水箱支架或底座安装，其尺寸及位置应符合设计规定，埋设平整牢固	对照图纸，尺量检查	全数检查
2	水箱溢流管和泄放管安装	水箱溢流管和泄放管应设置在排水地点附近但不得与排水管直接连接	观察检查	
3	立式水泵减振装置	立式水泵的减振装置不应采用弹簧减振器		
4	安装允许偏差	室内给水设备安装的允许偏差应符合表 10-6 的规定	见表 10-6	
5	保温层允许偏差	管道及设备保温层的厚度和平整度的允许偏差应符合表 10-7 的规定	见表 10-7	水箱保温，每台不少于 5 点

室内给水设备安装的允许偏差和检验方法　　表 10-6

<table>
<tr><th>项次</th><th colspan="3">项目</th><th>允许偏差（mm）</th><th>检验方法</th></tr>
<tr><td rowspan="3">1</td><td rowspan="3">静置设备</td><td colspan="2">坐标</td><td>15</td><td>经纬仪或拉线、尺量</td></tr>
<tr><td colspan="2">标高</td><td>±5</td><td>用水准仪、拉线和尺量检查</td></tr>
<tr><td colspan="2">垂直度（每米）</td><td>5</td><td>吊线和尺量检查</td></tr>
<tr><td rowspan="4">2</td><td rowspan="4">离心式水泵</td><td colspan="2">立式泵体垂直度（每米）</td><td rowspan="2">0.1</td><td rowspan="2">水平尺和塞尺检查</td></tr>
<tr><td colspan="2">卧式泵体水平度（每米）</td></tr>
<tr><td rowspan="2">联轴器同心度</td><td>轴向倾斜（每米）</td><td>0.8</td><td rowspan="2">在联轴器互相垂直的四个位置上用水准仪、百分表或测微螺钉和塞尺检查</td></tr>
<tr><td>径向位移</td><td>0.1</td></tr>
</table>

注：本表摘自《建筑给水排水及采暖工程施工质量验收规范》（GB 50242—2002）。

管道及设备保温的允许偏差和检验方法　　表 10-7

<table>
<tr><th>项次</th><th colspan="2">项目</th><th>允许偏差（mm）</th><th>检验方法</th></tr>
<tr><td>1</td><td colspan="2">厚度</td><td>0.1δ
+0.05δ</td><td>用钢针刺入</td></tr>
<tr><td rowspan="2">2</td><td rowspan="2">表面平整度</td><td>卷材</td><td>5</td><td rowspan="2">用 2m 靠尺和楔形塞尺检查</td></tr>
<tr><td>涂抹</td><td>10</td></tr>
</table>

注：1. δ 为保温层厚度。

2. 本表摘自《建筑给水排水及采暖工程施工质量验收规范》（GB 50242—2002）。

10.1.2　室内排水系统安装

1. 质量控制要点

（1）排水管道及配件安装。

1）排水管道的材质、规格必须符合设计要求，材料应有出厂合格证。其产品主要性能指标应符合有关的技术标准。

2）承插式柔性接口排水铸铁管应采用离心浇注工艺生产，不得采用砂型立模浇注工艺生产。

3）承插和套箍接口环缝间隙应均匀，填料应先用麻丝填充，其填充量约占整个水泥接口深度的 1/3，再用水泥或石棉水泥捻口。应检查使用材料是否正确。

4）填料捻口应敲打密实、饱满，填料凹入承口边缘不大于5mm。灰口应平整、光滑，用湿润的麻丝箍在接口处养护，不得用水泥砂浆抹口。

5）管材、管件在使用前应进行外观检查：

① 塑料管的管材和管件的内外壁应光洁平整，无气泡、裂口、裂纹、脱皮，且色泽基本一致。

② 铸铁管的管材和管件内外表面应光洁平整，不应有裂纹、错位、蜂窝及其他妨碍使用的缺陷；承口法兰盘轮廓应清晰，不得有裂缝、冷隔等缺陷。

6）塑料管承插粘结接口应满足下列要求：

① 各地工厂生产的聚氯乙烯管都有其各自适用的配套胶粘剂，使用前应检查其是否配套。

② 粘结连接前，应先进行清洁处理，清除接口处油污，然后用刷子把胶粘剂涂于承插口连接面，在5～15s内将管子插入承口。胶粘剂固化时间约1min，因此须注意在插入后应有稍长于1min的定位时间，待其固化后才能松手。

7）塑料排水管的伸缩接头安装。伸缩节间距的设置不大于4m，一般宜逐层设置。扫除口带伸缩节的可设置在每层地面以上1m的位置。安装伸缩节时，应按制造厂说明书要求设置好固定管卡，在伸缩节中安放好橡胶密封圈，在管子承插口粘结固定后，应拆除限位装置，以利热胀冷缩。

8）排水系统竣工后的通水试验，按给水系统1/3配水点同时开放，检查各排水点是否畅通，接口有无渗漏。

9）通水试验应根据管道布置，采取分层、分区段做通水试验，先从下层开始局部通水，再做系统通水。通水时在浴缸、面盆等处放满水，然后同时排水，观察排水情况，以不堵不漏、排水畅通为合格。试验时应做好通水试验记录。

10）铸铁排水管检查口、清扫口安装。污水管道应按设计要求和规范规定设置检查口和清扫口，具体安装时还应符合下述规定：

① 立管上的检查口安装高度由地面至检查口中心为1m，允许偏差±20mm，并应高于该层卫生器具上边缘150mm，检查口一的朝向应便于检修。

② 污水横管上的清扫口，可设在上一层楼地面上。污水管起点清扫口与管道相垂直的墙面距离不得小于200mm，若污水管起点设置堵头代替清扫口，与墙面距离不得小于400mm。

（2）雨水管道及配件安装。

1）管材为硬质聚氯乙烯（UPVC）。所用胶粘剂应是同一厂家配套产品，应与卫生洁具连接相适宜，并有产品合格证及说明书。

2）管道应使用铸铁管、塑料管、镀锌和非镀锌钢管或混凝土管等。目前较为常用的为塑料管、铸铁管、镀锌和非镀锌钢管。但室外塑料雨水管应为专用产品，具有防紫外线的功能。

3）悬吊式雨水管道应选用铸铁管、塑料管或钢管。易受震动的雨水管道（如锻造车间等）应使用钢管。

4）管材内外表层应光滑，无气泡、裂纹，管壁薄厚均匀，色泽一致，直管段挠度不大于1%。管件造型应规矩、光滑，无毛刺。承口应有梢度，并与插口配套。

5）水落管制作及安装应符合下列要求：

① 水落管用料一般不低于26号镀锌薄钢板。一般规格是：方形为75mm×100mm，圆形为ϕ100，方形的大小头相差2mm，圆形大小头相差1.5mm（指直径），以便套接。

② 水落管的位置应依据落水头的中心线在墙上弹线后进行。水落管距离墙面不应小于20mm，水落管的咬口线安装时要放在靠墙的一边。

③ 咬口要紧密，无开缝，平直。

④ 水落管各节管之间连接必须紧密，其承插方向不应呛水，接头的承插长度不应小于40mm。水落管每节至少应设一个管箍（室外当采用铸铁管时应用铸铁管箍），管箍的最大间距不宜大于1200mm，最下一管箍应在末端水落管口上100mm处，水落管正侧视应顺直，管箍应固定牢固。

⑤ 水落管经过带形线脚、檐口线等墙面凸出部位处宜用直管，线脚、檐口线等应预留缺口或孔洞，如必须采用变管绕过时，弯管的结合角度应为钝角。

⑥ 最下一节水落管必须在勒脚、明沟完成后安装，水落管在最下一节下面应装 135°弯头，其接头必须锡焊。排水口距散水坡的高度不应大于 200mm。

⑦ 水斗、水落管必须除锈干净，按规定涂刷防锈漆，并应均匀，无脱皮和漏刷。如采用薄钢板时，两面均应涂刷两度防锈底漆；采用镀锌薄钢板、镀锌铁皮时还应涂刷专用底漆（锌磺类或磷化底漆）。

6）水落斗制作及安装应符合下列要求：

① 形状根据设计要求，一般用料不低于 26 号镀锌薄钢板。常用水落斗规格为 280mm×200mm，高 200mm，接水落管的头高 110mm，截面尺寸不应大于水落管的小头尺寸。

② 落斗底依水落管的形状而定，焊接时要使斗底的落水口在水斗的中间。落水口与水斗背面之间的距离一般为 15～20mm，底的高度一般为 100mm。水斗底及落水头的焊接缝应放在水斗的背面。

③ 焊水落斗线脚，在水斗的正面上口三面焊接，焊接时线脚和水斗的上口应平齐，上下满焊。面宽一致，线角垂直。接缝无开焊，咬口无开缝。

④ 依据落水头子高低和中线及落水弯管长度，定水落斗位置。安装时必须做好横平竖直。每只水落斗用两只木榫，钉牢在墙面上。

7）排水管灌水试验应满足下列要求：

① 埋地的排水管道，严禁铺设在冻土和未经处理的松土上。松土应逐层夯实后再铺设管道，以防止管道下沉。地基状况应填写在隐蔽工程记录中。

② 暗装或埋地的排水管道，在隐蔽前必须做灌水试验，其灌水高度必须不低于底层地面高度。试验时，灌水 15min 后，

再灌满延续5min，液面不下降为合格。试验合格后做好灌水试验记录，而后方可进行回填土。

③ 雨水管道安装后，应做灌水试验，灌水高度必须到每根立管最上部的雨水漏斗。

2. 质量检验标准

(1) 排水管道及配件安装。

1) 主控项目检验（表10-8）。

室内排水系统安装主控项目检验　　表10-8

序号	项目	合格质量标准	检验方法	检查数量
1	排水管道灌水试验	隐蔽或埋地的排水管道在隐蔽前必须做灌水试验，其灌水高度应不低于底层卫生器具的上边缘或底层地面高度	灌水15min水面下降后，在灌满观察5min，液面不降，管道及接口无渗漏为合格	全数检查
2	生活污水铸铁管及塑料管坡度	生活污水铸铁管道的坡度必须符合设计或表10-9的规定。 生活污水塑料管道的坡度必须符合设计或表10-10的规定	水平尺、拉线尺量检查	
3	排水塑料管安装伸缩节	排水塑料管必须按设计要求及位置装设伸缩节。如设计无要求时，伸缩节间距不得大于4m。 高层建筑中明设排水塑料管道应按设计要求设置阻火圈或防火套管	观察检查	
4	排水主管及水平干管通球试验	排水主立管及水平干管管道均应做通球试验，通球球径不小于排水管道管径的2/3，通球率必须达到100%	通球检查	

生活污水铸铁管道的坡度　　表10-9

项次	管径（mm）	标准坡度（‰）	最小坡度（‰）
1	50	35	25
2	75	25	15
3	100	20	12
4	125	15	10

续表

项次	管径（mm）	标准坡度（‰）	最小坡度（‰）
5	150	10	7
6	200	8	5

注：本表摘自《建筑给水排水及采暖工程施工质量验收规范》（GB 50242—2002）。

生活污水塑料管道的坡度　　表 10-10

项次	管径（mm）	标准坡度（‰）	最小坡度（‰）
1	50	25	12
2	75	15	8
3	110	12	6
4	125	10	5
5	160	7	4

注：本表摘自《建筑给水排水及采暖工程施工质量验收规范》（GB 50242—2002）。

2）一般项目检验（表 10-11）。

室内排水系统安装一般项目检验　　表 10-11

序号	项目	合格质量标准	检验方法	检查数量
1	生活污水管道上检查口或清扫口设置	在生活污水管道上设置的检查口或清扫口，当设计无要求时应符合下列规定。 （1）在立管上应每隔一层设置一个检查口，但在最底层和有卫生器具的最高层必须设置。如为两层建筑时，可仅在底层设置立管检查口；如有乙字弯管时，则在该层乙字弯管的上部设置检查口。检查口中心高度距操作地面一般为 1m，允许偏差±20mm；检查口的朝向应便于检修。暗装立管，在检查口处应安装检修门。 （2）在连接 2 个及 2 个以上大便器或 3 个及 3 个以上卫生器具的污水横管上应设置清扫口。当污水管在楼板下悬吊敷设时，可将清扫口设在上一层楼地面上，污水管起点的清扫口与管道相垂直的墙面距离不得小于 200mm；若污水管起点设置堵头代替清扫口时，与墙面距离不得小于 400mm。 （3）在转角小于 135°的污水横管上，应设置检查口或清扫口。 （4）污水横管的直线管段，应按设计要求的距离设置检查口或清扫口埋在地下或地板下的排水管道的检查口，应设在检查井内。井底表面标高与检查口的法兰相平，井底表面应有 5%坡口，坡向检查口	观察和尺量检查	全数检查

续表

序号	项目	合格质量标准	检验方法	检查数量
2	金属和塑料管支、吊架安装	金属排水管道上的吊钩或卡箍应固定在承重结构上。固定件间距：横管不大于2m；立管不大于3m。楼层高度小于或等于4m，立管可安装1个固定件。立管底部的弯管处应设支墩或采取固定措施； 排水塑料管道支、吊架间距应符合表10-12的规定	观察和尺量检查	全数检查
3	排水通气管安装	排水通气管不得与风道或烟道连接，且应符合下列规定： （1）通气管应高出屋面300mm。但必须大于最大积雪厚度。 （2）在通气管出口4m以内有门、窗时，通气管应高出门、窗顶600mm或引向无门、窗一侧 （3）在经常有人停留的平屋顶上，通气管应高出屋面2m，并应根据防雷要求设置防雷装置。 （4）屋顶有隔热层应从隔热层板面算起		
4	医院污水处理和饮食业工艺排水	安装未经消毒处理的医院含菌污水管道，不得与其他排水管道直接连接； 饮食业工艺设备引出的排水管及饮用水水箱的溢流管，不得与污水管道直接连接，并应留出不小于100mm的隔断空间		
5	室内排水管道安装	通向室外的排水管，穿过墙壁或基础必须下返时，应采用45°三通和45°弯头连接，并应在垂直管段顶部设置清扫口； 由室内通向室外排水检查井的排水管，井内引入管应高于排出管或两管顶相平，并有不小于90°的水流转角，如跌落差大于300mm可不受角度限制； 用于室内排水的水平管道与水平管道、水平管道与立管的连接，应采用45°三通或45°四通和90°斜三通或90°斜四通。立管与排出管端部的连接，应采用两个45°弯头或曲率半径不小于4倍管径的90°弯头		
6	安装允许偏差	室内排水管道安装的允许偏差应符合表10-13的相关规定	见表10-13	

排水塑料管道支吊架最大间距　　表 10-12

管径（mm）	50	75	110	125	160
立管（m）	1.2	1.5	2.0	2.0	2.0
横管（m）	0.5	0.75	1.10	1.30	1.6

注：本表摘自《建筑给水排水及采暖工程施工质量验收规范》（GB 50242—2002）。

室内排水和雨水管道安装的允许偏差和检验方法　　表 10-13

<table>
<tr><th>项次</th><th colspan="4">项目</th><th>允许偏差（mm）</th><th>检验方法</th></tr>
<tr><td>1</td><td colspan="4">坐标</td><td>15</td><td rowspan="14">用水准仪（水平尺）、直尺、拉线和尺量检查</td></tr>
<tr><td>2</td><td colspan="4">标高</td><td>±15</td></tr>
<tr><td rowspan="12">3</td><td rowspan="12">横贯纵横方向弯曲</td><td rowspan="2">铸铁管</td><td colspan="2">每米</td><td>≤1</td></tr>
<tr><td colspan="2">全长（25m 以上）</td><td>≤25</td></tr>
<tr><td rowspan="4">钢管</td><td rowspan="2">每米</td><td>管径小于或等于 100mm</td><td>1</td></tr>
<tr><td>管径大于 100mm</td><td>1.5</td></tr>
<tr><td rowspan="2">全长（25m 以上）</td><td>管径小于或等于 100mm</td><td>≤25</td></tr>
<tr><td>管径大于 100mm</td><td>≤38</td></tr>
<tr><td rowspan="2">塑料管</td><td colspan="2">每米</td><td>1.5</td></tr>
<tr><td colspan="2">全长（25m 以上）</td><td>≤38</td></tr>
<tr><td rowspan="2">钢筋混凝土管、混凝土管</td><td colspan="2">每米</td><td>3</td></tr>
<tr><td colspan="2">全长（25m 以上）</td><td>≤75</td></tr>
<tr><td rowspan="6">4</td><td rowspan="6">立管垂直度</td><td rowspan="2">铸铁管</td><td colspan="2">每米</td><td>3</td><td rowspan="6">吊线和尺量检查</td></tr>
<tr><td colspan="2">全长（5m 以上）</td><td>≤15</td></tr>
<tr><td rowspan="2">钢管</td><td colspan="2">每米</td><td>3</td></tr>
<tr><td colspan="2">全长（5m 以上）</td><td>≤10</td></tr>
<tr><td rowspan="2">塑料管</td><td colspan="2">每米</td><td>3</td></tr>
<tr><td colspan="2">全长（5m 以上）</td><td>≤15</td></tr>
</table>

注：本表摘自《建筑给水排水及采暖工程施工质量验收规范》（GB 50242—2002）。

（2）雨水管道及配件安装。

1）主控项目检验（表 10-14）。

雨水管道安装主控项目检验　　　　表 10-14

序号	项目	合格质量标准	检验方法	检查数量
1	室内雨水管道灌水试验	安装在室内的雨水管道安装后应做灌水试验，灌水高度必须到每根立管上部的雨水斗	灌水试验持续1h，不渗不漏	全部系统或区段
2	塑料雨水管安装伸缩节	雨水管道如采用塑料管，其伸缩节安装应符合设计要求	对照图纸检查	—
3	埋地雨水管道最小坡度	悬吊式雨水管道的敷设坡度不得小于 5‰；埋地雨水管道的最小坡度，应符合表 10-15 的规定	水平尺、拉线尺量检查	—

地下埋设雨水排水管道的最小坡度　　　　表 10-15

项次	管径（mm）	最小坡度（‰）
1	50	20
2	75	15
3	100	8
4	125	6
5	150	5
6	200～400	4

注：本表摘自《建筑给水排水及采暖工程施工质量验收规范》（GB 50242—2002）。

2）一般项目检验（表 10-16）。

雨水管道安装一般项目检验　　　　表 10-16

序号	项目	合格质量标准	检验方法	检查数量
1	雨水管道不得与生活污水管道相连接	雨水管道不得与生活污水管道相连接	观察检查	全数检查
2	雨水斗安装	雨水斗管的连接应固定在屋面承重结构上。雨水斗边缘与屋面相连处应严密不漏。连接管管径当设计无要求时，不得小于 100mm	观察和尺量检查	

续表

序号	项目	合格质量标准	检验方法	检查数量
3	三通间距	悬吊式雨水管道的检查口或带法兰堵口的三通的间距不得大于表10-17的规定	拉线、尺量检查	全数检查
4	雨水管道安装允许偏差	雨水管道安装的允许偏差应符合表10-13的规定	见表10-13	
5	焊缝允许偏差	雨水钢管管道焊接的焊口允许偏差应符合表10-18的规定	见表10-18	

悬吊管检查口间距　　表10-17

项次	悬吊管直径（mm）	检查口间距（m）
1	≤150	≤15
2	≥200	≤20

注：本表摘自《建筑给水排水及采暖工程施工质量验收规范》（GB 50242—2002）。

钢管管道焊口允许偏差和检验方法　　表10-18

<table>
<tr><th>项次</th><th colspan="3">项目</th><th>允许偏差</th><th>检验方法</th></tr>
<tr><td>1</td><td>焊口平直度</td><td colspan="2">管壁厚10mm以内</td><td>管壁厚1/4</td><td rowspan="3">焊接检验尺和游标深度尺检查</td></tr>
<tr><td rowspan="2">2</td><td rowspan="2">焊缝加强面</td><td colspan="2">高度</td><td rowspan="2">+1mm</td></tr>
<tr><td colspan="2">宽度</td></tr>
<tr><td rowspan="3">3</td><td rowspan="3">咬边</td><td colspan="2">深度</td><td>小于0.5mm</td><td rowspan="3">直尺检查</td></tr>
<tr><td rowspan="2">长度</td><td>连续长度</td><td>25mm</td></tr>
<tr><td>总长度（两侧）</td><td>小于焊缝长度的10%</td></tr>
</table>

注：本表摘自《建筑给水排水及采暖工程施工质量验收规范》（GB 50242—2002）。

10.2　室内热水供应系统

1. 质量控制要点

（1）热水供应系统安装完毕，管道保温之间前应进行水压试验。

（2）热水供应管道应尽量利用自然弯补偿热伸缩，直线段过长则应设置补偿器。

（3）热水供应系统管道（浴室内明装管道除外）应保温。

（4）热交换器应以工作压力的1.5倍做水压试验。

（5）安装固定式太阳能热水器，朝向应正南。

（6）制作吸热钢板凹槽时，其圆度应准确，间距应一致。

（7）凡以水作介质的太阳能热水器，在0℃以下地区使用应采取防冻措施。

2. 质量检验标准

（1）管道及配件安装。

1）主控项目检验：

① 热水供应系统安装完毕，管道保温之间前应进行水压试验。试验压力应符合设计要求。当设计未注明时，热水供应系统水压试验压力应为系统顶点的工作压力加0.1MPa，同时在系统顶点的试验压力不小于0.3MPa。

检验方法：钢管或复合管道系统试验压力下10min内压力降不大于0.02MPa，然后降至工作压力检查，压力应不降，且不渗不漏；塑料管道系统在试验压力下稳压1h，压力降不得超过0.05MPa，然后在工作压力1.5倍状态下稳压2h，压力降不得超过0.03MPa，连接处不得渗漏。

② 热水供应管道应尽量利用自然弯补偿热伸缩，直线段过长则应设置补偿器。补偿器型号、规格、位置应符合设计要求，并按有关规定进行预拉伸。

检验方法：对照设计图纸检查。

③ 热水供应系统竣工后必须进行冲洗。

检验方法：现场观察检查。

2）一般项目检验。

① 管道安装坡度应符合设计规定。

检验方法：水平尺、拉线尺量检查。

② 温度控制器及阀门应安装在便于观察和维护的位置。

检验方法：观察检查。

③ 热水供应管道和阀门安装的允许偏差符合规范的规定。

④ 热水供应系统管道应保温（浴室内明装管道除外），保温材料厚度、保护壳等应符合设计规定。保温层厚度和平整度的允许偏差应符合设计和规范的规定。

（2）辅助设备安装。

1）主控项目检验。

① 在安装太阳能集热器玻璃前，应对集热排管和上、下集管做水压试验，试验压力为工作压力的 1.5 倍。

检验方法：试验压力下 10min 内压力不降，不渗不漏。

② 热交换器应以工作压力的 1.5 倍做水压试验。蒸汽部分应不低于蒸汽供汽压力加 0.3MPa；热水部分应不低于 0.4MPa。

检验方法：试验压力下 10min 内压力不降，不渗不漏。

③ 水泵就位前的基础混凝土强度、坐标、标高、尺寸和螺栓孔位置必须符合设计要求。

检验方法：对照图纸用仪器和尺量检查。

④ 水泵试运转的轴承温升必须符合设备说明书的规定。

检验方法：温度计实测检查。

⑤ 敞口水箱的满水试验和密闭水（罐）的水压试验必须符合设计与规范的规定。

检验方法：满水试验静置 24h，观察不渗不漏；水压试验在试验压力下，10min 压力不降，不渗不漏。

2）一般项目检验。

① 安装固定式太阳能热水器，朝向应正南。如果受条件限制时，其偏移角不得大于 15°。集热器的倾角，对于春、夏、秋三个季节使用的，应采用当地纬度为倾角；若以夏季为主，可比当地纬度减少 10°。

检验方法：观察和分度仪检查。

② 由集热器上、下集管接往热水箱的循环管道，应有不小于 5‰的坡度。

检验方法：尺量检查。

③ 自然循环的热水箱底部与集热器上集管之间的距离为0.3～1.0m。

检验方法：尺量检查。

④ 制作吸热钢板凹槽时，其圆度应准确，间距应一致。安装集热排管时，应用卡箍和钢丝紧固在钢板凹槽内。

检验方法：手扳和尺量检查。

⑤ 太阳能热水器的最低处应安装泄水装置。

检验方法：观察检查。

⑥ 热水箱及上、下集管等循环管道均应保温。

检验方法：观察检查。

⑦ 凡以水作介质的太阳能热水器，在0℃以下地区使用，应采取防冻措施。

检验方法：观察检查。

⑧ 太阳能热水器安装的允许偏差符合表10-19的规定。

太阳能热水器安装的允许偏差和检验方法　　表10-19

项目			允许偏差	检验方法
板式直管太阳能热水器	标高	中心线距地面（mm）	±20	尺量
	固定安装朝向	最大偏移角	不大于15°	分度仪检查

10.3 室内外采暖系统

10.3.1 室内采暖系统安装

1. 质量控制要点

(1) 预制加工。

1) 根据设计图纸及现场实际情况，进行管段的加工预制。

2) 根据确定的支架位置进行支架安装。

(2) 管路安装。

1) 管路连接

① 丝扣连接：

a. 采用聚四氟乙烯生料带或厚白漆加麻丝作为垫料。

b. 管路连接后，丝扣宜外露 2～3 扣，并清除外露的垫料。

c. 等试压结束对镀锌层被破坏的部位进行防腐处理。

② 法兰连接：

a. 应采用耐热橡胶板作为法兰垫片或按照设计要求。

b. 法兰严禁采用双垫片。

c. 管口伸入法兰应为法兰厚度的 1/2～2/3。

③ 沟槽式连接：

a. 连接管端面应平整光滑，无毛刺；

b. 支、吊架不得支承在连接头处。

c. 水平管的任意两个连接头之间必须有支、吊架。

2）当水平管变径时，热水系统采用顶平偏心连接，蒸汽系统采用底平偏心连接。

3）当管路转弯时，若作为自然补偿应采用煨弯连接。

（3）水压试验。

采暖系统管路安装结束，在保温前必须进行水压试验。

1）试验压力应符合设计要求。当设计未明确时，应符合下面规定：

a. 高温热水采暖系统，试验压力应为系统顶点工作压力加 0.4MPa。

b. 使用塑料管及复合管的热水采暖系统，应以系统顶点工作压力加 0.2MPa 做水压试验，同时在系统顶点的试验压力不小于 0.4MPa。

c. 蒸汽、热水采暖系统应以系统顶点工作压力加 0.1MPa 作为试验压力，同时系统顶点压力不小于 0.3MPa。

2）水压试验符合下列情况可判定为合格：

a. 钢管及复合管的采暖系统应在试验压力下 10min 内压力降不大于 0.02MPa，降至工作压力后检查管路不渗、不漏。

b. 塑料管的采暖系统应在试验压力下 1h 内压力降不大于 0.05MPa，然后降压至工作压力 1.15 倍，稳压 2h，压力降不大于 0.03MPa，同时管路不渗、不漏。

（4）冲洗。

1）试压合格后，应对系统冲洗并清扫过滤器和除污器。

2）冲洗时水流速度宜为3m/s，冲洗压力宜为0.3MPa。

3）当出水口水质与进水口水质类同时，可判定冲洗合格。

（5）防腐。

1）防腐前应先除去管路的锈迹和油污。

2）防腐应按设计要求进行，若设计无明确要求，可按一道底漆一道面漆进行防腐。

3）防腐和涂漆应附着良好，无脱皮、起泡、流淌和漏涂等缺陷。

（6）保温。

1）防腐结束后即可对管路进行保温。

2）当采用一种绝热制品，保温层厚度大于100mm，保冷层厚度大于80mm时，绝热层的施工必须分层进行。

3）绝热层拼缝时，拼缝宽度：保温层不大于5mm，保冷层不大于2mm。同层错缝，上下层压缝，角缝为封盖式搭缝。

4）施工后的绝热层严禁覆盖设备铭牌。

5）有保护层的绝热，对管路，其环向和纵向接缝搭接尺寸应不小于50mm；对设备，其接缝搭接尺寸宜为30mm。

6）保护层的搭接必须上搭下，成顺水方向。

2. 质量检验标准

（1）主控项目检验。

1）管道安装坡度，当设计未注明时，应符合下列规定：

① 气、水同向流动的热水采暖管道和汽、水同向流动的蒸汽管道及凝结水管道，坡度应为3‰，不得小于2‰。

② 气、水逆向流动的热水采暖管道和汽、水逆向流动的蒸汽管道，坡度不应小于5‰。

③ 散热器支管的坡度应为1%，坡向应利于排气和泄水。

检验方法：观察，水平尺、拉线、尺量检查。

2）补偿器的型号、安装位置及预拉伸和固定支架的构造及安装位置应符合设计要求。

检验方法：对照图纸，现场观察，并查验预拉伸记录。

3）平衡阀及调节阀型号、规格、公称压力及安装位置应符合设计要求。安装完后应根据系统平衡要求进行调试并做好标志。

检验方法：对照图纸查验产品合格证，并现场查看。

4）蒸汽减压阀和管道及设备上安全阀的型号、规格、公称压力及安装位置应符合设计要求。安装完毕后应根据系统工作压力进行调试，并做好标志。

检验方法：对照图纸查验产品合格证及调试结果证明书。

5）方形补偿器制作时，应用整根无缝钢管煨制，如需要接口，其接口应设在垂直臂的中间位置，且接口必须焊接。

检验方法：观察检查。

6）方形补偿器应水平安装，并与管道的坡度一致；如其臂长方向垂直安装必须设排气及泄水装置。

检验方法：观察检查。

（2）一般项目检验。

1）热量表、疏水器、除污器、过滤器及阀门的型号、规格、公称压力及安装位置应符合设计要求。

检验方法：对照图纸验产品合格证。

2）采暖系统入口装置及分户热计量系统入户装置，应符合设计要求。安装位置应便于检修、维护和观察。

检验方法：现场观察。

3）散热器支管长度超过1.5m时，应在支管上安装管卡。

检验方法：尺量和观察检查。

4）上供下回式系统的热水干管变径应顶平偏心连接，蒸汽干管变径应底平偏心连接。

检验方法：观察检查。

5）在管道干管上焊接垂直或水平分支管道时，干管内孔所产生的钢渣及管壁等废弃物不得残留管内且分支管道在焊接时不得插入干管内。

检验方法：观察检查。

6）膨胀水箱的膨胀管及循环管上不得安装阀门。

检验方法：观察检查。

7）当采暖热媒为110～130℃的高温水时，管道可拆卸件应使用法兰，不得使用长丝和活接头。法兰垫料应使用耐热橡胶板。

检验方法：观察和查验进料单。

8）焊接钢管管径大于32mm的管道转弯，在作为自然补偿时应使用煨弯。塑料管及复合管除必须使用直角弯头的场合外应使用管道直接弯曲转弯。

检验方法：观察检查。

9）管道、金属支架和设备的防腐和涂漆应附着良好，无脱皮、起泡、流淌和漏涂缺陷。

检验方法：现场观察检查。

10.3.2　室外采暖系统安装

1. 质量控制要点

(1) 平衡阀及调节阀型号、规格及公称压力应符合设计要求。

(2) 补偿器的位置必须符合设计要求，并应按设计要求或产品说明书进行预拉伸。

(3) 接口在现场发泡时，接头处厚度一致，接头处保护层必须与管道保护层成一体，符合防潮防水要求。

(4) 除污器安装位置和方向应正确，管网冲洗后应清除内部污物。

(5) 焊缝外形尺寸应符合图纸和工艺文件的规定，焊缝高度不得低于母材表面，焊缝与母材应圆滑过渡。

(6) 焊缝及热影响区表面应无裂纹、未熔合、未焊透、夹渣、弧坑和气孔等缺陷。

(7) 防锈漆的厚度应均匀，不得有脱皮、起泡、流淌和漏涂等缺陷。

(8) 供热管道的水压试验压力应为工作压力的1.5倍，但不得小于0.6MPa。

（9）管道冲洗完毕应通水、加热，进行试运行和调试，当不具备加热条件时，应延期进行。

（10）供热管道做水压试验时，试验管道上的阀门应开启，试验管道与非试验管道应隔断。

2. 质量检验标准

（1）一般规定。

1）供热管网的管材应按设计要求。当设计未注明时，应符合下列规定：

① 管径小于或等于 40mm 时，应使用焊接钢管。

② 管径为 50～200mm 时，应使用焊接钢管或无缝钢管。

③ 管径大于 200mm 时，应使用螺旋焊接钢管。

2）供热管网的管材，首先应按规定要求选用，对设计未注明时，规定中给出了管材选用的推荐范围。

3）室外供热管道连接均应采用焊接连接。

（2）管道及配件安装。

1）主控项目检验。

① 平衡阀及调节阀型号、规格及公称压力应符合设计要求。安装后应根据系统要求进行调试，并做好标志。

检验方法：对照设计图纸及产品合格证，并现场观察调试结果。

② 供热管网的管材应按设计要求。当设计未注明时，应符合下列规定：

a. 管径小于或等 40mm 时，应使用焊接钢管。

b. 管径为 54～200mm 时，应使用焊接钢管或无缝钢管。

c. 管径大于 200mm 时，应使用螺旋焊接钢管。

③ 补偿器的位置必须符合设计要求，并应按设计要求或产品说明书进行预拉伸。管道固定支架的位置和构造必须符合要求。

检验方法：对照图纸，并查验预拉伸记录。

④ 检查井室、用户入口处管道布置应便于操作及维修，支、吊、托架稳固，并满足设计要求。

检验方法：对照图纸，观察检查。

⑤ 直埋管道的保温应符合设计要求，接口在现场发泡时，接头处厚度一致，接头处保护层必须与管道保护层成一体，符合防潮防水要求。

检验方法：对照图纸，观察检查。

2）一般项目检验。

① 管道水平敷设其坡度应符合设计要求。

检验方法：对照图纸，用水准仪（水平尺）、拉线和尺量检查。

② 除污器构造应符合设计要求，安装位置和方向应正确。管网冲洗后应清除内部污物。

检验方法：打开清扫口检查。

③ 室外供热管道安装的允许偏差应符合表10-20的规定。

室外供热管道安装的允许偏差和检验方法　　表10-20

项次	项目			允许偏差（mm）	检验方法
1	坐标	敷设在沟槽内及架空		20	用水准仪（水平尺）、直尺、拉线
		埋地		50	
2	标高	敷设在沟槽内及架空		±10	尺量检查
		埋地		±15	
3	水平管道纵、横方向弯曲	每1m	管径≤100mm	1	用水准仪（水平尺）、直尺、拉线
			管径＞100mm	1.5	
		全长（25m以上）	管径≤100mm	≤13	
			管径＞100mm	≤25	
4	弯管	椭圆率	管径≤100mm	8%	用外卡钳和尺量检查
			管径＞100mm	5%	
		折皱不平度（mm）	管径≤100mm	4	
			管径125～200mm	5	
			管径250～400mm	7	

④ 管道及管件焊接的焊缝表面质量应符合下列规定：

a. 焊缝外形尺寸应符合图纸和工艺文件的规定，焊缝高度不得低于母材表面，焊缝与母材应圆滑过渡。

b. 焊缝及热影响区表面应无裂纹、未熔合、未焊透、夹渣、弧坑和气孔等缺陷。

检验方法：观察检查。

⑤ 供热管道的供水管或蒸汽管，如设计无规定时，应敷设在载热介质前进方向的右侧或上方。

⑥ 架空敷设的供热管道安装高度，如设计无规定时，应符合下列规定（以保温层外表计算）；

a. 人行地区，不小于 2.5m。

b. 通行车辆地区，不小于 4.5m。

c. 跨越铁路，距轨顶不小于 6m。

检验方法：尺量检查。

⑦ 防锈漆的厚度应均匀，不得有脱皮、起泡、流淌和漏涂等缺陷。

检验方法：保温前观察检查。

（3）系统水压试验及调试。

主控项目检验：

① 供热管道的水压试验压力应为工作压力的 1.5 倍，但不得小于 0.6MPa。

检验方法：在试验压力下，10min 内压力降不大于 0.05MPa，然后降至工作压力下检查，不渗不漏。

② 管道试压合格后，应进行冲洗。

检验方法：现场观察，以水色不浑浊为合格。

③ 管道冲洗完毕应通水、加热，进行试运行和调试。当不具备加热条件时，应延期进行。

检验方法：测量各建筑物热力入口处供回水温度及压力。

④ 供热管道做水压试验时，试验管道上的阀门应开启，试验管道与非试验管道应隔断。

检验方法：开启和关闭阀门检查。

10.4 室外给水排水系统

10.4.1 室外给水系统安装

1. 质量控制要点

(1) 室外给水管道安装。

1) 管道材料。

① 塑料管、复合管或给水铸铁管的管材、配件，应是同一厂家的配套产品。所有管材和管件均应具有出厂合格证。

② 室外架空敷设的管道应采用镀锌钢管、非镀锌钢管。塑料管道不得露天架空敷设，必须露天架空敷设时，应有保温和防晒等措施。埋地管道应采用塑料管、复合管、镀锌钢管、铸铁管或球墨铸铁管。

2) 管道接口材料。

① 承插接口采用膨胀水泥时，采用的膨胀水泥应在有效期内，一般存放不超过三个月。每批膨胀水泥使用前应进行膨胀试验，实验方法可将拌好的砂浆灌入一玻璃瓶内，灌满放置一昼夜，如玻璃瓶产生裂纹，则膨胀水泥有效。失效水泥一律不得使用。

② 膨胀水泥接口所用的砂应用筛子筛选，粒径在 0.5～2.5mm 之间，并用水清洗后才能使用。

3) 室外架空管道架空支架。

① 支架设置应根据设计要求，符合管道纵横断面的标高以满足管道放空及泄水的要求。为保证管道坡度符合设计要求，局部管道支架标高有偏差时，应使用管托调整该偏差值。

② 管道支架结构应正确，设置应牢固稳定。支架应排列整齐，支架与管子间应接触紧密。

4) 铸铁给水管膨胀水泥接口。

① 采用质量合格的膨胀水泥和纯净的细砂，砂、水泥和水的配合比为 1∶1∶(0.28～0.32)（质量比）。水的用量控制到拌好后砂浆捏成团不会松散为止，拌好后的砂浆应及时使用，

30min 内用完。

② 膨胀水泥接口完成后，在 12h 内需保持接头稳定，做好养护工作。接头应经常保持湿润状态。有地下水时，填料捻口 4h 后方可被地下水浸淹。管内充水养护需在 12h 以后，水的压力不超过 0.1MPa 表压力。2d 后方可试压。

③ 膨胀水泥砂浆应分三次填入、三次捣实，最后一次捣至表面有稀浆为止。接口填料捣实时不得用手锤敲打，以免砂浆膨胀时会将承口胀破。

5）自密封的橡胶圈接口。

① 应检查管子的承插接口是否完好，清除插口的泥土、污物。

② 插入后检查橡胶圈接口应平直，无扭曲，对口间隙均匀。

③ 在土壤或地下水对橡胶圈有腐蚀的地段，在回填土前，应用沥青胶泥、沥青麻或沥青锯末等材料封闭胶圈接口。

6）套管式单面柔性接口。

① 套管一端为石棉水泥接口，另一端为填入橡胶圈的柔性接口，应先套橡胶圈的柔性接口，再捻石棉水泥接口。

② 先在管子上画线定出套管套入长度，将套管套上管子，然后在管端套上橡胶圈，将套管校正到画线位置。再将另一管子插入套管作石棉水泥接口，两管端之间应留有 20mm 间隙。

7）管道水压试验。

① 埋地管道的水压试验应在管基检查合格，管身上部回填土不小于 500mm 后（工作坑除外）方可做压力试验，并应在管件支墩做完达到要求强度后进行，未做支墩的管件应做好临时后背支撑。水压试验长度一般不超过 1000m。

② 管道水压试验压力应符合规定，试压合格后，做好水压试验记录。

（2）管沟及井室。

1）管沟坐标、标高应按照设计图纸施工，偏差应在允许偏差值内。

2）管沟回填土应分层夯实，虚铺厚度在机械夯实时不得大于300mm；人工夯实时不得大于200mm。管道接口坑的回填土必须均匀夯实。

3）井室的砌筑应按设计或给定的标准图施工。井室的底标高在地下水位以上时，基层应为素土夯实，在地下水位以下时，基层应打100mm的混凝土底板。

4）管沟的沟底层应是原土层，或是夯实的回填土，不得有坚硬的物体、块石等。严禁敷设在冻土和未经处理的松土上，以防管道局部下沉。

2. 质量检验标准

（1）室外给水管道安装。

1）主控项目检验（表10-21）。

室外给水管道安装主控项目检验　　表10-21

序号	项目	合格质量标准	检验方法	检查数量
1	埋地管道覆土深度	给水管道在埋地敷设时，应在当地的冰冻线以下，如必须在冰冻线以上铺设时，应做可靠的保温防潮措施。在无冰冻地区，埋地敷设时，管顶的覆土埋深不得小于500mm，穿越道路部位的埋深不得小于700mm	现场观察检查	全数检查
2	给水管道不得直接穿越污染源	给水管道不得直接穿越污水井，化粪池、公共厕所等污染源	观察检查	全数检查
3	管道上可拆和易腐件不埋在土中	管道接口法兰、卡扣、卡箍等应安装在检查井或地沟内，不应埋在土壤中		
4	井内管道安装	给水系统各种井室内的管道安装，如设计无要求，井壁距法兰或承口的距离：管径小于或等于450mm时，不得小于250mm；管径大于450mm时，不得小于350mm	尺量检查	

续表

序号	项目	合格质量标准	检验方法	检查数量
5	管网水压试验	管网必须进行水压试验，试验压力为工作压力的1.5倍，但不得小于0.6MPa	管材为钢管、铸铁管时，试验压力下10min内压力降应不大于0.05MPa，然后降至工作压力进行检查，压力应保持不变，不渗不漏；管材为塑料管时，试验压力下，稳压1h压力降不大于0.05MPa，然后降至工作压力进行检查，压力应保持不变，不渗不漏	全数检查
6	埋地管道防腐	镀锌钢管、钢管的埋地防腐必须符合设计要求，如设计无规定时，可按表10-22的规定执行。卷材与管材间应粘贴牢固，无空鼓、滑移、接口不严等	观察和切开防腐层检查	每50m抽查一处，不少于5处
7	管道冲洗和消毒	给水管道在竣工后，必须对管道进行冲洗，饮用水管道还要在冲洗后进行消毒，满足饮用水卫生要求	观察冲洗水的浊度，查看有关部门提供的检验报告	

管道防腐层种类　　　　表10-22

防腐层层次	正常防腐层	加强防腐层	特加强防腐层
（从金属表面起） 1	冷底子油	冷底子油	冷底子油

续表

防腐层层次	正常防腐层	加强防腐层	特加强防腐层
2	沥青涂层	沥青涂层	沥青涂层
3	外包保护层	加强包扎层	加强保护层
		（封闭层）	（封闭层）
4		沥青涂层	沥青涂层
5		外保护层	加强包扎层
6			（封闭层）
			沥青涂层
7			外包保护层
防腐层厚度不小于（mm）	3	6	9

注：本表摘自《建筑给水排水及采暖工程施工质量验收规范》(GB 50242—2002)。

2）一般项目检验（表10-23）。

室外给水管道安装一般项目检验　　表10-23

序号	项目	合格质量标准	检验方法	检查数量
1	管道和支架涂漆	管道和金属支架的涂漆应附着良好，无脱皮、起泡、流淌和漏涂等缺陷	现场观察检查	每50m抽查一处，不少于5处
2	阀门、水表安装位置	管道连接应符合工艺要求，阀门、水表等安装位置应正确。塑料给水管道上的水表、阀门等设施其重量或启闭装置的扭矩不得作用于管道上，当管径≥50mm时必须设独立的支承装置		
3	给水与污水管敷设间距	给水管道与污水管道在不同标高平行敷设，其垂直间距在500mm以内时，给水管管径小于或等于200mm的，管壁水平间距不得小于1.5m；管径大于200mm的，不得小于3m	观察和尺量检查	

续表

序号	项目	合格质量标准	检验方法	检查数量
4	管道连接	铸铁管承插捻口连接的对口间隙应不小于 3mm，最大间隙不得大于表 10-24 的规定； 铸铁管沿直线敷设，承插捻口连接的环型间隙应符合表 10-25 的规定；沿曲线敷设，每个接口允许有 2°转角； 捻口用的油麻填料必须清洁，填塞后应捻实，其深度应占整个环型间隙深度的 1/3； 捻口用水泥强度应不低于 42.5，接口水泥应密实饱满，其接口水泥面凹入承口边缘的深度不得大于 2mm； 采用水泥捻口的给水铸铁管，在安装地点有侵蚀性的地下水时，应在接口处涂抹沥青防腐层； 橡胶圈接口最大允许偏角应符合表 10-26 的规定	尺量观察 观察和尺量检查 观察检查 观察和尺量检查	全数检查
5	管道安装允许偏差	管道的坐标、标高、坡度应符合设计要求，管道安装的允许偏差应符合表 10-27 的规定	见表 10-27	

铸铁管承插捻口的对口最大间隙（mm）　　表 10-24

管径	沿直线敷设	沿曲线敷设
75	4	5
100～250	5	7～13
300～500	6	14～22

注：本表摘自《建筑给水排水及采暖工程施工质量验收规范》(GB 50242—2002)。

铸铁管承插捻口的环型间隙（mm）　　表 10-25

管径	标准环型间隙	允许偏差
75～200	10	+3 −2

续表

<table>
<tr><th>管径</th><th>标准环型间隙</th><th>允许偏差</th></tr>
<tr><td>250～450</td><td>11</td><td>＋4
－2</td></tr>
<tr><td>500</td><td>12</td><td>＋4
－2</td></tr>
</table>

注：本表摘自《建筑给水排水及采暖工程施工质量验收规范》(GB 50242—2002)。

橡胶圈接口最大允许偏转角　　　　表 10-26

公称直径（mm）	100	125	150	200	250	300	350	400
允许偏转角度（°）	5	5	5	5	4	4	4	3

注：本表摘自《建筑给水排水及采暖工程施工质量验收规范》(GB 50242—2002)。

室外给水管道安装的允许偏差和检验方法　　表 10-27

<table>
<tr><th>项次</th><th colspan="3">项目</th><th>允许偏差（mm）</th><th>检验方法</th></tr>
<tr><td rowspan="4">1</td><td rowspan="4">坐标</td><td rowspan="2">铸铁管</td><td>埋地</td><td>100</td><td rowspan="10">拉线和尺量检查</td></tr>
<tr><td>敷设在沟槽内</td><td>50</td></tr>
<tr><td rowspan="2">钢管、塑料管、复合管</td><td>埋地</td><td>100</td></tr>
<tr><td>敷设在沟槽内或架空</td><td>40</td></tr>
<tr><td rowspan="4">2</td><td rowspan="4">标高</td><td rowspan="2">铸铁管</td><td>埋地</td><td>±50</td></tr>
<tr><td>敷设在地沟内</td><td>±30</td></tr>
<tr><td rowspan="2">钢管、塑料管、复合管</td><td>埋地</td><td>±50</td></tr>
<tr><td>敷设在地沟内或架空</td><td>±30</td></tr>
<tr><td rowspan="2">3</td><td rowspan="2">水平管纵横向弯曲</td><td>铸铁管</td><td>直段（25m 以上）
起点～终点</td><td>40</td></tr>
<tr><td>钢管、塑料管、复合管</td><td>直段（25m 以上）
起点～终点</td><td>30</td></tr>
</table>

注：本表摘自《建筑给水排水及采暖工程施工质量验收规范》(GB 50242—2002)。

（2）管沟及井室。

1）主控项目检验（表 10-28）。

管沟及井室施工主控项目检验　　　　表 10-28

项次	项目	合格质量标准	检验方法	检查数量
1	管沟的基层处理和井室的地基	管沟的基层处理和井室的地基必须符合设计要求	现场观察检查	全数检查
2	井盖标识及其使用	各类井室的井盖应符合设计要求，应有明显的文字标识，各种井盖不得混用		
3	各类井盖安装	设在通车路面下或小区道路下的各种井室，必须使用重型井圈和井盖，井盖上表面应与路面相平，允许偏差为±5mm。绿化带上和不通车的地方可采用轻型井圈和井盖，井盖的上表面应高出地坪 50mm，并在井口周围以 2%的坡度向外做水泥砂浆护坡	观察和尺量检查	
4	重型井圈与墙体结合部处理	重型铸铁或混凝土井圈，不得直接放在井室的砖墙上，砖墙上应做不少于 80mm 厚的细石混凝土垫层		

2）一般项目检验（表 10-29）。

管沟及井室施工一般项目检验　　　　表 10-29

序号	项目	合格质量标准	检验方法	检查数量
1	管沟坐标、位置和沟底标高	管沟的坐标、位置、沟底标高应符合设计要求	观察、尺量检查	全数检查
2	管沟沟底要求	管沟的沟底层应是原土层，或是夯实的回填土，沟底应平整，坡度应顺畅，不得有尖硬的物体、块石等	观察检查	
3	特殊管沟基底处理	如沟基为岩石、不易清除的块石或为砾石层时，沟底应下挖 100～200mm，填铺细砂或粒径不大于 5mm 的细土，夯实到沟底标高后，方可进行管道敷设	观察和尺量检查	

续表

序号	项目	合格质量标准	检验方法	检查数量
4	管沟回填土要求	管沟回填土，管顶上部200mm以内应用砂子或无块石及冻土块的土，并不得用机械回填；管顶上部500mm以内不得回填直径大于100mm的块石和冻土块；500mm以上部分回填土中的块石或冻土块不得集中。上部用机械回填时，机械不得在管沟上行走	观察和尺量检查	每50m抽查2处，每处不得少于10m
5	井室内施工要求	井室的砌筑应按设计或给定的标准图施工。井室的底标高在地下水位以上时，基层应为素土夯实；在地下水位以下时，基层应打100mm厚的混凝土底板。砌筑应采用水泥砂浆，内表面抹灰后应严密不透水		
6	管道穿越井壁	管道穿过井壁处，应用水泥砂浆分两次填塞严密、抹平，不得渗漏	观察检查	

10.4.2 室外排水系统安装

1. 质量控制要点

（1）室外排水管道应采用混凝土管、钢筋混凝土管、排水铸铁管或塑料管。

（2）排水管沟及井池的土方工程、沟底的处理、管道穿井壁处的处理、管沟及井池周围的回填要求等，均参照给水管沟及井室的规定执行。

（3）排水管道的坡度必须符合设计要求，严禁无坡或倒坡。

（4）管道埋设前必须做灌水试验和通水试验，排水应畅通，无堵塞，管接口无渗漏。

（5）排水铸铁管外壁安装前应除锈，涂二遍石油沥青漆。

（6）承插接口的排水管道安装时，要求管道和管件的承口应与水流方向相反，是为了减少水流的阻力，提高管网使用寿命。

（7）对于排水管沟及井池、沟基的处理和井池的底板强度必须符合设计要求。

（8）排水检查井、化粪池的底板及进、出水管的标高，必须符合设计要求，其允许偏差为±15mm。

（9）井、池的规格、尺寸和位置应正确，砌筑和抹灰符合要求。

（10）供热管网的管材应按设计要求。当设计未注明时，应符合下列规定：

1）管径小于或等于40mm时，应使用焊接钢管。

2）管径为50～200mm时，应使用焊接钢管或无缝钢管。

3）管径大于200mm时，应使用螺旋焊接钢管。

（11）室外供热管道连接均应采用焊接连接。

（12）平衡阀及调节阀型号、规格及公称压力应符合设计要求。安装后应根据系统要求进行调试，并做好标志。

（13）供热管网的管材应按设计要求。当设计未注明时，应符合下列规定：

1）管径小于或等40mm时，应使用焊接钢管。

2）管径为54～200mm时，应使用焊接钢管或无缝钢管。

3）管径大于200mm时，应使用螺旋焊接钢管。

2. 质量检验标准

（1）室外排水管道安装。

1）主控项目检验（表10-30）。

室外排水管安装主控项目检验　　　　表10-30

序号	项目	合格质量标准	检验方法	检查数量
1	管道坡度	排水管道的坡度必须符合设计要求，严禁无坡或倒坡	用水准仪、拉线和尺量检查	全数检查
2	灌水试验和通水试验	管道埋设前必须做灌水试验和通水试验，排水应畅通，无堵塞，管接口无渗漏	按排水检查并分段试验，试验水头应以试验段上游管顶加1m，时间不少于30min，逐段观察	

2）一般项目检验（表10-31）。

室外排水管安装一般项目检验　　表 10-31

序号	项目	合格质量标准	检验方法	检查数量
1	排水铸铁管的水泥捻口	排水铸铁管采用水泥捻口时，油麻填塞应密实，接口水泥应密实饱满，其接口面凹入承口边缘且深度不得大于 2mm	观察和尺量检查	全数检查
2	排水铸铁管除锈、涂漆	排水铸铁管外壁在安装前应除锈，涂二遍石油沥青漆	观察检查	
3	承插接口安装方向	承插接口的排水管道安装时，管道和管件的承口应与水流方向相反		
4	抹带接口要求	混凝土管或钢筋混凝土管采用抹带接口时，应符合下列规定： (1) 抹带前应将管口的外壁凿毛，扫净，当管径小于或等于 500mm 时，抹带可一次完成；当管径大于 500mm 时，应分两次抹成，抹带不得有裂纹。 (2) 钢丝网应在管道就位前放入下方，抹压砂浆时应将钢丝网抹压牢固，钢丝网不得外露。 (3) 抹带厚度不得小于管壁的厚度，宽度宜为 80～100mm	观察和尺量检查	
5	安装允许偏差	管道的坐标和标高应符合设计要求，安装的允许偏差应符合表 10-32 的规定	见表 10-32	

室外排水管道安装的允许偏差和检验方法　　表 10-32

项次	项目		允许偏差（mm）	检验方法
1	坐标	埋地	100	拉线尺量
		敷设在沟槽内	50	
2	标高	埋地	±20	用水平仪、拉线和尺量
		敷设在沟槽内	±20	
3	水平管道纵横向弯曲	每 5m 长	10	拉线尺量
		全长（两井间）	30	

注：本表摘自《建筑给水排水及采暖工程施工质量验收规范》(GB 50242—2002)。

（2）室外排水管沟及井池。

1）主控项目检验（表 10-33）。

管沟和井池主控项目检验　　　表 10-33

序号	项目	合格质量标准	检验方法	检查数量
1	沟基处理和井池底板强度	沟基的处理和井池的底板强度必须符合设计要求	现场观察和尺量检验，检查混凝土强度报告	全数检查
2	检查井、化粪池的底板及进出口水管安装	排水检查井、化粪池的底板及进、出水管的标高，必须符合设计，其允许偏差为±15mm	用水准仪及尺量检查	

2）一般项目检验（表 10-34）。

管沟和井池一般项目检验　　　表 10-34

序号	项目	合格质量标准	检验方法	检查数量
1	井、池要求	井、池的规格、尺寸和位置应正确，砌筑和抹灰符合要求	观察及尺量检查	按总数 20% 抽检，且不得少于 3 处
2	井盖标识、标高及选用	井盖选用应正确，标志应明显，标高应符合设计要求	观察、尺量检查	

第11章　建筑电气工程

11.1　室外电气

11.1.1　架空线路及杆上电气设备安装

1. 主控项目检验

（1）电杆坑、拉线坑的深度允许偏差，应不深于设计坑深100mm、不浅于设计坑深50mm。

（2）架空导线的弧垂值允许偏差为设计弧垂值的±5%，水平排列的同档导线间弧垂值偏差为±50mm。

（3）变压器中性点应与接地装置引出干线直接连接，接地装置的接地电阻值必须符合设计要求。

（4）杆上低压配电箱的电气装置和馈电线路交接试验应符合下列规定：

1）每路配电开关及保护装置的规格、型号，应符合设计要求；

2）相间和相对地间的绝缘电阻值应大于0.5MΩ；

3）电气装置的交流工频耐压试验电压为1kV，当绝缘电阻值大于10MΩ时，可采用2500V兆欧表摇测替代，试验持续时间1min，无击穿闪络现象。

2. 一般项目检验

（1）拉线的绝缘子及金具应齐全，位置正确，承力拉线应与线路中心线方向一致，转角拉线应与线路分角线方向一致，拉线应收紧，收紧程度与杆上导线数量、规格及弧垂值相适配。

（2）电杆组立应正直，直线杆横向位移不应大于50mm，杆梢偏移不应大于梢径的1/2，转角杆紧线后不向内角倾斜，向外角倾斜不应大于1个梢径。

（3）直线杆单横担应装于受电侧，终端杆、转角杆的单横担应装于拉线侧。横担的上下歪斜和左右扭斜，从横担端部测量不应大于 20mm。横担等镀锌制品应热浸镀锌。

（4）导线无断股、扭绞和死弯，与绝缘子固定可靠，金具规格应与导线规格适配。

（5）线路的跳线、过引线、接户线的线间和线对地面的安全距离，电压等级为 6～10kV 的，应大于 300mm；电压等级为 1kV 及以下的，应大于 150mm。用绝缘导线架设的线路，绝缘破口处应修补完整。

（6）杆上电气设备安装应符合下列规定：

1）固定电气设备的支架、紧固件为热浸镀锌制品，紧固件及防松零件齐全；

2）变压器油位正常、附件齐全、无渗油现象、外壳涂层完整；

3）跌落式熔断器安装的相间距离不小于 500mm，熔管试操动能自然打开旋下；

4）杆上隔离开关分、合操动灵活，操动机构机械锁定可靠，分合时三相同期性好，分闸后，刀片与静触头间空气间隙距离不小于 200mm；地面操作杆的接地（PE）可靠，且有标识；

5）杆上避雷器排列整齐，相间距离不小于 350mm，电源侧引线铜线截面面积不小于 $16mm^2$、铝线截面面积不小于 $25mm^2$，接地侧引线铜线截面面积不小于 $25mm^2$，铝线截面面积不小于 $35mm^2$，与接地装置引出线连接可靠。

11.1.2 变压器、箱式变电所安装

1. 主控项目检验

（1）变压器安装应位置正确，附件齐全，油浸变压器油位正常，无渗油现象。

（2）接地装置引出的接地干线与变压器的低压侧中性点直接连接；接地干线与箱式变电所的 N 母线和 PE 母线直接连接；变压器箱体、干式变压器的支架或外壳应接地（PE）。所有连接应可靠，紧固件及防松零件齐全。

(3）变压器必须按相关规定交接试验合格。

(4）箱式变电所及落地式配电箱的基础应高于室外地秤，周围排水通畅。用地脚螺栓固定的螺帽齐全，拧紧牢固，自由安放的应垫平放正。金属箱式变电所及落地式配电箱，箱体应接地（PE）或接零（PEN）可靠，且有标识。

(5）箱式变电所的交接试验，必须符合下列规定：

1）由高压成套开关柜、低压成套开关柜和变压器三个独立单元组合成的箱式变电所高压电气设备部分，按相关规定交接试验合格。

2）高压开关、熔断器等与变压器组合在同一个密闭油箱内的箱式变电所，交接试验按产品提供的技术文件要求执行。

2. 一般项目检验

(1）有载调压开关的传动部分润滑应良好，动作灵活，点动给定位置与开关实际位置一致，自动调节符合产品的技术文件要求。

(2）绝缘件应无裂纹、缺损和瓷件瓷釉损坏等缺陷，外表清洁，测温仪表指示准确。

(3）装有滚轮的变压器就位后，应将滚轮用能拆卸的制动部件固定。

(4）变压器应按产品技术文件要求进行检查器身，当满足下列条件之一时，可不检查器身：

1）制造厂规定不检查器身者；

2）就地生产仅做短途运输的变压器，且在运输过程中有效监督，无紧急制动、剧烈振动、冲撞或严重颠簸等异常情况者。

(5）箱式变电所内外涂层完整、无损伤，有通风口的风口防护网完好。

(6）箱式变电所的高低压柜内部接线完整，低压每个输出回路标记清晰，回路名称准确。

(7）装有气体继电器的变压器顶盖，沿气体继电器的气流方向有1.0%～1.5%的升高坡度。

11.1.3 成套配电柜、控制柜（屏、台）和动力、照明配电箱（盘）及控制柜安装

1. 主控项目检验

（1）柜、屏、台、箱、盘的金属框架及基础型钢必须接地（PE）或接零（PEN）可靠；装有电器的可开启门，门和框架的接地端子间应用裸编织铜线连接，且有标识。

（2）低压成套配电柜、控制柜（屏、台）和动力、照明配电箱（盘）应有可靠的电击保护。柜（屏、台、箱、盘）内保护导体应有裸露的连接外部保护导体的端子，当设计无要求时，柜（屏、台、箱、盘）内保护导体最小截面积 S_p 不应小于表 11-1 的规定。

保护导体的截面积　　表 11-1

相线的截面积 S（mm^2）	相应保护导体的最小截面积 S_p（mm^2）
$S \leqslant 16$	S
$16 < S \leqslant 35$	16
$35 < S \leqslant 400$	$S/2$
$400 < S \leqslant 800$	200
$S > 800$	$S/4$

注：S 指柜（屏、台、箱、盘）电源进线相线截面积，且两者（S、S_p）材质相同。

（3）手车、抽出式成套配电柜推拉应灵活，无卡阻碰撞现象。动触头与静触头的中心线应一致，且触头接触紧密，投入时，接地触头先于主触头接触；退出时，接地触头后于主触头脱开。

（4）高压成套配电柜必须按相关规定交接试验合格，且应符合下列规定：

1）继电保护元器件、逻辑元件、变送器和控制用计算机等单体校验合格，整组试验动作正确，整定参数符合设计要求；

2）凡经法定程序批准，进入市场投入使用的新高压电气设备和继电保护装置，按产品技术文件要求交接试验。

（5）低压成套配电柜交接试验，必须符合相关规定。

（6）柜、屏、台、箱、盘间线路的线间和线对地间绝缘电阻值，馈电线路必须大于0.5MΩ；二次回路必须大于1MΩ。

（7）柜、屏、台、箱、盘间二次回路交流工频耐压试验，当绝缘电阻值大于10MΩ时，用2500V兆欧表摇测1min，应无闪络击穿现象；当绝缘电阻值在1～10MΩ时，做1000V交流工频耐压试验1min，应无闪络击穿现象。

（8）直流屏试验，应将屏内电子器件从线路上退出，检测主回路线间和线对地间绝缘电阻值应大于0.5MΩ，直流屏所附蓄电池组的充、放电应符合产品技术文件要求；整流器的控制调整和输出特性试验应符合产品技术文件要求。

（9）照明配电箱（盘）安装应符合下列规定：

1）箱（盘）内配线整齐，无绞接现象。导线连接紧密，不伤芯线，不断股。垫圈下螺栓两侧压的导线截面积相同，同一端子上导线连接不多于2根，防松垫圈等零件齐全。

2）箱（盘）内开关动作灵活可靠，带有漏电保护的回路，漏电保护装置动作电流不大于20mA，动作时间不大于0.1s。

3）照明箱（盘）内，分别设置零线（N）和保护地线（PE线）汇流排，零线和保护地线经汇流排配出。

2. 一般项目检验

（1）基础型钢安装应符合表11-2的规定。

基础型钢安装允许偏差 **表11-2**

项目	允许偏差	
	（mm/m）	（mm/全长）
不直度	1	5
水平度	1	5
不平行度	—	5

（2）柜、屏、台、箱、盘相互间或与基础型钢应用镀锌螺栓连接，且防松零件齐全。

（3）柜、屏、台、箱、盘安装垂直度允许偏差为1.5‰，相互间接缝不应大于 2mm，成列盘面偏差不应大于 5mm。

(4) 柜、屏、台、箱、盘内检查试验应符合下列规定：

1) 控制开关及保护装置的规格、型号符合设计要求。

2) 闭锁装置动作准确、可靠。

3) 主开关的辅助开关切换动作与主开关动作一致。

4) 柜、屏、台、箱、盘上的标识器件标明被控设备编号及名称，或操作位置，接线端子有编号，且清晰、工整，不易脱色。

5) 回路中的电子元件不应参加交流工频耐压试验；48V 及以下回路可不做交流工频耐压试验。

(5) 低压电器组合应符合下列规定：

1) 发热元件安装在散热良好的位置。

2) 熔断器的熔体规格、自动开关的整定值符合设计要求。

3) 切换压板接触良好，相邻压板间有安全距离，切换时，不触及相邻的压板。

4) 信号回路的信号灯、按钮、光字牌、电铃、电筒、事故电钟等动作和信号显示准确。

5) 外壳需接地（PE）或接零（PEN）的，连接可靠。

6) 端子排安装牢固，端子有序号，强电、弱电端子隔离布置，端子规格与芯线截面积大小适配。

(6) 柜、屏、台、箱、盘间配线：电流回路应采用额定电压不低于 750V、芯线截面积不小于 $2.5mm^2$ 的铜芯绝缘电线或电缆；除电子元件回路或类似回路外，其他回路的电线应采用额定电压不低于 750V、芯线截面积不小于 $1.5mm^2$ 的铜芯绝缘电线或电缆。

二次回路连线应成束绑扎，不同电压等级、交流、直流线路及计算机控制线路应分别绑扎，且有标识；固定后不应妨碍手车开关或抽出式部件的拉出或推入。

(7) 连接柜、屏、台、箱、盘面板上的电器及控制台、板等可动部位的电线应符合下列规定：

1) 采用多股铜芯软电线，敷设长度留有适当裕量。

2）线束有外套塑料管等加强绝缘保护层。

3）与电器连接时，端部绞紧，且有不开口的终端端子或搪锡，不松散、断股。

4）可转动部位的两端用卡子固定。

（8）照明配电箱（盘）安装应符合下列规定：

1）位置正确，部件齐全，箱体开孔与导管管径适配，暗装配电箱箱盖紧贴墙面，箱（盘）涂层完整。

2）箱（盘）内接线整齐，回路编号齐全，标识正确。

3）箱（盘）不采用可燃材料制作。

4）箱（盘）安装牢固，垂直度允许偏差为1.5‰，底边距地面为1.5m，照明配电板底边距地面不小于1.8m。

11.1.4 电线、电缆导管和线槽敷设

1. 主控项目检验

（1）金属的导管和线槽必须接地（PE）或接零（PEN）可靠，并符合下列规定：

1）镀锌的钢导管、可挠性导管和金属线槽不得熔焊跨接接地线，以专用接地跨接的两卡间边线为铜芯软导线，截面积不小于4mm^2。

2）当非镀锌钢导管采用螺纹连接时，连接处的两端焊跨接接地线；当镀锌钢导管采用螺纹连接时，连接处的两端用专用接地卡固定跨接接地线。

3）金属线槽不作设备的接地导体，当设计无要求时，金属线槽全长不少于两处与接地（PE）或接零（PEN）干线连接。

4）非镀锌金属线槽间连接板的两端跨接铜芯接地线，镀锌线槽间连接板的两端不跨接接地线，但连接板两端不少于两个有防松螺帽或防松垫圈的连接固定螺栓。

（2）金属导管严禁对口熔焊连接；镀锌和壁厚小于等于2mm的钢导管不得套管熔焊连接。

（3）防爆导管不应采用倒扣连接；当连接有困难时，应采用防爆活接头，其接合面应严密。

（4）当绝缘导管在砌体上剔槽埋设时，应采用强度等级不小于 M10 的水泥砂浆抹面保护，保护层厚度大于 15mm。

2. 一般项目检验

（1）室外埋地敷设的电缆导管，埋深不应小于 0.7m。壁厚小于等于 2mm 的钢电线导管不应埋设于室外土壤内。

（2）室外导管的管口应设置在盒、箱内。在落地式配电箱内的管口，箱底无封板的，管口应高出基础面 50～80mm。所有管口在穿入电线、电缆后应做密封处理。由箱式变电所或落地式配电箱引向建筑物的导管，建筑物一侧的导管管口应设在建筑物内。

（3）电缆导管的弯曲半径不应小于电缆最小允许弯曲半径。

（4）金属导管内外壁应防腐处理，埋设于混凝土内的导管内壁应防腐处理，外壁可不防腐处理。

（5）室内进入落地式柜、台、箱、盘内的导管管口，应高出柜、台、箱、盘的基础面 50～80mm。

（6）暗配的导管，埋设深度与建筑物、构筑物表面的距离不应小于 15mm；明配的导管应排列整齐，固定点间距均匀，安装牢固。在终端、弯头中点或柜、台、箱、盘等边缘的距离 150～500mm 范围内设有管卡，中间直线段管卡间的最大距离应符合表 11-3 的规定。

管卡间最大距离　　表 11-3

敷设方式	导管种类	导管直径（mm）				
		15～20	25～32	32～40	50～65	65 以上
		管卡间最大距离（m）				
支架或沿墙明敷	壁厚＞2mm 刚性钢导管	1.5	2.0	2.5	2.5	3.5
	壁厚≤2mm 刚性钢导管	1.0	1.5	2.0	—	—
	刚性绝缘导管	1.0	1.5	1.5	2.0	2.0

（7）线槽应安装牢固，无扭曲变形，紧固件的螺母应在线槽外侧。

(8) 防爆导管敷设应符合下列规定：

1) 导管间及与灯具、开关、线盒等的螺纹连接处紧密牢固，除设计有特殊要求外，连接处不跨接接地线，在螺纹上涂以电力复合酯或导电性防锈酯。

2) 安装牢固顺直，镀锌层锈蚀或剥落处做防腐处理。

(9) 绝缘导管敷设应符合下列规定：

1) 管口平整光滑，管与管、管与盒（箱）等器件采用插入法连接时，连接处结合面涂专用胶合剂，接口牢固密封。

2) 直埋于地下或楼板内的刚性绝缘导管，在穿出地面或楼板易受机械损伤的一段，采取保护措施。

3) 当设计无要求时，埋设在墙内或混凝土内的绝缘导管，采用中型以上的导管。

4) 沿建筑物、构筑物表面和在支架上敷设的刚性绝缘导管，按设计要求装设温度补偿装置。

(10) 金属、非金属柔性导管敷设应符合下列规定：

1) 刚性导管经柔性导管与电气设备、器具连接，柔性导管的长度在动力工程中不大于 0.8m，在照明工程中不大于 1.2m。

2) 可挠金属管或其他柔性导管与刚性导管或电气设备、器具间的连接采用专用接头；复合型可挠金属管或其他柔性导管的连接处密封良好，防液覆盖层完整无损；

3) 可挠性金属导管和柔性导管不能作接地（PE）或接零（PEN）的接续导体。

(11) 导管和线槽，在建筑物变形缝处应设补偿装置。

11.1.5 电线、电缆穿管和线槽敷线

1. 主控项目检验

(1) 三相或单相的交流单芯电缆，不得单独穿于钢导管内。

(2) 不同回路、不同电压等级和交流与直流的电线，不应穿于同一导管内；同一交流回路的电线应穿于同一金属导管内，且管内电线不得有接头。

(3) 爆炸危险环境照明线路的电线和电缆额定电压不得低

于750V，且电线必须穿于钢导管内。

2. 一般项目检验

（1）电线、电缆穿管前，应清除管内杂物和积水。管口应有保护措施，不进入接线盒（箱）的垂直管口穿入电线、电缆后，管口应密封。

（2）当采用多相供电时，同一建筑物、构筑物的电线绝缘层颜色选择应一致，即保护地线（PE线）应是黄绿相间色，零线用淡蓝色。相线用：A相—黄色、B相—绿色、C相—红色。

（3）线槽敷线应符合下列规定：

1）电线在线槽内有一定余量，不得有接头。电线按回路编号分段绑扎，绑扎点间距不应大于2m。

2）同一回路的相线和零线，敷设于同一金属线槽内。

3）同一电源的不同回路无抗干扰要求的线路可敷设于同一线槽内；敷设于同一线槽内有抗干扰要求的线路用隔板隔离，或采用屏蔽电线且屏蔽护套一端接地。

11.1.6 电缆头制作、接线和线路绝缘测试

1. 主控项目检验。

（1）高压电力电缆直流耐压试验必须按规范的规定交接试验合格。

（2）低压电线和电缆，线间和线对地间的绝缘电阻值必须大于0.5MΩ。

（3）铠装电力电缆头的接地线应采用铜绞线或镀锡铜编织线，截面积不应小于表11-4的规定。

电缆芯线和接地线截面积（mm^2） **表11-4**

电缆芯线截面积	接地线截面积
120及以下	16
150及以上	25

注：电缆芯线截面积在16mm^2及以下，接地线截面积与电缆芯线截面积相等。

（4）电线、电缆接线必须准确，并联运行电线或电缆的型

号、规格、长度、相位应一致。

2. 一般项目检验。

(1) 芯线与电器设备的连接应符合下列规定：

1) 截面积在 $10mm^2$ 及以下的单股铜芯线和单股铝芯线直接与设备、器具的端子连接。

2) 截面积在 $2.5mm^2$ 及以下的多股铜芯线拧紧搪锡或接续端子后与设备、器具的端子连接。

3) 截面积大于 $2.5mm^2$ 的多股铜芯线，除设备自带插接式端子外，接续端子后与设备或器具的端子连接；多股铜芯线与插接式端子连接前，端部拧紧搪锡。

4) 多股铝芯线接续端子后与设备、器具的端子连接。

5) 每个设备和器具的端子接线不多于两根电线。

(2) 电线、电缆的芯线连接金具（连接管和端子），规格应与芯线的规格适配，且不得采用开口端子。

(3) 电线、电缆的回路标记应清晰，编号准确。

11.1.7 建筑物景观照明灯、航空障碍标志灯和庭院灯安装

1. 主控项目检验。

(1) 建筑物彩灯安装应符合下列规定：

1) 建筑物顶部彩灯采用有防雨性能的专用灯具，灯罩要拧紧。

2) 彩灯配线管路按明配管敷设，且有防雨功能。管路间、管路与灯头盒间螺纹连接，金属导管及彩灯的构架、钢索等可接近裸露导体接地（PE）或接零（PEN）可靠。

3) 垂直彩灯悬挂挑臂采用不小于 10 号的槽钢。端部吊挂钢索用的吊钩螺栓直径不小于 10mm，螺栓在槽钢上固定，两侧有螺帽，且加平垫及弹簧垫圈紧固。

4) 悬挂钢丝绳直径不小于 4.5mm，底把圆钢直径不小于 16mm，地锚采用架空外线用拉线盘，埋设深度大于 1.5m。

5) 垂直彩灯采用防水吊线灯头，下端灯头距离地面高于 3m。

(2) 霓虹灯安装应符合下列规定：

1）霓虹灯管完好，无破裂。

2）灯管采用专用的绝缘支架固定，且牢固可靠。灯管固定后，与建筑物、构筑物表面的距离不小于 20mm。

3）霓虹灯专用变压器采用双圈式，所供灯管长度不大于允许负载长度，露天安装的有防雨措施。

4）霓虹灯专用变压器的二次电线和灯管间的连接采用额定电压大于 15kV 的高压绝缘电线。二次电线与建筑物、构筑物表面的距离不小于 20mm。

（3）建筑物景观照明灯具安装应符合下列规定：

1）每套灯具的导电部分对地绝缘电阻值大于 2MΩ。

2）在人行道等人员来往密集场所安装的落地式灯具，无围栏防护时安装高度距地面 2.5m 以上。

3）金属构架和灯具的可接近裸露导体及金属软管的接地（PE）或接零（PEN）可靠，且有标识。

（4）航空障碍标志灯安装应符合下列规定：

1）灯具装设在建筑物或构筑物的最高部位。当最高部位平面面积较大或为建筑群时，除在最高端装设外，还在其外侧转角的顶端分别装设灯具。

2）当灯具在烟囱顶上装设时，安装在低于烟囱口 1.5～3m 的部位且呈正三角形水平排列。

3）灯具的选型根据安装高度决定，低光强的（距地面 60m 以下装设时采用）为红色光，其有效光强大于 1600cd。高光强的（距地面 150m 以上装设时采用）为白色光，有效光强随背景亮度而定。

4）灯具的电源按主体建筑中最高负荷等级要求供电。

5）灯具安装牢固可靠，且有设备维修和更换光源的措施。

（5）庭院灯安装应符合下列规定：

1）每套灯具的导电部分对地绝缘电阻值大于 2MΩ。

2）主柱式路灯、落地式路灯、特种园艺灯等灯具与基础固定可靠，地脚螺栓备帽齐全。灯具的接线盒或熔断器盒，盒盖的防水密封垫完整。

3）金属立柱及灯具可接近裸露导体接地（PE）或接零（PEN）可靠。接地线单设干线，干线沿庭院灯布置位置形成环网状，且不少于两处与接地装置引出线连接。由干线引出支线与金属灯柱及灯具的接地端子连接，且有标识。

2. 一般项目检验。

（1）建筑物彩灯安装应符合下列规定：

1）建筑物顶部彩灯灯罩完整，无碎裂。

2）彩灯电线导管防腐完好，敷设平整、顺直。

（2）霓虹灯安装应符合下列规定：

1）当霓虹灯变压器明装时，高度不小于3m，低于3m采取防护措施。

2）霓虹灯变压器的安装位置方便检修，且隐蔽在不易被非检修人触及的场所，不装在吊平顶内。

3）当橱窗内装有霓虹灯时，橱窗门与霓虹灯变压器一次侧开关有联锁装置，确保开门不接通霓虹灯变压器的电源。

4）霓虹灯变压器二次侧的电线采用玻璃制品绝缘支持物固定，支持点距离不大于下列数值：水平线段：0.5m；垂直线段：0.75m。

（3）建筑物景观照明灯具构架应固定可靠，地脚螺栓拧紧，备帽齐全；灯具的螺栓紧固、无遗漏。灯具外露的电线或电缆应有柔性金属导管保护。

（4）航空障碍标志灯安装应符合下列规定：

1）同一建筑物或建筑群灯具间的水平、垂直距离不大于45m。

2）灯具的自动通、断电源控制装置动作准确。

（5）庭院灯安装应符合下列规定：

1）灯具的自动通、断电源控制装置动作准确，每套灯具熔断器盒内熔丝齐全，规格与灯具适配。

2）架空线路电杆上的路灯固定可靠，紧固件齐全、拧紧，灯位正确，每套灯具配有熔断器保护。

11.1.8　建筑物照明通电试运行

主控项目检验：

（1）照明系统通电，灯具回路控制应与照明配电箱及回路的标识一致；开关与灯具控制顺序相对应，风扇的转向及调速开关应正常。

（2）公用建筑照明系统通电连续试运行时间应为24h，民用住宅照明系统通电连续试运行时间应为8h。所有照明灯具均应开启，且每2h记录运行状态1次，连续试运行时间内无故障。

11.1.9　接地装置安装

1. 主控项目检验。

（1）人工接地装置或利用建筑物基础钢筋的接地装置必须在地面以上按设计要求位置设测试点。

（2）测试接地装置的接地电阻值必须符合设计要求。

（3）防雷接地的人工接地装置的接地干线埋设，经人行通道处理地深度不应小于1m，且应采取均压措施或在其上方铺设卵石或沥青地面。

（4）接地模块顶面埋深不应小于0.6m，接地模块间距不应小于模块长度的3～5倍。接地模块埋设基坑，一般为模块外形尺寸的1.2～1.4倍，且在开挖深度内详细记录地层情况。

（5）接地模块应垂直或水平就位，不应倾斜设置，保持与原土层接触良好。

2. 一般项目检验

（1）当设计无要求时，接地装置顶面埋设深度不应小于0.6m。圆钢、角钢及钢管接地极应垂直埋入地下，间距不应小于5m。接地装置的焊接应采用搭接焊，搭接长度应符合下列规定：

1）扁钢与扁钢搭接为扁钢宽度的两倍，不少于三面施焊。

2）圆钢与圆钢搭接为圆钢直径的6倍，双面施焊。

3）圆钢与扁钢搭接为圆钢直径的6倍，双面施焊。

4）扁钢与钢管、扁钢与角钢焊接，紧贴角钢外侧两面，或紧贴3/4钢管表面，上下两侧施焊。

5）除埋设在混凝土中的焊接接头外，要有防腐措施。

（2）当设计无要求时，接地装置的材料采用为钢材热浸镀锌处理，最小允许规格、尺寸应符合表11-5的规定。

接地装置最小允许规格、尺寸　　　　表11-5

种类、规格及单位		敷设位置及使用类别			
		地上		地下	
		室内	室外	交流电流回路	直流电流回路
圆钢直径（mm）		6	8	10	12
扁钢	截面（mm^2）	60	100	100	100
	厚度（mm）	3	4	4	6
角钢厚度（mm）		2	2.5	4	6
钢管管壁厚度（mm）		2	2.5	3.5	4.5

（3）接地模块应集中引线，用干线把接地模块并联焊接成一个环路，干线的材质与接地模块焊接点的材质应相同，钢制的采用热浸镀锌扁钢，引出线不少于两处。

11.2 变配电室

11.2.1 变压器、箱式变电所安装

1. 主控项目检验

（1）变压器安装应位置正确，附件齐全，油浸变压器油位正常，无渗油现象。

（2）接地装置引出的接地干线与变压器的低压侧中性点直接连接；接地干线与箱式变电所的N母线和PE母线直接连接；变压器箱体、干式变压器的支架或外壳应接地（PE）。所有连接应可靠，紧固件及防松零件齐全。

（3）变压器必须按相关规定交接试验合格。

（4）箱式变电所及落地式配电箱的基础应高于室外地秤，周围排水通畅。用地脚螺栓固定的螺帽齐全，拧紧牢固；自由

安放的应垫平放正。金属箱式变电所及落地式配电箱，箱体应接地（PE）或接零（PEN）可靠，且有标识。

（5）箱式变电所的交接试验，必须符合下列规定：

1）由高压成套开关柜、低压成套开关柜和变压器三个独立单元组合成的箱式变电所高压电气设备部分，按相关规定交接试验合格。

2）高压开关、熔断器等与变压器组合在同一个密闭油箱内的箱式变电所，交接试验按产品提供的技术文件要求执行。

2. 一般项目检验。

（1）有载调压开关的传动部分润滑应良好，动作灵活，点动给定位置与开关实际位置一致，自动调节符合产品的技术文件要求。

（2）绝缘件应无裂纹、缺损和瓷件瓷釉损坏等缺陷，外表清洁，测温仪表指示准确。

（3）装有滚轮的变压器就位后，应将滚轮用能拆卸的制动部件固定。

（4）变压器应按产品技术文件要求进行检查器身，当满足下列条件之一时，可不检查器身。

1）制造厂规定不检查器身者。

2）就地生产仅做短途运输的变压器，且在运输过程中有效监督，无紧急制动、剧烈振动、冲撞或严重颠簸等异常情况者。

（5）箱式变电所内外涂层完整，无损伤，有通风口的风口防护网完好。

（6）箱式变电所的高低压柜内部接线完整、低压每个输出回路标记清晰，回路名称准确。

（7）装有气体继电器的变压器顶盖，沿气体继电器的气流方向有1.0%～1.5%的升高坡度。

11.2.2 成套配电柜、控制柜（屏、台）和动力、照明 (盘）及控制柜安装

见11.1.3。

11.2.3　裸母线、封闭母线、插接式母线安装

1. 主控项目检验

（1）绝缘子的底座、套管的法兰、保护网（罩）及母线支架等可接近裸露导体应接地（PE）或接零（PEN）可靠，不应作为接地（PE）或接零（PEN）的持续导体。

（2）母线与母线或母线与电器接地线端子，当采用螺栓搭接连接时，应符合下列规定：

1）母线的各类搭接连接的钻孔直径和搭接长度符合规范规定，用力矩扳手拧紧钢制连接螺栓的力矩值符合相关规定。

2）母线接触面积保护清洁，涂电力复合脂，螺栓孔周边无毛刺。

3）连接螺栓两侧有平垫圈，相邻垫圈间有大于3mm的间隙，螺母侧装有弹簧垫圈或锁紧螺母。

4）螺栓受力均匀，不使电器的接线端子受额外应力。

（3）封闭、插接式母线安装应符合下列规定：

1）母线与外壳同心，允许偏差为±5mm。

2）当段与段连接时，两相邻母线及外壳对准，连接后不使母线及外壳受额外应力。

3）母线的连接方法符合产品技术文件要求。

（4）室内裸母线的最小安全净距应符合相关规定。

（5）高压母线交流工频耐压试验必须按相关规定交接试验合格。

（6）低压母线交接试验应符合相关规定。

2. 一般项目检验

（1）母线的支架与预埋铁件采用焊接固定时，焊缝应饱满；采用膨胀螺栓固定时，选用的螺栓应适配，连接应牢固。

（2）母线与母线、母线与电器接线端子搭接，搭接面的处理应符合下列规定：

1）铜与铜：室外、高温且潮湿的室内，搭接面搪锡；干燥的室内，不搪锡。

2）铝与铝：搭接面不做涂层处理；

3）钢与钢：搭接面搪锡或镀锌；

4）铜与铝：在干燥的室内，铜导体搭接面搪锡；在潮湿场所，铜导体搭接面搪锡，且采用铜铝过渡板与铝导体连接。

5）钢与铜或铝：钢搭接面搪锡。

（3）母线的相序排列与涂色，当设计无要求时应符合下列规定：

1）上、下布置的交流母线，由上至下排列为A、B、C相；直流母线正极在上，负极在下。

2）水平布置的交流母线，由盘后向盘前排列为A、B、C相；直流母线正极在后，负极在前。

3）面对引下线的交流母线，由左至右排列为A、B、C相；直流母线正极在左，负极在右。

4）母线的涂色：交流，A相为黄色、B相为绿色、C相为红色；直流，正极为赭色、负极为蓝色；在连接处或支持件边缘两侧10mm以内不涂色。

（4）母线在绝缘子上安装应符合下列规定：

1）金具与绝缘子间的固定平整牢固，不使母线受额外应力。

2）交流母线的固定金具或其他支持金具不形成闭合铁磁回路。

3）除固定点外，当母线平置时，母线支持夹板的上部压板与母线间有1～1.5mm的间隙；当母线立置时，上部压板与母线间有1.5～2mm的间隙。

4）母线的固定点，每段设置1个，设置于全长或两母线伸缩节的中点。

5）母线采用螺栓搭接时，连接处距绝缘子的支持夹板边缘不小于50mm。

（5）封闭、插接式母线组装和固定位置应正确，外壳与底座间、外壳各连接部位和母线的连接螺栓应按产品技术文件要求选择正确，连接紧固。

11.2.4　电缆沟内和电缆竖井内电缆敷设

1. 主控项目检验

（1）金属电缆支架、电缆导管必须接地（PE）或接零（PEN）可靠。

（2）电缆敷设严禁有绞拧、铠装压扁、护层断裂和表面严重划伤等缺陷。

2. 一般项目检验

（1）电缆支架安装应符合下列规定：

1）设计无要求时，电缆支架最上层至竖井顶部或楼板的距离不小于150～200mm；电缆支架最下层至沟底或地面的距离不小于50～100mm。

2）当设计无要求时，电缆支架层间最小允许距离符合表11-6的规定。

电缆支架层间最小允许距离　　表11-6

电缆种类	固定点的间距（mm）
控制电缆	120
10kV及以下电力电缆	150～200

3）支架与预埋件焊接固定时，焊缝饱满；用膨胀螺栓固定时，选用螺栓适配，连接紧固，防松零件齐全。

（2）电缆在支架上敷设，转弯处的最小允许弯曲半径应符合相关规定。

（3）电缆敷设固定应符合下列规定：

1）垂直敷设或大于45°倾斜敷设的电缆在每个支架上固定。

2）交流单芯电缆或分相后的每相电缆固定用的夹具和支架，不形成闭合铁磁回路。

3）电缆排列整齐，少交叉；当设计无要求时，电缆支持点间距，不大于表11-7的规定。

电缆支持点的间距（mm） 表 11-7

电缆种类		敷设方式	
		水平	垂直
电力电缆	全塑型	400	1000
	除全塑形外的电缆	800	1500
控制电缆		800	1000

4）当设计无要求时，电缆与管道的最小净距，符合相关规定，且敷设在易燃易爆气体管道和热力管道的下方。

5）敷设电缆的电缆沟和竖井，按设计要求位置，有防火隔堵措施。

（4）电缆的首端、末端和分支处应设标志牌。

11.2.5 电缆头制作、接线和线路绝缘测试

1. 主控项目检验

（1）高压电力电缆直流耐压试验必须按规范规定交接试验合格。

（2）低压电线和电缆，线间和线对地间的绝缘电阻值必须大于 0.5MΩ。

（3）铠装电力电缆头的接地线应采用铜绞线或镀锡铜编织线，截面积不应小于表 11-8 的规定。

电缆芯线和接地线截面积（mm^2） 表 11-8

电缆芯线截面积	接地线截面积
120 及以下	16
150 及以上	25

注：电缆芯线截面积在 16mm^2 及以下，接地线截面积与电缆芯线截面积相等。

（4）电线、电缆接线必须准确，并联运行电线或电缆的型号、规格、长度、相位应一致。

2. 一般项目检验

（1）芯线与电器设备的连接应符合下列规定：

1）截面积在 $10mm^2$ 及以下的单股铜芯线和单股铝芯线直接与设备、器具的端子连接；

2）截面积在 $2.5mm^2$ 及以下的多股铜芯线拧紧搪锡或接续端子后与设备、器具的端子连接；

3）截面积大于 $2.5mm^2$ 的多股铜芯线，除设备自带插接式端子外，接续端子后与设备或器具的端子连接；多股铜芯线与插接式端子连接前，端部拧紧搪锡；

4）多股铝芯线接续端子后与设备、器具的端子连接；

5）每个设备和器具的端子接线不多于两根电线。

（2）电线、电缆的芯线连接金具（连接管和端子），规格应与芯线的规格适配，且不得采用开口端子。

（3）电线、电缆的回路标记应清晰，编号准确。

11.2.6 避雷引下线和变配电室接地干线敷设

1. 主控项目检验

（1）暗敷在建筑物抹灰层内的引下线应用卡钉分段固定；明敷的引下线应平直，无急弯，与支架焊接处，油漆防腐，且无遗漏。

（2）变压器室、高低压开关室内的接地干线应有不少于两处与接地装置引出干线连接。

（3）当利用金属构件、金属管道作接地线时，应在构件或管道与接地干线间焊接金属跨接线。

2. 一般项目检验

（1）钢制接地线的焊接连接应符合规范的规定，材料采用及最小允许规格、尺寸应符合规范的规定。

（2）明敷接地引下线及室内地干线的支持件间距应均匀，水平直线部分为 0.5～1.5m；垂直直线部分 1.5～3m；弯曲部分 0.3～0.5m。

（3）接地线在穿越墙壁、楼板和地坪处应加套钢管或其他坚固的保护套管，钢套管应与接地线做电气连通。

（4）变配电室内明敷接地干线安装应符合下列规定：

1）便于检查，敷设位置不妨碍设备的拆卸与检修；

2）当沿建筑物墙壁水平敷设时，距地面高度250～300mm；与建筑物墙壁间的间隙10～15mm；

3）当接地线跨越建筑物变形缝时，设补偿装置；

4）接地线表面沿长度方向，每段为15～100mm，分别涂以黄色和绿色相间的条纹；

5）变压器室、高压配电室的接地干线上应设置不少于两个供临时接地用的接线柱或接地螺栓。

（5）当电缆穿过零序电流互感器时，电缆头的接地线应通过零序电流互感器后接地；由电缆头至穿过零序电流互感器的一段电缆金属护层和接地线应对地绝缘。

（6）配电间隔和静止补偿装置的栅栏门及变配电室金属门铰链处的接地连接，应采用编织铜线。变配电室的避雷器应用最短的接地线与接地干线连接。

（7）设计要求接地的幕墙金属框架和建筑物的金属门窗，应就近与接地干线连接可靠，连接处不同金属间应有防电化腐蚀措施。

11.3 供电干线

电缆桥架安装和桥架内电缆敷设：

1. 主控项目检验

（1）金属电缆桥架及其支架和引入或引出的金属电缆导管必须接地（PE）或接零（PEN）可靠，且必须符合下列规定：

1）金属电缆桥架及其支架全长不少于两处与接地（PE）或接零（PEN）干线相连接；

2）非镀锌电缆桥架间连接板的两端跨接铜芯接地线，接地线最小允许截面积不小于4mm^2；

3）镀锌电缆桥架间连接板的两端不跨接接地线，但连接板两端不少于两个有防松螺帽或防松垫圈的连接固定螺栓。

（2）电缆敷设严禁有绞拧、铠装压扁、护层断裂和表面严重划伤等缺陷。

2. 一般项目检验

（1）电缆桥架安装应符合下列规定：

1）直线段钢制电缆桥架长度超过30m、铝合金或玻璃钢制电缆桥架长度超过15m设有伸缩节；电缆桥架跨越建筑物变形缝处设置补偿装置。

2）电缆桥架转弯处的弯曲半径，不小于桥架内电缆最小允许弯曲半径。电缆最小允许弯曲半径见表11-9。

电缆最小允许弯曲半径　　　　表11-9

序号	电缆种类	最小允许弯曲半径
1	无铅包钢铠护套的橡皮绝缘电力电缆	$10D$
2	有钢铠护套的橡皮绝缘电力电缆	$20D$
3	聚氯乙烯绝缘电力电缆	$10D$
4	交联聚氯乙烯绝缘电力电缆	$15D$
5	多芯控制电缆	$10D$

注：D为电缆外径。

3）当设计无要求时，电缆桥架水平安装的支架间距为1.5～3m，垂直安装的支架间距不大于2m。

4）桥架与支架间螺栓、桥架连接板螺栓固定紧固，无遗漏，螺母位于桥架外侧；当铝合金桥架与钢支架固定时，有相互间绝缘的防电化腐蚀措施。

5）电缆桥架敷设在易燃易爆气体管道和热力管道的下方，当设计无要求时，与管道的最小净距应符合表11-10的规定。

与管道的最小净距（m）　　　　表11-10

管道类别		平行净距	交叉净距
一般工艺管道		0.4	0.3
易燃易爆气体管道		0.5	0.5
热力管道	有保温层	0.5	0.3
	无保温层	1.0	0.5

6）敷设在竖井内和穿越不同防火区的桥架，按设计要求位置有防火隔堵措施。

7）支架与预埋件焊接固定时，焊缝饱满；膨胀螺栓固定时，选用螺栓适配，连接紧固，防松零件齐全。

（2）桥架内电缆敷设应符合下列规定：

1）大于45°倾斜敷设的电缆每隔2m处设固定点。

2）电缆出入电缆沟、竖井、建筑物、柜（盘）、台处以及管子管口处等做好密封处理。

3）电缆敷设排列整齐，水平敷设的电缆首尾两端、转弯两侧及每隔5～10m处设固定点；敷设于垂直桥架内的电缆固定点间距，不大于表11-11的规定。

电缆固定点的间距　　表11-11

电缆种类		固定点的间距（mm）
电力电缆	全塑型	1000
	除全塑形外的电缆	1500
控制电缆		1000

（3）电缆的首端、末端和分支处应设标志牌。

11.4　电气动力

11.4.1　低压电动机、电加热器及电动执行机构检查接线

1. 主控项目检验

（1）电动机、电加热器及电动执行机构的可接近裸露导体必须接地（PE）或接零（PEN）。

（2）电动机、电加热器及电动执行机构绝缘电阻应大于0.5MΩ。

（3）100kW以上的电动机，应测量各相直流电阻值，相互差不应大于最小值的2%；无中性点引出的电动机，测量线间直流电阻值，相互差不应大于最小值的1%。

2. 一般项目检验

（1）电气设备安装应牢固，螺栓及防松零件齐全，不松动。防水防潮电气设备的接线入口及接线盒盖等应做密封处理。

（2）除电动机随带技术文件说明不允许在施工现场抽芯检查外，有下列情况之一的电动机，应抽芯检查。

1）出厂时间已超过制造厂保证期限，无保证期限的已超过出厂时间一年以上。

2）外观检查、电气试验、手动盘转和试运转有异常情况。

（3）电动机抽芯检查应符合下列规定：

1）线圈绝缘层完好，无伤痕，端部绑线不松动，槽楔固定，无断裂，引线焊接饱满，内部清洁，通风孔道无堵塞。

2）轴承无锈斑，注油（脂）的型号、规格和数量正确，转子平衡块紧固，平衡螺钉锁紧，风扇叶片无裂纹。

3）连接用紧固件的防松零件齐全完整。

4）其他指标符合产品技术文件的特有要求。

（4）在设备接线盒内裸露的不同相导线间和导线对地间最小距离应大于 8mm，否则应采取绝缘防护措施。

11.4.2　低压动力设备实验和试运行

1. 主控项目检验

（1）试运行前，相关电气设备和线路应按规范的规定试验合格。

（2）现场单独安装的低压电器交接试验项目应符合相关规定。

2. 一般项目检验

（1）成套配电（控制）柜、台、箱、盘的运行电压、电流应正常，各种仪表指示正常。

（2）电动机应试通电，检查转向和机械转动有无异常情况；可空载试运行的电动机，时间一般为 2h，记录空载电流，且检查机身和轴承的温升。

（3）交流电动机在空载状态下（不投料）可启动次数及间隔时间应符合产品技术条件的要求；无要求时，连续启动两次的时间间隔不应小于5min，再次启动应在电动机冷却至正常温下。空载状态（不投料）运行，应记录电流、电压、温度、运行时间等有关数据，且应符合建筑设备或工艺装置的空载状态运行（不投料）要求。

（4）大容量（630A及以上）导线或母线连接处，在设计计算负荷运行情况下应做好温度抽测记录，温升值稳定且不大于设计值。

（5）电动执行机构的动作方向及指示，应与工艺装置的设计要求保持一致。

11.4.3 开关、插座、风扇安装

1. 主控项目检验

（1）当交流、直流或不同电压等级的插座安装在同一场所时，应有明显的区别，且必须选择不同结构、不同规格和不能互换的插座；配套的插头应按交流、直流或不同电压等级区别使用。

（2）插座接线应符合下列规定：

1）单相两孔插座，面对插座的右孔或上孔与相线连接，左孔或下孔与零线连接；单相三孔插座，面对插座的右孔与相线连接，左孔与零线连接。

2）单相三孔、三相四孔及三相五孔插座的接地（PE）或接零（PEN）线接在上孔。插座的接地端子不与零线端子连接。同一场所的三相插座，接线的相序一致。

3）接地（PE）或接零（PEN）线在插座间不串联连接。

（3）特殊情况下插座安装应符合下列规定：

1）当接插有触电危险家用电器的电源时，采用能断开电源的带开关插座，开关断开相线。

2）潮湿场所采用密封型并带保护地线触头的保护型插座，安装高度不低于1.5m。

（4）照明开关安装应符合下列规定：

1）同一建筑物、构筑物的开关采用同一系列的产品，开关的通断位置一致，操作灵活、接触可靠。

2）相线经开关控制，民用住宅无软线引至床边的床头开关。

（5）吊扇安装应符合下列规定：

1）吊扇挂钩安装牢固，吊扇挂钩的直径不小于吊扇挂销直径，且不小于 8mm；有防振橡胶垫；挂销的防松零件齐全、可靠。

2）吊扇扇叶距地高度不小于 2.5m。

3）吊扇组装不改变扇叶角度，扇叶固定螺栓防松零件齐全。

4）吊杆间、吊杆与电机间螺纹连接，啮合长度不小于 20mm，且防松零件齐全紧固。

5）吊扇接线正确，当运转时扇叶无明显颤动和异常声响。

（6）壁扇安装应符合下列规定：

1）壁扇底座采用尼龙塞或膨胀螺栓固定，尼龙塞或膨胀螺栓的数量不少于两个，且直径不小于 8mm，固定牢固可靠。

2）壁扇防护罩扣紧，固定可靠，当运转时扇叶和防护罩无明显颤动和异常声响。

2. 一般项目检验

（1）插座安装应符合下列规定：

1）当不采用安全型插座时，托儿所、幼儿园及小学等儿童活动场所安装高度不小于 1.8m。

2）暗装的插座面板紧贴墙面，四周无缝隙，安装牢固，表面光滑整洁，无碎裂、划伤，装饰帽齐全。

3）车间及试（实）验室的插座安装高度距地面不小于 0.3m；特殊场所暗装的插座不小于 0.15m；同一室内插座安装高度一致。

4）地插座面板与地面齐平或紧贴地面，盖板固定牢固，密封良好。

（2）照明开关安装应符合下列规定：

1）开关安装位置便于操作，开关边缘距门框边缘的距离 0.15～0.2m，开关距地面高度 1.3m；拉线开关距地面高度 2～3m，层高小于 3m 时，拉线开关距顶板不小于 100mm，拉线出口垂直向下。

2）相同型号并列安装同一室内开关安装高度一致，且控制有序，不错位。并列安装的拉线开关的相邻间距不小于20mm。

3）暗装的开关面板应紧贴墙面，四周无缝隙，安装牢固，表面光滑整洁，无碎裂、划伤，装饰帽齐全。

（3）吊扇安装应符合下列规定：

1）涂层完整，表面无划痕、无污染，吊杆上下扣碗安装牢固到位。

2）同一室内并列安装的吊扇开关高度一致，且控制有序，不错位。

（4）壁扇安装应符合下列规定：

1）壁扇下侧边缘距地面高度不小于1.8m。

2）涂层完整，表面无划痕、无污染，防护罩无变形。

11.5 电气照明

11.5.1 槽板配线

1. 主控项目检验

（1）槽板内电线无接头，电线连接设在器具处；槽板与各种器具连接时，电线应留有裕量，器具底座应压住槽板端部。

（2）槽板敷设应紧贴建筑物表面，且横平竖直、固定可靠，严禁用木楔固定；木槽板应经阻燃处理，塑料槽板表面应有阻燃标识。

2. 一般项目检验

（1）木槽板无劈裂，塑料槽板无扭曲变形。槽板底板固定点间距应小于500mm，槽板盖板固定点间距应小于300mm，底板距终端50mm和盖板距终端30mm处应固定。

（2）槽板的底板接口与盖板接口应错开20mm，盖板在直线段和90°转角处应成45°斜口对接，T形分支处应成三角叉接，盖板应无翘角，接口应严密整齐。

（3）槽板穿过梁、墙和楼板处应有保护套管，跨越建筑物变形缝处槽板应设补偿装置，且与槽板结合严密。

11.5.2　钢索配线

1. 主控项目检验

（1）应采用镀锌钢索，不应采用含油芯的钢索。钢索的钢丝直径应小于 0.5mm，钢索不应有扭曲和断股等缺陷。

（2）钢索的终端拉环埋件应牢固可靠，钢索与终端拉环套接处应采用心形环，固定钢索的线卡不应少于两个，钢索端头应用镀锌钢线绑扎紧密，且应接地（PE）或接零（PEN）可靠。

（3）当钢索长度在 50m 及以下时，应在钢索一端装设花篮螺栓紧固；当钢索长度大于 50m 时，应在钢索两端装设花篮螺栓紧固。

2. 一般项目检验

（1）钢索中间吊架间距不应大于 12m，吊架与钢索连接处的吊钩深度不应小于 20mm，并应有防止钢索跳出的锁定零件。

（2）电线和灯具在钢索上安装后，钢索应承受全部负载，且钢索表面应整洁，无锈蚀。

（3）钢索配线的零件间和线间距离应符合表 11-12 的规定。

钢索配线的零件间和线间距离（mm）　　**表 11-12**

配线类别	支持件之间最大距离	支持件与灯头盒之间最大距离
钢管	1500	200
刚性绝缘导管	1000	150
塑料护套线	200	100

11.5.3　普通灯具安装

1. 主控项目检验

（1）灯具的固定应符合下列规定：

1）灯具重量大于 3kg 时，固定在螺栓或预埋吊钩上。

2）软线吊灯，灯具重量在 0.5kg 及以下时，采用软电线自身吊装；大于 0.5kg 的灯具采用吊链，且软电线编叉在吊链内，使电线不受力。

3）灯具固定牢固可靠，不使用木楔。每个灯具固定用螺钉或螺栓不少于两个；当绝缘台直径在 75mm 及以下时，采用 1 个螺钉或螺栓固定。

(2) 花灯吊钩圆钢直径不应小于灯具挂销直径，且不应小于 6mm。大型花灯的固定及悬吊装置，应按灯具重量的两倍做过载试验。

(3) 当钢管作灯杆时，钢管内径不应小于 10mm，钢管壁厚度不应小于 1.5mm。

(4) 固定灯具带电部件的绝缘材料以及提供防触电保护的绝缘材料，应耐燃烧和防明火。

(5) 当设计无要求时，灯具的安装高度和使用电压等级应符合下列规定：

1) 一般敞开式灯具，灯头对地面距离不小于下列数值（采用安全电压时除外）：

① 室外：2.5m（室外墙上安装）。

② 厂房：2.5m。

③ 室内：2m。

④ 软吊线带升降器的灯具在吊线展开后：0.8m。

2) 危险性较大及特殊危险场所，当灯具距地面高度小于 2.4m 时，使用额定电压为 36V 及以下的照明灯具，或有专用保护措施。

(6) 当灯具距地面高度小于 2.4m 时，灯具的可接近裸露导体必须接地（PE）或接零（PEN）可靠，并应有专用接地螺栓，且有标识。

2. 一般项目检验

(1) 引向每个灯具的导线线芯最小截面面积应符合表 11-13 的规定。

导线线芯最小截面积　　　　表 11-13

灯具安装的场所及用途		线芯最小截面积（mm^2）		
		铜芯软线	铜线	铝线
灯头线	民用建筑室内	0.5	0.5	2.5
	工业建筑室内	0.5	1.0	2.5
	室外	1.0	1.0	2.5

（2）灯具的外形、灯头及其接线应符合下列规定：

1）灯具及其配件齐全，无机械损伤、变形、涂层剥落和灯罩破裂等缺陷。

2）软线吊灯的软线两端做保护扣，两端芯线搪锡；当装升降器时，套塑料软管，采用安全灯头。

3）除敞开式灯具外，其他各类灯具灯泡容量在100W及以上者采用瓷质灯头。

4）连接灯具的软线盘扣、搪锡压线，当采用螺口灯头时，相线接于螺口灯头中间的端子上。

5）灯头的绝缘外壳不破损和漏电；带有开关的灯头，开关手柄无裸露的金属部分。

（3）变电所内，高低压配电设备及裸母线的正上方不应安装灯具。

（4）装有白炽灯泡的吸顶灯具，灯泡不应紧贴灯罩；当灯泡与绝缘台间距离小于5mm时，灯泡与绝缘台间应采用隔热措施。

（5）安装在重要场所的大型灯具的玻璃罩，应采取防止玻璃罩破裂后向下溅落的措施。

（6）投光灯的底座及支架应固定牢固，枢轴应沿需要的光轴方向拧紧固定。

（7）安装在室外的壁灯应有泄水孔，绝缘台与墙面之间应有防水措施。

11.5.4　专用灯具安装

1. 主控项目检验

（1）36V及以下行灯变压器和行灯安装必须符合下列规定：

1）行灯电压不大于36V，在特殊潮湿场所或导电良好的地面上以及工作地点狭窄、行动不便的场所行灯电压不大于12V。

2）变压器外壳、铁芯和低压侧的任意一端或中性点，接地（PE）或接零（PEN）可靠。

3）行灯变压器为双圈变压器，其电源侧和负荷侧有熔断器保护，熔丝额定电流分别不应大于变压器一次、二次的额定电流。

4）行灯灯体及手柄绝缘良好，坚固耐热耐潮湿；灯头与灯体结合紧固，灯头无开关，灯泡外部有金属保护网、反光罩及悬吊挂钩，挂钩固定在灯具的绝缘手柄上。

（2）游泳池和类似场所灯具（水下灯及防水灯具）的等电位联结应可靠，且有明显标识，其电源的专用漏电保护装置应全部检测合格。自电源引入灯具的导管必须是绝缘导管，严禁采用金属或有金属护层的导管。

（3）手术台无影灯安装应符合下列规定：

1）固定灯座的螺栓数量不少于灯具法兰底座上的固定孔数，且螺栓直径与底座孔径相适配，螺栓采用双螺母锁固。

2）在混凝土结构上螺栓与主筋相焊接或将螺栓末端弯曲与主盘绑扎锚固。

3）配电箱内装有专用的总开关及分路开关，电源分别接在两条专用的回路上，开关至灯具的电线采用额定电压不低于750V的铜芯多股绝缘电线。

（4）应急照明灯具安装应符合下列规定：

1）应急照明灯的电源除正常电源外，另有一路电源供电；或者是独立于正常电源的柴油发电机组供电；或由蓄电池柜供电；或选用自带电源型应急灯具。

2）应急照明在正常电源断电后，电源转换时间为：疏散照明≤15s；备用照明≤15s（金融交易所≤1.5s）；安全照明≤0.5s。

3）疏散照明由安全出口标志灯和疏散标志灯组成。安全出口标志灯距地高度不低于2m，且安装在疏散出口和楼梯口里侧的上方。

4）疏散标志灯安装在安全出口的顶部，楼梯间、疏散走道及其转角处应安装在1m以下的墙面上。不易安装的部位可安装在上部。疏散通道上的标志灯间距不大于20m（人防工程不大于10m）。

5）疏散标志灯的设置，不影响正常通行，且不在其周围设置容易混同疏散标志灯的其他标志牌等。

6）应急照明灯具，运行中温度大于60℃的灯具，当靠近可燃物时，采取隔热、散热等防火措施。当采用白炽灯、卤钨灯等光源时，不直接安装在可燃装修材料或可燃物件上。

7）应急照明线路在每个防火分区有独立的应急照明回路，穿越不同防火分区的线路有防火隔堵措施。

8）疏散照明线路采用耐火电线、电缆，穿管明敷或在非燃烧体内穿刚性导管暗敷，暗敷保护层厚度不小于30mm。电线采用额定电压不低于750V的铜芯绝缘电线。

（5）防爆灯具安装应符合下列规定：

1）灯具的防爆标志、外壳防护等级和温度级别与爆炸危险环境相适配。当设计无要求时，灯具种类和防爆结构的选型应符合表11-14的规定：

灯具种类和防爆结构的选型　　表11-14

爆炸危险区域防爆结构 照明设备种类	Ⅰ区		Ⅱ区	
	隔爆型 d	增安型 e	隔爆型 d	增安型 e
固定式灯	○	×	○	○
移动式灯	△	—	○	—
携带式电池灯	○	—	○	—
镇流器	○	△	○	○

注：○为适用；△为慎用；×为不适用。

2）灯具配套齐全，不用非防爆零件替代灯具配件（金属护网、灯罩、接线盒等）。

3）灯具的安装位置离开释放源，且不在各种管道的泄压口及排放口上下方安装灯具。

4）灯具及开关安装牢固可靠，灯具吊管及开关与接线盒螺纹啮合扣数不少于5扣，螺纹加工光滑、完整，无锈蚀，并在螺纹上涂以电力复合酯或导电性防锈酯。

5）开关安装位置便于操作，安装高度1.3m。

2. 一般项目检验

（1）36V 及以下行灯变压器和行灯安装应符合下列规定：

1）行灯变压器的固定支架牢固，油漆完整。

2）携带式局部照明灯电线采用橡套软线。

（2）手术台无影灯安装应符合下列规定：

1）底座紧贴顶板，四周无缝隙。

2）表面保持整洁，无污染，灯具镀、涂层完整，无划伤。

（3）应急照明灯具安装应符合下列规定：

1）疏散照明采用荧光灯或白炽灯；安全照明采用卤钨灯，或采用瞬时可靠点燃的荧光灯。

2）安全出口标志灯和疏散标志灯装有玻璃或非燃材料的保护罩，面板亮度、均匀度为 1∶10（最低∶最高），保护罩应完整，无裂纹。

（4）防爆灯具安装应符合下列规定：

1）灯具及开关的外壳完整，无损伤、无凹陷或沟槽，灯罩无裂纹，金属护网无扭曲变形，防爆标志清晰。

2）灯具及开关的紧固螺栓无松动、锈蚀，密封垫圈完好。

11.6 防雷及接地

11.6.1 接闪器安装

1. 主控项目检验

建筑物顶部的避雷针、避雷带等必须与顶部外露的其他金属物体连成一个整体的电气通路，且与避雷引下线连接可靠。

2. 一般项目检验

（1）避雷针、避雷带应位置正确，焊接固定的焊缝饱满，无遗漏，螺栓固定的应备螺帽等防松零件齐全，焊接部分补刷的防腐油漆完整。

（2）避雷带应平正顺直，固定点支持件间距均匀，固定可靠，每个支持件应能承受大于 49N（5kg）的垂直拉力。当设计无要求时，支持件间距符合相关规定。

11.6.2 建筑物等电位联结

1. 主控项目检验。

(1) 建筑物等电位联结干线应从与接地装置有不少于两处直接连接的接地干线或总等电位箱引出，等电位联结干线或局部等电位箱间的连接形成环形网路，环形网路应就近与等电位联结干线或局部等电位箱连接。支线间不应串联连接。

(2) 等电位联结的线路最小允许截面面积应符合表 11-15 的规定：

线路最小允许截面面积 **表 11-15**

材料	截面（mm^2）	
	干线	支线
铜	16	6
钢	50	16

2. 一般项目检验

(1) 等电位联结的可接近裸露导体或其他金属部件、构件与支线连接应可靠，熔焊、钎焊或机械紧固应导通正常。

(2) 需等电位联结的高级装修金属部件或零件，应有专用接线螺栓与等电位联结支线连接，且有标识；连接处螺母紧固，防松零件齐全。

第 12 章　智能建筑工程

12.1　消防系统

消防系统在现代建筑中必不可少，是保障建筑使用安全的必要措施。消防系统工程质量检查是在施工质量得到有效监控的前提下，通过对整个消防喷淋系统、消火栓系统、消防报警系统、防排烟系统、消防电梯、防火卷帘等的调试和观感质量检查。

1. 质量控制要点

（1）在智能建筑工程中，火灾自动报警及消防联动系统的检测应按《火灾自动报警系统施工及验收规范》（GB 50166）的规定执行。

（2）除 GB 50166 中规定的各种联动外，当火灾自动报警及消防联动系统还与其他系统具备联动关系时，其检测按规范规定。

（3）火灾自动报警系统的电磁兼容性防护功能，应符合《消防电子产品环境试验方法和严酷等级》（GB 16838）的有关规定。

（4）检测消防控制室向建筑设备监控系统传输、显示火灾报警信息的一致性和可靠性，检测与建筑设备监控系统的接口、建筑设备监控系统对火灾报警的响应及其火灾运行模式，应采用在现场模拟发出火灾报警信号的方式进行。

（5）检测消防控制室与安全防范系统等其他子系统的接口和通信功能。

（6）检测智能型火灾探测器的数量、性能及安装位置，普通型火灾探测器的数量及安装位置。

（7）新型消防设施的设置情况及动能检测应包括：

1）早用烟雾探测火灾报警系统；

2）大空间早期火灾智能检测系统、大空间红外图像矩阵火灾报警及灭火系统；

3）可燃气体泄漏报警及联动控制系统。

（8）安全防范系统中相应的视频安防监控（录像、录音）系统、门禁系统、停车场（库）管理系统等对火灾报警的响应及火灾模式操作等功能的检测，应采用在现场模拟发出火灾报警信号的方式进行。

2. 质量检验标准

（1）设备、材料进场检验标准。

1）设备、材料及配件进入施工现场应有清单、使用说明书、质量合格证明文件、国家法定质检机构的检验报告等文件。火灾自动报警系统中的强制认证（认可）产品还应有认证（认可）证书和认证（认可）标识。

检查数量：全数检查。

检验方法：查验相关材料。

2）火灾自动报警系统的主要设备应是通过国家认证（认可）的产品。产品名称、型号、规格应与检验报告一致。

检查数量：全数检查。

检验方法：核对认证（认可）证书，检验报告与产品。

3）火灾自动报警系统中非国家强制认证（认可）的产品名称、型号、规格应与检验报告一致。

检查数量：全数检查。

检验方法：核对检验报告与产品。

4）火灾自动报警系统设备及配件表面应无明显划痕、毛刺等机械损伤，紧固部位应无松动。

检查数量：全数检查。

检验方法：观察检查。

5）火灾自动报警系统设备及配件的规格、型号应符合设计要求。

检查数量：全数检查。

检验方法：核对相关资料。

（2）安装检验标准：

1）布线。

① 火灾自动报警系统的布线，应符合现行国家标准《建筑电气装置工程施工质量验收规范》（GB 50303）的规定。

检查数量：全数检查。

检验方法：观察检查。

② 火灾自动报警系统布线时，应根据现行国家标准《火灾自动报警系统设计规范》（GB 50116）的规定，对导线的种类、电压等级进行检查。

检查数量：全数检查。

检验方法：观察检查。

③ 在管内或线槽内的布线，应在建筑抹灰及地面工程结束后进行，管内或线槽内不应有积水及杂物。

检查数量：全数检查。

检验方法：观察检查。

④ 火灾自动报警系统应单独布线，系统内不同电压等级、不同电流类别的线路，不应布在同一管内或线槽的同一槽孔内。

检查数量：全数检查。

检验方法：观察检查。

⑤ 导线在管内或线槽内，不应有接头或扭结。导线的接头，应在接线盒内焊接或用端子连接。

检查数量：全数检查。

检验方法：观察检查。

⑥ 从接线盒、线槽等处引到探测器底座、控制设备、扬声器的线路，当采用金属软管保护时，其长度不应大于 2m。

检查数量：全数检查。

检验方法：尺量、观察检查。

⑦ 敷设在多尘或潮湿场所管路的管口和管子连接处，均应做好密封处理。

检查数量：全数检查。

检验方法：观察检查。

⑧ 管路超过下列长度时，应在便于接线处装设接线盒：

a. 管子长度每超过 30m，无弯曲时。

b. 管子长度每超过 20m，有 1 个弯曲时。

c. 管子长度每超过 10m，有 2 个弯曲时。

d. 管子长度每超过 8m，有 3 个弯曲时。

检查数量：全数检查。

检验方法：尺量、观察检查。

⑨ 金属管子入盒，盒外侧应套锁母，内侧应装护口；在吊顶内敷设时，盒的内外侧均应套锁母。塑料管入盒应采取相应固定措施。

检查数量：全数检查。

检验方法：观察检查。

⑩ 明敷设各类管路和线槽时，应采用单独的卡具吊装或支撑物固定。吊装线槽或管路的吊杆直径不应小于 6mm。

检查数量：全数检查。

检验方法：尺量、观察检查。

⑪ 线槽敷设时，应在下列部位设置吊点或支点：

a. 线槽始端、终端及接头处。

b. 距接线盒 0.2m 处。

c. 线槽转角或分支处。

d. 直线段不大于 3m 处。

检查数量：全数检查。

检验方法：尺量、观察检查。

⑫ 线槽接口应平直、严密，槽盖应齐全、平整，无翘角。并列安装时，槽盖应便于开启。

检查数量：全数检查。

检验方法：观察检查。

⑬ 管线经过建筑物的变形缝（包括沉降缝、伸缩缝、抗震

缝等）处，应采取补偿措施，导线跨越变形缝的两侧应固定，并留有适当余量。

检查数量：全数检查。

检验方法：观察检查。

⑭ 火灾自动报警系统导线敷设后，应用 500V 兆欧表测量每个回路导线对地的绝缘电阻，该绝缘电阻值不应小于 20MΩ。

检查数量：全数检查。

检验方法：兆欧表测量。

⑮ 同一工程中的导线，应根据不同用途选不同颜色加以区分，相同用途的导线颜色应一致。电源线正极应为红色，负极应为蓝色或黑色。

检查数量：全数检查。

检验方法：观察检查。

2）控制器类设备的安装。

① 火灾报警控制器、可燃气体报警控制器、区域显示器、消防联动控制器等控制器类设备（以下称控制器）在墙上安装时，其底边距地（楼）面高度宜为 1.3～1.5m，其靠近门轴的侧面距墙不应小于 0.5m，正面操作距离不应小于 1.2m；落地安装时，其底边宜高出地（楼）面 0.1～0.2m。

检查数量：全数检查。

检验方法：尺量、观察检查。

② 控制器应安装牢固，不应倾斜；安装在轻质墙上时，应采取加固措施。

检查数量：全数检查。

检验方法：观察检查。

③ 引入控制器的电缆或导线，应符合下列要求：

a. 配线应整齐，不宜交叉，并应固定牢靠；

b. 电缆芯线和所配导线的端部，均应标明编号，并与图纸一致，字迹应清晰且不易褪色；

c. 端子板的每个接线端，接线不得超过两根；

d. 电缆芯和导线，应留有不小于200mm的裕量；

e. 导线应绑扎成束；

f. 导线穿管、线槽后，应将管口、槽口封堵。

检查数量：全数检查。

检验方法：尺量、观察检查。

④ 控制器的主电源应有明显的永久性标志，并应直接与消防电源连接，严禁使用电源插头。控制器与其外接备用电源之间应直接连接。

检查数量：全数检查。

检验方法：观察检查。

⑤ 控制器的接地应牢固，并有明显的永久性标志。

检查数量：全数检查。

检验方法：观察检查。

3）火灾探测器安装。

① 点型感烟、感温火灾探测器的安装，应符合下列要求：

a. 探测器至墙壁、梁边的水平距离，不应小于0.5m；

b. 探测器周围水平距离0.5m内，不应有遮挡物；

c. 探测器至空调送风口最近边的水平距离，不应小于1.5m；至多孔送风顶棚孔口的水平距离，不应小于0.5m；

d. 在宽度小于3m的内走道顶棚上安装探测器时，宜居中安装。点型感温火灾探测器的安装间距，不应超过10m；点型感烟火灾探测器的安装间距，不应超过15m。探测器至端墙的距离，不应大于安装间距的一半；

e. 探测器宜水平安装，当确需倾斜安装时，倾斜角不应大于45°。

检查数量：全数检查。

检验方法：尺量、观察检查。

② 线型红外光束感烟火灾探测器的安装，应符合下列要求：

a. 当探测区域的高度不大于20m时，光束轴线至顶棚的垂直距离宜为0.3～1.0m；当探测区域的高度大于20m时，光束轴线距探测区域的地（楼）面高度不宜超过 20m；

b. 发射器和接收器之间的探测区域长度不宜超过 100m；

c. 相邻两组探测器的水平距离不应大于 14m。探测器至侧墙水平距离不应大于 7m，且不应小于 0.5m；

d. 发射器和接收器之间的光路上应无遮挡物或干扰源；

e. 发射器和接收器应安装牢固，并不应产生位移。

检查数量：全数检查。

检验方法：尺量、观察检查。

③ 缆式线型感温火灾探测器在电缆桥架、变压器等设备上安装时，宜采用接触式布置；在各种皮带输送装置上敷设时，宜敷设在装置的过热点附近。

检查数量：全数检查。

检验方法：观察检查。

④ 敷设在顶棚下方的线型差温火灾探测器，至顶棚距离宜为 0.1m，相邻探测器之间水平距离不宜大于 5m；探测器至墙壁距离宜为 1～1.5m。

检查数量：全数检查。

检验方法：尺量、观察检查。

⑤ 可燃气体探测器的安装应符合下列要求：

a. 安装位置应根据探测气体密度确定。若其密度小于空气密度，探测器应位于可能出现泄漏点的上方或探测气体的最高可能聚集点上方；若其密度大于或等于空气密度，探测器应位于可能出现泄漏点的下方；

b. 在探测器周围应适当留出更换和标定的空间；

c. 在有防爆要求的场所，应按防爆要求施工；

d. 线型可燃气体探测器在安装时，应使发射器和接收器的窗口避免日光直射，且在发射器与接收器之间不应有遮挡物，两组探测器之间的距离不应大于 14m。

检查数量：全数检查。

检验方法：尺量、观察检查。

⑥ 通过管路采样的吸气式感烟火灾探测器的安装应符合下列要求：

a. 采样管应固定牢固；

b. 采样管（含支管）的长度和采样孔应符合产品说明书的要求；

c. 非高灵敏度的吸气式感烟火灾探测器不宜安装在顶棚高度大于16m的场所；

d. 高灵敏度吸气式感烟火灾探测器在设为高灵敏度时可安装在顶棚高度大于16m的场所，并保证至少有两个采样孔低于16m；

e. 安装在大空间时，每个采样孔的保护面积应符合点型感烟火灾探测器的保护面积要求。

检查数量：全数检查。

检验方法：尺量、观察检查。

⑦ 点型火焰探测器和图像型火灾探测器的安装应符合下列要求：

a. 安装位置应保证其视场角覆盖探测区域；

b. 与保护目标之间不应有遮挡物；

c. 安装在室外时应有防尘、防雨措施。

检查数量：全数检查。

检验方法：观察检查。

⑧ 探测器的底座应安装牢固，与导线连接必须可靠压接或焊接。当采用焊接时，不应使用带腐蚀性的助焊剂。

检查数量：全数检查。

检验方法：观察检查。

⑨ 探测器底座的连接导线，应留有不小于150mm的裕量，且在其端部应有明显标志。

检查数量：全数检查。

检验方法：尺量、观察检查。

⑩ 探测器底座的穿线孔宜封堵，安装完毕的探测器底座应

采取保护措施。

检查数量：全数检查。

检验方法：观察检查。

⑪ 探测器报警确认灯应朝向便于人员观察的主要入口方向。

检查数量：全数检查。

检验方法：观察检查。

⑫ 探测器在即将调试时方可安装，在调试前应妥善保管并应采取防尘、防潮、防腐蚀措施。

检查数量：全数检查。

检验方法：观察检查。

4）手动火灾报警按钮安装。

① 手动火灾报警按钮应安装在明显和便于操作的部位。当安装在墙上时，其底边距地（楼）面高度宜为1.3～1.5m。

检查数量：全数检查。

检验方法：尺量、观察检查。

② 手动火灾报警按钮应安装牢固，不应倾斜。

检查数量：全数检查。

检验方法：尺量、观察检查。

③ 手动火灾报警按钮的连接导线应留有不小于150mm的裕量，且在其端部应有明显标志。

检查数量：全数检查。

检验方法：尺量、观察检查。

5）消防电气控制装置安装。

① 消防电气控制装置在安装前，应进行功能检查，不合格者严禁安装。

检查数量：全数检查。

检验方法：观察检查。

② 消防电气控制装置外接导线的端部，应有明显的永久性标志。

检查数量：全数检查。

检验方法：观察检查。

③ 消防电气控制装置箱体内不同电压等级、不同电流类别的端子应分开布置，并应有明显的永久性标志。

检查数量：全数检查。

检验方法：观察检查。

④ 消防电气控制装置应安装牢固，不应倾斜；安装在轻质墙上时，应采取加固措施。消防电气控制装置在消防控制室内安装时，还应符合相关标准的要求。

检查数量：全数检查。

检验方法：观察检查。

6）模块安装。

① 同一报警区域内的模块宜集中安装在金属箱内。

检查数量：全数检查。

检验方法：观察检查。

② 模块（或金属箱）应独立支撑或固定，安装牢固，并应采取防潮、防腐蚀等措施。

检查数量：全数检查。

检验方法：观察检查。

③ 模块的连接导线应留有不小于150mm的裕量，其端部应有明显标志。

检查数量：全数检查。

检验方法：尺量、观察检查。

④ 隐蔽安装时在安装处应有明显的部位显示和检修孔。

检查数量：全数检查。

检验方法：观察检查。

7）火灾应急广播扬声器和火灾警报装置安装。

① 火灾应急广播扬声器和火灾警报装置安装应牢固可靠，表面不应有破损。

检查数量：全数检查。

检验方法：观察检查。

② 火灾光警报装置应安装在安全出口附近明显处，距地面1.8m以上。光警报器与消防应急疏散指示标志不宜安装在同一面墙上，若安装在同一面墙上时，距离应大于1m。

检查数量：全数检查。

检验方法：尺量、观察检查。

③ 扬声器和火灾声警报装置宜在报警区域内均匀安装。

8）消防专用电话安装。

① 消防电话、电话插孔、带电话插孔的手动报警按钮宜安装在明显、便于操作的位置；当在墙面上安装时，其底边距地（楼）面高度宜为1.3～1.5m。

检查数量：全数检查。

检验方法：尺量、观察检查。

② 消防电话和电话插孔应有明显的永久性标志。

检查数量：全数检查。

检验方法：观察检查。

9）消防设备应急电源安装。

① 消防设备应急电源的电池应安装在通风良好地方，当安装在密封环境中时应有通风装置。

检查数量：全数检查。

检验方法：观察检查。

② 酸性电池不得安装在带有碱性介质的场所，碱性电池不得安装在带酸性介质的场所。

检查数量：全数检查。

检验方法：观察检查。

③ 消防设备应急电源不应安装在靠近带有可燃气体的管道、仓库、操作间等场所。

检查数量：全数检查。

检验方法：观察检查。

④ 单相供电额定功率大于30kW、三相供电额定功率大于120kW的消防设备应安装独立的消防应急电源。

检查数量：全数检查。

检验方法：观察检查。

⑤ 交流供电和36V以上直流供电的消防用电设备的金属外壳应有接地保护，接地线应与电气保护接地干线（PE）相连接。

检查数量：全数检查。

检验方法：观察检查。

⑥ 接地装置施工完毕后，应按规定测量接地电阻，并做好记录。

检查数量：全数检查。

检验方法：仪表测量。

12.2 安防系统

智能安防系统可以简单理解为图像的传输和存储、数据的存储和处理准确而选择性操作的技术系统。就智能化安防系统来说，一个完整的智能安防系统主要包括门禁、报警和监控三大部分。

1. 质量控制要点

（1）安全防范系统综合防范功能检测。

（2）视频安防监控系统的检测。

（3）入侵报警系统（包括周界入侵报警系统）的检测。

（4）出入口控制（门禁）系统的检测。

（5）巡更管理系统的检测。

（6）停车场（库）管理系统的检测。

（7）安全防范综合管理系统的检测。

2. 质量检验标准

（1）安全防范系统综合防范功能检测包括：

1）防范范围、重点防范部位和要害部门的设防情况、防范功能，以及安防设备的运行是否达到设计要求，有无防范盲区。

2）各种防范子系统之间的联动是否达到设计要求。

3）监控中心系统记录（包括监控的图像记录和报警记录）

的质量和保存时间是否达到设计要求。

4）安全防范系统与其他系统进行系统集成时，应检查系统的接口、通信功能和传输的信息等是否达到设计要求。

（2）视频安防监控系统的检测内容：

1）系统功能检测：云台转动，镜头、光圈的调节，调焦、变倍，图像切换，防护罩。

2）图像质量检测：在摄像机的标准照度下进行图像的清晰度及抗干扰能力的检测。

3）系统整体功能检测：功能检测应包括视频安防监控系统的监控范围、现场设备的接入率及完好率；矩阵监控主机的切换、控制、编程、巡检、记录等功能；对数字视频录像式监控系统还应检查主机死机记录、图像显示和记录速度、图像质量、对前端设备的控制功能以及通信接口功能、远端联网功能等；对数字硬盘录像监控系统除检测其记录速度外，还应检测记录的检索、回放等功能。

4）系统联动功能检测：联动功能检测应包括与出入口管理系统、入侵报警系统、巡更管理系统、停车场（库）管理系统等的联动控制功能。

5）视频安防监控系统的图像记录保存时间应满足管理要求。

（3）入侵报警系统（包括周界入侵报警系统）的检测内容：

1）探测器的盲区检测，防动物功能检测。

2）探测器的防破坏功能检测应包括报警器的防拆报警功能，信号线开路、短路报警功能，电源线被剪的报警功能。

3）探测器灵敏度检测。

4）系统控制功能检测应包括系统的撤防、布防功能，关机报警功能，系统后备电源自动切换功能等。

5）系统通信功能检测应包括报警信息传输、报警响应功能。

6）现场设备的接入率及完好率测试。

7）系统的联动功能检测应包括报警信号对相关报答现场照明系统的自动触发、对监控摄像机的自动启动、视频安防监视画面的自动调入，相关出入口的自动启闭，录像设备的自动启动等。

8）报警系统管理软件（含电子地图）功能检测。

9）报警信号联网上传功能的检测。

10）报警系统报警事件存储记录的保存时间应满足管理要求。

（4）出入口控制（门禁）系统的检测内容：

1）系统的功能检测。

① 系统主机在离线的情况下，出入口（门禁）控制器独立工作的准确性、实时性和储存信息的功能。

② 系统主机对出入口（门禁）控制器在线控制时，出入口（门禁）控制器工作的准确性、实时性和储存信息的功能，以及出入口（门禁）控制器和系统主机之间的信息传输功能。

③ 检测掉电后，系统启用备用电源应急工作的准确性、实时性和信息的存储和恢复能力。

④ 通过系统主机、出入口（门禁）控制器及其他控制终端，实时监控出入控制点的人员状况。

⑤ 系统对非法强行入侵及时报警的能力。

⑥ 检测本系统与消防系统报警时的联动功能。

⑦ 现场设备的接入率及完好率测试。

⑧ 出入口管理系统的数据存储记录保存时间应满足管理要求。

2）系统的软件检测：

① 演示软件的所有功能，以证明软件功能与任务书或合同书要求一致。

② 根据需求说明书中规定的性能要求，包括时间、适应性、稳定性等以及图形化界面友好程度，对软件逐项进行测试。

③ 对软件系统操作的安全性进行测试，如系统操作人员的分级授权、系统操作人员操作信息的存储记录等。

④ 在软件测试的基础上，对被验收的软件进行综合评审，给出综合评审结论，包括：软件设计与需求的一致性、程序与软件设计的一致性、文档（含软件培训、教材和说明书）描述

与程序的一致性、完整性、准确性和标准化程度等。

12.3 综合布线系统

综合布线系统就是为了顺应发展需要而特别设计的一套布线系统。对于现代化的大楼来说，就如体内的神经，它采用了一系列高质量的标准材料，以模块化的组合方式，把语音、数据、图像和部分控制信号系统用统一的传输媒介进行综合，经过统一的规划设计，综合在一套标准的布线系统中，将现代建筑的三大子系统有机地连接起来，为现代建筑的系统集成提供了物理介质。可以说，结构化布线系统的成功与否直接关系到现代化的大楼的成败，选择一套高品质的综合布线系统是至关重要的。

1. 质量控制要点

（1）缆线敷设和终接应对以下项目进行检测：

1）缆线的弯曲半径；

2）预埋线槽和暗管的敷设；

3）电源线与综合布线系统缆线应分隔布放，缆线间的最小净距应符合设计要求；

4）建筑物内电、光缆暗管敷设及与其他管线之间的最小净距；

5）对绞电缆芯线终接；

6）光纤连接损耗值。

（2）建筑群子系统采用架空、管道、直埋敷设电、光缆的检测要求应按照本地网通信线路工程验收的相关规定执行。

（3）机柜、机架、配线架安装的检测应符合以下要求：

1）卡入配线架连接模块内的单根线缆色标应和线缆的色标相一致，大对数电缆按标准色谱的组合规定进行排序。

2）端接于RJ45口的配线架的线序及排列方式按有关国际标准规定的两种端接标准（T568A或T568B）之一进行端接，但必须与信息插座模块的线序排列使用同一种标准。

（4）信息插座安装在活动地板或地面上时，接线盒应严密，防水、防尘。

2. 质量检验标准

(1) 综合布线系统性能检测应采用专用测试仪器对系统的各条链路进行检测，并对系统的信号传输技术指标及工程质量进行评定。

(2) 综合布线系统性能检测时，光纤布线应全部检测，检测对绞电缆布线链路时，以不低于10%的比例进行随机抽样检测，抽样点必须包括最远布线点。

(3) 系统性能检测合格判定应包括单项合格判定和综合合格判定。

1) 单项合格判定如下：

① 对绞电缆布线某一个信息端口及其水平布线电缆（信息点）按GB/T 50312中附录B的指标要求，有一个项目不合格，则该信息点判为不合格；垂直布线电缆某线对按连通性、长度要求、衰减和串扰等进行检测，有一个项目不合格，则判该线为不合格。

② 光缆布线测试结果不满足GB/T 50312中附录C的指标要求，则该光纤链路判为不合格。

③ 允许未通过检测的信息点、线对、光纤链路经修复后复检。

2) 综合合格判定如下：

① 光缆布线检测时，如果系统中有一条光纤链路无法修复，则判为不合格。

② 对绞电缆布线抽样检测时，被抽样检测点（线对）不合格比例不大于1%，则视为抽样检测通过；不合格点（线对）必须予以修复并复验。被抽样检测点（线对）不合格比例大于1%，则视为一次抽样检测不通过，应进行加倍抽样；加倍抽样不合格比例不大于1%，则视为抽样检测通过。如果不合格比例仍大于1%，则视为抽样检测不通过，应进行全部检测，并按全部检测的要求进行判定。

③ 对绞电缆布线全部检测时，如果有下面两种情况之一时则判为不合格：无法修复的信息点数目超过信息点总数的1%；不合格线对数目超过线对总数的1%。

④ 全部检测或抽样检测的结论为合格，则系统检测合格；否则，为不合格。

（4）采用计算机进行综合布线系统管理和维护时，应按下列内容进行检测：

1）中文平台、系统管理软件。

2）显示所有硬件设备及其楼层平面图。

3）显示干线子系统和配线子系统的元件位置。

4）实时显示和登录各种硬件设施的工作状态。

12.4 智能化集成系统

智能化集成系统集成是指将各智能化子系统有机地连接起来，使它们相互间可以进行通信和协作，即实现子系统间资源的高度共享和任务全局一体化的综合管理，从而提高对建筑物的综合管理能力。

1. 质量控制要点

（1）系统集成工程的实施必须按已批准的设计文件和施工图进行。

（2）系统集成调试完成后，应进行系统自检，并填写系统自检报告。

（3）系统集成调试完成，经与工程建设方协商后可投入系统试运行，投入试运行后应由建设单位或物业管理单位派出的管理人员和操作人员认真做好值班运行记录，并保存试运行的全部历史数据。

（4）系统集成的检测应在建筑设备监控系统、安全防范系统、火灾自动报警及消防联动系统、通信网络系统、信息网络系统和综合布线系统检测完成，系统集成完成调试并经过1个月试运行后进行。

(5) 系统集成检测时应提供以下过程质量记录：

1) 硬件和软件进场检验记录；

2) 系统测试记录；

3) 系统试运行记录。

(6) 系统集成的检测应包括接口检测、软件检测、系统功能及性能检测、安全检测等内容。

2. 质量检验标准

(1) 子系统之间的硬线连接、串行通信连接、专用网关（路由器）接口连接等应符合设计文件、产品标准和产品技术文件或接口规范的要求，检测时应全部检测，100%合格为检测合格。

(2) 检查系统数据集成功能时，应在服务器和客户端分别进行检查，各系统的数据应在服务器统一界面下显示，界面应汉化和图形化，数据显示应准确，响应时间等性能指标应符合设计要求。对各子系统应全部检测，100%合格为检测合格。

(3) 系统集成的整体指挥协调能力。

系统的报警信息及处理、设备连锁控制功能应在服务器和有操作权限的客户端检测。对各子系统应全部检测，每个子系统检测数量为子系统所含设备数量的20%，抽检项目100%合格为检测合格。

应急状态的联动逻辑的检测方法为：

1) 在现场模拟火灾信号，在操作员站观察报警和做出判断情况，记录视频安防监控系统、门禁系统、紧急广播系统、空调系统、通风系统和电梯及自动扶梯系统的联动逻辑是否符合设计文件要求。

2) 在现场模拟非法侵入（越界或入户），在操作员站观察报警和作出判断情况，记录视频安防监控系统、门禁系统、紧急广播系统和照明系统的联动逻辑是否符合设计文件要求。

3) 系统集成商与用户商定的其他方法。

以上联动情况应做到安全、正确、及时和无冲突。符合设计要求的为检测合格，否则为检测不合格。

（4）系统集成的综合管理功能、信息管理和服务功能的检测应符合有关规范，并根据合同技术文件的有关要求进行。检测的方法，应通过现场实际操作使用，运用案例验证满足功能需求的方法来进行。

（5）视频图像接入时，显示应清晰，图像切换应正常，网络系统的视频传输应稳定、无拥塞。

（6）系统集成的冗余和容错功能（包括双机备份及切换、数据库备份、备用电源及切换和通信链路冗余切换）、故障自诊断，事故情况下的安全保障措施的检测应符合设计文件要求。

（7）系统集成不得影响火灾自动报警及消防联动系统的独立运行，应对其系统相关性进行连带测试。

（8）对工程实施及质量控制记录进行审查，要求真实、准确、完整。

12.5　电源与接地

智能建筑工程中的智能化系统电源、防雷及接地系统是保护系统避免雷击的重要手段，同时也避免人员在使用系统时因漏电而引起的触电事故。

1. 质量控制要点

（1）智能化系统应引接依《建筑电气安装工程施工质量验收规范》（GB 50303）验收合格的公用电源。

（2）智能化系统自主配置的稳流稳压、不间断电源装置的检测，应执行（GB 50303）中有关规定。

（3）智能化系统自主配置的应急发电机组的检测，应执行（GB 50303）中有关规定。

（4）智能化系统自主配置的蓄电池组及充电设备的检测，应执行（GB 50303）中有关规定。

（5）智能化系统主机房集中供电专用电源设备、各楼层设置用户电源箱的安装质量检测，应执行（GB 50303）中有关规定。

（6）智能化系统主机房集中供电专用电源线路的安装质量

检测，应执行（GB 50303）中有关规定。

（7）智能化系统自主配置的稳流稳压、不间断电源装置的检测，应执行（GB 50303）中有关规定。

（8）智能化系统自主配置的应急发电机组的检测，应执行（GB 50303）中有关规定。

（9）智能化系统主机房集中供电专用电源设备、各楼层设置用户电源箱的安装检测人应执行（GB 50303）中有关规定。

（10）智能化系统主机房集中供电专用电源线路的安装质量检测，应执行（GB 50303）中有关规定。

2. 质量检验标准

（1）人工接地装置或利用建筑物基础钢筋的接地装置必须在地面以上按设计要求位置设测试点。

（2）测试接地装置的接地电阻值必须符合设计要求。

（3）防雷接地的人工接地装置的接地干线埋设，经人行通道处的深度不应小于 1m，且应采取均压措施或在其上方铺设卵石或沥青地面。

（4）接地模块顶面埋深不应小于 0.6m，接地模块间距不应小于模块长度的 3～5 倍。接地模块埋设基坑，一般为模块外形尺寸的 1.2～1.4 倍，且在开挖深度内详细记录地层情况。

（5）接地模块应垂直或水平就位，不应倾斜设置，保持与原土层接触良好。

（6）当设计无要求时，接地装置顶面埋设深度不应小于 0.6m。圆钢、角钢及钢管接地极应垂直埋入地下，间距不应小于 5m。接地装置的焊接应采用搭接焊，搭接长度应符合下列规定：

1）扁钢与扁钢搭接为扁钢宽度的两倍，不少于三面施焊。

2）圆钢与圆钢搭接为圆钢直径的六倍，双面施焊。

3）圆钢与扁钢搭接为圆钢直径的六倍，双面施焊。

4）扁钢与钢管，扁钢与角钢焊接，紧贴角钢外侧两面，或紧贴 3/4 钢管表面，上下两侧施焊。

5）除埋设在混凝土中的焊接接头外，有防腐措施。

（7）当设计无要求时，接地装置的材料采用为钢材，热浸镀锌处理，最小允许规格尺寸应符合表 12-1 的规定。

接地装置最小允许规格尺寸　　　　表 12-1

种类、规格及单位		敷设位置及使用类别			
		地上		地下	
		室内	室外	交流电流回路	直流电流回路
圆钢直径（mm）		6	8	10	12
扁钢	截面（mm^2）	60	100	100	100
	厚度（mm）	3	4	4	6
角钢厚度（mm）		2	2.5	4	6
钢管管壁厚度（mm）		2	2.5	3.5	4.5

（8）接地模块应集中引线，用干线把接地模块并联焊接成一个环路，干线的材质与接地模块焊接点的材质应相同，钢制的采用热浸镀锌扁钢，引出线不少于两处。

第13章 通风与空调工程

13.1 风管制作

1. 质量控制要点

（1）风管制作质量的验收，按设计图纸与本规范的规定执行。工程中所选用的外购风管，还必须提供相应的产品合格证明文件或进行强度和严密性的验证，符合要求的方可使用。

（2）通风管道规格的验收，风管以外径或外边长为准，风道以内径或内边长为准。通风管道的规格按照表13-1、表13-2的规定。圆形风管应优先采用基本系列。非规则椭圆形风管参照矩形风管，并以长径平面边长及短径尺寸为准。

圆形风管规格（mm） **表13-1**

基本系列	辅助系列	基本系列	辅助系列
100	80	250	240
	90	280	260
120	110	320	300
140	130	360	340
160	150	400	380
180	170	450	420
200	190	500	480
220	210	560	530
630	600	1250	1180
700	670	1400	1320
800	750	1600	1500
900	850	1800	1700
1000	950	2000	1900
1120	1060		

矩形风管规格（mm）　　表 13-2

风管边长				
120	320	800	2000	4000
160	400	1000	2500	—
200	500	1250	3000	—
250	630	1600	3500	—

（3）镀锌钢板及各类含有复合保护层的钢板，应采用咬口连接或铆接，不得采用影响其保护层防腐性能的焊接连接方法。

（4）风管的密封，应以板材连接的密封为主，可采用密封胶嵌缝和其他方法密封。密封胶性能应符合使用环境的要求，密封面宜设在风管的正压侧。

2．质量检验标准

（1）金属风管的材料品种、规格、性能与厚度等应符合设计要求和现行国家产品标准的规定。当设计无规定时，应按规范执行。钢板或镀锌钢板的厚度不得小于表 13-3 的规定，铝板的厚度不得小于表 13-4 的规定。

高、中、低压系统不锈钢板风管板材厚度（mm）　　表 13-3

风管直径或长边尺寸 b	不锈钢板厚度
$b\leqslant 500$	0.5
$500<b\leqslant 1120$	0.75
$1120<b\leqslant 2000$	1.0
$2000<b\leqslant 4000$	1.2

中、低压系统铝板风管板材厚度（mm）　　表 13-4

风管直径或长边尺寸 b	铝板厚度
$b\leqslant 320$	1.0
$320<b\leqslant 630$	1.5
$630<b\leqslant 2000$	2.0
$2000<b\leqslant 4000$	按设计

检查数量：按材料与风管加工批数量抽查10%，不得少于5件。

检查方法：查验材料质量合格证明文件、性能检测报告，尺量、观察检查。

（2）非金属风管的材料品种、规格、性能与厚度等应符合设计要求和现行国家产品标准的规定。当设计无规定时，应按规范执行。硬聚氯乙烯风管板材的厚度，不得小于表13-5或表13-6的规定；有机玻璃钢风管板材的厚度，不得小于表13-7的规定；无机玻璃钢风管板材的厚度应符合表13-8的规定，相应的玻璃布层数不应少于表13-9的规定，其表面不得出现返卤或严重泛霜。

用于高压风管系统的非金属风管厚度应按设计规定。

中、低压系统硬聚氯乙烯圆形风管板材厚度（mm） **表13-5**

风管直径 D	板材厚度
$D \leqslant 320$	3.0
$320 < D \leqslant 630$	4.0
$630 < D \leqslant 1000$	5.0
$1000 < D \leqslant 2000$	6.0

中、低压系统硬聚氯乙烯矩形风管板材厚度（mm） **表13-6**

风管长边尺寸 b	板材厚度	
$b \leqslant 320$	3.0	
$320 < b \leqslant 500$	4.0	
$500 < b \leqslant 800$	5.0	
$800 < b \leqslant 1250$	6.0	
$1250 < b \leqslant 2000$	8.0	

中、低压系统有机玻璃钢风管板材厚度（mm） **表13-7**

圆形风管直径 D 或矩形风管长边尺寸 b	壁厚
$D\ (b) \leqslant 200$	2.5
$200 < D\ (b) \leqslant 400$	3.2
$400D < (b) \leqslant 630$	4.0
$630D < (b) \leqslant 1000$	4.8
$1000D < (b) \leqslant 2000$	6.2

中、低压系统无机玻璃钢风管板材厚度（mm）　　表 13-8

圆形风管直径 D 或矩形风管长边尺寸 b	壁厚
D(b)≤300	2.5～3.5
300<D(b)≤500	3.5～4.5
500<D(b)≤1000	4.5～5.5
1000<D(b)≤1500	5.5～6.5
1500<D(b)≤2000	6.5～7.5
D(b)>2000	7.5～8.5

中、低压系统无机玻璃钢风管玻璃纤维布厚度与层数（mm）

表 13-9

圆形风管直径 D 或矩形风管长边 b	风管管体玻璃纤维布厚度		风管法兰玻璃纤维布厚度	
	0.3	0.4	0.3	0.4
	玻璃布层数			
D(b)≤300	5	4	8	7
300<D(b)≤500	7	5	10	8
500<D(b)≤1000	8	6	13	9
1000<D(b)≤1500	9	7	14	10
1500<D(b)≤2000	12	8	16	14
D(b)>2000	14	9	20	16

检查数量：按材料与风管加工批数量抽查 10%，不得少于 5 件。

检查方法：查验材料质量合格证明文件、性能检测报告，尺量、观察检查。

（3）防火风管的本体、框架与固定材料、密封垫料必须为不燃材料，其耐火等级应符合设计的规定。

检查数量：按材料与风管加工批数量抽查 10%，不应少于 5 件。

检查方法：查验材料质量合格证明文件、性能检测报告，观察检查与点燃试验。

（4）复合材料风管的覆面材料必须为不燃材料，内部的绝热材料应为不燃或难燃 B1 级，且对人体无害的材料。

检查数量：按材料与风管加工批数量抽查 10%，不应少于 5 件。

检查方法：查验材料质量合格证明文件、性能检测报告，观察检查与点燃试验。

（5）风管必须通过工艺性的检测或验证，其强度和严密性要求应符合设计或下列规定：

① 风管的强度应能满足在 1.5 倍工作压力下接缝处无开裂；

② 矩形风管的允许漏风量应符合以下规定：

低压系统风管 $Q_L \leqslant 0.1056P^{0.65}$

中压系统风管 $Q_M \leqslant 0.0352P^{0.65}$

高压系统风管 $Q_H \leqslant 0.0117P^{0.65}$

式中 Q_L、Q_M、Q_H——系统风管在相应工作压力下，单位面积风管单位时间内的允许漏风量 [$m^3/(h \cdot m^2)$]；

P——指风管系统的工作压力（P_a）。

③ 低压、中压圆形金属风管、复合材料风管以及采用非法兰形式的非金属风管的允许漏风量，应为矩形风管规定值的 50%。

④ 砖、混凝土风道的允许漏风量不应大于矩形低压系统风管规定值的 1.5 倍。

⑤ 排烟、除尘、低温送风系统按中压系统风管的规定，1～5 级净化空调系统按高压系统风管的规定。

检查数量：按风管系统的类别和材质分别抽查，不得少于 3 件及 $15m^2$。

检查方法：检查产品合格证明文件和测试报告，或进行风管强度和漏风量测试。

（6）金属风管的连接应符合下列规定：

① 风管板材拼接的咬口缝应错开，不得有十字形拼接缝。

② 金属风管法兰材料规格不应小于表 13-10 或表 13-11 的规

定。中、低压系统风管法兰的螺栓及铆钉孔的孔距不得大于150mm，高压系统风管不得大于100mm。矩形风管法兰的四角部应设有螺孔。

当采用加固方法提高了风管法兰部位的强度时，其法兰材料规格相应的使用条件可适当放宽。

无法连接风管的薄钢板法兰高度应参照金属法兰风管的规定执行。

金属圆形风管法兰及螺栓规格（mm） **表 13-10**

风管直径 D	法兰材料规格		螺栓规格
	扁钢	角钢	
D140	20×4	—	M6
140＜D≤280	25×4	—	
280＜D≤630	—	25×3	
630＜D≤1250	—	30×4	M8
1250＜D≤2000	—	40×4	

金属矩形风管法兰及螺栓规格（mm） **表 13-11**

风管长边尺寸 b	法兰材料规格（角钢）	螺栓规格
b≤630	25×3	M6
630＜b≤1500	30×3	M8
1500＜b≤2500	40×4	
2500＜b≤4000	50×5	M10

检查数量：按加工批数量抽查5%，不得少于5件。

检查方法：尺量、观察检查。

（7）非金属（硬聚氯乙烯，有机、无机玻璃钢）风管的连接还应符合下列规定：

① 法兰的规格应分别符合表13-12～表13-14的规定，其螺栓孔的间距不得大于120mm；矩形风管法兰的四角处，应设有螺孔；

硬聚氯乙烯圆形风管法兰规格（mm）　　表 13-12

风管直径 D	材料规格（宽×厚）	连接螺栓	风管直径 D	材料规格（宽×厚）	连接螺栓
$D \leqslant 180$	35×6	M6	$800 < D \leqslant 1400$	45×12	M10
$180 < D \leqslant 400$	35×8	M8	$1400 < D \leqslant 1600$	50×15	
$400 < D \leqslant 500$	35×10		$1600 < D \leqslant 2000$	60×15	
$500 < D \leqslant 800$	40×10		$D > 2000$	按设计	

硬聚氯乙烯矩形风管法兰规格（mm）　　表 13-13

风管边长 b	材料规格（宽×厚）	连接螺栓	风管边长 b	材料规格（宽×厚）	连接螺栓
$b \leqslant 160$	35×6	M6	$800 < b \leqslant 1250$	45×12	M10
$160 < b \leqslant 400$	35×8	M8	$1250 < b \leqslant 1600$	50×15	
$400 < b \leqslant 500$	35×10		$1600 < b \leqslant 2000$	60×18	
$500 < b \leqslant 800$	40×10	M10	$b > 2000$	按设计	

有机、无机玻璃钢风管法兰规格（mm）　　表 13-14

风管直径 D 或风管边长 b	材料规格（宽×厚）	连接螺栓
$D\ (b) \leqslant 400$	30×4	M8
$400 < D\ (b) \leqslant 1000$	40×6	
$1000 < D\ (b) \leqslant 2000$	50×8	M10

② 采用套管连接时，套管厚度不得小于风管板材厚度。

检查数量：按加工批数量抽查 5%，不得少于 5 件。

检查方法：尺量、观察检查。

（8）复合材料风管采用法兰连接时，法兰与风管板材的连接应可靠，其绝热层不得外露，不得采用降低板材强度和绝热性能的连接方法。

检查数量：按加工批数量抽查 5%，不得少于 5 件。

检查方法：尺量、观察检查。

（9）砖、混凝土风道的变形缝，应符合设计要求，不应渗水和漏风。

检查数量：全数检查。

检查方法：观察检查。

(10) 非金属风管的加固，除应符合规范规定外，还应符合下列规定：

① 硬聚氯乙烯风管的直径或边长大于500mm时，其风管与法兰的连接处应设加强板，且间距不得大于450mm。

② 有机及无机玻璃钢风管的加固，应为本体材料或防腐性能相同的材料，并与风管成一整体。

检查数量：按加工批抽查5%，不得少于5件。

检查方法：尺量、观察检查。

13.2 风管部件与消声器制作

1. 质量控制要点

(1) 手动单叶片或多叶片调节风阀的手轮或扳手，应以顺时针方向转动为关闭，其调节范围及开启角度指示应与叶片开启角度相一致。

(2) 防爆风阀的制作材料必须符合设计规定，不得自行替换。

(3) 工作压力大于1000Pa的调节风阀，生产厂应提供（在1.5倍工作压力下能自由开关）强度测试合格的证书（或试验报告）。

(4) 防排烟系统柔性短管的制作材料必须为不燃材料。

2. 质量检验标准

(1) 手动单叶片或多叶片调节风阀的手轮或扳手，应以顺时针方向转动为关闭，其调节范围及开启角度指示应与叶片开启角度相一致。用于除尘系统间歇工作点的风阀，关闭时应能密封。

检查数量：按批抽查10%，不得少于1个。

检查方法：手动操作，观察检查。

(2) 电动、气动调节风阀的驱动装置，动作应可靠，在最大工作压力下工作正常。

检查数量：按批抽查10%，不得少于1个。

检查方法：核对产品的合格证明文件、性能检测报告，观察或测试。

(3) 防火阀和排烟阀（排烟口）必须符合有关消防产品标准的规定，并具有相应的产品合格证明文件。

检查数量：按种类、批抽查10%，不得少于2个。

检查方法：核对产品的合格证明文件、性能检测报告。

(4) 净化空调系统的风阀，其活动件、固定件以及紧固件均应采取镀锌或作其他防腐处理（如喷塑或烤漆）；阀体与外界相通的缝隙处，应有可靠的密封措施。

检查数量：按批抽查10%，不得少于1个。

检查方法：核对产品的材料，手动操作，观察。

(5) 消声弯管的平面边长大于800mm时，应加设吸声导流片；消声器内直接迎风面的布质覆面层应有保护措施；净化空调系统消声器内的覆面应为不易产尘的材料。

检查数量：全数检查。

检查方法：观察检查，核对产品的合格证明文件。

(6) 手动单叶片或多叶片调节风阀应符合下列规定：

1) 结构应牢固，启闭应灵活，法兰应与相应材质风管的相一致；

2) 叶片的搭接应贴合一致，与阀体缝隙应小于2mm；

3) 截面积大于1.2m^2的风阀应实施分组调节。

检查数量：按类别、批抽查10%，不得少于1个。

检查方法：手动操作，尺量、观察检查。

(7) 止回风阀应符合下列规定：

1) 启闭灵活，关闭时应严密；

2) 阀叶的转轴、铰链应采用不易锈蚀的材料制作，保证转动灵活、耐用；

3) 阀片的强度应保证在最大负荷压力下不弯曲变形；

4) 水平安装的止回风阀应有可靠的平衡调节机构。

检查数量：按类别、批抽查10%，不得少于1个。

检查方法：观察，尺量，手动操作试验与核对产品的合格证明文件。

(8) 插板风阀应符合下列规定：

1) 壳体应严密，内壁应做防腐处理；

2) 插板应平整，启闭灵活，并有可靠的定位固定装置；

3) 斜插板风阀的上下接管应成一直线。

检查数量：按类别、批抽查10%，不得少于1个。

检查方法：手动操作，尺量、观察检查。

(9) 三通调节风阀应符合下列规定：

1) 拉杆或手柄的转轴与风管的结合处应严密；

2) 拉杆可在任意位置上固定，手柄开关应标明调节的角度；

3) 阀板调节方便，并不与风管相碰擦。

检查数量：按类别、批分别抽查10%，不得少于1个。

检查方法：观察、尺量，手动操作试验。

(10) 风罩的制作应符合下列规定：

1) 尺寸正确，连接牢固，开口规则，表面平整光滑，其外壳不应有尖锐边角；

2) 槽边侧吸罩、条缝抽风罩尺寸应正确，转角处弧度均匀、形状规则，吸入口平整，罩口加强板分隔间距应一致；

3) 厨房锅灶排烟罩应采用不易锈蚀材料制作，其下部集水槽应严密不漏水，并坡向排放口，罩内油烟过滤器应便于拆卸和清洗。

检查数量：每批抽查10%，不得少于1个。

检查方法：尺量、观察检查。

(11) 柔性短管应符合下列规定：

1) 应选用防腐、防潮、不透气、不易霉变的柔性材料。用于空调系统的应采取防止结露的措施；用于净化空调系统的应是内壁光滑、不易产生尘埃的材料；

2) 柔性短管的长度，一般宜为150～300mm，其连接处应严密、牢固可靠；

3) 柔性短管不宜作为找正、找平的异径连接管；

4) 设于结构变形缝的柔性短管，其长度宜为变形缝的宽度加100mm及以上。

检查数量：按数量抽查10%，不得少于1个。

检查方法：尺量、观察检查。

13.3 风管系统安装

1. 质量控制要点

（1）室外立管的固定拉索严禁拉在避雷针或避雷网上。

（2）输送空气温度高于80℃的风管，应按设计规定采取防护措施。

（3）防火阀、排烟阀（口）的安装方向、位置应正确。防火分区隔墙两侧的防火阀，距墙表面不应大于200mm。

（4）手动密闭阀安装，阀门上标志的箭头方向必须与受冲击波方向一致。

（5）不锈钢板、铝板风管与碳素钢支架的接触处，应有隔绝或防腐绝缘措施。

（6）风口与风管的连接应严密、牢固，与装饰面相紧贴；表面平整、不变形，调节灵活、可靠。条形风口的安装，接缝处应衔接自然，无明显缝隙。同一厅室、房间内的相同风口的安装高度应一致，排列应整齐。

2. 质量检验标准

（1）在风管穿过需要封闭的防火、防爆的墙体或楼板时，应设预埋管或防护套管，其钢板厚度不应小于1.6mm。风管与防护套管之间，应用不燃且对人体无危害的柔性材料封堵。

检查数量：按数量抽查20%，不得少于1个系统。

检查方法：尺量、观察检查。

（2）风管安装必须符合下列规定：

1）风管内严禁其他管线穿越。

2）输送含有易燃、易爆气体或安装在易燃、易爆环境的风管系统应有良好的接地，通过生活区或其他辅助生产房间时必须严密，并不得设置接口。

3）室外立管的固定拉索严禁拉在避雷针或避雷网上。

检查数量：按数量抽查20%，不得少于1个系统。

检查方法：手扳、尺量、观察检查。

（3）风管部件安装必须符合下列规定：

1）各类风管部件及操作机构的安装，应能保证其正常的使用功能，并便于操作。

2）斜插板风阀的安装，阀板必须为向上拉起；水平安装时，阀板还应为顺气流方向插入。

3）止回风阀、自动排气活门的安装方向应正确。

检查数量：按数量抽查20%，不得少于5件。

检查方法：尺量、观察检查，动作试验。

（4）手动密闭阀安装，阀门上标志的箭头方向必须与受冲击波方向一致。

检查数量：全数检查。

检查方法：观察核对检查。

（5）风管支、吊架的安装应符合下列规定：

1）风管水平安装，直径或长边尺寸小于等于400mm，间距不应大于4m；大于400mm，不应大于3m。螺旋风管的支、吊架间距可分别延长至5m和3.75m；对于薄钢板法兰的风管，其支、吊架间距不应大于3m。

2）风管垂直安装，间距不应大于4m，单根直管至少应有两个固定点。

3）风管支、吊架宜按国标图集与规范选用强度和刚度相适应的形式和规格。对于直径或边长大于2500mm的超宽、超重等特殊风管的支、吊架应按设计规定。

4）支、吊架不宜设置在风口、阀门、检查门及自控机构处，离风口或插接管的距离不宜小于200mm。

5）当水平悬吊的主、干风管长度超过20m时，应设置防止摆动的固定点，每个系统不应少于1个。

6）吊架的螺孔应采用机械加工。吊杆应平直，螺纹完整、光洁。安装后各副支、吊架的受力应均匀，无明显变形。风管或空调设备使用的可调隔振支、吊架的拉伸或压缩量应按设计的要求进行调整。

7）抱箍支架折角应平直，抱箍应紧贴并箍紧风管。安装在支架上的圆形风管应设托座和抱箍，其圆弧应均匀，且与风管外径相一致。

检查数量：按数量抽查10%，不得少于1个系统。

检查方法：尺量、观察检查。

（6）非金属风管的安装还应符合下列的规定：

1）风管连接两法兰端面应平行、严密，法兰螺栓两侧应加镀锌垫圈。

2）应适当增加支、吊架与水平风管的接触面积。

3）硬聚氯乙烯风管的直段连续长度大于20m，应按设计要求设置伸缩节；支管的重量不得由干管来承受，必须自行设置支、吊架。

4）风管垂直安装，支架间距不应大于3m。

检查数量：按数量抽查10%，不得少于1个系统。

检查方法：尺量、观察检查。

13.4 通风与空调设备安装

1. 质量控制要点

（1）通风机传动装置的外露部位以及直通大气的进、出口，必须装设防护罩（网）或采取其他安全设施。

（2）静电空气过滤器金属外壳接地必须良好。

（3）干蒸汽加湿器的安装，蒸汽喷管不应朝下。

（4）高效过滤器应在洁净室及净化空调系统进行全面清扫和系统连续试车12h以上后，在现场拆开包装并进行安装。安装前需进行外观检查和仪器检漏。目测不得有变形、脱落、断裂等破损现象，仪器抽检检漏应符合产品质量文件的规定。合格后立即安装，其方向必须正确，安装后的高效过滤器四周及接口应严密不漏，在调试前应进行扫描检漏。

（5）过滤吸收器的安装方向必须正确，并应设独立支架，与室外的连接管段不得泄漏。

（6）安装隔振器的地面应平整，各组隔振器承受荷载的压缩量应均匀，高度偏差应小于2mm。安装风机的隔振钢支、吊架，其结构形式和外形尺寸应符合设计要求或设备技术文件的规定；焊接应牢固，焊缝应饱满、均匀。

（7）除尘器的活动或转动部件的动作应灵活、可靠，并应符合设计要求。

（8）除尘器的排灰阀、卸料阀、排泥阀的安装应严密，并便于操作与维护修理。

2. 质量检验标准

（1）通风机的安装应符合下列规定：

1）型号、规格应符合设计规定，其出口方向应正确；

2）叶轮旋转应平稳，停转后不应每次停留在同一位置上；

3）固定通风机的地脚螺栓应拧紧，并有防松动措施。

检查数量：全数检查。

检查方法：依据设计图核对、观察检查。

（2）空调机组的安装应符合下列规定：

1）型号、规格、方向和技术参数应符合设计要求；

2）现场组装的组合式空气调节机组应做漏风量的检测，其漏风量必须符合现行国家标准《组合式空调机组》（GB/T 14294）的规定。

检查数量：按总数抽检20%，不得少于1台。净化空调系统的机组，1～5级全数检查，6～9级抽查50%。

检查方法：依据设计图核对，检查测试记录。

（3）除尘器的安装应符合下列规定：

1）型号、规格、进出口方向必须符合设计要求；

2）现场组装的除尘器壳体应做漏风量检测，在设计工作压力下允许漏风率为5%，其中离心式除尘器为3%；

3）布袋除尘器、电除尘器的壳体及辅助设备接地应可靠。

检查数量：按总数抽查20%，不得少于1台；接地全数检查。

检查方法：按图核对，检查测试记录和观察检查。

（4）净化空调设备的安装应符合下列规定：

1）净化空调设备与洁净室围护结构相连的接缝必须密封；

2）风机过滤器单元（FFU与FMU空气净化装置）应在清洁的现场进行外观检查，目测不得有变形、锈蚀、漆膜脱落、拼接板破损等现象；在系统试运转时，必须在进风口处加装临时中效过滤器作为保护。

检查数量：全数检查。

检查方法：按设计图核对，观察检查。

（5）电加热器的安装应符合下列规定：

1）电加热器与钢构架间的绝热层必须为不燃材料，接线柱外露的应加设安全防护罩；

2）电加热器的金属外壳接地必须良好；

3）连接电加热器的风管的法兰垫片，应采用耐热不燃材料。

检查数量：按总数抽查20%，不得少于1台。

检查方法：核对材料，观察检查或电阻测定。

（6）组合式空调机级及柜式空调机组的安装应符合下列规定：

1）组合式空调机组各功能段的组装，应符合设计规定的顺序和要求；各功能段之间的连接应严密，整体应平直；

2）机组与供、回水管的连接应正确，机组下部冷凝水排放管的水封高度应符合设计要求；

3）机组应清扫干净，箱体内应无杂物、垃圾和积尘；

4）机组内空气过滤器（网）和空气热交换器翅片应清洁、完好。

检查数量：按总数抽查20%，不得少于1台。

检查方法：观察检查。

（7）单元式空调机组的安装应符合下列规定：

1）分体式空调机组的室外机和风冷整体式空调机组的安

装，固定应牢固、可靠，除应满足冷却风循环空间的要求外，还应符合环境卫生保护有关法规的规定；

2）分体式空调机组的室内机的位置应正确，并保持水平，冷凝水排放应畅通。管道穿墙处必须密封，不得有雨水渗入；

3）整体式空调机组管道的连接应严密，无渗漏，四周应留有相应的维修空间。

检查数量：按总数抽查20%，不得少于1台。

检查方法：观察检查。

（8）现场组装布袋除尘器的安装，还应符合下列规定：

1）外壳应严密、不漏，布袋接口应牢固；

2）分室反吹袋式除尘器的滤袋安装，必须平直。每条滤袋的拉紧力应保持在25～35N/m；与滤袋连接接触的短管和袋帽，应无毛刺；

3）机械回转扁袋式除尘器的旋臂，转动应灵活可靠，净气室上部的顶盖，应密封不漏气，旋转应灵活，无卡阻现象；

4）脉冲袋式除尘器的喷吹孔，应对准文氏管的中心，同心度允许偏差为2mm。

检查数量：按总数抽查20%，不得少于1台。

检查方法：尺量、观察检查及检查施工记录。

13.5 空调制冷系统安装

1. 质量控制要点

（1）本节适用于空调工程中工作压力不高于2.5MPa，工作温度在－20～150℃的整体式、组装式及单元式制冷设备（包括热泵）、制冷附属设备、其他配套设备和管路系统安装工程施工质量的检验和验收。

（2）制冷设备、制冷附属设备、管道、管件及阀门的型号、规格、性能及技术参数等必须符合设计要求。设备机组的外表应无损伤，密封应良好，随机文件和配件应齐全。

（3）燃油系统的设备管道、储油罐以及日用油箱的安装，位置和连接方法应符合设计与消防要求。

(4) 制冷设备的各项严密性试验和试运行的技术数据，均应符合设备技术文件的规定。

(5) 燃油管道系统必须设置可靠的防静电接地装置，其管道法兰应采用镀锌螺栓连接或在法兰处用铜导线进行跨接，且接合良好。

(6) 燃气系统管道与机组的连接不得使用非金属软管。燃气管道的吹扫和压力试验应为压缩空气或氮气，严禁用水。

2. 质量检验标准

(1) 制冷设备、制冷附属设备、管道、管件及阀门的型号、规格、性能及技术参数等必须符合设计要求。设备机组的外表应无损伤，密封应良好，随机文件和配件应齐全。

(2) 制冷设备与制冷附属设备的安装应符合下列规定：

1) 制冷设备、制冷附属设备的型号、规格和技术参数必须符合设计要求，并具有产品合格证书、产品性能检验报告；

2) 设备的混凝土基础必须进行质量交接验收，合格后方可安装；

3) 设备安装的位置、标高和管口方向必须符合设计要求。用地脚螺栓固定的制冷设备或制冷附属设备，其垫铁的放置位置应正确、接触紧密；螺栓必须拧紧，并有防松动措施。

检查数量；全数检查。

检查方法：查阅图纸核对设备型号、规格；产品质量合格证书和性能检验报告。

(3) 直接膨胀表面式冷却器的外表应保持清洁、完整，空气与制冷剂应呈逆向流动；表面式冷却器与外壳四周的缝隙堵严，冷凝水排放应畅通。

检查数量：全数检查。

检查方法：观察检查。

(4) 制冷设备的各项严密性试验和试运行的技术数据，均应符合设备技术文件的规定。对组装式的制冷机组和现场充注制冷剂的机组，必须进行吹污、气密性试验、真空试验和充注制冷剂检漏试验，其相应的技术数据必须符合产品技术文件和有关现行国家标准、规范的规定。

检查数量：全数检查。

检查方法：旁站检查，检查和查阅试运行记录。

(5) 燃油管道系统必须设置可靠的防静电接地装置，其管道法兰应采用镀锌螺栓连接或在法兰处用铜导线进行跨接，且接合良好。

检查数量：系统全数检查。

检查方法：观察检查、查阅实验记录。

(6) 氨制冷剂系统管道、附件、阀门及填料不得采用铜或铜合金材料（磷青铜除外），管内不得镀锌。氨系统的管道焊缝应进行射线照相检验，抽检率为10%，以质量不低于Ⅲ级为合格。在不易进行射线照相检验操作的场合，可用超声波检验代替，以不低于Ⅱ级为合格。

检查数量：系统全数检查。

检查方法：观察检查，查阅探伤报告和实验记录。

(7) 制冷管道系统应进行强度、气密性试验及真空试验，且必须合格。

检查数量：系统全数检查。

检查方法：旁站，观察检查和查阅试验记录。

(8) 设置弹簧隔振的制冷机组，应设有防止机组运行时水平位移的定位装置。

检查数量：全数检查。

检查方法：在机座或指定的基准面上用水平仪、水准仪等检测、尺量与观察检查。

(9) 燃油系统油泵和蓄冷系统载冷剂泵的安装，纵、横向水平度允许偏差为1/1000，联轴器两轴芯轴向倾斜允许偏差为0.2/1000，径向位移为0.05mm。

检查数量：全数检查。

检查方法：在机座或指定的基准面上，用水平仪、水准仪等检测，尺量、观察检查。

（10）冷系统阀门得安装应符合下列规定：

1）制冷剂阀门安装前应进行强度和严密性试验。强度试验压力为阀门公称压力的1.5倍，持续时间不得少于5min；严密性试验压力为阀门公称压力的1.1倍，持续时间30s不漏为合格。合格后应保持阀体内干燥。如阀门进、出口封闭破损或阀体锈蚀的还应保持解体清洁；

2）位置、方向和高度应符合设计要求；

3）水平管道上的阀门的手柄不应朝下；垂直管道上的阀门手柄应朝向便于操作的地方；

4）自控阀门安装的位置应符合设计要求。电磁阀、调节阀、热力膨胀阀、升降式止回阀等的阀头均应向上；热力膨胀阀的安装位置应高于感温包，感温包应装在蒸发器末端的回气管上，与管道接触良好，绑扎紧密；

5）安全阀应垂直安装在便于检修的位置，其排气管的出口应朝向安全地带，排液管应装在泄水管上。

检查数量：按系统抽查20%，且不得少于5件。

检查方法：尺量、观察检查、旁站或查阅试验记录。

13.6 空调水系统管道与设备安装

1. 质量控制要点

（1）镀锌钢管应采用螺纹连接。当管径大于*DN*100时，可采用卡箍式、法兰或焊接连接，但应对焊缝及热影响区的表面进行防腐处理。

（2）从事金属管道焊接的企业，应具有相应项目的焊接工艺评定，焊工应持有相应类别焊接的焊工合格证书。

（3）空调工程水系统的设备与附属设备、管道、管配件及阀门的型号、规格、材质及连接形式应符合设计规定。

（4）管道系统安装完毕，外观检查合格后，应按设计要求进行水压试验。

(5) 补偿器的补偿量和安装位置必须符合设计及产品技术文件的要求，并应根据设计计算的补偿量进行预拉伸或预压缩。

(6) 水泵的规格、型号、技术参数应符合设计要求和产品性能指标。水泵正常连续试运行的时间，不应少于 2h。

(7) 水箱、集水缸、分水缸、储冷罐的满水试验或水压试验必须符合设计要求。储冷罐内壁防腐涂层的材质、涂抹质量、厚度必须符合设计或产品技术文件要求，储冷罐与底座必须进行绝热处理。

(8) 螺纹连接的管道，螺纹应清洁、规整，断丝或缺丝不大于螺纹全扣数的 10%；连接牢固；接口处根部外露螺纹为2～3 扣，无外露填料；镀锌管道的镀锌层应注意保护，对局部的破损处，应做防腐处理。

(9) 钢塑复合管道的安装，当系统工作压力不大于 1.0MPa 时，可采用涂（衬）塑焊接钢管螺纹连接。

(10) 风机盘管机组及其他空调设备与管道的连接，宜采用弹性接管或软接管（金属或非金属软管），其耐压值应大于等于 1.5 倍的工作压力。软管的连接应牢固，不应有强扭和瘪管。

(11) 管道支、吊架的焊接应由合格持证焊工施焊，并不得有漏焊、欠焊或焊接裂纹等缺稳。支架与管道焊接时，管道侧的咬边量，应小于 0.1 管壁厚。

2. 质量检验标准

(1) 空调工程水系统的设备与附属设备、管道、管配件及阀门的型号、规格、材质及连接形式应符合设计规定。

检查数量：按总数抽查 10%，且不得少于 5 件。

检查方法：观察检查外观质量并检查产品质量证明文件、材料进场验收记录。

(2) 管道安装应符合下列规定：

1) 隐蔽管道必须按规范的规定执行；

2) 焊接钢管、镀锌钢管不得采用热煨弯；

3）管道与设备的连接，应在设备安装完毕后进行，与水泵、制冷机组的接管必须为柔性接口。柔性短管不得强行对口连接，与其连接的管道应设置独立支架；

4）冷热水及冷却水系统应在系统冲洗、排污合格（目测：以排出口的水色和透明度与入水口对比相近，无可见杂物）后，再循环试运行2h以上，且水质正常后才能与制冷机组、空调设备相贯通；

5）固定在建筑结构上的管道支、吊架，不得影响结构的安全。管道穿越墙体或楼板处应设钢制套管，管道接口不得置于套管内，钢制套管应与墙体饰面或楼板底部平齐，上部应高出楼层地面20～50mm，并不得将套管作为管道支撑。

保温管道与套管四周间隙应使用不燃绝热材料填塞紧密。

检查数量：系统全数检查。每个系统管道、部件数量抽查10%，且不得少于5件。

检查方法：尺量、观察检查，旁站或查阅实验记录、隐蔽工程记录。

（3）管道系统安装完毕，外观检查合格后，应按设计要求进行水压试验。当设计无规定时，应符合下列规定：

1）冷热水、冷却水系统的试验压力，当工作压力小于等于1.0MPa时，为1.5倍工作压力，但最低不小于0.6MPa；当工作压力大于1.0MPa，为工作压力加0.5MPa。

2）对于大型或高层建筑垂直位差较大的冷（热）媒水、冷却水管道系统宜采用分区、分层试压和系统试压相结合的方法。一般建筑可采用系统试压方法。

a. 分区、分层试压：对相对独立的局部区域的管道进行试压。在试验压力下，稳压10min，压力不得下降，再将系统压力降至工作压力，在60min内压力不得下降、外观检查无渗漏为合格。

b. 系统试压：在各分区管道与系统主、干管全部连通后，对整个系统的管道进行系统的试压。试验压力以最低点的压力为准，但最低点的压力不得超过管道与组成件的承受压力。压力试验升至试验压力后，稳压 10min，压力下降不得大于 0.02MPa，再将系统压力降至工作压力，外观检查无渗漏为合格。

3）各类耐压塑料管的强度试验压力为 1.5 倍工作压力，严密性工作压力为 1.15 倍的设计工作压力：

（4）凝结水系统采用充水试验，应以不渗漏为合格。

检查数量：系统全数检查。

检查方法：旁站观察或查阅试验记录。

（5）阀门的安装应符合下列规定：

1）阀门的安装位置、高度、进出口方向必须符合设计要求，连接应牢固紧密；

2）安装在保温管道上的各类手动阀门，手柄均不得向下；

3）阀门安装前必须进行外观检查，阀门的铭牌应符合现行国家标准《通用阀门标志》（GB 12220）的规定。对于工作压力大于 1.0MPa 及其在主干管上起到切断作用的阀门，应进行强度和严密性试验，合格后方准使用。其他阀门可不单独进行试验，待在系统试压中检验。强度试验时，试验压力为公称压力的 1.5 倍，持续时间不少于 5min，阀门的壳体、填料应无渗漏。

严密性试验时，试验压力为公称压力的 1.1 倍；试验压力在试验持续的时间内应保持不变，时间应符合表 13-15 的规定，以阀瓣密封面无渗漏为合格。

阀门压力持续时间　　　　表 13-15

公称直径 DN（mm）	最短试验持续时间（min）	
	严密性试验	
	金属密封	非金属密封
＜50	15	15
65～200	30	15
250～450	60	30
＞500	120	60

检查数量：1、2 款抽查 5%，且不得少于 1 个。水压试验以每批（同牌号、同规格、同型号）数量中抽查 20%，且不得少于 1 个。对于安装在主干管上起切断作用的闭路阀门，全数检查。

检查方法：按设计图核对、观察检查；旁站或查阅试验记录。

（6）补偿器的补偿量和安装位置必须符合设计及产品技术文件的要求，并应根据设计计算的补偿量进行预拉伸或预压缩。设有补偿器（膨胀节）的管道应设置固定支架，其结构形式和固定位置应符合设计要求，并应在补偿器的预拉伸（或预压缩）前固定；导向支架的设置应符合所安装产品技术文件的要求。

检查数量；抽查 20%，且不得少于 1 个。

检查方法：观察检查，旁站或查阅补偿器的预拉伸或预压缩记录。

（7）冷却塔的型号、规格、技术参数必须符合设计要求。对含有易燃材料冷却塔的安装，必须严格执行防火安全的规定。

检查数量：全数检查。

检查方法：按图纸核对，监督执行防火规定。

（8）水泵的规格、型号、技术参数应符合设计要求和产品性能指标。水泵正常连续试运行的时间，不应少于 2h。

检查数量：全数检查。

检查方法：按图纸核对，实测或查阅水泵试运行记录。

（9）螺纹连接的管道，螺纹应清洁、规整，断丝或缺丝不大于螺纹全扣数的 10%；连接牢固；接口处根部外露螺纹为2～3 扣，无外露填料；镀锌管道的镀锌层应注意保护，对局部的破损处，应做防腐处理。

检查数量：按总数抽查 5%，且不得少于 5 处。

检查方法：尺量，观察检查。

（10）钢制管道的安装应符合下列规定：

1）管道和管件在安装前，应将其内、外壁的污物和锈蚀清除干净。当管道安装间断时，应及时封闭敞开的管口。

2）管道弯制弯管的弯曲半径，热弯不应小于管道外径的3.5倍、冷弯不应小于4倍；焊接弯管不应小于1.5倍；冲压弯管不应小于1倍。弯管的最大外径与最小外径的差不应大于管道外径的8/100，管壁减薄率不应大于15%。

3）冷凝水排水管坡度，应符合设计文件的规定。当设计无规定时，其坡度宜大于或等于8‰；软管连接的长度，不宜大于150mm。

4）冷热水管道与支、吊架之间，应有绝热衬垫（承压强度能满足管道重量的不燃、难燃硬质绝热材料或经防腐处理的木衬垫），其厚度不应小于绝热层厚度，宽度应大于支、吊架支承面的宽度。衬垫的表面应平整、衬垫结合面的空隙应填实。

5）管道安装的坐标、标高和纵、横向的弯曲度应符合表13-16的规定。在吊顶内等安装管道的位置应正确，无明显偏差。

管道安装的允许偏差和检验方法　　表13-16

项目			允许偏差（mm）	检查方法
坐标	架空及地沟	室外	25	按系统检查管道的起点、终点、分支点和变向点及各点之间的直管用经纬仪、水准仪、液体连通器、水平仪、拉线和尺量检查
		室内	15	
	埋地		60	
标高	架空及地沟	室外	20	
		室内	15	
	埋地		25	
水平管道平直度		*DN*≪100mm	2*L*%，最大40	用直尺、拉线和尺量检查
		DN>100mm	3*L*%，最大60	
立管垂直度			5*L*%，最大25	用直尺、线锤、拉线和尺量检查
成排管段间距			15	用直尺尺量检查
成排管段或成排阀门在同一平面上			3	用直尺、拉线和尺量检查

注：*L*——管道的有效长度（mm）。

检查数量：按总数抽查10%，且不得少于5处。

检查方法：尺量、观察检查。

(11) 风机盘管机组及其他空调设备与管道的连接，宜采用弹性接管或软接管（金属或非金属软管），其耐压值应大于等于1.5倍的工作压力。软管的连接应牢固，不应有强扭和瘪管。

检查数量：按总数抽查10%，且不得少于5处。

检查方法：观察，查阅产品合格证明文件。

(12) 金属管道的支、吊架的形式、位置、间距、标高应符合设计或有关技术标准的要求。设计无规定时，应符合下列规定：

1) 支、吊架的安装应平整牢固，与管道接触紧密。管道与设备连接处，应设独立支、吊架；

2) 冷（热）媒水、冷却水系统管道机房内总、干管的支、吊架，应采用承重防晃管架；与设备连接的管道管架宜有减振措施。当水平支管的管架采用单杆吊架时，应在管道起始点、阀门、三通、弯头及长度每隔15m设置承重防晃支、吊架；

3) 无热位移的管道吊架，其吊杆应垂直安装；有热位移的，其吊杆应向热膨胀（或冷收缩）的反方向偏移安装，偏移量按计算确定；

4) 滑动支架的滑动面应清洁、平整，其安装位置应从支承面中心向位移反方向偏移1/2位移值或符合设计文件规定；

5) 竖井内的立管，每隔2～3层应设导向支架。在建筑结构负重允许的情况下，水平安装管道支、吊架的间距应符合表13-17的规定；

钢管道支、吊架的最大间距　　　　表13-17

公称直径（mm）		15	20	25	32	40	50	70	80	100	125	150	200	250	300
支架的最大间距（m）	L_1	1.5	2.0	2.5	2.5	3.0	3.5	4.0	5.0	5.0	5.5	6.5	7.5	8.5	9.5
	L_2	2.5	3.0	3.5	4.0	4.5	5.0	6.0	6.5	6.5	7.5	7.5	9.0	9.5	10.5
	对大于300（mm）的管道可参考300（mm）管道														

注：1. 适用于工作压力不大于2.0MPa，不保温或保温材料密度不大于200kg/m³的管道系统。

2. L_1用于保温管道，L_2用于不保温管道。

13.7 防腐与绝热

1. 质量控制要点

(1) 风管与部件及空调设备绝热工程施工应在风管系统严密性检验合格后进行。

(2) 普通薄钢板在制作风管前，宜预涂防锈漆一遍。

(3) 支、吊架的防腐处理应与风管或管道相一致，其明装部分必须涂面漆。

(4) 油漆施工时，应采取防火、防冻、防雨等措施，并不应在低温或潮湿环境下作业。明装部分的最后一遍色漆，宜在安装完毕后进行。

(5) 风管和管道的绝热，应采用不燃或难燃材料，其材质、密度、规格与厚度应符合设计要求。如采用难燃材料时，应对其难燃性进行检查，合格后方可使用。

(6) 防腐涂料和油漆，必须是在有效保质期限内的合格产品。

(7) 输送介质温度低于周围空气露点温度的管道，当采用非闭孔性绝热材料时，隔汽层（防潮层）必须完整，且封闭良好。

(8) 位于洁净室内的风管及管道的绝热，不应采用易产尘的材料（如玻璃纤维、短纤维矿棉等）。

(9) 绝热材料层应密实，无裂缝、空隙等缺陷。表面应平整，采用卷材或板材时，允许偏差为 5mm；采用涂抹或其他方式时，允许偏差为 10mm。防潮层（包括绝热层的端部）应完整，且封闭良好，其搭接缝应顺水。

2. 质量检验标准

(1) 风管和管道的绝热，应采用不燃或难燃材料，其材质、密度、规格与厚度应符合设计要求。如采用难燃材料时，应对其难燃性进行检查，合格后方可使用。

检查数量：按批随机抽查 1 个。

检查方法：观察检查，检查材料合格证，并做点燃试验。

(2) 防腐涂料和油漆，必须是在有效保质期限内的合格产品。

检查数量：按批检查。

检查方法：观察，检查材料合格证。

（3）防腐涂料和油漆都有一定的有效期，超过期限后，其性能会发生很大的变化。工程中不得使用过期的和不合格的产品。

（4）输送介质温度低于周围空气露点温度的管道，当采用非闭孔性绝热材料时，隔汽层（防潮层）必须完整，且封闭良好。

检查数量：按数量抽查10%，且不得少于5段。

检查方法：观察检查。

（5）位于洁净室内的风管及管道的绝热，不应采用易产尘的材料（如玻璃纤维、短纤维矿棉等）。

检查数量：全数检查。

检查方法：观察检查。

（6）各类空调设备、部件的油漆喷、涂，不得遮盖铭牌标志和影响部件的功能使用。

检查数量：按数量检查10%，且不得少于2个。

检查方法：观察检查。

（7）风管系统部件的绝热，不得影响其操作功能。

检查数量：按数量检查10%，且不得少于2个。

检查方法：观察检查。

（8）绝热材料层应密实，无裂缝、空隙等缺陷。表面应平整，应采用卷材或板材时，允许偏差为5mm；采用涂抹或其他方式时，允许偏差为10mm。防潮层（包括绝热层的端部）应完整，且封闭良好；其搭接缝应顺水。

检查数量：管道按轴线长度抽查10%；部件、阀门抽查10%，且不得少于2个。

检查方法：观察检查，用钢丝刺入保温层、尺量。

（9）绝热层粘贴后，如进行包扎或捆扎，包扎的搭连处应均匀、贴紧；捆扎的应松紧适度，不得损坏绝热层。

检查数量：按数量抽查10%

检查方法：观察检查和检查材料合格证。

（10）风管绝热层采用保温钉连接固定时，应符合下列规定：

1）保温钉与风管、部件及设备表面的连接，可采用粘接或焊接，结合应牢固，不得脱落；焊接后应保持风管的平整，并不应影响镀锌钢板的防腐性能；

2）矩形风管或设备保温钉的分布应均匀，其数量底面每平方米不应少于16个，侧面不应少于10个，顶面不应少于8个。首行保温钉至保温材料边沿的距离应小于120mm；

3）风管法兰部位的绝热层的厚度，不应低于风管绝热层的0.8倍；

4）有防潮隔汽层绝热材料的拼缝处，应用胶粘带封严。胶粘带的宽度不应小于50mm。胶粘带应牢固地粘贴在防潮面层上，不得有胀裂和脱落。

检查数量：按数量抽查10%，且不得少于5处。

检查方法：观察检查。

（11）绝热涂料作绝热层时，应分层涂抹，厚度均匀，不得有气泡和漏涂等缺陷，表面固化层应光滑，牢固无缝隙。

检查数量：按数量抽查10%。

检查方法：观察检查。

（12）当采用玻璃纤维布作绝热保护层时，搭接的宽度应均匀，宜为30～50mm，且松紧适度。

检查数量：按数量抽查10%，且不得少于10m^2。

检查方法：尺量，观察检查。

（13）管道阀门、过滤器及法兰部位的绝热结构应能单独拆卸。

检查数量：按数量抽查10%，且不得少于5个。

检查方法：观察检查。

（14）管道绝热层的施工，应符合下列规定：

1）绝热产品的材质和规格，应符合设计要求，管壳的粘贴应牢固、铺设应平整；绑扎应紧密，无滑动、松弛与断裂现象。

2）硬质或半硬质绝热管壳的拼接缝隙，保温时不应大于

5mm、保冷时不应大于2mm，并用粘接材料勾缝填满；纵缝应错开，外层的水平接缝应设在侧下方。当绝热层的厚度大于100mm时，应分层铺设，层间应压缝。

硬质或半硬质绝热管壳应用金属丝或难腐织带捆扎，其间距为300～350mm，且每节至少捆扎2道。

松散或软质绝热材料应按规定的密度压缩其体积，疏密应均匀。毡类材料在管道上包扎时，搭接处不应有空隙。

检查数量：按数量抽查10%，且不得少于10段。

检查方法：尺量，观察检查及查阅施工记录。

（15）金属保护壳的施工，应符合下列规定：

1）应紧贴绝热层，不得有脱壳、褶皱、强行接口等现象。接口的搭接应顺水，并有凸筋加强，搭接尺寸为20～25mm。采用自攻螺钉固定时，螺钉间距应匀称，并不得刺破防潮层。

2）户外金属保护壳的纵、横向接缝，应顺水；其纵向接缝应位于管道的侧面。金属保护壳与外墙面或屋顶的交接处应加设泛水。

检查数量：按数量抽查10%。

检查方法：观察检查。

（16）冷热源机房内制冷系统管道的外表面，应做好色标。

检查数量：按数量抽查10%。

检查方法：观察检查。

13.8 系统调试

1. 质量控制要点

（1）净化空调系统运行前应在回风、新风的吸入口处和粗、中效过滤器前设置临时用过滤器（如无纺布等），实行对系统的保护。

（2）通风与空调工程安装完毕，必须进行系统的测定和调整（简称调试）。

（3）通风机、空调机组中的风机叶轮旋转方向正确，运转平稳，无异常振动与声响，其电机运行功率应符合设备技术文件的规定。在额定转速下连续运转2h后，滑动轴承外壳最高温度不得超过 70℃，滚动轴承不得超过 80℃。

(4) 防排烟系统联合试运行与调试的结果（风量及正压），必须符合设计与消防的规定。

2. 质量检验标准

(1) 通风与空调工程安装完毕，必须进行系统的测定和调整（简称调试）。系统调试应包括下列项目：

1) 设备单机试运转及调试；

2) 系统无生产负荷下的联合试运转及调试。

检查数量：全数。

检查方法：观察，旁站，查阅调试记录。

(2) 设备单机试运转及调试应符合下列规定：

1) 通风机、空调机组中的风机叶轮旋转方向正确、运转平稳、无异常振动与声响，其电机运行功率应符合设备技术文件的规定。在额定转速下连续运转 2h 后，滑动轴承外壳最高温度不得超过 70℃，滚动轴承不得超过 80℃。

2) 水泵叶轮旋转方向正确，无异常振动和声响，紧固连接部位无松动，其电机运行功率值符合设备技术文件的规定。水泵连续运转 2h 后，滑动轴承外壳最高温度不得超过 70℃，滚动轴承不得超过 75℃。

3) 冷却塔本体应稳固，无异常振动，其噪声应符合设备技术文件的规定。

冷却塔风机与冷却水系统循环试运行不少于 2h，运行应无异常情况。

4) 制冷机组、单元式空调机组的试运转，应符合设备技术文件和现行国家标准《制冷设备、空气分离设备安装工程施工及验收规范》(GB 50274) 的有关规定，正常运转不应少于 8h。

5) 电控防火、防排烟风阀（口）的手动、电动操作应灵活、可靠，信号输出正确。

检查数量：第 1 款按风机数量抽查 10%，且不得少于 1 台；第 2、3、4 款全数检查；第 5 款按系统中风阀的数量抽查 20%，且不得少于5件。

检查方法：观察，旁站，用声级计测定、查阅试运转记录及有关文件。

6）防排烟系统联合试运行与调试的结果（风量及正压），必须符合设计与消防的规定。

检查数量：按总数抽查10%，且不得少于2个楼层。

检查方法：观察、旁站、查阅调试记录。

（3）室内空气洁净度等级必须符合设计规定的等级或在商定验收状态下的等级要求。

（4）高于等于5级的单向流洁净室，在门开启的状态下，测定距离门0.6m室内侧工作高度处空气的含尘浓度，不应超过室内洁净度等级上限的规定。

检查数量：调试记录全数检查，测点抽查5%，且不得少于1点。

检查方法：检查、验证调试记录，按规范进行测试校核。

（5）设备单机试运转及调试应符合下列规定：

1）水泵运行时不应有异常振动和声响，壳体密封处不得渗漏，紧固连接部位不应松动、轴封的温升应正常；在无特殊要求的情况下，普通填料渗漏量不应大于60mL/h，机械密封的不应大于5mL/h；

2）风机、空调机组、风冷热泵等设备运行时，产生的噪声不宜超过产品性能说明书的规定值；

3）风机盘管机组的三速、温控开关的动作应正确，并与机组运行状态一一对应。

检查数量：第1、2款抽查20%，且不得少于1台；第3款抽查10%，且不得少于5台。

检查方法：观察，旁站，查阅试运转记录。

（6）通风工程系统无生产负荷联动试运转及调试应符合下列规定：

1）系统联动试运转中，设备及主要部件的联动必须符合设计要求，动作协调、正确，无异常现象；

2）系统经过平衡调整，各风口或吸风罩的风量与设计风量的允许偏差不应大于15%；

3）湿式除尘器的供水与排水系统运行应正常。

(7) 空调工程系统无生产负荷联动试运转及调试应符合下列规定：

1）空调工程水系统应冲洗干净、不含杂物，并排除管道系统中的空气；系统连续运行应达到正常、平稳；水泵的压力和水泵电机的电流不应出现大幅波动。系统平衡调整后，各空调机组的水流量应符合设计要求，允许偏差为20%；

2）各种自动计量检测元件和执行机构的工作应正常，满足建筑设备自动化（BA、FA等）系统对被测定参数进行检测和控制的要求；

3）多台冷却塔并联运行时，各冷却塔的进、出水量应达到均衡一致；

4）空调室内噪声应符合设计规定要求；

5）有压差要求的房间、厅堂与其他相邻房间之间的压差，舒适性空调正压为0～25Pa；工艺性的空调应符合设计的规定；

6）有环境噪声要求的场所，制冷、空调机组应按现行国家标准《采暖通风与空气调节设备噪声声功率级的测定——工程法》(GB 9068）的规定进行测定。洁净室内的噪声应符合设计的规定。

检查数量：按系统数量抽查10%，且不得少于1个系统或1间。

检查方法：观察，用仪表测量检查及查阅调试记录。

7）通风与空调工程的控制和监测设备，应能与系统的检测元件和执行机构正常沟通，系统的状态参数应能正确显示，设备联锁、自动调节、自动保护应能正确动作。

检查数量：按系统或监测系统总数抽查30%，且不得少于1个系统。

检查方法：旁站观察，查阅调试记录。

第 14 章　建筑工程施工质量验收

14.1　工程质量验收基本规定

建筑工程的质量验收是对已经完成的施工工作的检查和评定。工程验收时反映出的质量状况，是先前工程施工质量的集中表现。建筑工程中不能有质量不合格的因素存在，为了通过工程验收，保证工程质量，就必须对工程实现质量管理。分部分项工程只有通过质量验收，后续的施工工作才能继续开展；单位工程只有通过竣工验收，才能投入使用。

14.1.1　工程质量验收的概念

建筑工程往往具有施工规模较大、专业分工较多、技术安全要求较高的特点。建筑工程施工质量验收，就是按照规定程序对已完工的工程实体的外观质量和内在质量进行检查，以确认是否符合设计、各项专业验收规范标准的要求，是否可以继续后续施工或交付使用。

1. 工程质量验收的内容

建筑工程质量验收，分为过程验收和竣工验收。过程验收主要有检验批质量验收、分项工程质量验收以及分部工程质量验收等；竣工验收就是单位工程质量竣工验收、建筑工程项目总体竣工验收。

2. 工程质量验收的基本方法

（1）对检验批、分项、分部（子分部）、单位（子单位）工程的质量进行抽样复验。

（2）施工质量保证资料的检查，包括施工全过程的技术质量管理资料，且以原材料、施工检测、测量复核及功能性试验资料为重点检查内容。

（3）工程外观质量的检查。

14.1.2　工程质量验收的基本规定

（1）施工现场应具有健全的质量管理体系、相应的施工技术标准、施工质量检验制度和综合施工质量水平评定考核制度。施工现场质量管理可按验收规范的要求进行检查记录。

（2）未实行监理的建筑工程，建设单位相关人员应履行《建筑工程施工质量验收统一标准》涉及的监理职责。

（3）建筑工程的施工质量控制应符合下列规定：

1）建筑工程采用的主要材料、半成品、成品、建筑构配件、器具和设备应进行进场检验。凡涉及安全、节能、环境保护和主要使用功能的重要材料、产品，应按各专业工程施工规范、验收规范和设计文件等规定进行复验，并应经监理工程师检查认可。

2）各施工工序应按施工技术标准进行质量控制，每道施工工序完成后，经施工单位自检符合规定后，才能进行下道工序施工。各专业工种之间的相关工序应进行交接检验，并应记录。

3）对于监理单位提出检查要求的重要工序，应经监理工程师检查认可，才能进行下道工序施工。

（4）符合下列条件之一时，可按相关专业验收规范的规定适当调整抽样复验、试验数量，调整后的抽样复验、试验方案应由施工单位编制，并报监理单位审核确认：

1）同一项目中由相同施工单位施工的多个单位工程，使用同一生产厂家的同品种、同规格、同批次的材料、构配件、设备；

2）同一施工单位在现场加工的成品、半成品、构配件用于同一项目中的多个单位工程；

3）在同一项目中，针对同一抽样对象已有检验成果可以重复利用。

（5）当专业验收规范对工程中的验收项目未作出相应规定时，应由建设单位组织监理、设计、施工等相关单位制定专项验收要求。涉及安全、节能、环境保护等项目的专项验收要求应由建设单位组织专家论证。

（6）建筑工程施工质量应按下列要求进行验收：

1）工程质量验收均应在施工单位自检合格的基础上进行；

2）参加工程施工质量验收的各方人员应具备相应的资格；

3）检验批的质量应按主控项目和一般项目验收；

4）对涉及结构安全、节能、环境保护和主要使用功能的试块、试件及材料，应在进场时或施工中按规定进行见证检验；

5）隐蔽工程在隐蔽前应由施工单位通知监理单位进行验收，并应形成验收文件，验收合格后方可继续施工；

6）对涉及结构安全、节能、环境保护和使用功能的重要分部工程应在验收前按规定进行抽样检验；

7）工程的观感质量应由验收人员现场检查，并应共同确认。

（7）建筑工程施工质量验收合格应符合下列规定：

1）符合工程勘察、设计文件的要求；

2）符合标准和相关专业验收规范的规定。

（8）检验批的质量检验，可根据检验项目的特点在下列抽样方案中选取：

1）计量、计数或计量-计数的抽样方案；

2）一次、二次或多次抽样方案；

3）对重要的检验项目，当有简易快速的检验方法时，选用全数检验方案；

4）根据生产连续性和生产控制稳定性情况，采用调整型抽样方案；

5）经实践证明有效的抽样方案。

（9）检验批抽样样本应随机抽取，满足分布均匀、具有代表性的要求，抽样数量应符合有关专业验收规范的规定。当采用计数抽样时，最小抽样数量尚应符合表14-1的要求。明显不合格的个体可不纳入检验批，但应进行处理，使其满足有关专业验收规范的规定，对处理的情况应予以记录并重新验收。

检验批最小抽样数量　　表 14-1

检验批的容量	最小抽样数量	检验批的容量	最小抽样数量
2～15	2	151～280	13
16～25	3	281～500	20
26～90	5	501～1200	32
91～150	8	1201～3200	50

(10) 计量抽样的错判概率 α 和漏判概率 β 可按下列规定采取：

1) 主控项目：对应于合格质量水平的 α 和 β 均不宜超过 5%；

2) 一般项目：对应于合格质量水平的 α 不宜超过 5%，β 不宜超过 10%。

14.2 建筑工程质量验收的划分

随着近年来建筑业的迅猛发展，已涌现了大量建筑规模较大的单位工程项目，以及具有综合使用功能的综合性建筑物，几万平方米的建筑比比皆是，十万平方米以上的建筑物也不少见。这类建筑的施工周期往往较长，施工内容复杂，施工过程所包含的不同专业工种数不胜数，新材料、新工艺、新技术的广泛应用，因此，施工组织管理的体系相当庞大。

建筑工程质量验收应划分为单位（子单位）工程、分部（子分部）工程、分项工程、检验批和室外工程。

14.2.1 单位（子单位）工程的划分

单位（子单位）工程的划分应按下列原则确定。

(1) 具备独立施工条件并能形成独立使用功能的建筑物及构筑物为一个单位工程。

单位工程通常由结构、建筑与建筑设备安装工程共同组成。如一栋住宅楼，一个商店、锅炉房、变电站，一所学校的一栋教学楼，一栋办公楼、传达室等均应单独为一个单位工程。

（2）建筑规模较大的单位工程，可将其能形成独立使用功能的部分划分为一个子单位工程。

子单位工程的划分一般可根据工程的建筑设计分区、结构缝的设置位置，使用功能显著差异等实际情况，在施工前由建设、监理、施工单位共同商定，并据此收集整理施工技术资料和验收。例如，一个单位工程由塔楼与裙房共同组成，可根据建设单位的需要，将塔楼与裙房划分为两个子单位工程。

一个单位工程中，子单位工程不宜划分的过多，对于建设方没有分期投入使用要求的较大规模工程，不应划分子单位工程。

14.2.2　分部（子分部）工程的划分

分部（子分部）工程的划分应按下列原则确定。

（1）分部工程的划分应按专业性质、建筑部位确定。

建筑与结构工程划分为地基与基础、主体结构、建筑装饰装修和建筑屋面4个分部。其中，地基与基础分部包括了房屋相对标高±0.000m以下的地基、基础、地下防水及基坑支护工程；在某些设计有地下室的工程中，在其首层地面以下的结构工程也属于地基与基础分部中。但地下室的砌体工程等可纳入主体结构分部。在《建筑工程施工质量验收统一标准》（GB 50300—2013）中，将门窗、地面工程均划分在建筑装饰装修分部之中。因此，地下室的门窗、地面工程也应划分在建筑装饰装修分部。其他抹灰、吊顶、轻质隔墙等也应纳入建筑装饰装修分部。

建筑设备安装工程划分为建筑给水排水及采暖、建筑电气、智能建筑、通风与空调及电梯5个分部。

（2）当分部工程较大或较复杂时，可按材料种类、施工特点、施工程序、专业系统及类别等划分为若干子分部工程。

在建筑工程的分部工程中，将原建筑电气安装分部工程中的强电和弱电部分独立出来，各为一个分部工程，称其为建筑电气分部和智能建筑（弱电）分部。

当分部工程量很大且较复杂时，可将其中相同部分的工程或能形成独立专业系统的工程划分为若干子分部工程，这样，越划分明细，对工程施工质量的验收更能准确判定。

14.2.3 分项工程的划分

分项工程是分部工程中具有单一的或专业的施工内容的工程。

分项工程的划分应按照下列原则确定：

① 按主要工种、材料、施工工艺、设备类别等进行划分。

② 分项工程可由一个或若干个检验批组成，检验批可根据施工及质量控制和专业验收需要按楼层、施工段、变形缝等进行划分。

近年来，随着生产、工作、生活条件要求的提高，建筑物的内部设施也越来越多样化；新型材料大量涌现；加之施工工艺和技术的发展，使分项工程也越来越多。

根据《建筑工程施工质量验收统一标准》(GB 50300) 在划分的子分部工程基础上，又划分出各自的分项工程，见表 14-2～表 14-11。

1. 建筑地基与基础工程

建筑地基与基础工程是一个分部工程，内容包括：地基、桩基础、土方工程和基坑工程等。地基与基础的施工质量问题直接关系建筑物的安危，必须确保建筑地基与基础工程的施工质量。

地基与基础分项工程的划分见表 14-2。

地基与基础分项工程划分表　　表 14-2

项号	子分部工程	分项工程
1	无支护土方	土方开挖，土方回填
2	有支护土方	排桩，降水，排水，地下连续墙，锚杆，土钉墙，水泥土桩，沉井与沉箱，钢及混凝土支撑
3	地基处理	灰土地基，砂和砂石地基，碎砖三合土地基，土工合成材料地基，粉煤灰地基，重锤夯实地基，强夯地基，振冲地基，砂桩地基，预压地基，高压喷射注浆地基，土和灰土挤密桩地基，注浆地基，水泥粉煤灰碎石桩地基，夯实水泥土桩地基

续表

项号	子分部工程	分项工程
4	桩基	锚杆静压桩及静力压桩，预应力离心管桩，钢筋混凝土预制桩，钢桩，混凝土灌注桩（成孔，钢筋笼，清孔，水下混凝土灌注）
5	地下防水	防水混凝土，水泥砂浆防水层，卷材防水层，涂料防水层，金属板防水层，塑料板防水层，细部构造，喷锚支护，复合式衬砌，地下连续墙，盾构法隧道；渗排水和盲沟排水，隧道和坑道排水，预注浆，后注浆，衬砌裂缝注浆
6	混凝土基础	模板，钢筋，混凝土，后浇带混凝土，混凝土结构缝处理
7	砌体基础	砖砌体，混凝土砌块砌体，配筋砌体，石砌体
8	劲钢（管）混凝土	劲钢（管）焊接，劲钢（管）与钢筋的连接，混凝土
9	钢结构	焊接钢结构，拴接钢结构，钢结构制作，钢结构安装，钢结构涂装

2. 建筑主体结构工程

建筑物的结构形式，是依据建筑的规模、高度，建筑的外观和使用要求，建筑的地域条件，建筑的造价指标等诸多因素，最终由设计的形式确定。根据建筑的结构计算模式，建筑的结构有框架结构、剪力墙结构、框-剪结构、筒体结构等形式。

由于建筑材料和施工方法的不同，从施工的角度可将建筑工程分为木结构、砌体结构、混凝土结构和钢结构等不同的结构类型。

建筑的主体结构承担着整个建筑的所有荷载，主体结构的工程质量直接关系到建筑物的安全使用性。地基与基础、主体结构的施工质量是建筑工程中最重要的两个质量环节，这两项工程不允许存在任何的质量隐患，如果一旦出现建筑物的地基与基础工程和主体结构工程的质量问题，寻找修复解决的办法都是非常困难和麻烦的。因此，必须确保建筑主体结构工程的施工质量。

主体结构分项工程的划分见表14-3。

主体结构分项工程划分表　　　表 14-3

项号	子分部工程	分项工程
1	混凝土结构	模板，钢筋，混凝土，预应力，现浇结构，装配式结构
2	劲钢（管）混凝土结构	劲钢（管）焊接，螺栓连接，劲钢（管）与钢筋的连接，劲钢（管）制作、安装，混凝土
3	砌体结构	砖砌体，混凝土小型空心砌块砌体，石砌体，填充墙砌体，配筋砖砌体
4	钢结构	钢结构焊接，紧固件连接，钢零部件加工，单层钢结构安装，多层及高层钢结构安装，钢结构涂装，钢构件组装，钢构件预拼装，钢网架结构安装，压型金属板
5	木结构	方木和原木结构，胶合木结构，轻型木结构，木构件防护
6	网架和索膜结构	网架制作，网架安装，索膜安装，网架防火，防腐涂料

3. 建筑装饰装修

在建筑工程中，装饰装修工程具有劳动作业量大、施工周期长、投资费用高、观感影响强的特点。建筑装饰装修工程包括地面工程、抹灰工程、门窗工程、吊顶工程、轻质隔墙工程、饰面板（砖）工程、幕墙工程、涂饰工程、裱糊与软包工程、细部工程十个子分部工程。

建筑装饰装修分项工程的划分见表 14-4。

建筑装饰装修分项工程划分表　　　表 14-4

项号	子分部工程	分项工程
1	地面	整体面层：基层，水泥混凝土面层，水泥砂浆面层，水磨石面层，防油渗面层，水泥钢（铁）屑面层，不发火（防爆的）面层；板块面层：基层，砖面层（陶瓷锦砖、缸砖、陶瓷地砖和水泥花砖面层），大理石面层和花岗岩面层，需制板块面层（预制水泥混凝土、水磨石板块面层），料石面层（条石、块石面层），塑料板面层，活动地板面层，地毯面层；木竹面层：基层、实木地板面层（条材、块材面层），实木复合地板面层（条材、块材面层），中密度（强化）复合地板面层（条材面层），竹地板面层
2	抹灰	一般抹灰，装饰抹灰，清水砌体勾缝

续表

项号	子分部工程	分项工程
3	门窗	木门窗制作与安装，金属门窗安装，塑料门窗安装，特种门安装，门窗玻璃安装
4	吊顶	暗龙骨吊顶，明龙骨吊顶
5	轻质隔墙	板材隔墙，骨架隔墙，活动隔墙，玻璃隔墙
6	饰面板（砖）	饰面板安装，饰面砖粘贴
7	幕墙	玻璃幕墙，金属幕墙，石材幕墙
8	涂饰	水性涂料涂饰，溶剂型涂料涂饰，美术涂饰
9	裱糊与软包	裱糊，软包
10	细部	橱柜制作与安装，窗帘盒、窗台板和暖气罩制作与安装，门窗套制作与安装，护栏和扶手制作与安装，花饰制作与安装

4. 建筑屋面

建筑的屋面工程包括屋面的防水和屋面的保温两方面的内容。建筑屋面分项工程的划分见表14-5。

建筑屋面分项工程划分表　　表14-5

项号	子分部工程	分项工程
1	卷材防水屋面	保混层，找平层，卷材防水层，细部构造
2	涂膜防水屋面	保温层，找平层，涂膜防水层，细部构造
3	附性防水屋面	细石混凝土防水层，密封材料嵌缝，细部构造
4	瓦屋面	平瓦屋面，油毡瓦屋面，金属板屋面，细部构造
5	隔热屋面	架空屋面，蓄水屋面，种植屋面

5. 建筑给水、排水及采暖

建筑给水、排水及采暖工程是建筑工程中包含各类给水、排水及采暖管道和设备的安装工程。其中，包括室内给水系统、室内排水系统、室内热水供应系统、卫生器具安装、室内采暖系统、室外给水管网、室外排水管网、室外供热管网、建筑中水系统及游泳池系统、供热锅炉及辅助设备安装十个子分部工程。

建筑给水、排水及采暖分项工程的划分见表14-6。

建筑给水、排水及采暖分项工程划分表　　表 14-6

项号	子分部工程	分项工程
1	室内给水系统	给水管道及配件安装，室内消火栓系统安装，给水设备安装，管道防腐，绝热
2	室内排水系统	排水管道及配件安装，雨水管道及配件安装
3	室内热水供应系统	管道及配件安装，辅助设备安装，防腐，绝热
4	卫生器具安装	卫生器具安装，卫生器具给水配件安装，卫生器具排水管道安装
5	室内采暖系统	管道及配件安装，辅助设备及散热器安装，金属辐射板安装，低温热水地板辐射采暖系统安装，系统水压试验及调试，防腐，绝热
6	室外给水管网	给水管道安装，消防水泵接合器及室外消火栓安装，管沟及井室
7	室外排水管网	排水管道安装，排水管沟与井池
8	室外供热管网	管道及配件安装，系统水压试验及调试，防腐，绝热
9	建筑中水系统及游泳池系统	建筑中水系统管道及辅助设备安装，游泳池水系统安装
10	供热锅炉及辅助设备安装	锅炉安装，辅助设备及管道安装，安全附件安装，烘炉、煮炉安装和试运行，换热站安装，防腐，绝热

6. 建筑电气

建筑电气工程是强电部分的线路与设备安装工程，包含的内容较多，主要由室外电气工程、变配电室工程、供电干线工程、电气动力工程、电气照明安装工程、备用和不间断电源安装工程、防雷及接地安装工程七个子分部工程组成。

建筑电气分项工程的划分见表 14-7。

建筑电气分项工程划分表　　表 14-7

项号	子分部工程	分项工程
1	室外电气	架空线路及杆上电气设备安装、变压器、箱式变电所安装、成套配电柜、控制柜（屏、台）和动力、照明配电箱（盘）及控制柜安装，电线、电缆导管和线槽敷设，电线、电缆穿管和线槽敷设，电缆头制作、导线连接和线路电气试验，建筑物外部装饰灯具、航空障碍标志灯和庭院路灯安装，建筑照明道电试运行，接地装置安装
2	变配电室	变压器、箱式变电所安装，成套配电柜、控制柜（屏、台）和动力、照明配电箱（盘）安装，裸母线、封闭母线、插接式母线安装，电缆沟内和电缆竖井内电缆敷设，电缆头制作、导线连接和线路电气试验，接地装置安装，避雷引下线和变配电室接地干线敷设
3	供电干线	裸母线、封闭母线、插接式母线安装，桥架安装和桥架内电缆敷设，电缆沟内和电缆竖井内电缆敷设、电线、电缆导管和线槽敷设，电线、电缆穿管和线槽敷线、电缆头制作、导线连接和线路电气试验
4	电气动力	成套配电柜、控制柜（屏、台）和动力、照明配电箱（盘）及控制柜安装，低压电动机、电加热器及电动执行机构检查、接线，低压电气动力设备检测、试验和空载试运行，桥架安装和桥架内电缆敷设，电线、电缆导管和线槽敷设，电线、电缆穿管和线槽敷线，电缆头制作、导线连接和线路电气试验，插座、开关、风扇安装
5	电气照明安装	成套配电柜、控制柜（屏、台）和动力、照明配电箱（盘）安装，电缆、电缆导管和线槽敷设，电线、电缆导管和线槽敷线，槽板配线，钢索配线，电缆头制作、导线连接和线路电气试验，普通灯具安装，专用灯具安装，插座、开关、风扇安装，建筑照明通电试运行
6	备用和不间断电源安装	成套配电柜、控制柜（屏、台）和动力、照明配电箱（盘）安装，柴油发电机组安装，不间断电源的其他功能单元安装、裸母线、封闭母线、插接式母线安装，电线、电缆导管和线槽敷设，电线、电缆导管和线槽敷线，电缆头制作、导线连接和线路电气试验，接地装置安装
7	防雷及接地安装	接地装置安装，避雷引下线和变配电室接地干线敷设，建筑物等电位连接，接闪器安装

7. 智能建筑

智能建筑工程是弱电部分的线路与设备安装工程，包括通信网络系统、办公自动化系统、建筑设备监控系统、火灾报警及消防联动系统、安全防范系统、综合布线系统、智能化集成系统、电源与接地、环境、住宅（小区）智能化系统十个子分部工程。

智能建筑分项工程的划分见表14-8。

智能建筑分项工程划分表　　　　表14-8

项号	子分部工程	分项工程
1	通信网络系统	通信系统，卫星及有线电视系统，公共广播系统
2	办公自动化系统	计算机网络系统，信息平台及办公自动化应用软件，网络安全系统
3	建筑设备监控系统	空调与通风系统，变配电系统，照明系统，给排水系统，热源和热交换系统，冷冻和冷却系统，电梯和自动扶梯系统，中央管理工作站与操作分站，子系统通信接口
4	火灾报警及消防联动系统	火灾和可燃气体探测系统，火灾报警控制系统，消防联动系统
5	安全防范系统	电视监控系统，入侵报警系统，巡更系统，出入口控制（门禁）系统，停车管理系统
6	综合布线系统	缆线敷设和终接，机柜、机架、配线架的安装，信息插座和光缆芯线终端的安装
7	智能化集成系统	集成系统网络，实时数据库，信息安全，功能接口
8	电源与接地	智能建筑电源，防雷及接地
9	环境	空间环境，室内空调环境，视觉照明环境，电磁环境
10	住宅（小区）智能化系统	火灾自动报警及消防联动系统，安全防范系统（含电视监控系统、入侵报警系统、巡更系系、门禁系统、楼宇对讲系统、住户对讲呼救系统、停车管理系统），物业管理系统（多表现场计量及远程传输系统、建筑设备监控系统、公共广播系统、小区网络及信息服务系统，物业办公自动化系统），智能家庭信息平台

8. 通风与空调

通风与空调工程包括送排风系统、防排烟系统、除尘系统、空调风系统、净化空调系统、制冷设备系统、空调水系统七个子分部工程。

通风与空调分项工程的划分见表 14-9。

通风与空调分项工程划分表 **表 14-9**

项号	子分部工程	分项工程
1	送排风系统	风管与配件制作，部件制作，风管系统安装，空气处理设备安装，消声设备制作与安装，风管与设备防腐，风机安装，系统调试
2	防排烟系统	风管与配件制作，部件制作，风管系统安装，防排烟风口、常闭正压风口与设备安装，风管与设备防腐，风机安装、系统调试
3	除尘系统	风管与配件制作，部件制作，风管系统安装，除尘器与排污设备安装，风管与设备防腐，风机安装，系统调试
4	空调风系统	风管与配件制作，部件制作，风管系统安装，空气处理设备安装，消声设备制作与安装，风管与设备防腐，风机安装，风管与设备绝热，系统调试
5	净化空调系统	风管与配件制作，部件制作，风管系统安装，空气处理设备安装、消声设备制作与安装，风管与设备防腐，风机安装，风管与设备绝热，高效过滤器安装，系统调试
6	制冷设备系统	制冷机组安装，制冷剂管道及配件安装，制冷附属设备安装，管道及设备的防腐与绝热，系统调试
7	空调水系统	管道冷热（媒）水系统安装，冷却水系统安装，冷凝水系统安装，阀门及部件安装，冷却塔安装，水泵及附属设备安装，管道与设备的防腐与绝热，系统调试

9. 电梯

电梯工程具有特殊的安全使用专业性要求，包括电力驱动的曳引式或强制式电梯安装，液压电梯安装，自动扶梯、自动人行道安装三类子分部工程。

电梯分项工程的划分见表 14-10。

电梯分项工程划分表　　表 14-10

项号	子分部工程	分项工程
1	电力驱动的曳引式或强制式电梯安装	设备进场验收，土建交接检验，驱动主机，导轨，门系统，轿厢，对重（平衡重），安全部件，悬挂装置，随行电缆，补偿装置，电气装置，整机安装验收
2	液压电梯安装	设备进场验收，土建交接检验，液压系统，导轨，门系统，轿厢，对重（平衡重），安全部件，悬挂装置，随行电缆，电气装置，整机安装验收
3	自动扶梯、自动人行道安装	设备进场验收，土建交接检验，整机安装验收

14.2.4 检验批的划分

分项工程可由一个或若干检验批组成，检验批可根据施工及质量控制要求和专业验收需要，按楼层、施工段、变形缝等进行划分。

所谓检验批就是“按同一生产条件或按规定的方式汇总起来供检验用的，由一定数量样本组成的检验体”。分项工程划分成检验批进行验收有助于及时纠正施工中出现的质量问题，确保工程质量，也符合施工实际需要。多层及高层建筑工程中，主体分部的分项工程可按楼层或施工段来划分检验批；单层建筑工程中的分项工程，可按变形缝等划分检验批；地基基础分部工程中的分项工程一般划分为一个检验批，有地下层的基础工程可按不同地下层划分检验批；屋面分部工程中的分项工程不同楼层屋面，可划分为不同的检验批；其他分部工程中的分项工程，一般按楼层划分检验批；对于工程量较少的分项工程可统一划为一个检验批。安装工程一般按一个设计系统或设备组别划分为一个检验批。室外工程统一划分为一个检验批。散水、台阶、明沟等含在地面检验批中。

对于地基基础中的土石方、基坑支护子分部工程及混凝土工程中的模板工程，虽不构成建筑工程实体，但它是建筑工程施工不可缺少的重要环节和必要条件，其施工质量如何，不仅关系到能否施工和施工安全，也关系到建筑工程的质量，因此将其列入施工验收内容是应该的。

14.2.5 室外工程的划分

室外工程可根据专业类别和工程规模划分单位（子单位）工程。

根据《建筑工程施工质量验收统一标准》（GB 50300—2013）的要求，室外单位（子单位）工程、分部工程可按表14-11采用。

室外工程的划分 **表14-11**

子单位工程	分部工程	分项工程
室外设施	道路	路基，基层，面层，广场与停车场，人行道，人行地道，挡土墙，附属构筑物
	边坡	土石方，挡土墙，支护
附属建筑及室外环境	附属建筑	车棚，围墙，大门，挡土墙
	室外环境	建筑小品，亭台，水景，连廊，花坛，场坪绿化，景观桥

14.3 建筑工程质量验收程序和组织

（1）检验批应由专业监理工程师组织施工单位项目专业质量检查员、专业工长等进行验收。

（2）分项工程应由专业监理工程师组织施工单位项目专业技术负责人等进行验收。

（3）分部工程应由总监理工程师组织施工单位项目负责人和项目技术负责人等进行验收。

勘察、设计单位项目负责人和施工单位技术、质量部门负责人应参加地基与基础分部工程的验收。

设计单位项目负责人和施工单位技术、质量部门负责人应参加主体结构、节能分部工程的验收。

（4）单位工程中的分包工程完工后，分包单位应对所承包的工程项目进行自检，并应按检验验收标准规定的程序进行验收。验收时，总包单位应派人参加。分包单位应将所分包工程的质量控制资料整理完整，并移交给总包单位。

（5）单位工程完工后，施工单位应组织有关人员进行自检。总监理工程师应组织各专业监理工程师对工程质量进行竣工预验收。存在施工质量问题时，应由施工单位整改。整改完毕后，由施工单位向建设单位提交工程竣工报告，申请工程竣工验收。

（6）建设单位收到工程竣工报告后，应由建设单位项目负责人组织监理、施工、设计、勘察等单位项目负责人进行单位工程验收。

第15章　常见质量问题及处理

15.1　常见质量问题

15.1.1　常见质量问题的特点

项目中常见的质量缺陷具有复杂性、严重性、可变性和多发性的特点。

（1）多发性。在项目中有些质量缺陷，就像“常见病”、“多发病”一样经常发生，而成为质量通病。如屋面、卫生间漏水，抹灰层开裂、脱落，地面起砂、空鼓，排水管道堵塞，预制构件裂缝等。另有一些同类型的质量缺陷，往往一再重复发生，如雨篷的倾覆，悬挑梁、板的断裂，混凝土强度不足等。因此，吸取多发性事故的教训，认真总结经验，是避免事故重演的有效措施。

（2）严重性。项目质量缺陷，轻者影响施工顺利进行，拖延工期，增加工程费用；重者给工程留下隐患，成为危房，影响安全使用或不能使用；更严重的是引起建筑物倒塌，造成人民生命财产的巨大损失。

（3）复杂性。项目质量缺陷的复杂性，主要表现在引发质量缺陷的因素复杂，从而增加了对质量缺陷的性质、危害的分析、判断和处理的复杂性。例如建筑物的倒塌，可能是未认真进行地质勘察，地基的容许承载力与持力层不符；也可能是未处理好不均匀地基，产生过大的不均匀沉降；或是盲目套用图纸，结构方案不正确，计算简图与实际受力不符；或是荷载取值过小，内力分析有误，结构的刚度、强度、稳定性差；或是施工偷工减料、不按图施工、施工质量低劣；或是建筑材料及制品不合格，擅自代用材料等原因所造成。由此可见，即使同一性质的质量问题，原因有时截然不同，所以在处理质量问题时，必须深入地进行调查研究，针对其质量问题的特征作具体分析。

（4）可变性。许多工程质量缺陷，还将随着时间不断发展变化。例如：钢筋混凝土结构出现的裂缝将随着环境湿度、温度的变化而变化，或随着荷载的大小和持荷时间而变化；建筑物的倾斜，将随着附加弯矩的增加和地基的沉降而变化；混合结构墙体的裂缝也会随着温度应力和地基的沉降量而变化；甚至有的细微裂缝，也可以发展成构件断裂或结构物倒塌等重大事故。所以，在分析、处理工程质量问题时，一定要特别重视质量事故的可变性，应及时采取可靠的措施，以免事故进一步恶化。

15.1.2 质量问题的分类

工程质量问题一般分为工程质量缺陷、工程质量通病、工程质量事故。

（1）工程质量缺陷。是指工程达不到技术标准允许的技术指标的现象。

（2）工程质量通病。是指各类影响工程结构、使用功能和外形观感的常见性质量损伤，犹如“多发病”一样，而称为质量通病。

（3）工程质量事故。是指在工程建设过程中或交付使用后，对工程结构安全、使用功能和外形观感影响较大、损失较大的质量损伤。如住宅阳台、雨篷倾覆，桥梁结构坍塌，大体积混凝土强度不足，管道、容器爆裂使气体或液体严重泄漏等。

它的特点有如下几方面。

1）经济损失达到较大的金额。

2）有时造成人员伤亡。

3）后果严重，影响结构安全。

4）无法降级使用，难以修复时必须推倒重建。

15.1.3 质量问题原因

质量问题表现的形式多种多样，比如：建筑结构的错位、变形、倾斜、倒塌、破坏、开裂、渗水、漏水、刚度差、强度不足、断面尺寸不准等等，但究其原因，可归纳为以下几方面。

(1) 违背建设程序。如不经可行性论证，不做调查分析就拍板定案；没有搞清工程地质、水文地质就仓促开工；无证设计，无图施工；任意修改设计，不按图纸施工；工程竣工不进行试车运转、不经验收就交付使用等盲干现象，致使不少工程项目留有严重隐患，房屋倒塌事故也常有发生。

(2) 工程地质勘察原因。未认真进行地质勘察，提供地质资料、数据有误；地质勘察时，钻孔间距太大，不能全面反映地基的实际情况，如当基岩地面起伏变化较大时，软土层厚薄相差亦甚大；地质勘察钻孔深度不够，没有查清地下软土层、滑坡、墓穴、孔洞等地层构造；地质勘察报告不详细、不准确等，均会导致采用错误的基础方案，造成地基不均匀沉降、失稳，使上部结构及墙体开裂、破坏、倒塌。

(3) 未加固处理好地基。对软弱土、冲填土、杂填土、湿陷性黄土、膨胀土、岩层出露、溶岩、土洞等不均匀地基未进行加固处理或处理不当，均是导致重大质量问题的原因。必须根据不同地基的工程特性，按照地基处理应与上部结构相结合，从地基处理、设计措施、结构措施、防水措施、施工措施等方面综合考虑治理。

(4) 设计计算问题。设计考虑不周，结构构造不合理，计算简图不正确，计算荷载取值过小，内力分析有误，沉降缝及伸缩缝设置不当，悬挑结构未进行抗倾覆验算等，都是诱发质量问题的隐患。

(5) 建筑材料及制品不合格。比如：钢筋物理力学性能不符合标准，水泥受潮、过期、结块、安定性不良，砂石级配不合理、有害物含量过多，混凝土配合比不准，外加剂性能、掺量不符合要求时，均会影响混凝土强度、和易性、密实性、抗渗性，导致混凝土结构强度不足、裂缝、渗漏、蜂窝、露筋等质量问题；预制构件断面尺寸不准支承锚固长度不足，未可靠建立预应力值，钢筋漏放、错位，板面开裂等，必然会出现断裂、垮塌。

（6）施工和管理问题。许多工程质量问题，往往是由施工和管理造成的。

1）不熟悉图纸，盲目施工，图纸未经会审，仓促施工；未经监理、设计部门同意，擅自修改设计。

2）不按图施工。把铰接做成刚接，把简支梁做成连续梁，抗裂结构用光圆钢筋代替变形钢筋等，致使结构裂缝破坏；挡土墙不按图设滤水层，留排水孔，致使土压力增大，造成挡土墙倾覆。

3）不按有关施工验收规范施工。如现浇混凝土结构不按规定的位置和方法任意留设施工缝；不按规定的强度拆除模板；砌体不按组砌形式砌筑，留直槎不加拉结条，在小于1m宽的窗间墙上留设脚手眼等。

4）不按有关操作规程施工。如用插入式振捣器捣实混凝土时，不按插点均布、快插慢拔、上下抽动、层层扣搭的操作方法施工，致使混凝土振捣不实，整体性差；又如，砖砌体包心砌筑，上下通缝，灰浆不均匀饱满，游丁走缝，不横平竖直等都是导致砖墙和砖柱破坏、倒塌的主要原因。

5）缺乏基本结构知识，施工蛮干。如将钢筋混凝土预制梁倒放安装；将悬臂梁的受拉钢筋放在受压区；结构构件吊点选择不合理，不了解结构使用受力和吊装受力的状态；施工中在楼面超载堆放构件和材料等，均将给质量和安全造成严重的后果。

6）施工管理紊乱，施工方案考虑不周，施工顺序错误。技术组织措施不当，技术交底不清，违章作业。不重视质量检查和验收工作等，都是导致质量问题的祸根。

（7）自然条件影响。施工项目周期长、露天作业多，受自然条件影响大，温度、湿度、日照、雷电、供水、大风、暴雨等都能造成重大的质量事故，施工中应特别重视，采取有效措施予以预防。

(8) 建筑结构使用问题。建筑物使用不当，亦易造成质量问题。如不经校核、验算，就在原有建筑物上任意加层；使用荷载超过原设计的容许荷载；任意开槽、打洞、削弱承重结构的截面等。

15.2 质量问题处理

15.2.1 质量问题处理的基本要求

(1) 处理应达到安全可靠，不留隐患，满足生产、使用要求，施工方便，经济合理的目的。

(2) 注意综合治理。既要防止原有事故的处理引发新的事故，又要注意处理方法的综合应用，如结构承载能力不足时，则可综合应用结构补强、卸荷，增设支撑、改变结构方案等方法。

(3) 正确确定处理范围。除了直接处理事故发生的部位外，还应检查事故对相邻区域及整个结构的影响，以正确确定处理范围。例如，板的承载能力不足时，往往从板、梁、柱到基础均要予以加固。

(4) 正确选择处理时间和方法。发现质量问题后，一般均应及时分析处理。但并非所有质量问题的处理都是越早越好，如裂缝、沉降，变形尚未稳定就匆忙处理，往往不能达到预期的效果，而常会进行重复处理。处理方法的选择，应根据质量问题的特点，综合考虑安全可靠、技术可行、经济合理、施工方便等因素，经分析比较，择优选定。

(5) 加强事故处理的检查验收工作。从施工准备到竣工，均应根据有关规范的规定和设计要求的质量标准进行检查验收。

(6) 认真复查事故的实际情况。在事故处理中若发现事故情况与调查报告中所述的内容差异较大，应停止施工，待查清问题的实质，采取相应的措施后再继续施工。

(7) 确保事故处理期的安全。事故现场中不安全因素较多，应事先采取可靠的安全技术措施和防护措施，并严格检查、执行。

15.2.2 质量问题分析、处理的程序

质量问题分析、处理的程序，一般可按图15-1进行。

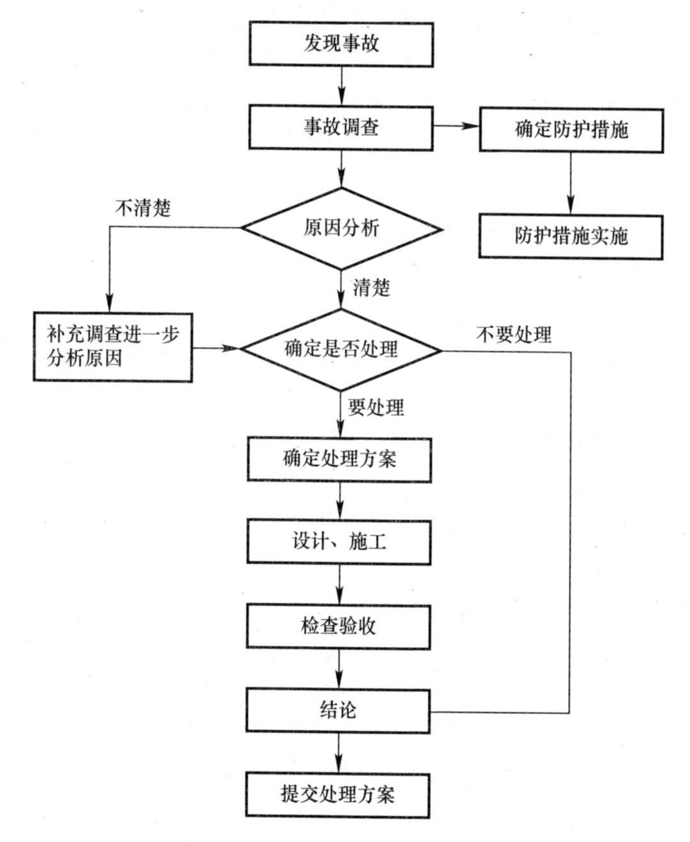

图15-1 方程式项目质量问题分析、处理程序

事故发生后，应及时组织调查处理。调查的主要目的，是要确定事故的范围、性质、影响和原因等；通过调查，为事故的分析与处理提供依据，一定要力求全面、准确、客观。调查结果，要整理撰写成事故调查报告，其内容包括以下几方面。

1）工程概况，重点介绍事故有关部分的工程情况。

2）事故情况，事故发生时间、性质、现状及发展变化的情况。

3）是否需要采取临时应急防护措施。

4）事故调查中的数据、资料。

5）事故原因的初步判断。

6）事故涉及人员与主要责任者的情况等。

事故的原因分析，要建立在事故情况调查的基础上，避免情况不明就主观分析判断事故的原因。尤其是有些事故，其原因错综复杂，往往涉及勘察、设计、施工、材质、使用管理等几方面，只有对调查提供的数据、资料进行详细分析后，才能去伪存真，找到造成事故的主要原因。

事故的处理要建立在原因分析的基础上，对有些事故一时认识不清时，只要事故不致产生严重的恶化，可以继续观察一段时间；做进一步调查分析，不要急于求成，以免造成同一事故多次处理的不良后果。事故处理的基本要求是：安全可靠，不留隐患，满足建筑功能和使用要求，技术可行，经济合理，施工方便。在事故处理中，还必须加强质量检查和验收。对每一个质量事故，无论是否需要处理，都要经过分析，得出明确的结论。

15.2.3　质量问题处理应急措施

工程中的质量问题具有可变性，往往随时间、环境、施工情况等的变化而发展变化，有的细微裂缝，可能逐步发展成构件断裂；有的局部沉降、变形，可能致使房屋倒塌。为此，在处理质量问题前，应及时对问题的性质进行分析，做出判断，对那些随着时间、温度、湿度、荷载条件变化的变形、裂缝要认真观测记录，寻找变化规律及可能产生的恶果；对那些表面的质量问题，要进一步查明问题的性质是否会转化；对那些可能发展成为构件断裂、房屋倒塌的恶性事故，更要及时采取应急补救措施。

在拟定应急措施时，一般应注意以下事项。

（1）对危险性较大的质量事故，首先应予以封闭或设立警戒区，只有在确认其不可能倒塌或进行可靠支护后，方准许进入现场处理，以免人员的伤亡。

（2）对需要进行部分拆除的事故，应充分考虑事故对相邻区域结构的影响，以免事故进一步扩大，且应制定可靠的安全措施和拆除方案，要严防对原有事故的处理引发新的事故，如偷梁换柱，稍有疏忽将会引起整幢房屋的倒塌。

（3）凡涉及结构安全的，都应对处理阶段的结构强度、刚度和稳定性进行验算，提出可靠的防护措施，并在处理中严密监视结构的稳定性。

（4）在不卸荷条件下进行结构加固时，要注意加固方法和施工荷载对结构承载力的影响。

（5）要充分考虑对事故处理中所产生的附加内力对结构的作用，以及由此引起的不安全因素。

15.2.4 质量问题处理方案

质量问题处理方案，应当在正确地分析和判断质量问题原因的基础上进行。对于工程质量问题，通常可以根据质量问题的情况，做出以下四类不同性质的处理方案。

（1）修补处理。这是最常采用的一类处理方案。通常当工程的某些部分的质量虽未达到规定的规范、标准或设计要求，存在一定的缺陷，但经过修补后还可达到要求的标准，又不影响使用功能或外观要求时，可以做出进行修补处理的决定。

（2）返工处理。在工程质量未达到规定的标准或要求，有明显严重的质量问题，对结构的使用和安全有重大影响，而又无法通过修补的办法纠正所出现的缺陷情况下，可以做出返工处理的决定。例如，某防洪堤坝的填筑压实后，其压实土的干密度未达到规定的要求干密度值，核算将影响土体的稳定和抗渗要求，可以进行返工处理，即挖除不合格土，重新填筑。又如某工程预应力按混凝土规定张力系数为 1.3；但实际仅为 0.8，属于严重的质量缺陷，无法修补，即需做出返工处理的决定。十分严重的质量事故甚至要做出整体拆除的决定。

（3）限制使用。在工程质量问题按修补方案处理仍无法达到规定的使用要求和安全，而又无法返工处理的情况下，可以做出诸如结构卸荷或减荷以及限制使用的决定。

(4) 不做处理。某些工程质量问题虽然不符合规定的要求或标准，但如其情况不严重，对工程或结构的使用及安全影响不大，经过分析、论证和慎重考虑后，也可做出不作专门处理的决定。可以不做处理的情况一般有以下几种。

1) 不影响结构安全和使用要求者。例如，有的建筑物出现放线定位偏差，若要纠正则会造成重大经济损失，若其偏差不大，不影响使用要求，在外观上也无明显影响，经分析论证后，可不做处理；又如，某些隐蔽部位的混凝土表面裂缝，经检查分析，属于表面养护不够的干缩微裂，不影响使用及外观，也可不做处理。

2) 有些不严重的质量问题，经过后续工序可以弥补的，例如，混凝土的轻微蜂麻面或墙面，可通过后续的抹灰、喷涂或刷白等工序弥补，可以不对该缺陷进行专门处理。

3) 出现的质量问题，经复核验算，仍能满足设计要求者。例如，某一结构断面做小了，但复核后仍能满足设计的承载能力，可考虑不再处理。这种做法实际上是在挖掘设计潜力或降低设计的安全系数，因此需要慎重处理。

15.2.5 质量问题处理资料

一般质量问题的处理，必须具备以下资料。

(1) 与事故有关的施工图。

(2) 与施工有关的资料，如建筑材料试验报告、施工记录、试块强度试验报告等。

(3) 事故调查分析报告，包括以下几方面。

1) 事故情况。出现事故时间、地点，事故的描述，事故观测记录，事故发展变化规律，事故是否已经稳定等。

2) 事故性质。应区分属于结构性问题还是一般性缺陷，是表面性的还是实质性的，是否需要及时处理，是否需要采取防护性措施。

3) 事故原因。应阐明所造成事故的重要原因，如结构裂缝，是因地基不均匀沉降，还是温度变形；是因施工振动，还是由于结构本身承载能力不足所造成。

4）事故评估。阐明事故对建筑功能、使用要求、结构受力性能及施工安全有何影响，并应附有实测、验算数据和试验资料。

5）事故涉及人员及主要责任者的情况。

（4）设计、施工、使用单位对事故的意见和要求等。

15.2.6 质量问题性质的确定

质量缺陷性质的确定，是最终确定缺陷问题处理办法的首要工作和根本依据。一般通过下列方法来确定缺陷的性质。

（1）了解和检查。是指对有缺陷的工程进行现场情况、施工过程、施工设备和全部基础资料的了解和检查，主要包括调查、检查质量试验检测报告、施工日志、施工工艺流程、施工机械情况以及气候情况等。

（2）检测与试验。通过检查和了解可以发现一些表面的问题，得出初步结论，但往往需要进一步的检测与试验来加以验证。检测与试验主要是检验该缺陷工程的有关技术指标，以便准确找出产生缺陷的原因。例如：若发现石灰土的强度不足，则在检验强度指标的同时，还应检验石灰剂量，石灰与土的物理化学性质，以便确定石灰土强度不足是因为材料不合格、配比不合格或养护不好，还是因为其他如气候之类的原因造成的。检测和试验的结果将作为确定缺陷性质的主要依据。

（3）专门调研。有些质量问题，仅仅通过以上两种方法仍不能确定。如某工程出现异常现象，但在问题被发现时，有些指标却无法被证明是否满足规范要求，只能采用参考的检测方法。如水泥混凝土，规范要求的是28d的强度，而对于已经浇筑的混凝土无法再检测，只能通过规范以外的方法进行检测，其检测结果作为参考依据之一。为了得到这样的参考依据并对其进行分析，往往有必要组织有关方面的专家或专题调查组，提出检测方案，对所得到的一系列参考依据和指标进行综合分析研究，找出产生缺陷的原因，确定缺陷的性质。这种专题研究，对缺陷问题的妥善解决作用重大，因此，经常被采用。

15.2.7 质量问题处理决策的辅助方法

对质量问题处理的决策，是复杂而重要的工作，它直接关系到工程的质量、费用与工期。所以，要做出对质量问题处理的决定，特别是对需要返工或不做处理的决定，应当慎重。在对于某些复杂的质量问题做出处理决定前，可采取以下方法做进一步论证。

（1）实验验证。即对某些有严重质量缺陷的项目，可采取合同规定的常规试验以外的试验方法进一步进行验证，以便确定缺陷的严重程度。例如，混凝土构件的试件强度低于要求的标准不太大（如10%以下）时，可进行加载试验，以证明其是否满足使用要求；又如，公路工程的沥青面层厚度误差超过了规范允许的范围，可采用弯沉试验，检查路面的整体强度等。根据对试验验证检查的分析、论证，确定处理决策。

（2）定期观测。有些工程，在发现其质量缺陷时，其状态可能尚未稳定，仍会继续发展，在这种情况下，一般不宜过早做出决定，可以对其进行一段时间的观测，然后再根据情况做出决定。属于这类的质量缺陷，如桥墩或其他工程的基础，在施工期间发生沉降超过预计的或规定的标准；混凝土或高填土发生裂缝，并处于发展状态等。有些有缺陷的工程，短期内的影响可能不十分明显，需要较长时间的观测才能得出结论。

（3）专家论证。某些工程缺陷，可能涉及的技术领域比较广泛，则可采取专家论证的方式。采用这种办法时，应事先做好充分准备，尽早为专家提供尽可能详尽的情况和资料，以便其能够进行较充分的、全面和细致的分析、研究，提出切实的、意见与建议。实践证明，采取这种方法，对出现重大的质量问题时，能够做出恰当的处理决定十分有益。

15.2.8 质量问题处理的鉴定验收

质量问题处理是否达到预期的目的，是否留有隐患，需要通过检查验收来做出结论。事故处理质量检查验收，必需严格按施工验收规范中有关规定进行，必要时，还要通过实测、实量，荷载试验，取样试压，仪表检测等方法来获取可靠的数据。这样，才可能对事故做出明确的处理结论。

事故处理结论的内容有以下几种。

（1）事故已排除，可以继续施工。

（2）隐患已经消除，结构安全可靠。

（3）经修补处理后，完全满足使用要求。

（4）基本满足使用要求，但附有限制条件，如限制使用荷载，限制使用条件等。

（5）对耐久性影响的结论。

（6）对建筑外观影响的结论。

（7）对事故责任的结论等。

此外，对一时难以做出结论的事故，还应进一步提出观测检查的要求。

事故处理后，还必须提交完整的事故处理报告，其内容包括事故调查的原始资料、测试数据，事故的原因分析、论证，事故处理的依据，事故处理方案、方法及技术措施，检查验收记录，事故无须处理的论证，事故处理结论等。

第 16 章 常用工具类资料

16.1 质量管理常用表格

以下质量管理常用表格均摘自相关验收规范，故保留原规范中表的格式。实际应用中，按要求内容填写、归档。

16.1.1 施工现场质量管理检查记录

施工现场质量管理检查记录应由施工单位按表 16-1 填写，总监理工程师进行检查，并作出检查结论。

施工现场质量管理检查记录 开工日期：　　表 16-1

工程名称			施工许可证号		
建设单位			项目负责人		
设计单位			项目负责人		
监理单位			总监理工程师		
施工单位		项目负责人		项目技术负责人	
序号	项目		主要内容		
1	项目部质量管理体系				
2	现场质量责任制				
3	主要专业工种操作岗位证书				
4	分包单位管理制度				
5	图纸会审记录				
6	地质勘察资料				
7	施工技术标准				
8	施工组织设计编制及审批				
9	物资采购管理制度				
10	施工设施和机械设备管理制度				
11	计量设备配备				
12	检测试验管理制度				
13	工程质量检查验收制度				
14					

续表

自检结果：	检查结论：
施工单位项目负责人： 年 月 日	总监理工程师： 年 月 日

16.1.2 建筑工程分部（子分部）工程、分项工程划分

建筑工程的分部（子分部）工程、分项工程可按表16-2划分。

建筑工程分部工程、分项工程划分　　表16-2

序号	分部工程	子分部工程	分项工程
1	地基与基础	土方工程	土方开挖，土方回填，场地平整
		基坑支护	排桩，重力式挡土墙，型钢水泥土搅拌墙，土钉墙与复合土钉墙，地下连续墙，沉井与沉箱，钢或混凝土支撑，锚杆，降水与排水
		地基处理	灰土地基、砂和砂石地基、土工合成材料地基，粉煤灰地基，强夯地基，注浆地基，预压地基，振冲地基，高压喷射注浆地基，水泥土搅拌桩地基，土和灰土挤密桩地基，水泥粉煤灰碎石桩地基，夯实水泥土桩地基，砂桩地基
		桩基础	先张法预应力管桩，混凝土预制桩，钢桩，混凝土灌注桩
		地下防水	防水混凝土，水泥砂浆防水层，卷材防水层，涂料防水层，塑料防水板防水层，金属板防水层，膨润土防水材料防水层；细部构造；锚喷支护，地下连续墙，盾构隧道，沉井，逆筑结构；渗排水、盲沟排水，隧道排水，坑道排水，塑料排水板排水；预注浆、后注浆，裂缝注浆
		混凝土基础	模板、钢筋、混凝土，后浇带混凝土，混凝土结构缝处理
		砌体基础	砖砌体，混凝土小型空心砌块砌体，石砌体，配筋砌体
		型钢、钢管混凝土基础	型钢、钢管焊接与螺栓连接，型钢、钢管与钢筋连接，浇筑混凝土
		钢结构基础	钢结构制作，钢结构安装，钢结构涂装

续表

序号	分部工程	子分部工程	分项工程
2	主体结构	混凝土结构	模板，钢筋，混凝土，预应力、现浇结构，装配式结构
		砌体结构	砖砌体，混凝土小型空心砌块砌体，石砌体，配筋砖砌体，填充墙砌体
		钢结构	钢结构焊接，紧固件连接，钢零部件加工，钢构件组装及预拼装，单层钢结构安装，多层及高层钢结构安装，空间格构钢结构制作，空间格构钢结构安装，压型金属板，防腐涂料涂装，防火涂料涂装、天沟安装、雨棚安装
		型钢、钢管混凝土结构	型钢、钢管现场拼装，柱脚锚固，构件安装，焊接、螺栓连接，钢筋骨架安装，型钢、钢管与钢筋连接，浇筑混凝土
		轻钢结构	钢结构制作，钢结构安装，墙面压型板，屋面压型板
		索膜结构	膜支撑构件制作，膜支撑构件安装，索安装，膜单元及附件制作，膜单元及附件安装
		铝合金结构	铝合金焊接，紧固件连接，铝合金零部件加工，铝合金构件组装，铝合金构件预拼装，单层及多层铝合金结构安装，空间格构铝合金结构安装，铝合金压型板，防腐处理，防火隔热
		木结构	方木和原木结构，胶合木结构，轻型木结构，木结构防护
3	建筑装饰装修	地面	基层，整体面层，板块面层，地毯面层，地面防水，垫层及找平层
		抹灰	一般抹灰，保温墙体抹灰，装饰抹灰，清水砌体勾缝
		门窗	木门窗安装，金属门窗安装，塑料门窗安装，特种门安装，门窗玻璃安装
		吊顶	整体面层吊顶、板块面层吊顶、格栅吊顶
		轻质隔墙	板材隔墙，骨架隔墙，活动隔墙，玻璃隔墙
		饰面板	石材安装，瓷板安装，木板安装，金属板安装，塑料板安装、玻璃板安装

续表

序号	分部工程	子分部工程	分项工程
3	建筑装饰装修	饰面砖	外墙饰面砖粘贴，内墙饰面砖粘贴
		涂饰	水性涂料涂饰，溶剂型涂料涂饰，美术涂饰
		裱糊与软包	裱糊、软包
		外墙防水	砂浆防水层，涂膜防水层，防水透气膜防水层
		细部	橱柜制作与安装，窗帘盒和窗台板制作与安装，门窗套制作与安装，护栏和扶手制作与安装，花饰制作与安装
		金属幕墙	构件与组件加工制作，构架安装，金属幕墙安装
		石材与陶板幕墙	构件与组件加工制作，构架安装，石材与陶板幕墙安装
		玻璃幕墙	构件与组件加工制作，构架安装，玻璃幕墙安装
4	屋面工程	基层与保护	找平层，找坡层，隔汽层，隔离层，保护层
		保温与隔热	板状材料保温层，纤维材料保温层，喷涂硬泡聚氨酯保温层，现浇泡沫混凝土保温层，种植隔热层，架空隔热层，蓄水隔热层
		防水与密封	卷材防水层，涂膜防水层，复合防水层，接缝密封防水
		瓦面与板面	烧结瓦和混凝土瓦铺装，沥青瓦铺装，金属板铺装，玻璃采光顶铺装
		细部构造	檐口，檐沟和天沟，女儿墙和山墙，水落口，变形缝，伸出屋面管道，屋面出入口，反水过水孔，设施基座，屋脊，屋顶窗
5	建筑给水、排水及采暖	室内给水系统	给水管道及配件安装，给水设备安装，室内消火栓系统安装，消防喷淋系统安装，管道防腐，绝热
		室内排水系统	排水管道及配件安装，雨水管道及配件安装，防腐
		室内热水供应系统	管道及配件安装，辅助设备安装，防腐，绝热
		卫生器具安装	卫生器具安装，卫生器具给水配件安装，卫生器具排水管道安装

续表

序号	分部工程	子分部工程	分项工程
5	建筑给水、排水及采暖	室内采暖系统	管道及配件安装，辅助设备及散热器安装，金属辐射板安装，低温热水地板辐射采暖系统安装，系统水压试验及调试，防腐，绝热
		室外给水管网	给水管道安装，消防水泵接合器及室外消火栓安装，管沟及井室
		室外排水管网	排水管道安装，排水管沟与井池
		室外供热管网	管道及配件安装，系统水压试验及调试、防腐，绝热
		建筑中水系统及游泳池系统	建筑中水系统管道及辅助设备安装，游泳池水系统安装
		供热锅炉及辅助设备安装	锅炉安装，辅助设备及管道安装，安全附件安装，烘炉、煮炉和试运行，换热站安装，防腐，绝热
		太阳能热水系统	预埋件及后置锚栓安装和封堵，基座、支架、散热器安装，接地装置安装，电线、电缆敷设，辅助设备及管道安装，防腐，绝热
6	通风与空调	送排风系统	风管与配件制作，部件制作，风管系统安装，空气处理设备安装，消声设备制作与安装，风管与设备防腐，风机安装，系统调试
		防排烟系统	风管与配件制作，部件制作，风管系统安装，防排烟风口、常闭正压风口与设备安装，风管与设备防腐，风机安装，系统调试
		除尘系统	风管与配件制作，部件制作，风管系统安装，除尘器与排污设备安装，风管与设备防腐，风机安装，系统调试
		空调风系统	风管与配件制作，部件制作，风管系统安装，空气处理设备安装，消声设备制作与安装，风管与设备防腐，风机安装，风管与设备绝热，系统调试
		净化空调系统	风管与配件制作，部件制作，风管系统安装，空气处理设备安装，消声设备制作与安装，风管与设备防腐，风机安装，风管与设备绝热，高效过滤器安装，系统调试

续表

序号	分部工程	子分部工程	分项工程
6	通风与空调	制冷设备系统	制冷机组安装，制冷剂管道及配件安装，制冷附属设备安装，管道及设备的防腐与绝热，系统调试
		空调水系统	管道冷热（媒）水系统安装，冷却水系统安装，冷凝水系统安装，阀门及部件安装，冷却塔安装，水泵及附属设备安装，管道与设备的防腐与绝热，系统调试
		地源热泵系统	地埋管换热系统，地下水换热系统，地表水换热系统，建筑物内系统，整体运转、调试
7	建筑电气	室外电气	架空线路及杆上电气设备安装，变压器、箱式变电所安装，成套配电柜、控制柜（屏、台）和动力、照明配电箱（盘）及控制柜安装，电线、电缆导管和线槽敷设，电线、电缆穿管和线槽敷设，电缆头制作、导线连接和线路电气试验，建筑物外部装饰灯具、航空障碍标志灯安装，庭院路灯安装，建筑照明通电试运行，接地装置安装
		变配电室	变压器、箱式变电所安装，成套配电柜、控制柜（屏、台）和动力、照明配电箱（盘）安装，裸母线、封闭母线、插接式母线安装，电缆沟内和电缆竖井内电缆敷设，电缆头制作、导线连接和线路电气试验，接地装置安装，避雷引下线和变配电室接地干线敷设
		供电干线	裸母线、封闭母线、插接式母线安装，桥架安装和桥架内电缆敷设，电缆沟内和电缆竖井内电缆敷设，电线、电缆导管和线槽敷设，电线、电缆穿管和线槽敷线，电缆头制作、导线连接和线路电气试验
		电气动力	成套配电柜、控制柜（屏、台）和动力、照明配电箱（盘）及控制柜安装，低压电动机、电加热器及电动执行机构检查、接线，低压电气动力设备检测、试验和空载试运行，桥架安装和桥架内电缆敷设，电线、电缆导管和线槽敷设，电线、电缆穿管和线槽敷线，电缆头制作、导线连接和线路电气试验，插座、开关、风扇安装

续表

序号	分部工程	子分部工程	分项工程
7	建筑电气	电气照明安装	成套配电柜、控制柜（屏、台）和动力、照明配电箱（盘）安装，电线、电缆导管和线槽敷设，电线、电缆导管和线槽敷线，槽板配线，钢索配线，电缆头制作、导线连接和线路电气试验，普通灯具安装，专用灯具安装，插座、开关、风扇安装，建筑照明通电试运行
		备用和不间断电源安装	成套配电柜、控制柜（屏、台）和动力、照明配电箱（盘）安装，柴油发电机组安装，不间断电源的其他功能单元安装，裸母线、封闭母线、插接式母线安装，电线、电缆导管和线槽敷设，电线、电缆导管和线槽敷线，电缆头制作、导线连接和线路电气试验，接地装置安装
		防雷及接地安装	接地装置安装，避雷引下线和变配电室接地干线敷设，建筑物等电位连接，接闪器安装
8	建筑智能化	通信网络系统	通信系统，卫星及有线电视系统，公共广播系统，视频会议系统
		计算机网络系统	信息平台及办公自动化应用软件，网络安全系统
		建筑设备监控系统	空调与通风系统，空气能量回收系统，室内空气质量控制系统，变配电系统，照明系统，给排水系统，热源和热交换系统，冷冻和冷却系统，电梯和自动扶梯系统，中央管理工作站与操作分站，子系统通信接口
		火灾报警及消防联动系统	火灾和可燃气体探测系统，火灾报警控制系统，消防联动系统
		会议系统与信息导航系统	会议系统、信息导航系统
		专业应用系统	专业应用系统
		安全防范系统	电视监控系统，入侵报警系统，巡更系统，出入口控制（门禁）系统，停车管理系统，智能卡应用系统

续表

序号	分部工程	子分部工程	分项工程
8	建筑智能化	综合布线系统	缆线敷设和终接，机柜、机架、配线架的安装，信息插座和光缆芯线终端的安装
		智能化集成系统	集成系统网络，实时数据库，信息安全，功能接口
		电源与接地	智能建筑电源，防雷及接地
		计算机机房工程	路由交换系统，服务器系统，空间环境，室内外空气能量交换系统，室内空调环境，视觉照明环境，电磁环境
		住宅（小区）智能化系统	火灾自动报警及消防联动系统，安全防范系统（含电视监控系统、入侵报警系统、巡更系统、门禁系统、楼宇对讲系统、住户对讲呼救系统、停车管理系统），物业管理系统（多表现场计量及与远程传输系统、建筑设备监控系统、公共广播系统、小区网络及信息服务系统、物业办公自动化系统），智能家庭信息平台
9	建筑节能	围护系统节能	墙体节能、幕墙节能、门窗节能、屋面节能、地面节能
		供暖空调设备及管网节能	供暖节能、通风与空调设备节能，空调与供暖系统冷热源节能，空调与供暖系统管网节能
		电气动力节能	配电节能、照明节能
		监控系统节能	监测系统节能、控制系统节能
		可再生能源	太阳能系统、地源热泵系统
10	电梯	电力驱动的曳引式或强制式电梯安装	设备进场验收，土建交接检验，驱动主机，导轨，门系统，轿厢，对重，安全部件，悬挂装置，随行电缆，补偿装置，电气装置，整机安装验收
		液压电梯安装	设备进场验收，土建交接检验，液压系统，导轨，门系统，轿厢，对重，安全部件，悬挂装置，随行电缆，电气装置，整机安装验收
		自动扶梯、自动人行道安装	设备进场验收，土建交接检验，整机安装验收

16.1.3 室外工程的单位工程、分部工程划分

室外工程的单位工程、分部工程可按表 16-3 划分。

室外工程划分　　表 16-3

单位工程	子单位工程	分部（子分部）工程
室外设施	道路	路基、基层、面层、广场与停车场、人行道、人形地道、挡土墙、附属构筑物
	边坡	土石方、挡土墙、支护
附属建筑及室外环境	附属建筑	车棚，围墙，大门，挡土墙
	室外环境	建筑小品，亭台，水景，连廊，花坛，场坪绿化，景观桥
室外安装	给水排水	室外给水系统，室外排水系统
	供热	室外供热系统
	供冷	供冷管道安装
	电气	室外供电系统，室外照明系统

16.1.4 一般项目正常检验一次、二次抽样判定

（1）对于计数抽样的一般项目，正常检验一次抽样应按表 16-4 判定，正常检验二次抽样应按表 16-5 判定。

（2）样本容量在表 16-4 或表 16-5 给出的数值之间时，合格判定数和不合格判定数可通过插值并四舍五入取整数值。

一般项目正常一次性抽样的判定　　表 16-4

样本容量	合格判定数	不合格判定数	样本容量	合格判定数	不合格判定数
5	1	2	32	7	8
8	2	3	50	10	11
13	3	4	80	14	15
20	5	6	125	21	22

一般项目正常二次性抽样的判定　　表 16-5

抽样次数	样本容量	合格判定数	不合格判定数	抽样次数	样本容量	合格判定数	不合格判定数
(1)	3	0	2	(1)	20	3	6
(2)	6	1	2	(2)	40	9	10

续表

抽样次数	样本容量	合格判定数	不合格判定数	抽样次数	样本容量	合格判定数	不合格判定数
(1)	5	0	3	(1)	32	5	9
(2)	10	3	4	(2)	64	12	13
(1)	8	1	3	(1)	50	7	11
(2)	16	4	5	(2)	100	18	19
(1)	13	2	5	(1)	80	11	16
(2)	26	6	7	(2)	160	26	27

注：(1) 和 (2) 表示抽样次数，(2) 对应的样本容量为二次抽样的累计数量。

16.1.5 检验批质量验收记录

检验批质量验收记录应由施工项目专业质量检查员填写，专业监理工程师组织项目专业质量检查员、专业工长等进行验收，并按表 16-6 记录。

检验批质量验收记录 **表 16-6**

工程名称					
分项工程名称		验收部位			
施工单位		项目负责人		专业工长	
分包单位		项目负责人		施工班组长	
施工执行标准名称及编号					
	验收规范的规定		施工、分包单位检查记录		监理单位验收记录
主控项目	1				
	2				
	3				
	4				
	5				
	6				
	7				
	8				
一般项目	1				
	2				
	3				
	4				

续表

施工、分包单位检查结果	项目专业质量检查员：　年　月　日
监理单位验收结论	专业监理工程师：　　年　月　日

16.1.6　分项工程质量验收记录

分项工程质量应由专业监理工程师组织施工单位项目专业技术负责人等进行验收，并应按表 16-7 记录。

________分项工程质量验收记录　　　　表 16-7

工程名称		结构类型		检验批数	
施工单位		项目负责人		项目技术负责人	
分包单位		单位负责人		项目负责人	

序号	检验批名称及部位、区段	施工、分包单位检查结果	监理单位验收结论
1			
2			
3			
4			
5			
6			
7			
8			
9			
10			
11			
12			
13			
14			
15			

续表

施工单位检查结果	项目专业技术负责人： 年　月　日	监理单位验收结论	专业监理工程师： 年　月　日

16.1.7　分部（子分部）工程验收记录

分部工程质量应由总监理工程师组织施工单位项目负责人和有关的勘察、设计单位项目负责人等进行验收，并应按表 16-8 记录。

________分部（子分部）工程验收记录　　表 16-8

工程名称		结构类型		层数	
施工单位		技术部门负责人		质量部门负责人	
分包单位		分包单位负责人		分包技术负责人	
序号	分项工程名称	检验批数	施工、分包单位检查结果	验收结论	
1					
2					
3					
4					
5					
6					
质量控制资料					
安全和功能检验结果					
观感质量					
综合验收结论					
分包单位 项目负责人： 年　月　日	施工单位 项目负责人： 年　月　日	勘察单位 项目负责人： 年　月　日	设计单位 项目负责人： 年　月　日	监理单位 总监理工程师： 年　月　日	

16.1.8　单位（子单位）工程质量竣工验收记录

（1）单位工程质量竣工验收应按表 16-9 记录，单位工程质量控制资料核查应按表 16-10 记录，单位工程安全和功能检验资料核查应按表 16-11 记录，单位工程观感质量检查应按表 16-12 记录。

（2）表 16-9 中的验收记录由施工单位填写，验收结论由监理单位填写。综合验收结论经参加验收各方共同商定，由建设单位填写，应对工程质量是否符合设计文件和相关标准的规定及总体质量水平做出评价。

单位（子单位）工程质量竣工验收记录　　表 16-9

<table>
<tr><td>工程名称</td><td></td><td>结构类型</td><td></td><td>层数
建筑面积</td><td></td></tr>
<tr><td>施工单位</td><td></td><td>技术负责人</td><td></td><td>开工日期</td><td></td></tr>
<tr><td>项目负责人</td><td></td><td>项目技术负责人</td><td></td><td>完工日期</td><td></td></tr>
<tr><td>序号</td><td>项目</td><td colspan="2">验收记录</td><td colspan="2">验收结论</td></tr>
<tr><td>1</td><td>分部工程</td><td colspan="2">共　　分部，经查　　分部，
符合设计及标准规定　分部</td><td colspan="2"></td></tr>
<tr><td>2</td><td>质量控制资料核查</td><td colspan="2">共　项，经核查符合规定　项，
经核查不符合规定　　　项</td><td colspan="2"></td></tr>
<tr><td>3</td><td>安全和使用功能
核查及抽查结果</td><td colspan="2">共核查　项，符合规定　项，
共抽查　项，符合规定　项，
经返工处理符合要求　　项</td><td colspan="2"></td></tr>
<tr><td>4</td><td>观感质量验收</td><td colspan="2">共抽查　项，符合规定　项，
不符合规定　　　　　　项</td><td colspan="2"></td></tr>
<tr><td>5</td><td>综合验收结论</td><td colspan="4"></td></tr>
<tr><td rowspan="2">参加验收单位</td><td>建设单位</td><td>监理单位</td><td>施工单位</td><td>设计单位</td><td>勘察单位</td></tr>
<tr><td>（公章）
项目负责人：
年　月　日</td><td>（公章）
总监理工程师：
年　月　日</td><td>（公章）
项目负责人：
年　月　日</td><td>（公章）
项目负责人：
年　月　日</td><td>（公章）
项目负责人：
年　月　日</td></tr>
</table>

单位工程质量控制资料核查记录　　表 16-10

工程名称			施工单位				
序号	项目	资料名称	份数	施工单位		监理单位	
				核查意见	核查人	核查意见	核查人
1	建筑与结构	图纸会审记录、设计变更通知单、工程洽商记录、竣工图					
2		工程定位测量、放线记录					
3		原材料出厂合格证书及进场检验、试验报告					
4		施工试验报告及见证检测报告					
5		隐蔽工程验收记录					
6		施工记录					
7		地基、基础、主体结构检验及抽样检测资料					
8		分项、分部工程质量验收记录					
9		工程质量事故调查处理资料					
10		新技术论证、备案及施工记录					
11							
1	给水排水与供暖	图纸会审记录、设计变更通知单、工程洽商记录、竣工图					
2		原材料出厂合格证书及进场检验、试验报告					
3		管道、设备强度试验、严密性试验记录					
4		隐蔽工程验收记录					
5		系统清洗、灌水、通水、通球试验记录					
6		施工记录					
7		分项、分部工程质量验收记录					
8		新技术论证、备案及施工记录					
9							

续表

工程名称			施工单位				
序号	项目	资料名称	份数	施工单位		监理单位	
				核查意见	核查人	核查意见	核查人
1	通风与空调	图纸会审记录、设计变更通知单、工程洽商记录、竣工图					
2		原材料出厂合格证书及进场检验、试验报告					
3		制冷、空调、水管道强度试验、严密性试验记录					
4		隐蔽工程验收记录					
5		制冷设备运行调试记录					
6		通风、空调系统调试记录					
7		施工记录					
8		分项、分部工程质量验收记录					
9		新技术论证、备案及施工记录					
10							
1	建筑电气	图纸会审记录、设计变更通知单、工程洽商记录、竣工图					
2		原材料出厂合格证书及进场检验、试验报告					
3		设备调试记录					
4		接地、绝缘电阻测试记录					
5		隐蔽工程验收记录					
6		施工记录					
7		分项、分部工程质量验收记录					
8		新技术论证、备案及施工记录					
9							
1	建筑智能化	图纸会审记录、设计变更通知单、工程洽商记录、竣工图					
2		原材料出厂合格证书及进场检验、试验报告					
3		隐蔽工程验收记录					

续表

工程名称			施工单位				
序号	项目	资料名称	份数	施工单位		监理单位	
				核查意见	核查人	核查意见	核查人
4	建筑智能化	施工记录					
5		系统功能测定及设备调试记录					
6		系统技术、操作和维护手册					
7		系统管理、操作人员培训记录					
8		系统检测报告					
9		分项、分部工程质量验收记录					
10		新技术论证、备案及施工记录					
11							
1	建筑智能化	图纸会审、设计变更、洽商记录、竣工图及设计说明					
2		材料、设备出厂合格证及进场检（试）验报告					
3		隐蔽工程验收记录					
4		施工记录					
5		系统功能测定及设备调试记录					
6		系统技术、操作和维护手册					
7		系统管理、操作人员培训记录					
8		系统检测报告					
9		分项、分部工程质量验收记录					
10		新技术论证、备案及施工记录					
11							
1	建筑节能	图纸会审记录、设计变更通知单、工程洽商记录、竣工图					
2		原材料出厂合格证书及进场检验、试验报告					
3		隐蔽工程验收记录					
4		施工记录					
5		外墙、外窗节能检验报告					
6		设备系统节能检测报告					

续表

工程名称			施工单位				
序号	项目	资料名称	份数	施工单位		监理单位	
				核查意见	核查人	核查意见	核查人
7	建筑节能	分项、分部工程质量验收记录					
8		新技术论证、备案及施工记录					
9							

结论：

施工单位项目负责人：　　　　　　　　总监理工程师：

年　月　日　　　　　　　　年　月　日

单位（子单位）工程安全和功能检验资料核查及主要功能抽查记录

表 16-11

工程名称			施工单位				
序号	项目	安全和功能检查项目	份数	施工单位		监理单位	
				核查意见	核查人	核查意见	核查人
1	建筑与结构	地基承载力检验报告					
2		桩基承载力检验报告					
3		混凝土强度试验报告					
4		砂浆强度试验报告					
5		屋面淋水或蓄水试验记录					
6		地下室防水效果检查记录					
7		有防水要求的地面蓄水试验记录					
8		建筑物垂直度、标高、全高测量记录					
9		抽气（风）道检查记录					
10		外窗气密性、水密性、耐风压检测报告					
11		幕墙气密性、水密性、耐风压检测报告					
12		建筑物沉降观测测量记录					
13		节能、保温测试记录					
14		室内环境检测报告					
15		土壤氡气浓度检测报告					
16							

续表

<table>
<tr><td colspan="2">工程名称</td><td></td><td>施工单位</td><td colspan="4"></td></tr>
<tr><td rowspan="2">序号</td><td rowspan="2">项目</td><td rowspan="2">安全和功能检查项目</td><td rowspan="2">份数</td><td colspan="2">施工单位</td><td colspan="2">监理单位</td></tr>
<tr><td>核查意见</td><td>核查人</td><td>核查意见</td><td>核查人</td></tr>
<tr><td>1</td><td rowspan="6">给水排水与供暖</td><td>给水管道通水试验记录</td><td></td><td></td><td></td><td></td><td></td></tr>
<tr><td>2</td><td>暖气管道、散热器压力试验记录</td><td></td><td></td><td></td><td></td><td></td></tr>
<tr><td>3</td><td>卫生器具满水试验记录</td><td></td><td></td><td></td><td></td><td></td></tr>
<tr><td>4</td><td>消防管道、燃气管压力试验记录</td><td></td><td></td><td></td><td></td><td></td></tr>
<tr><td>5</td><td>排水干管通球试验记录</td><td></td><td></td><td></td><td></td><td></td></tr>
<tr><td>6</td><td></td><td></td><td></td><td></td><td></td><td></td></tr>
<tr><td>1</td><td rowspan="6">通风与空调</td><td>通风、空调系统试运行记录</td><td></td><td></td><td></td><td></td><td></td></tr>
<tr><td>2</td><td>风量、温度测试记录</td><td></td><td></td><td></td><td></td><td></td></tr>
<tr><td>3</td><td>空气能量回收装置测试记录</td><td></td><td></td><td></td><td></td><td></td></tr>
<tr><td>4</td><td>洁净室洁净度测试记录</td><td></td><td></td><td></td><td></td><td></td></tr>
<tr><td>5</td><td>制冷机组试运行调试记录</td><td></td><td></td><td></td><td></td><td></td></tr>
<tr><td>6</td><td></td><td></td><td></td><td></td><td></td><td></td></tr>
<tr><td>1</td><td rowspan="4">建筑电气</td><td>照明全负荷试验记录</td><td></td><td></td><td></td><td></td><td></td></tr>
<tr><td>2</td><td>大型灯具牢固性试验记录</td><td></td><td></td><td></td><td></td><td></td></tr>
<tr><td>3</td><td>避雷接地电阻测试记录</td><td></td><td></td><td></td><td></td><td></td></tr>
<tr><td>4</td><td>线路、插座、开关接地检验记录</td><td></td><td></td><td></td><td></td><td></td></tr>
<tr><td>1</td><td rowspan="3">智能建筑</td><td>系统试运行记录</td><td></td><td></td><td></td><td></td><td></td></tr>
<tr><td>2</td><td>系统电源及接地检测报告</td><td></td><td></td><td></td><td></td><td></td></tr>
<tr><td>3</td><td></td><td></td><td></td><td></td><td></td><td></td></tr>
<tr><td>1</td><td rowspan="3">建筑节能</td><td>外墙热工性能</td><td></td><td></td><td></td><td></td><td></td></tr>
<tr><td>2</td><td>设备系统节能性能</td><td></td><td></td><td></td><td></td><td></td></tr>
<tr><td>3</td><td></td><td></td><td></td><td></td><td></td><td></td></tr>
</table>

结论：

施工单位项目负责人：　　年　月　日　　总监理工程师：　　年　月　日

注：抽查项目由验收组协商确定。

单位（子单位）工程观感质量检查记录　　表 16-12

<table>
<tr><td>工程名称</td><td colspan="2"></td><td>施工单位</td><td colspan="3"></td></tr>
<tr><td rowspan="2">序号</td><td rowspan="2" colspan="2">项目</td><td rowspan="2">抽查质量状况</td><td colspan="3">质量评价</td></tr>
<tr><td>好</td><td>一般</td><td>差</td></tr>
<tr><td>1</td><td rowspan="13">建筑与结构</td><td>主体结构外观</td><td>共检查　点，其中合格　点</td><td></td><td></td><td></td></tr>
<tr><td>2</td><td>主体结构尺寸、位置</td><td>共检查　点，其中合格　点</td><td></td><td></td><td></td></tr>
<tr><td>3</td><td>主体结构垂直度、标高</td><td>共检查　点，其中合格　点</td><td></td><td></td><td></td></tr>
<tr><td>4</td><td>室外墙面</td><td>共检查　点，其中合格　点</td><td></td><td></td><td></td></tr>
<tr><td>5</td><td>变形缝</td><td>共检查　点，其中合格　点</td><td></td><td></td><td></td></tr>
<tr><td>6</td><td>水落管、屋面</td><td>共检查　点，其中合格　点</td><td></td><td></td><td></td></tr>
<tr><td>7</td><td>室内墙面</td><td>共检查　点，其中合格　点</td><td></td><td></td><td></td></tr>
<tr><td>8</td><td>室内顶棚</td><td>共检查　点，其中合格　点</td><td></td><td></td><td></td></tr>
<tr><td>9</td><td>室内地面</td><td>共检查　点，其中合格　点</td><td></td><td></td><td></td></tr>
<tr><td>10</td><td>楼梯、踏步、护栏</td><td>共检查　点，其中合格　点</td><td></td><td></td><td></td></tr>
<tr><td>11</td><td>门窗</td><td>共检查　点，其中合格　点</td><td></td><td></td><td></td></tr>
<tr><td>12</td><td>雨罩、台阶、坡道、散水</td><td>共检查　点，其中合格　点</td><td></td><td></td><td></td></tr>
<tr><td>13</td><td></td><td></td><td></td><td></td><td></td></tr>
<tr><td>1</td><td rowspan="5">给水排水与供暖</td><td>管道接口、坡度、支架</td><td>共检查　点，其中合格　点</td><td></td><td></td><td></td></tr>
<tr><td>2</td><td>卫生器具、支架、阀门</td><td>共检查　点，其中合格　点</td><td></td><td></td><td></td></tr>
<tr><td>3</td><td>检查口、扫除口、地漏</td><td>共检查　点，其中合格　点</td><td></td><td></td><td></td></tr>
<tr><td>4</td><td>散热器、支架</td><td>共检查　点，其中合格　点</td><td></td><td></td><td></td></tr>
<tr><td>5</td><td></td><td></td><td></td><td></td><td></td></tr>
<tr><td>1</td><td rowspan="7">通风与空调</td><td>风管、支架</td><td>共检查　点，其中合格　点</td><td></td><td></td><td></td></tr>
<tr><td>2</td><td>风口、风阀</td><td>共检查　点，其中合格　点</td><td></td><td></td><td></td></tr>
<tr><td>3</td><td>风机、空调设备</td><td>共检查　点，其中合格　点</td><td></td><td></td><td></td></tr>
<tr><td>4</td><td>阀门、支架</td><td>共检查　点，其中合格　点</td><td></td><td></td><td></td></tr>
<tr><td>5</td><td>水泵、冷却塔</td><td>共检查　点，其中合格　点</td><td></td><td></td><td></td></tr>
<tr><td>6</td><td>绝热</td><td>共检查　点，其中合格　点</td><td></td><td></td><td></td></tr>
<tr><td>7</td><td></td><td></td><td></td><td></td><td></td></tr>
<tr><td>1</td><td rowspan="4">建筑电气</td><td>配电箱、盘、板、接线盒</td><td>共检查　点，其中合格　点</td><td></td><td></td><td></td></tr>
<tr><td>2</td><td>设备器具、开关、插座</td><td>共检查　点，其中合格　点</td><td></td><td></td><td></td></tr>
<tr><td>3</td><td>防雷、接地、防火</td><td>共检查　点，其中合格　点</td><td></td><td></td><td></td></tr>
<tr><td>4</td><td></td><td></td><td></td><td></td><td></td></tr>
</table>

续表

<table>
<tr><td>工程名称</td><td colspan="3"></td><td>施工单位</td><td colspan="3"></td></tr>
<tr><td rowspan="2">序号</td><td colspan="2" rowspan="2">项目</td><td rowspan="2" colspan="2">抽查质量状况</td><td colspan="3">质量评价</td></tr>
<tr><td>好</td><td>一般</td><td>差</td></tr>
<tr><td>1</td><td rowspan="4">建筑智能化</td><td>机房设备安装及布局</td><td colspan="2">共检查　点，其中合格　点</td><td></td><td></td><td></td></tr>
<tr><td>2</td><td>现场设备安装</td><td colspan="2">共检查　点，其中合格　点</td><td></td><td></td><td></td></tr>
<tr><td>3</td><td></td><td colspan="2"></td><td></td><td></td><td></td></tr>
<tr><td>4</td><td></td><td colspan="2"></td><td></td><td></td><td></td></tr>
<tr><td colspan="3">观感质量综合评价</td><td colspan="5"></td></tr>
</table>

结论：

施工单位项目负责人：　　　　　　　　总监理工程师：

年　月　日　　　　　　　　年　月　日

注：1. 对质量评价为差的项目应进行返修。

2. 观感质量检查的原始记录应作为本表附件。

16.2　常用工程质量验收标准名录

常用工程质量验收标准名录

序号	现行标准号	标准名
1	GB 50300—2013	建筑工程施工质量验收统一标准
2	GB 50202—2002	建筑地基基础工程施工质量验收规范
3	GB 50208—2011	地下防水工程质量验收规范
4	GB 50204—2015	混凝土结构工程施工质量验收规范
5	GB 50203—2011	砌体结构工程施工质量验收规范
6	GB 50205—2001	钢结构工程施工质量验收规范
7	GB 50206—2012	木结构工程施工质量验收规范
8	GB 50209—2010	建筑地面工程施工质量验收规范
9	GB 50210—2001	建筑装饰装修工程质量验收规范
10	GB 50207—2012	屋面工程质量验收规范
11	GB 50242—2002	建筑给水排水及采暖工程施工质量验收规范

续表

序号	现行标准号	标准名
12	GB 50303—2002	建筑电气工程施工质量验收规范
13	GB 50243—2002	通风与空调工程施工质量验收规范
14	GB 50310—2002	电梯工程施工质量验收规范
15	GB 50339—2013	智能建筑工程质量验收规范
16	GB 50354—2005	建筑内部装修防火施工及验收规范
17	GB 50444—2008	建筑灭火器配置验收及检查规范
18	GB 50224—2010	建筑防腐蚀工程施工质量验收规范
19	GB 50550—2010	建筑结构加固工程施工质量验收规范
20	GB 50601—2010	建筑物防雷工程施工与质量验收规范
21	GB 50617—2010	建筑电气照明装置施工与验收规范
22	GB/T 50624—2010	住宅区和住宅建筑内通信设施工程验收规范
23	GB 50628—2010	钢管混凝土工程施工质量验收规范
24	GB 50642—2011	无障碍设施施工验收及维护规范
25	GB 50201—2012	土方与爆破工程施工及验收规范
26	GB 50944—2013	防静电工程施工与质量验收规范
27	GB 50877—2014	防火卷帘、防火门、防火窗施工及验收规范
28	JGJ 159—2008	古建筑修建工程施工与质量验收规范
29	JGJ/T 304—2013	住宅室内装饰装修工程质量验收规范

参考文献

[1] 周海涛. 质检员实用手册. 太原：山西科学技术出版社，2009

[2] 蔡中辉. 质量员. 武汉：华中科技大学出版社，2008

[3] 程协瑞. 安装工程质量验收手册. 北京：中国建筑工业出版社，2006

[4] 苑辉. 质量员一本通. 北京：中国建材工业出版社，2013

[5] 刘素华. 工程项目施工质量管理便携手册. 北京：地震出版社，2005

[6] 潘延平. 质量员必读. 北京：中国建筑工业出版社，2005

[7] 陈安生. 质量员. 北京：中国环境出版社，2013

[8] 张大春. 建筑工程质量检查员继续教育培训教材（土建工程）. 北京：中国建筑工业出版社，2009

[9] 吴水根. 建筑工程质量验收与质量问题处理. 上海：同济大学出版社，2007